La Mémoire et la Folie

Stanley Prusiner

La Mémoire et la Folie

La découverte des prions, un nouveau paradigme biologique

Traduit de l'anglais (américain) par
Pierre Kaldy

Odile Jacob

Publié initialement par Yale University Press
Titre original : *Madness and Memory, The Discovery of Prions. A New Biological Principle of Disease*

15, rue Soufflot, 75005 Paris

www.odilejacob.fr

ISBN : 978-2-7381-3156-0

À l'investigation scientifique qui
Crée une nouvelle connaissance,
Élimine l'ignorance,
Éradique le préjugé,
Prévient la maladie,
Soulage la souffrance,
Et augmente le bien-être.

À Sunnie, Helen, Leah et William.

« Lorsqu'on s'efforce de faire un travail scientifique, la chance – même pour une personne très douée – d'accomplir quelque chose d'une véritable valeur est très faible. »

ALBERT EINSTEIN.

« De tous les services que l'on peut rendre à la science, le plus grand est celui d'introduire de nouvelles idées. »

J. J. THOMSON.

« Les vrais hommes d'action de notre époque, ceux qui transforment le monde, ne sont pas les politiques ou les hommes d'État, mais les scientifiques. Malheureusement, la poésie ne peut les célébrer, car leurs actes concernent des choses et pas des personnes, et restent donc sans voix. Lorsque je me trouve en compagnie de scientifiques, je me sens comme un petit curé retrouvé par erreur dans un salon plein de ducs. »

W. H. AUDEN.

« Les seules bonnes histoires sont celles qui ont été écrites par ceux mêmes qui commandaient aux affaires. »

MICHEL DE MONTAIGNE.

« Un homme convaincu contre sa volonté garde néanmoins la même opinion. »

SAMUEL BUTLER.

Préface

« Et si j'avais raison après tout ? », me disais-je en sortant de l'ascenseur au septième étage du bâtiment est des sciences de la santé à l'Université de Californie, à San Francisco, un matin d'octobre 1986. Quatre ans s'étaient écoulés depuis que l'introduction du mot « prion » m'avait valu mépris, insultes et incrédulité de la part de la communauté scientifique. Pourtant, les indices s'accumulaient en faveur de mon hypothèse, et je commençais à convaincre les universitaires que ma nouvelle perspective pouvait avoir un intérêt.

Trente-cinq ans après que Thomas Kuhn a rédigé sa remarquable analyse de la structure des révolutions scientifiques, Clayton Christensen écrit sur son équivalent en technologie qu'il appelle « les innovations ou technologies de rupture[1] ». Christensen divisait les nouvelles technologies en deux catégories : de maintien et de rupture. Les technologies de maintien reposent sur des améliorations progressives, de petites avancées permettant la poursuite d'une technologie établie. Les technologies de rupture, au contraire, sont de transformation, dans la discontinuité. Créant le désordre en bouleversant le *statu quo*, elles sont souvent accueillies par un profond scepticisme. Elles ont parfois détruit toute une industrie, par exemple la photographie numérique inventée par Steven Sasson en 1975 lorsqu'il travaillait chez Eastman Kodak. Le 17 novembre 2009, le président Barack Obama a décerné à Sasson la Médaille nationale de la technologie et de l'innovation au cours d'une cérémonie dans le salon est de la Maison Blanche. J'eus alors le privilège de rencontrer Sasson parce que je reçus au cours de la même occasion la Médaille nationale de la science.

Trente-sept ans après l'innovation de rupture de Sasson, Kodak a fait faillite, alors que ses dirigeants avaient eu des occasions en or de profiter de son invention. Mais ils n'avaient ni la sagesse ni une vision originale pour cela. La photographie numérique ne cadrait pas avec le modèle d'affaire de Kodak. Comment la compagnie pouvait-elle survivre si elle abandonnait le film photographique ? Produits chimiques, films, papier photographique et appareils photo bon marché étaient devenus le cœur et l'âme d'une affaire mondiale qui rapportait des milliards de dollars de revenus chaque année[2]. Étrange ironie du sort pour Kodak, société de « haute technologie » depuis sa fondation par George Eastman en 1889, qui se retrouvait pourtant victime d'une innovation technologique.

Dans ce livre, je décris une innovation de rupture dans la manière de penser les protéines et la façon dont elles causent des maladies. J'ai écrit ce livre car je craignais que ni les historiens des sciences ni les journalistes ne puissent restituer l'histoire précise de mes recherches. Il s'agit du récit à la première personne de la réflexion, des expériences et des événements qui ont conduit à l'identification de protéines infectieuses, ou « prions » comme je les ai nommées[3]. J'ai tenté de décrire ce qui apparaît avec le temps comme un projet audacieux pour définir la composition d'un agent causant la tremblante du mouton, une maladie présente dans les fermes et dont l'origine était alors mystérieuse. Souvent, j'ai craint que mes résultats ne me conduisent à des impasses. J'avais beau être fasciné par ce problème, j'étais hanté par la peur de l'échec. Mon anxiété fut palpable à presque toutes les occasions. Le problème était-il insoluble ? Avec les premiers petits succès, une foule de sceptiques a émergé qui remettait en question la pertinence de mon approche et mes capacités scientifiques. En fait, il y eut des moments où je n'étais guère soutenu que par ma naïveté et mon enthousiasme.

Les réactions sceptiques et souvent hostiles au prion de nombreux pontes de la communauté scientifique illustraient la résistance à un changement profond de pensée. Les prions étaient considérés comme une anomalie car ils se reproduisaient et infectaient sans matériel génétique, sans ADN ni ARN. Ils constituaient ainsi une transition de rupture dans notre compréhension du monde biologique. Les conséquences de la découverte du prion sont immenses et continuent de se faire sentir[4]. Leur rôle causal dans les maladies d'Alzheimer et de Parkinson a des implications importantes pour le diagnostic et le traitement de ces maladies fréquentes et toujours fatales.

Le lecteur peut s'interroger sur le titre *Madness and Memory* * donné à mon livre en anglais. Les prions encombrent le cerveau, entraînant une neurodégénérescence qui se traduit souvent par une réduction des fonctions cognitives et intellectuelles appelée démence. Le mot de « démence » vient du latin *demens*, qui signifie à l'origine « hors de son esprit » ou folie. L'étymologie de *demens* vient de *de-*, « sans », et de *ment*, racine de *mens*, « esprit ». L'une des pathologies à prion le plus souvent mentionnées a été surnommée la maladie de la « vache folle » par la presse grand public. La forme la plus courante de démence est la maladie d'Alzheimer, qui débute en général par des défauts de mémoire pour des événements récents. Ces défaillances s'amplifient avec l'aggravation des facultés cognitives et intellectuelles. De là vient le titre de mon livre en anglais. Le sous-titre de ce livre – *The Discovery of Prions : A New Biological Principle of Disease* ** – vient de la citation du prix Nobel de 1997, mais avec un changement qui m'est venu à l'esprit lors d'un joyeux appel venant de Stockholm. Ce moment assez impressionnant est décrit au chapitre 16.

Je suis extrêmement reconnaissant à ma partenaire en amour, Sunnie Evers, de m'avoir encouragé alors que je luttais pour reconstituer une histoire compliquée. Pendant sept ans, elle a participé au développement de ce livre. Une période sabbatique à l'Imperial College à Londres, au cours de l'année universitaire 2007-2008, m'a permis d'avoir le temps de commencer à écrire. Le professeur Chris Kennard a été pour moi un hôte extraordinaire, qui m'a aidé à obtenir le soutien du Trust Leverhulme pour le défraiement de mes coûts de logement et de mise en forme de ce livre par Sara Lippincott. Celle-ci a converti ma prose un peu pataude en une histoire lisible, ce que j'apprécie beaucoup.

Si je me suis trompé dans le souvenir des circonstances ou dans mon analyse de la conduite des autres, je m'en excuse. J'espère que mes tentatives pour décrire les faiblesses humaines qui ont marqué ces recherches ne seront pas interprétées comme de l'aigreur de ma part. J'aurais pu faire une plaisante description des événements ayant

* « Folie et mémoire » (ou « souvenirs ») en français (*NdT*).

** « La découverte des prions, un nouveau principe biologique de maladie » (*NdT*).

conduit à la découverte des prions, mais je n'aurais alors pas rendu la passion avec laquelle mes collègues et moi-même avons travaillé. Et cela n'aurait pas traduit non plus les émotions complexes qui traversent un laboratoire quand les scientifiques rivalisent dans leur course constante à découvrir l'inattendu.

Beaucoup de personnes ont contribué aux travaux décrits ici. Leur contribution est évoquée avec reconnaissance dans les remerciements. Toute omission est involontaire, et j'assume, bien sûr, l'entière responsabilité de toute erreur dans le texte.

Introduction

Lors d'un séjour à Buenos Aires en septembre 1997 où je participais au seizième congrès mondial de neurologie, je fis une balade dans la ville un après-midi. Après avoir acheté quelques cadeaux pour mes deux filles, j'avisai un brocanteur au détour d'une ruelle. Dans ce petit magasin rempli de vieux uniformes et de décorations militaires, je repérai un couteau de poche en laiton. Sur une face du manche figuraient des images d'outils, une pince, une clé à molette, un foret, une truelle, des ciseaux, un compas, un marteau, et sur l'autre face était gravé « ABOT herramientas », le nom du fabricant de ces outils, je suppose. Ce couteau était une belle trouvaille, et je l'achetai sur-le-champ.

Avec mon nouveau couteau de poche dans mes bagages, j'ai quitté Buenos Aires pour une autre rencontre scientifique à Stockholm sur « Le mécanisme de base de la maladie à prion ». Et le jour d'après je passai quelques heures avec Olle Lindberg, venu en train de sa ferme à Dalarna. Olle et moi étions devenus de bons amis trente ans plus tôt quand, lors de ma quatrième année à l'école de médecine de l'Université de Pennsylvanie, j'étais venu travailler dans son laboratoire à l'Institut Wenner-Gren, alors au Norrtullsgatan 16. C'est à cette époque que j'ai commencé à envisager sérieusement de devenir un médecin chercheur. Les conseils attentifs et amicaux d'Olle, son discernement scientifique, ses manières courtoises pour diriger même les personnalités les plus difficiles du laboratoire, ainsi que sa discrète éthique professionnelle et personnelle, m'avaient impressionné. Olle avait pris sa retraite comme directeur de l'institut en 1980, et il avait déménagé avec sa femme Britta dans la ferme où celle-ci avait passé son enfance. Excepté lors des sombres et durs mois d'hiver, Olle passait le plus clair de son temps à débroussailler la campagne très boisée des alentours, ce qui lui procurait un grand plaisir.

Alors que nous abordions le sujet de ma recherche actuelle dans une spacieuse alcôve du Diplomat Hotel donnant sur le port, il me vint à l'esprit de lui montrer le petit couteau que j'avais acheté à Buenos Aires. J'étais sûr qu'il apprécierait mon achat, car il en portait toujours un aussi avec lui. Sortant l'objet de ma trousse de toilette, je le montrai fièrement à Olle. Celui-ci l'admira les yeux brillants et commença à me remercier. Bien que déconcerté, je finis par trouver quelques mots : « Olle, je suis vraiment désolé ! Je ne voulais pas que tu croies qu'il s'agit d'un cadeau. Je l'ai acheté à Buenos Aires pour moi, c'est un souvenir de ce voyage. » L'instant de gêne passé, Olle me répondit avec sa grâce habituelle, mais j'étais mortifié. Et, chaque fois que je me remémore cet épisode, je m'émerveille de voir comment mon cerveau continue d'évoquer les mêmes sentiments de surprise, de confusion, d'embarras et de remords.

Malgré les progrès effectués dans la connaissance des bases moléculaires de l'activité du système nerveux, celle-ci demeure rudimentaire. Nous ne comprenons pas vraiment ce qui se passe au niveau moléculaire quand nous vivons des moments comme celui que je viens de décrire, ni quand nous nous en rappelons ensuite précisément les détails. Comment ce petit contretemps avait-il pu susciter des sentiments aussi puissants, comment pouvait-il encore stimuler mon cerveau des années plus tard, avec une cascade aussi intense de souvenirs émus ?

Avec le recul, je pense que ma fascination pour le système nerveux humain date d'un stage dans un service de neurologie au cours de ma troisième année de médecine. Mes professeurs étaient des personnalités reconnues et marquantes. Le directeur du service était Milton Shy, qui a découvert ce qui a été appelé des années durant le syndrome de Shy-Drager et se nomme maintenant l'atrophie multisystématisée[1]. J'ai tendance à penser que le terme éponyme de Shy-Drager est plus évocateur que la suite de termes non spécifiques « atrophie multisystématisée[2] ». Ironie de l'histoire, le Shy-Drager est une maladie à prion. Un autre enseignant remarquable était un professeur de passage, E. A. Carmichael, ancien directeur du National Hospital for Neurology and Neurosurgery de Queen's Square à Londres, et un clinicien hors pair.

Mon expérience suivante de la neurologie reste un peu floue. Au cours de mon internat à l'Université de Californie à San Francisco (UCSF), à la fin des années 1960, j'ai passé un mois dans le service de neurologie et, si je me souviens du chef de service, j'ai oublié qui était le professeur. J'attribue cette amnésie aux gardes que je faisais une nuit sur deux. J'étais souvent tellement épuisé qu'il m'était presque impossible d'apprécier la culture à fleurs d'enfants du quartier voisin de Haight-Ashbury. J'enviais le style relax amené par les hippies dans la région de Bay Area, et je rêvais d'avoir une maison à Big Sur au sommet d'une falaise dominant l'océan Pacifique. Je m'imaginais comme une sorte d'artisan, passant chaque fin d'après-midi à contempler les couchers de soleil dans une grande baignoire d'acier posée sur la pelouse. Ces rêveries n'étaient pas nouvelles. Un an plus tôt, lors de mon séjour à Stockholm avec Olle, j'avais visité le Maroc et j'étais tombé amoureux d'une petite ville sur la côte merveilleusement préservée appelée Asilah, à une trentaine de kilomètres au sud-ouest de Tanger. Ses remparts de pierre et ses portes remontaient souvent au XVIe siècle, lorsqu'elle était occupée par les Portugais. Après avoir passé deux nuits dans une magnifique demeure ancienne en pierre au bord de la Casbah, j'étais prêt à y passer plusieurs années, bercé par le son romantique des vagues se brisant sur les rochers.

Mais le bon sens et un sentiment de culpabilité l'emportèrent, et je retournai à Stockholm où j'étudiais chez Olle le métabolisme oxydant des cellules de la graisse brune. Je cherchais à comprendre comment ces cellules spécialisées pouvaient brûler rapidement les graisses et générer beaucoup de chaleur alors que notre corps essaie de conserver l'énergie et de réduire autant que possible son gaspillage sous forme de chaleur. Après deux mois de recherche captivante, je suis retourné à Philadelphie pour terminer ma médecine, mais j'avais déjà attrapé le « virus de la science ». Je n'en revenais pas que des gens puissent être payés pour résoudre des énigmes chaque jour, c'était un moyen fantastique de gagner sa vie ! Bien que je voulusse repartir à Stockholm, ce n'était pas envisageable. La guerre du Viet-Nam faisait rage, et j'avais deux possibilités, soit devenir administrateur d'un hôpital de l'armée américaine, soit « rempiler » et faire un stage d'internat avant d'intégrer les Instituts nationaux de la santé (NIH). Je caressai brièvement une troisième option, quitter définitivement les États-Unis, mais je n'étais pas prêt finalement à m'engager dans une direction aussi imprévisible.

Alors que l'emploi du temps harassant de mon internat à l'UCSF est maintenant anecdotique, il me laissa sans énergie ni enthousiasme pour exercer la médecine. Heureusement, les trois années suivantes de travail aux NIH sur des enzymes bactériennes rallumèrent mon intérêt pour l'étude des maladies humaines. L'un de mes collègues aux NIH, Mike Brown, me demandait régulièrement « Que vas-tu faire ensuite, Stan ? Tu es un médecin, tu dois envisager ce que tu vas faire de ta vie. Tu as suffisamment appris sur la régulation des enzymes chez les bactéries, tu perds ton temps ici. » Ses paroles étaient d'or.

Dès que j'eus décidé de travailler sur le cerveau, je me sentis moins à la dérive. Avec ses milliards de neurones, sa capacité à diriger tant d'aspects de l'activité humaine et ses mystères sans nombre, le cerveau semblait un sujet idéal de recherche, mais je devais choisir un problème à ma portée. J'avais besoin d'une recherche aux buts accessibles dans les décennies suivantes, et plus je pensais au cerveau, plus il me paraissait valoir la peine de s'y consacrer. Avant de monter un laboratoire pour étudier un aspect du cerveau, je devais étudier le système nerveux et définir un axe de recherche. Il s'avère que l'étude du système nerveux entrait dans une époque plus favorable. La Society for Neuroscience venait d'être créée, et elle allait continuer à croître les quatre décennies suivantes jusqu'à réunir plus de quarante mille membres dans le monde.

Après avoir été dans quelques laboratoires pour étudier la chimie et la physiologie du cerveau, je décidai de faire un bref stage de résident en neurologie pour acquérir l'expérience nécessaire à un bon médecin scientifique. Ce fut durant ce stage à l'UCSF que je rencontrai une patiente ayant une maladie rare, progressant lentement, appelée maladie de Creutzfeldt-Jakob (ou MCJ). Les mystères qui l'entouraient allaient occuper mon activité scientifique pendant les quarante années suivantes.

Les neurologues ont un vocabulaire coloré, vivant et presque infini pour décrire les fonctions normales et les états pathologiques du système nerveux humain. Ils aiment bien les mots qui commencent par le préfixe négatif venant du grec « a », comme dans « akinétique » pour indiquer que des fonctions motrices sont altérées. D'autres termes avec « a » incluent « anomie », « anosmie », « agnosie », « anosognosie », « aphasie » et « ataxie », et le défilé de ces mots étonnants peut durer un moment. Et puis il y a aussi le préfixe « dys », signifiant mauvais ou anormal. Ce sont alors les mots « dysesthésie », « dysautonomie », « dysphasie », « dysmétrie », « dysphonie » et « dystonie ». Certains neurologues semblent bien aimer aussi la cadence que présente des termes comme « persévération », « dysdiadococinésie », « atrophie dentato-rubro-pallido-luysienne » et « myoclonie palatopharyngolaryngo-oculodiaphragmatique ».

Je n'étais pas préparé à la résistance que montrerait la communauté scientifique à la découverte des prions, et elle a perduré sur plus de dix années plutôt pénibles. Dans les chapitres qui suivent, je décris ma réflexion et celle des autres pour élucider un nouveau principe de maladie sous-jacent à beaucoup de maladies neurodégénératives, si ce n'est à toutes. La MCJ mise à part, ces pathologies incluent les maladies d'Alzheimer, de Parkinson, de Lou Gehring (ou de Charcot) et de Huntington, ainsi que les démences fronto-temporales (DFT) qui incluent des formes post-traumatiques appelées *dementia pugilistica* et l'encéphalopathie traumatique chronique (ETC). Ce livre est le compte rendu à la première personne d'un scientifique qui a eu un rôle déterminant dans ces études. En tant que tel, il doit être considéré comme le récit de mon point de vue d'une odyssée scientifique où, de paria, je suis devenu prophète.

L'état actuel de la recherche sur le prion, qui mène encore aujourd'hui à des découvertes inattendues, est peut-être le mieux décrit par une citation de Winston Churchill. Fin 1942, Churchill, qui s'exprimait au cours d'un déjeuner du lord-maire à Londres pour célébrer un récent succès militaire des Britanniques en Afrique du Nord, avertit : « Maintenant, ce n'est pas la fin. Ce n'est même pas le commencement de la fin. Mais c'est, peut-être, la fin du commencement. »

Alors que les propriétés mystérieuses du prion commencent à apparaître, j'ai souvent été obligé de penser d'une manière contraire à l'intuition. Ce genre de réflexion est en général source d'erreurs, mais peut parfois être le signe d'une découverte fracassante du type de celle des prions. Mes idées allaient à l'encontre des connaissances scientifiques, car toute entité biologique, du virus aux gens, possède de l'ADN ou de l'ARN, c'est-à-dire le matériel génétique qui dirige la synthèse de sa descendance. Beaucoup de personnes ont dit que j'étais une source d'hérésie et que je devais me tromper. L'incrédulité de mes collègues n'a fait que renforcer ma conviction que les scientifiques ont la responsabilité de convaincre les sceptiques de la validité et de l'importance de découvertes qui s'opposent à l'opinion dominante, et qu'ils ne peuvent le faire qu'en faisant des expériences qui mettent à l'épreuve leurs propres hypothèses[3]. La route de ces tests à répétition peut être longue et ardue, ce qui fut le cas pour moi.

Tout discours sur la découverte scientifique doit inclure le rôle de la chance. Des hommes ou des femmes extrêmement intelligents peuvent s'échiner des années et n'avoir jamais assez de chance pour faire une grande découverte scientifique. Et puis il y a quelques personnes, dont je fais partie, qui reçoivent une mégadose de chance. Le pathogène infectieux que nous appelons maintenant prion aurait pu n'être qu'un virus atypique, pas aussi intéressant qu'une protéine infectieuse. Ou bien les prions auraient pu être bien plus rares que ce qu'ils sont, et impossibles à isoler. Si cela avait été le cas, nous aurions été incapables d'identifier la protéine du prion. Ou un autre groupe que le mien aurait pu les découvrir. Ce genre de surprise se produit tout le temps en science, et, à la différence des matchs de sport, il n'y a pas de seconde partie. Une découverte n'est faite qu'une seule fois, il n'y a ni médaille d'argent ni lot de compensation. Un championnat peut se rejouer un an plus tard, des jeux Olympiques quatre ans après, mais la course pour une découverte n'a lieu qu'une seule fois.

Trente ans après la découverte des prions, nous pouvons apprécier l'étendue de leur présence et les nouveaux défis qu'ils posent. Toutes les maladies neurodégénératives sont mortelles. En outre, elles n'ont encore ni tests de diagnostic ni thérapies efficaces. La découverte des prions nous a offert une approche entièrement nouvelle pour développer des médicaments capables de traiter ces maladies dévastatrices.

Alors, comment cette histoire a-t-elle exactement commencé ?

Note de l'auteur

Le livre que vous lisez relate une histoire vraie. Les conversations qui y sont rapportées proviennent de mes souvenirs précis, bien qu'elles n'aient pas été retranscrites mot à mot. J'ai plutôt essayé de les rendre d'une manière évoquant ce qui était ressenti et signifié. Dans tous les cas, l'essence du dialogue est retracée avec exactitude.

CHAPITRE 1

Devenir grand

Que je choisisse une carrière universitaire peut sembler un peu bizarre alors que j'ai trouvé mes études scolaires plutôt ennuyeuses. Je pouvais obtenir des B sans grand effort, et cela semblait toujours suffire. Mes parents ne m'ont jamais poussé à faire mieux, même si tous deux avaient été des élèves avec des A.

Mon collège-lycée était la Walnut Hills High School à Cincinnati dans l'Ohio. C'était un établissement public préparant à l'université, et il fallait passer un test pour y être admis. Walnut Hills, autant que je sache, n'avait rien de spécial. Nombre de ses professeurs y enseignaient depuis des décennies et semblaient peu préoccupés d'intéresser leurs élèves. Comme nous devions faire du latin pendant trois ans dès la première année de collège, mon père décida de m'épauler afin que je puisse mieux saisir les arcanes de cette langue. Son aide fut utile, et le latin devint l'une de mes matières préférées une fois ses bases maîtrisées. En fait, c'était si facile que j'ai gardé le latin pendant cinq ans au lieu de prendre une langue plus utile comme le français, décision que j'ai regrettée par la suite.

Mon expérience avec la science fut différente. Je prenais des cours avancés de maths au lycée, mais mon professeur tuteur, qui enseignait la chimie, ne voulut pas que je suive des cours avancés de chimie. Lorsque mes parents s'en plaignirent, il leur dit que je ne serai jamais capable de comprendre cette matière. Je suivis alors les cours de chimie standard et finis par encadrer beaucoup d'amis qui trouvaient le raisonnement abstrait de la chimie difficile. Ai-je été major en chimie à l'université de Pennsylvanie juste pour prouver que mon professeur tuteur se trompait ? Ai-je passé ma vie à faire de la recherche en biochimie dans l'espoir secret de recueillir ses félicitations ? Quelques psychiatres pourraient tenter ce genre d'interprétation, mais je doute que ce revers au lycée ait quelque chose à voir avec ma poursuite de la chimie. J'aimais cette matière parce que je n'avais jamais à mémoriser quoi que ce soit. Le tout était d'équilibrer les équations, d'être sûr qu'il y avait bien de chaque côté le même nombre d'atomes d'hydrogène, de carbone, d'azote, d'oxygène ou de soufre. Une fois que le compte était bon, tout ce dont j'avais besoin était une connaissance rudimentaire du processus, bien que j'aie appris depuis que la recherche en chimie demande un peu plus de jugeote et beaucoup plus de réflexion.

Malgré une scolarité peu enthousiaste, je me passionnais pour le scoutisme et la fraternité de mon lycée. Je préférais les activités scoutes à celles demandées pour mes études, elles étaient un antidote à mon ennui. Je devins un scout Aigle et fus employé l'été au camp scout local. J'ai même essayé de retarder l'université en postulant pour un poste d'un an comme aide scout militaire sur la base de l'armée de l'air américaine de Thulé au Groenland. Ce n'est que des années plus tard, après avoir été au pôle Sud, que j'ai réalisé ma chance de n'avoir pas été retenu.

Même si je n'ai jamais été au Groenland, je gardais un intérêt pour les températures froides. Ma première expérience de recherche a commencé l'été suivant mon entrée à l'université, lorsque j'ai étudié les effets de l'hypothermie pour retarder le gonflement du cerveau chez le rat[1]. L'été suivant, j'ai développé un projet dirigé par Bernard Black-Schaffer de l'Université de Cincinnati. J'y étudiais la tolérance de hamsters hypothermiques à des accélérations huit cents fois supérieures à celle de la gravité, comparables à celles qui seraient subies au cours d'un voyage interstellaire[2]. Pendant mes études médicales, j'ai commencé par étudier la graisse brune des hamsters à la sortie de leur hibernation[3].

Si mon intérêt pour les basses températures a pris fin avec l'étude de la graisse brune, mon amour pour la science avait encore grandi. Le privilège de passer du temps à découvrir quelque chose encore jamais connu par personne se transforma en une soif insatiable de découverte. Il s'avère que les hamsters allaient continuer de jouer un rôle crucial dans ma recherche sur les mystères du prion.

Mes ancêtres...

Les racines de mon amour pour la science ont toujours été mystérieuses pour moi. Aucun de mes parents n'était un scientifique, mais ils ont dû me transmettre des qualités utiles au domaine. Mon père, Lawrence Albert Prusiner, était un architecte doué pour les nombres, et ma mère, Miriam Hannah Spigel, était pleine d'imagination, une créative, qui s'investissait toujours à fond dans ses passions, que ce soit la poterie, les poissons tropicaux, les bonsaïs ou l'ikebana. Ils descendaient tous deux de Juifs immigrés d'Europe de l'Est. Pour mieux comprendre mes parents, je devins obsédé par l'idée d'en apprendre plus sur mes origines (figures 1 et 2).

Mon arrière-grand-père paternel Wulf Prusner (le *i* s'est glissé plus tard) était un avocat en vue à Moscou, qu'il quitta au printemps 1891 peu après que son gouverneur, le frère du tsar Alexandre III, eut ordonné l'expulsion de tous les Juifs de la ville. La permission de rester n'était donnée qu'à ceux qui se convertissaient au christianisme, aux femmes qui voulaient devenir prostituées, et aux riches marchands avec leur famille jugés utiles à l'économie de la ville. En tout, plus de quatorze mille familles juives furent expulsées de Moscou vers la Zone de Résidence, à l'ouest de la Russie, territoire qui correspondait à une grande part de la Lituanie, de la Biélorussie, de la Pologne et de l'Ukraine actuelles.

À Moscou, Wulf réussit à obtenir un passeport du consul général de l'Allemagne. Alors que sa femme, Feine Moiseev, ses deux fils et sa fille allèrent à Mogilev, la capitale de l'est de la Biélorussie, il partit pour l'Allemagne avec l'intention d'émigrer aux États-Unis pour pouvoir ensuite offrir une meilleure vie à sa famille. Il arriva à New York et rejoignit Chicago où il trouva un petit boulot de rouleur de cigares. Ayant appris qu'il y avait de meilleurs emplois plus à l'ouest, il déménagea et, à la fin de 1891, il avait atteint la ville de Sioux City dans l'Iowa où se trouvait une communauté juive dynamique en pleine expansion. Les premiers Juifs de Sioux City étaient arrivés avant la guerre de Sécession. Tous étaient d'origine allemande, et les premiers Juifs de Russie arrivèrent en 1888, trois ans seulement avant Wulf. Sur place, il fit divers petits boulots comme veilleur de nuit dans une étable pour chevaux de voitures, gardien de bibliothèque publique, marchand

Figure 1. Le côté Prusiner de ma famille. Dans le sens horaire, à partir de la gauche en haut : mon arrière-arrière-grand-père Lippman-David Prusiner, père de Wulf. Feine (assise à gauche) et Wulf (au centre), mon grand-père Ben (debout à gauche), Dave (debout à droite), Molly (assise à droite) et Bessie (en bas). Ma grand-mère Ethel Galinsky avec ses fils, mon père Lawrence (à droite) et son frère Stanley. Moi (à droite), mon père (au centre), et mon frère Paul en 1997. Mon arrière-grand-père Moshe Lazar Galinsky, père d'Ethel.

Figure 2. Le côté Spigel de ma famille. Dans le sens horaire, à partir de la gauche en haut : mon grand-père Ben (debout) et ma grand-mère Mollie Feldman (assise) avec leurs enfants, Herbert (à gauche), Miriam (au centre), et Naomi. Mon père et ma mère. Moi à l'âge de trois ans. Ma mère et mon père à l'âge de cinquante-deux et cinquante-six ans.

de fruits ambulant. Il prit des cours du soir pour apprendre l'anglais et finit par monter une société d'assurances qu'il appela, ayant anglicisé son nom, la William L. Prusiner Insurance Company.

Comme avocat à Moscou, Wulf avait réussi à gagner l'équivalent de plus de 40 000 dollars sous forme de biens, une petite fortune pour l'époque. Lorsque les Juifs furent expulsés, il donna son mandat d'avocat à un ami de confiance, qui accepta de liquider ses biens et de remettre l'argent à Feine et leurs trois enfants. Quelques mois après leur départ pour Mogilev, Feine revint avec ses enfants à Moscou pour récupérer les biens de son mari auprès de son ami, mais celui-ci dénonça traîtreusement leur retour à la police. Une troupe de fonctionnaires leur tomba dessus et les jeta en prison. Pour avoir tenté de faire valoir ses droits, Feine reçut une amende de 500 dollars. Dans une lettre à son mari envoyée à Sioux City, elle écrit que c'est « tout l'argent qu'elle avait sur terre ». Après cela, Feine et ses enfants furent emmenés dans la banlieue de Moscou et reçurent l'ordre de partir du pays. Wulf envoya 125 dollars à sa femme pour qu'ils puissent gagner l'Amérique, et la famille se mit en route pour l'Allemagne, soit quatre jours de voyage en train. Lorsqu'ils arrivèrent à la frontière, ils furent refoulés par des sentinelles qui étaient là pour contenir la marée des réfugiés juifs de Russie. C'était une époque d'exode massif. Chaque jour, près de quatre mille d'entre eux tentaient de partir. Désespérée, Feine retourna à Mogilev pour attendre.

Selon un article du *Sioux City Journal* de l'époque, lorsque deux amis de Wulf à Sioux City firent des démarches pour obtenir les visas de transit pour sa femme et ses enfants, on leur répondit que « compte tenu des lois allemandes et de quarantaine, [...] il [sera] impossible de faire quoi que ce soit ». Ils firent toutefois appel au Département d'État américain au nom de Feine. Leur effort fut récompensé en mars 1893 quand le Secrétaire d'État Walter Gresham reçut un message de la délégation américaine à Berlin indiquant que le gouvernement allemand avait accordé l'autorisation à Feine Prusiner et à ses enfants de traverser l'Allemagne. À la mi-avril, la famille quittait Hambourg sur le navire *California*, et elle arriva à New York à la fin du mois. Peu après, elle put rejoindre Wulf à Sioux City.

Quatre ans plus tard, Wulf fit venir ses deux sœurs et son père, Lippman-David, à Sioux City. Le père de Lippman-David, Noach, a dû venir à Shklov sur le Dniepr de la ville de Pruzhany, ou Prusana, située dans l'ouest de la Biélorussie, près de la frontière lituanienne. Noach n'avait probablement pas de nom de famille, ce qui était courant chez les Juifs vivant dans la Zone de Résidence. Vers le milieu du XIXe siècle, cette situation changea quand le tsar décréta que les Juifs devaient prendre un nom et que ceux qui vivaient hors de leur lieu de naissance pouvaient prendre le nom de la ville d'où ils venaient. Ce fut probablement Noach qui choisit le nom de Prusner, qui a la terminaison yiddish « -er », alors que les autorités russes auraient plutôt mis à la fin « -sky » ou « -ski ».

Benjamin, l'aîné des enfants de Wulf et Feine, était mon grand-père. Il ne finit jamais l'école et fut forcé de travailler pour aider sa famille à survivre. Il finit par monter une petite société, la Benjamin W. Prusiner Insurance Company, à Des Moines, dans l'Iowa également. La femme de Benjamin, ma grand-mère paternelle, Ethel Galinsky, était née à Omaha dans le Nebraska en 1884, et décéda à l'âge de trente-deux ans d'une embolie pulmonaire, quatre ans après avoir donné naissance à mon père et deux ans après avoir accouché de son frère, Stanley Arnold.

Du côté de ma mère, mon grand-père s'appelait aussi Benjamin. Son père, Moses Herman Spigel, et sa mère, Sarah Weinstein, étaient nés en Autriche puis avaient vécu en Roumanie. Ils y cultivaient du tabac et furent ensuite invités à immigrer par l'État de Virginie. Dans la région de Richmond, Moses continua la culture du tabac pendant de nombreuses années, puis il fit venir d'Autriche son père, Benjamin, et sa mère, Fannie Betseig. Moses et Sarah eurent onze enfants, mon grand-père Benjamin Spigel était le plus âgé des neuf garçons. Il était né en 1878 un jour de Noël sur le bateau au moment où ses parents et sa sœur Hannah traversaient l'Atlantique. Après avoir élevé leur famille à Richmond, Moses et Sarah déménagèrent à Norfolk où leur fils Benjamin avait monté une affaire florissante de bijouterie et était devenu membre du conseil municipal. Je n'ai jamais connu mon grand-père Benjamin Spigel. Il fut tué à cinquante ans dans un accident de la circulation alors que ma mère n'avait que quatorze ans. Elle adorait son père et en gardait, soixante ans après son décès, un souvenir vivant et indélébile. Le jour de la mort de Benjamin, le rabbin de la famille écrivit :

> La perte de Benjamin Spigel… a créé un vide qui ne peut être comblé… À lui venaient la veuve et l'orphelin, l'éploré et l'opprimé, le malade et le dérangé, pour qu'il les aide à résoudre leurs délicats problèmes. À lui venaient le Juif et le Gentil, le gros et le petit, pour une aide qui ne

provenait pas seulement de la bourse mais aussi du cœur... Benjamin Spigel était non seulement le meilleur Juif et citoyen de Norfolk, il était l'un des nobles de Dieu... Il était un ambassadeur d'espoir et un apôtre de l'amour humain.

La femme de Benjamin Spigel, Mollie, était ma grand-mère maternelle bien-aimée. Elle était née en 1887 à Salisbury, en Caroline du Nord, la seconde des six enfants de Jacob et Leah Feldman, venus tous deux de Vilnius en Lituanie à la fin du XIXe siècle. Lorsque Jacob arriva à New York, il se trouva confronté au même problème que Wulf Prusiner, c'est-à-dire trop de Juifs immigrés et pas assez d'emplois. Jacob alla vers le sud, à Baltimore, chez un cousin, mais il n'y avait pas de travail là non plus. Encouragé à aller plus au sud, il acheta un cheval et un fourgon sur lequel étaient déjà peints les mots « Feldman and Sons », de sorte que Jacob prit le nom de Feldman. Aucun de ses descendants ne sait quel était son nom en Lituanie, ou le nom qu'il utilisa quand il entra aux États-Unis. Comme beaucoup de Juifs d'Europe de l'Est, Jacob et Leah voulaient oublier une vie dure et alourdie des violences antisémites entretenues par l'État russe. Jacob monta un commerce de textiles avec six magasins en Caroline du Nord et dans le sud de la Virginie, mais il perdit presque tout lors de la Grande Dépression. Ma mère a grandi à Norfolk. Après le décès prématuré de son père, il y eut assez d'argent pour l'envoyer au Hollins College, mais seulement pour deux ans.

Mon père, de son côté, étudia à l'Université d'État de l'Iowa et obtint un diplôme d'architecte à Harvard. Bien que les emplois fussent rares lors de la Grande Dépression, il trouva du travail à Washington, où il rencontra ma mère qui y travaillait comme secrétaire. Ils retardèrent leur mariage de plus d'un an quand le frère de mon père déclara une maladie de Hodgkin. La seconde femme de mon grand-père demanda à ce que mon père retourne à Des Moines pour s'occuper de son frère mourant. Finalement, mes parents se marièrent le 18 février 1939 et s'établirent à Des Moines, où je naquis le 28 mai 1942. Je reçus le nom de mon oncle décédé Stanley Arnold, mais comme second prénom Ben pour éviter que mes initiales ne soient SAP *.

Peu après, mes parents déménagèrent à Boston de sorte que mon père, qui s'était enrôlé dans l'armée lors de la déclaration de la Seconde Guerre

* « Nigaud » en anglais (*NdT*).

mondiale, puisse suivre l'École des candidats officiers de la Marine. Il fut ensuite envoyé sur l'île d'Eniwetok, dans le Pacifique Sud. À cette époque, ma mère m'emmena à Cincinnati et emménagea dans le même immeuble de briques rouges de dix étages que sa mère, Mollie Spigel. Les couloirs étaient remplis de l'odeur rance de poulet cuit venant des cuisines peu ou pas ventilées. Nos petits deux-pièces, ma mère et moi au septième, ma grand-mère au cinquième, avaient des lits qui pouvaient être basculés dans une armoire. La proximité de l'appartement de ma grand-mère faisait mon bonheur. Chaque fois que ma mère était fâchée contre moi, ce qui était rare, je n'avais qu'à descendre deux étages pour voir ma grand-mère aimante. À ses yeux, je ne pouvais rien faire de mal ! De plus, pendant plusieurs années, je n'ai pas eu à choisir entre les deux car chacune m'adorait. Leur amour inconditionnel m'a donné une confiance en moi qui fut probablement responsable du travail que j'ai pu accomplir plus tard dans la vie. Mon père fut en mer durant deux ans, ce qui me permit d'être le petit homme de la maison.

Je garde encore beaucoup de souvenirs affectueux de ma Mamie. Sa soupe de poulet était fantastique, une recette qu'elle a transmise à ma mère. Elle et ma mère me faisaient la lecture pendant des heures. Il n'y avait pas de poste de télévision. Le souvenir de mon amour pour ces deux femmes qui ont donné tant d'elles-mêmes peut encore me faire venir les larmes aux yeux. Et la profonde tristesse que je ressentis à douze ans, quand Mamie mourut à soixante-sept ans d'une hémorragie cérébrale due à l'hypertension, reste un des souvenirs les plus forts de mon enfance.

Au cours de la guerre, mon grand-père Ben Prusiner passait parfois nous voir le samedi matin pour déjeuner. Il vivait à une centaine de kilomètres de là à Springfield, dans l'Ohio, où il dirigeait un commerce de textiles et luttait pour maintenir sa société d'assurances à Des Moines. Ma mère lui préparait alors un somptueux repas, où se retrouvaient toujours les harengs au vinaigre plongés dans une crème aigre et recouverts d'oignons coupés et de câpres. Ben décéda à l'âge de soixante-cinq ans d'une seconde crise cardiaque.

Peu après le retour de mon père du Pacifique Sud, nous revînmes à Des Moines. Deux mois après la naissance de mon frère Paul en 1948, ma mère fut hospitalisée pendant plusieurs semaines. Son absence créa un vide irremplaçable dans mon monde. J'avais juste six ans. Deux ans plus tard, elle eut sa première crise cardiaque, à l'âge de trente-quatre ans. Elle resta à l'hôpital plusieurs mois, et je ne fus autorisé à la voir qu'une seule fois, tandis que mon frère Paul, âgé de deux ans, ne put la voir une seule fois. Elle me manquait terriblement, elle était le centre de mon monde, sa voix et son sourire m'apportaient tant de joie et de chaleur. L'amour de mon père ne pouvait combler le vide créé par son absence. Mon père allait la voir tous les jours et devait en même temps prendre soin de nous, ce qui a pu porter préjudice à sa prometteuse carrière d'architecte. C'était un homme désintéressé qui se souciait profondément de sa famille.

Pendant les quarante années qui ont suivi, je suis toujours resté inquiet pour la santé de ma mère. Sa maladie n'était jamais loin de notre esprit. Il n'y a aucun doute pour moi que la fragilité de son existence jetait une ombre sur notre vie. Cette incertitude a exacerbé les problèmes de mon père qui n'arrivait pas à trouver un travail bien payé comme architecte. Lui et ma mère luttaient chaque mois pour payer leurs factures, et ils n'étaient guère en mesure de faire des économies. Mes deux parents restaient frustrés par leurs modestes ressources, mais aucun ne savait comment échapper à cette situation. Ils se sentaient piégés.

Nous avons toujours vécu dans des maisons convenables, mais jamais dans les meilleurs quartiers. La première maison était petite, avec deux chambres, construite récemment comme des douzaines d'autres dans la partie est de la ville. Elle était modeste mais confortable, avec un beau jardin à l'arrière. Chaque soir, après le repas, je me perchais sur une chaise de la salle à manger près du buffet, me blottissais contre une petite radio et écoutais *Le Cavalier solitaire*. Mon monde fut bouleversé quand le beau-frère de mon père nous envoya notre premier poste de télévision. Son écran de six pouces était parfait pour voir le Cavalier solitaire galoper sur son cheval blanc, Silver, avec à ses côtés son ami l'Indien Tonto. Nous vécûmes là plusieurs années, puis nous avons déménagé dans une plus grande maison dans la partie ouest de Des Moines après la crise cardiaque de ma mère.

Même si j'eus alors ma propre chambre, qui donnait directement sur un grand jardin, mes souvenirs de cette maison sont mitigés. Ils restent assombris par la maladie de ma mère. Mes parents, et particulièrement ma mère, semblaient plus que jamais ressentir leur pauvreté relative et leur modeste maison. Mon père était un roc toutefois, qui mettait en œuvre année après année ses compétences d'architecte pour concevoir des écoles, des hôpitaux et des bâtiments industriels. Son travail était pénible et exigeant, et il en rentrait toujours épuisé. Curieusement, je ne me rappelle pas l'avoir vu ramener une seule fois du travail à la maison. Il semblait veiller à bien séparer son travail de sa vie de famille.

La plupart des amis de mes parents étaient juifs. La communauté juive de Des Moines comprenait moins d'un millier de familles, et mes parents s'y trouvaient dans le bas de l'échelle socio-économique. Leur situation était d'autant plus criante pour eux et vis-à-vis des autres que s'étalait la richesse de parents proches, dont aucun ne semblait préoccupé par la lutte que menait mon père pour soutenir sa famille. J'ai peu de choses à dire sur les écoles publiques, si ce n'est que je ne me rappelle pas aujourd'hui un seul de mes professeurs. En 1952, nous revînmes à Cincinnati où, en quête d'un meilleur emploi, mon père rejoignit la société A. M. Kinney Architects and Engineers. Il y passa le reste de sa vie professionnelle jusqu'à ce qu'elle ferme brutalement lors de la récession de 1974, le laissant sans travail à l'âge de soixante-deux ans.

Mes souvenirs sur la vie de mes parents sont souvent teintés de tristesse. Ils ont tout deux eu une enfance difficile. Mon père a perdu sa mère à quatre ans, et ma mère a perdu son père à quatorze ans. Mon père ne parlait jamais de sa mère, et je pense qu'il en avait peu de souvenirs. Je ne peux me rappeler mon père ou ma mère décrivant la seconde femme de mon grand-père en termes positifs. L'enfance de ma mère fut probablement plus heureuse, mais elle a dû se battre avec une sœur plus âgée, terne et difficile, et un frère aîné doué et distant. Ma mère et sa sœur étaient fatiguées de l'adoration de leur mère pour son fils, Herbert, qui avait étudié l'architecture à l'Université de Pennsylvanie. Herbert quitta l'architecture pour une affaire de récupération de métaux et il décéda prématurément d'un cancer de l'estomac à l'âge de trente-six ans.

La vie d'adulte de mes parents ne fut pas moins rude que leur enfance. Ils vécurent d'un salaire à un autre. Ils ne pouvaient économiser la moindre somme, leur seul patrimoine était notre modeste maison à Cincinnati, une fois qu'ils eurent remboursé son crédit. Avec les problèmes de la maladie chronique de ma mère qui accentuaient notre pauvreté, l'objectif désintéressé de mon père de garder sa famille unie apparaît d'autant plus remarquable. Lorsque la vie devenait trop difficile, il se retirait dans sa chambre et lisait des romans à mystères.

Quand je cherche à comprendre comment ces années ont modelé ma personnalité, je suis face à un paradoxe. J'ai parfois lutté contre une faible estime de moi, mais je n'ai pourtant jamais perdu confiance dans ma capacité à faire tout ce que j'ai choisi. Attribuer la faible estime de moi au manque apparent d'accomplissement de mon père semble trop simple. Mon image de moi non analysée reste un mystère pour moi.

Mon sentiment d'être particulier, un peu différent, diminua lorsque mes liens avec le judaïsme se renforcèrent lors de mon déplacement vers l'est : d'abord à Cincinnati et plus tard, en 1960, à Philadelphie pour m'inscrire à l'Université de Pennsylvanie.

Ma tante demeurée veuve, Helen Spigel, vivait à Philadelphie. Elle m'encouragea à fréquenter cette université, la Penn, et à venir vivre avec elle et mes trois cousins. Cincinnati et Philadelphie étaient deux centres majeurs de la culture juive américaine et de la connaissance, et mes premiers sentiments d'être étranger à la société américaine firent lentement place à la reconnaissance de mon héritage. Bien que j'aie bien plus aimé Cincinnati que Des Moines, j'y ai trouvé les études secondaires bien tristes. J'aspirais à quelque chose de mieux, et c'est à l'Université de Pennsylvanie que je l'ai trouvé. Mes cours, que ce soit de chimie, de biologie, d'économie, d'histoire, d'architecture, de philosophie ou d'histoire russe, étaient stimulants, j'appréciais mes professeurs et respectais leur recherche. Je pouvais sentir leur enthousiasme pour leurs domaines respectifs, et leur exemple me fit vite éprouver la joie de la quête intellectuelle.

Mes mentors scientifiques

J'eus la chance extraordinaire d'avoir presque une douzaine de remarquables mentors (figure 3). J'ai commencé l'été avant mon année senior à la Penn par étudier le gonflement du cerveau des rats chez Sidney Wolfson, une première expérience qui me persuada de rester et d'y faire mes études de médecine. Wolfson m'a montré comment lire un article scientifique et analyser les données. Il m'a appris les statistiques et comment formuler un problème scientifique. Il a passé un temps énorme à m'aider à me plonger dans le monde fascinant de la recherche scientifique. Après deux années de travail avec Wolfson, je suis passé à l'étude du métabolisme oxydant de la graisse brune. J'ai entamé un travail, avec Britton Chance et C. P. Lee, sur la production de chaleur dans la graisse brune du hamster lorsqu'il sort de son hibernation. Chance était l'un des scientifiques les plus connus de la Penn, une autorité pour le métabolisme énergétique. Il faisait partie de ces scientifiques incroyables qui respirent virtuellement l'information nouvelle, mais il était impatient et semblait toujours trop pressé. Je réussis à isoler des cellules de graisse brune et découvris que je pouvais stimuler leur métabolisme en ajoutant une hormone, la noradrénaline, ce qui entraînait l'oxydation de la graisse et une production concomitante de chaleur. C. P. Lee, une grande femme avec une tête ronde et un grand rire, me conseillait sur la manière de mener ma recherche. Elle eut une énorme influence sur moi. Son merveilleux sens de ce qui est important s'illustrait par un sage conseil : « Stan, ne sois pas perturbé si quelqu'un est en concurrence avec toi et refait ton travail. Cela signifie qu'il a suffisamment d'intérêt pour que quelqu'un reprenne de son côté tes expériences dans le cadre de ses propres études. Rappelle-toi toujours, aucun résultat scientifique n'est considéré comme valide tant qu'il n'a pas été confirmé de manière indépendante. »

J'ai poursuivi ma recherche sur les cellules de la graisse brune avec Olle Lindberg durant une grande partie de ma quatrième année de médecine, de septembre 1967 à février 1968. Lindberg était le directeur de l'Institut Wenner-Gren qui, comme la Penn, était une mecque pour la recherche sur le métabolisme énergétique. Malgré nos situations très différentes dans la vie, Lindberg me traita d'égal à égal, et je me mis à l'apprécier. Si nous discutions des derniers résultats de notre travail, nous pouvions aussi parler de science, de politique et de philosophie, et des problèmes personnels qui, de temps à autre, interrompaient brutalement notre recherche. Un membre de l'institut l'exaspérait tellement qu'il citait l'adage : « Quand le sage parle assez longtemps au fou, il n'est plus tout à fait sûr de qui est le fou. » Ni Lindberg ni moi-même n'avons pu déterminer l'origine de ce dicton malicieux et bien utile. Le temps passé avec Lindberg m'a convaincu que la vie d'un scientifique pouvait être un moyen agréable et intéressant de gagner sa vie. Et que je pouvais être relativement bon dans cette activité !

Figure 3. Certains enseignants et mentors. Dans le sens horaire à partir de la gauche en haut : Sidney Wolfson, Olle Lindberg, Earl Stadtman, Britton Chance et Charles Yanofsky.

De retour à la Penn au printemps 1968, je fus confronté à de difficiles décisions. Mes études de médecine arrivaient à leur terme, et j'aspirais à repartir en Suède. Je voulais continuer mes études sur la graisse brune, étant certain qu'il y avait encore des choses à apprendre et que je pouvais y contribuer d'une manière substantielle. Mais à l'automne 1967 j'avais postulé pour un programme d'internat en médecine, et cela allait être la prochaine étape de mon parcours.

L'internat de médecine à l'UCSF était devenu l'un des plus prisés des États-Unis sous la houlette de Lloyd Hollingsworth (Holly) Smith, qui avait pris la chaire de médecine à peine quatre ans plus tôt. Si j'eus la chance d'y être accepté, l'internat s'avéra aussi dur que je le craignais. Après m'être occupé des patients pendant trente-six heures, j'avais à peine le temps de récupérer avant de reprendre le lendemain pour encore trente-six heures de garde (quelques années plus tard, ces programmes de formation d'une nuit sur deux furent supprimés car ils ne profitaient ni aux patients ni aux internes). Mon expérience réduite pour soigner les malades fut flagrante dès le premier jour. J'avais beaucoup à apprendre et j'étais effrayé à l'idée de pouvoir tuer un patient. Mais je n'avais pas le choix, je devais agir. Je ne pouvais abandonner, car autrement j'aurais été immédiatement suspendu et envoyé au Viet-Nam comme administrateur d'hôpital militaire.

Après une année de tourments, je quittai San Francisco et rejoignis les NIH à Bethesda, dans le Maryland, où j'avais été accepté comme chercheur associé. Sur neuf postes possibles aux NIH, j'avais témérairement décidé qu'un seul paraissait assez intéressant pour moi. Quelle prétention ! Je pensais même qu'il était préférable d'être un médecin de l'armée au Viet-Nam que de devoir supporter un séjour de deux ans dans un labo ennuyeux. Heureusement, je reçus le poste que j'avais demandé, à l'Institut national du cœur. En juillet 1969, je me présentai aux NIH en tant que lieutenant commandant dans le Service de santé publique américain, et j'ai passé les trois années suivantes dans le laboratoire d'Earl Stadtman, un biochimiste remarquable spécialisé dans les enzymes.

Mon premier jour aux NIH fut un peu rude. Lorsque j'entrai la première fois dans le bureau de Stadtman pour le saluer, il m'accueillit en disant : « Oh, j'avais oublié que vous veniez », remarque qui ne me remonta pas particulièrement le moral. Stadtman était un introverti qui trouvait la conversation difficile avant 5 heures de l'après-midi et d'avoir bu quelques bonnes bouteilles. C'était un authentique amateur de vin, avec une connaissance encyclopédique des crus français. Sa timidité était un problème pour beaucoup de ses postdocs *, car souvent interprétée comme un manque d'intérêt pour eux et leur travail supposé de second ordre. Ce qui n'était en général pas le cas. En revanche, l'insécurité qui régnait chez ces brillants médecins qui s'essayaient à la science contribuait à leur faire considérer leur travail comme marginal.

* Un postdoc, pour chercheur postdoctoral, est un chercheur ayant soutenu sa thèse de doctorat travaillant avec un contrat à durée déterminée dans un laboratoire de recherche (*NdT*).

En me rappelant cette époque, je réalise maintenant qu'Earl était incroyablement patient avec moi et les autres scientifiques sous pression dont il s'occupait. C'est là que j'ai commencé à étudier une enzyme, la synthétase de la glutamine, qui catalyse la synthèse de cet acide aminé, et plus tard la glutaminase qui intervient dans sa dégradation. Malgré mes expériences antérieures dans la recherche, je compris vite que j'en savais relativement peu sur le travail de chercheur. Stadtman m'a appris les fondamentaux de la recherche et l'art de purifier les protéines. Heureusement, ce que j'ai appris sous sa tutelle s'est finalement avéré un cours de premier ordre pour isoler et identifier le mystérieux prion.

CHAPITRE 2

Le début d'une odyssée

Après trois années passées au NIH, il était temps d'avancer. Je me sentais prêt à monter mon propre laboratoire, mais pour me permettre d'étudier un jour le cerveau j'ai réussi à faire mes armes et à prendre une approche qui fut rétrospectivement d'une grande maturité. Je choisis de faire un stage raccourci de résident en neurologie clinique avant de former un laboratoire. Chose incroyable, je n'avais pas encore d'idée sur ce que je voulais étudier. Mon but était d'identifier, au cours de ce stage en clinique, un grand problème d'étude.

Début septembre 1972, j'effectuais une ponction lombaire lorsque le bip de l'hôpital m'appela. « Docteur Prusiner, docteur Stanley Prusiner… » Dès que j'eus fini mon intervention, je rappelai et appris que l'on m'avait assigné une patiente du service du docteur Donald Macrae qui avait été admise pour évaluation d'une démence en progression rapide.

Lorsque je suis entré dans sa chambre, ma nouvelle patiente, vêtue d'une blouse de l'hôpital, se tenait assise au bord de son lit. Elle était bronzée, mince, avec des cheveux raides brun grisonnant coupés juste au-dessus des épaules et de grands yeux bleus qui brillaient d'enthousiasme. Elle semblait calme et quelque peu détachée. Cette belle femme de soixante ans du comté de Marin, au nord de la ville, avait des problèmes de mémoire et de mouvements fins des doigts. Elle avait du mal à trouver ses mots et elle n'était pas capable de décrire les symptômes qui l'avaient amené à l'hôpital. Son mari rappelait les difficultés initiales qui l'avaient alerté, comme son incapacité à introduire la clé

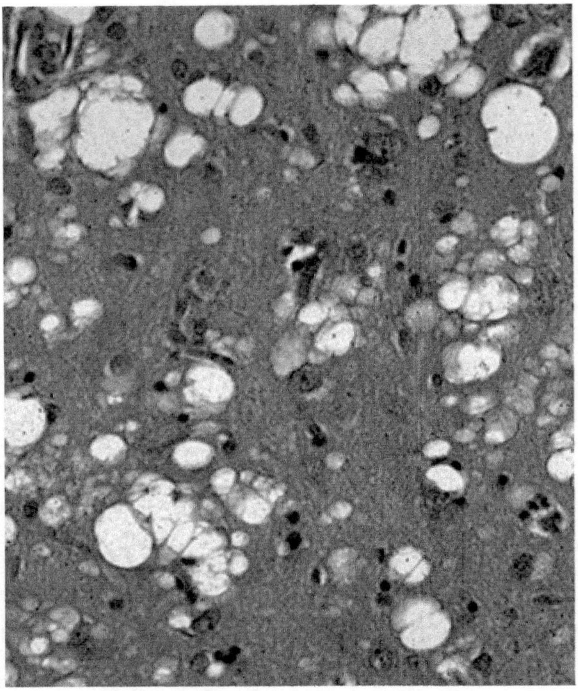

Figure 4. Le cerveau des patients ayant la MCJ, comme le bétail atteint de tremblante ou d'ESB, contient de nombreux trous (des « vacuoles ») qui lui donnent un aspect spongieux (« spongiforme ») au microscope.

de la voiture pour démarrer ou à ouvrir la fermeture éclair de son sac de golf. Au cours de l'examen de son état mental, je trouvai qu'elle avait de la peine à se rappeler les événements récents. Selon son mari, c'était quelque chose de nouveau. Alors que je testais sa démarche, sa force musculaire, ses modalités sensorielles et ses réflexes, elle fit une myoclonie, c'est-à-dire des mouvements saccadés des muscles. Je n'avais aucune idée de ce qui avait pu provoquer une aggravation aussi rapide.

La démence progressive, où intellect et mémoire sont touchés, lorsqu'elle est associée à une myoclonie, suggère une maladie de Creutzfeldt-Jakob (MCJ). Lorsque l'un des médecins seniors proposa ce diagnostic, j'eus vaguement le souvenir d'avoir lu quelque chose sur une maladie de Jakob-Creutzfeldt à l'école de médecine, mais cela datait de ma première année à l'hôpital et je n'en avais aucune expérience clinique (j'appris plus tard que les noms de la maladie avaient été inversés, pour une raison vraiment idiote, au cours du bref intervalle entre mes études et ma première activité clinique).

La MCJ est toujours mortelle. Elle fait partie d'un groupe de maladies humaines et animales appelé maladies à prion, dont la plus familière est l'encéphalite spongiforme bovine (ESB), dite aussi maladie de « la vache folle ». Une autre de ces maladies est la tremblante du mouton qui touche les moutons et les chèvres. D'habitude, le cerveau des patients atteints de MCJ, comme celui des animaux affecté de l'ESB ou de la tremblante, contient de nombreux trous (des « vacuoles ») qui donnent au cerveau un aspect spongieux (« spongiforme ») au microscope (figure 4). Parfois, ces maladies sont désignées sous le terme d'encéphalopathies spongiformes transmissibles, ou EST.

L'étiologie de la MCJ, à savoir ce qui était transmis d'un patient à un autre, était inconnue, mais on suspectait un « virus lent », capable de provoquer la maladie après des mois, voire des années, d'incubation. C. Joseph Gibbs, D. Carleton Gajdusek et ses collègues des NIH avaient montré que la maladie est transmissible. Lorsqu'ils avaient injecté des extraits de cerveau de patients morts de MCJ dans un chimpanzé, celui-ci avait développé les mêmes symptômes treize mois plus tard[1]. Les mêmes chercheurs avaient aussi pu transmettre au chimpanzé une autre EST connue sous le nom de kuru présente chez le peuple Fore des Hautes-Terres orientales de l'île de Nouvelle-Guinée[2]. Comme la MCJ, on pensait que le kuru était dû à un virus lent.

Pour un neurologue en première année de clinique, l'explication virale semblait la bonne. Mais je restais perplexe en voyant la santé de ma patiente se détériorer rapidement en quelques semaines. Elle ne présentait aucun signe d'une maladie infectieuse. Son cou était souple, pas raide. Elle n'avait pas de fièvre non plus, ni d'augmentation de ses globules blancs dans le sang ou le liquide céphalo-rachidien.

Ma patiente avait été vue par Macrae, neurologue clinicien d'exception et professeur fameux, ainsi que par Robert Fishman, qui dirigeait le département de neurologie de l'UCSF (figure 5). Les deux étaient d'accord pour dire qu'elle avait une MCJ et allait probablement en mourir dans quelques mois. Lorsque Fishman, professeur et clinicien remarquable, mais sans expertise particulière dans les démences, la MCJ ou les maladies virales, changea de service, il fut remplacé par un autre neurologue confirmé, J. Richard Baringer. Ce dernier s'intéressait aux infections virales dans le cerveau. Ses recherches tournaient autour de la persistance des virus de l'herpès dans le système nerveux, et des virus

Figure 5. D'autres enseignants et mentors. En partant de la gauche, Robert Fishman, Ivan Diamond (à la droite d'une femme non identifiée) et Donald Macrae.

lents étaient aussi soupçonnés de causer des infections herpétiques ainsi que la MCJ. Nos échanges sur la MCJ devinrent plus intenses et il me cita des articles de la biologiste des radiations Tikvah Alper. Celle-ci avait décrit les étranges propriétés de « l'agent de la tremblante » infectant les moutons et les chèvres, que l'on pensait semblable au virus lent à l'origine de la MCJ.

Alper, qui avait reçu sa formation avec la célèbre physicienne nucléaire Lise Meitner dans les années 1930 à Berlin, était une femme directe et énergique. Elle avait grandi en Afrique du Sud où ses parents, des Juifs russes, avaient immigré. Elle était arrivée à Londres en 1951, le gouvernement sud-africain ayant probablement facilité son départ en raison de son opposition affichée à l'apartheid. En 1962, elle devint directrice de l'unité de radiobiologie expérimentale du Medical Research Council à l'hôpital de Hammersmith et garda ce poste jusqu'à sa retraite en 1974. Ce fut durant cette période qu'elle publia son travail de référence sur l'agent de la tremblante (figure 6).

Ses études sur l'extrême résistance de l'agent de la tremblante à l'inactivation par les rayons ultraviolets ou X l'avaient amenée à la conclusion qu'il ne pouvait s'agir d'un virus, car les hautes doses de rayonnement

Figure 6. Tikvah Alper a utilisé la lumière ultraviolette à différentes longueurs d'onde pour étudier l'agent de la tremblante.

utilisées auraient dû détruire son ADN ou son ARN[3]. J'en déduisis qu'Alper n'avait probablement pas raison car, en fin de compte, tout pathogène infectieux, virus inclus, avait un noyau d'acide nucléique qui dirigeait la fabrication de sa descendance. Autrement, comment un pathogène pouvait-il proliférer ? De l'ADN ou de l'ARN devait forcément intervenir, puisque c'était le matériel génétique de la vie. Je pensais que l'explication la plus raisonnable aux résultats d'Alper était l'existence d'un virus. Qu'est-ce que l'agent de la tremblante pouvait-il être, autrement ? Rien d'autre ne pouvait exister.

Ma patiente fut hospitalisée près de trois semaines, de sorte que je pus observer son déclin neurologique jour après jour. Finalement, elle devint incapable de marcher, même avec de l'aide. Elle partit pour une maison de soins mais revint quatre semaines plus tard, ne pouvant plus ni s'asseoir, ni se nourrir, ni parler. Elle était devenue un légume neurologique. La belle femme entrée à l'hôpital moins de deux mois plus tôt était maintenant muette, parfaitement immobile, sans comprendre qui elle était ni ce qui lui était arrivé. Je me sentais profondément désolé pour elle et pour son mari qui ne pouvait qu'être à ses côtés et la voir progressivement détruite par un « virus lent ». Baringer et moi-même étions impuissants, pas un seul médicament ne pouvait agir sur son état.

Elle décéda trois semaines plus tard. À l'autopsie, Baringer préleva son cerveau et confirma après examen d'échantillons au microscope le diagnostic de MCJ, bien que le changement spongiforme caractéristique fût minimal. Il envoya un peu de ce tissu congelé au laboratoire de Joseph Gibbs des NIH, où il fut homogénéisé puis injecté dans le cerveau d'un singe. Deux ans plus tard, celui-ci présenta la maladie comme prévu.

Au cours des huit mois suivants, je lus tout ce que je pouvais trouver sur la tremblante et la MCJ. Je relus les travaux d'Alper plusieurs fois, mais cela ne m'apporta rien sur l'étiologie de la maladie. Au contraire, cela ne fit que me rendre les choses encore plus confuses, et m'intriguer encore plus. Le problème commençait à enflammer mon imagination.

Les agents à l'origine de la MCJ chez l'homme, ou de la tremblante chez le mouton et la chèvre, étaient mystérieux. Ils résistaient à l'ébullition et au traitement par des produits chimiques, comme les alcools ou le formaldéhyde, principal ingrédient du formol. Celui-ci est un fixateur courant utilisé pour durcir les tissus avant qu'ils ne soient débités en fines coupes pour être examinés au microscope. Le formol est aussi utilisé pour inactiver les virus au cours de la préparation de vaccins, par exemple celui de Salk contre la polio, tout en permettant la formation d'anticorps contre la structure virale chez les individus vaccinés. Dans les années 1940, des milliers de moutons en Écosse qui avaient été vaccinés contre un virus traité au formol (virus appelé LIV qui cause une méningo-encéphalite chez le bétail) développèrent la tremblante quelques années plus tard. Ce vaccin avait été préparé à partir d'un mouton qui hébergeait aussi l'agent de la tremblante. Le formol avait bien inactivé le LIV mais pas cet agent.

Contrairement aux virus que l'on peut directement identifier au microscope, les agents de la MCJ et de la tremblante restaient insaisissables. La littérature médicale abondait en affirmations et contre-affirmations infondées faites à partir d'images de microscopie électronique. Certains chercheurs arguaient, comme Alper, que l'agent de la tremblante était dépourvu d'acide nucléique et ne pouvait donc être un virus. D'autres pensaient que les résultats d'Alper étaient fallacieux et que la résistance de cet agent aux ultraviolets et aux rayons X pouvait s'expliquer par une propriété virale encore inconnue, qu'il s'agissait d'un virus inhabituel, mais tout de même d'un virus.

Quelle que soit l'explication fournie, l'agent de la tremblante différait de tous les autres pathogènes infectieux connus. J'étais déconcerté, et ma curiosité à son comble. Chaque fois qu'il était avancé que la nature mystérieuse de cet agent le rendait trop difficile à étudier, j'étais encore plus attiré par ce défi. Qu'est-ce qui causait la tremblante ? Je ne pouvais rester sans réponse. Au terme de ma première année de clinique, j'étais devenu obsédé par l'inexplicable. En discutant avec mes collègues des éléments en faveur ou pas d'un virus lent, je devins convaincu qu'un programme de recherche biochimique consacré à l'isolement et à la caractérisation de l'agent de la tremblante serait un moyen de progresser.

Contrairement à la plupart de mes collègues, qui pensaient que mon désir d'étudier la tremblante était mal inspiré, l'éminent généticien de Stanford Charles Yanofsky était enthousiaste (voir figure 3). Nous nous étions rencontrés pour la première fois, Charley et moi, à un dîner qu'il donnait avec sa femme pour des amis communs à leur domicile de Palo Alto. Grand, bel homme, et doté d'un intellect extraordinaire, il avait une démarche un peu heurtée. Il avait eu les pieds gelés en prenant part, comme fantassin, à la bataille des Ardennes. Ces gelures lui avaient certainement sauvé la vie en l'empêchant de participer à la suite des combats. Charley comprenait ma vision, ressentait mon intérêt, et pensait que je devais me lancer. Lorsque nous nous rencontrâmes à nouveau, lors de ma dernière année de clinique, il fut déçu d'apprendre que je n'avais pas encore commencé mon travail pour déterminer l'origine de la tremblante.

« Je m'occupe encore de patients, lui ai-je expliqué. Je n'aurai pas le temps de commencer cette étude avant la fin de l'été prochain, quand j'aurai fini.

– Tu dois t'y mettre, avait-il rugi. Tu perds ton temps ! »

Charley pouvait aisément comprendre ce que je voulais faire. En tant que découvreur de la colinéarité, qui est la relation directe entre la structure des gènes et celle des protéines qu'ils codent, c'était une légende de la biologie moléculaire. Et moi aussi, je voulais me réveiller le matin tout excité par les inconnues de ma recherche. Je voulais aller me coucher rempli d'énergie à l'idée de faire une percée qui améliorerait la vie des gens. Je voulais éprouver à nouveau l'excitation ressentie à l'école de médecine lors de mes expériences sur le métabolisme de la graisse brune. Avec ce travail, j'avais acquis la certitude de pouvoir développer de nouvelles recherches. L'identification de l'agent de la tremblante était exactement le type de problème digne d'engager toute mon énergie intellectuelle. Les indices fournis par le travail de Tikvah Alper que l'agent de la tremblante était différent de tous les autres pathogènes était très tentants. Beaucoup de scientifiques comparaient cet agent à la kryptonite de l'univers de *Superman*[4]. Je ne pouvais imaginer me confronter à meilleur problème. Il avait toutes les marques d'une nouvelle frontière en neurologie, c'était une vraie énigme scientifique qui demandait une solution.

De plus, élucider la question : « Qu'est-ce qui cause la tremblante ? » pouvait conduire à comprendre la MCJ. Jusqu'alors, le trio de la tremblante, du kuru et de la MCJ avait été bien documenté par des études de transmission et de neuropathologie. Définir la nature des agents infectieux causant ces maladies était la prochaine étape importante. La tremblante n'était plus du ressort exclusif des vétérinaires mais se trouvait catapultée au centre de la médecine humaine par les expériences de transmission du kuru et de la MCJ aux singes.

Tout scientifique doit se choisir un problème. C'est probablement la décision la plus importante qu'il ait à faire dans sa vie professionnelle. Pourtant, peu de personnes semblent le faire après y avoir mûrement réfléchi. La plupart choisissent un problème plus ou moins en rapport avec leur formation. L'argument avancé pour cela est que vous ne serez soutenu par les agences de financement que si vous avez déjà travaillé dans le domaine choisi. Et pourquoi ne travaillerait-on pas pour un spécialiste avant de commencer sa propre recherche ? À première vue, cela paraît raisonnable. L'apprentissage a toujours existé. Il est efficace pour former des médecins, des juristes, des ingénieurs et d'autres professionnels, mais ce n'est peut-être pas la meilleure formule pour des scientifiques ou des créatifs qui veulent se lancer dans une nouvelle voie.

Avant de commencer mon stage de résident en neurologie, j'avais décidé de ne pas faire de la recherche en même temps pour plusieurs raisons. D'abord, aucun problème ne m'avait vraiment intéressé à l'époque. Ensuite, tout problème digne de recherche devait réclamer une attention à temps plein de ma part. Enfin, je n'étais pas particulièrement pressé de produire un nouvel article car j'en avais déjà écrit plus d'une vingtaine, publiés pour la plupart dans des revues reconnues. Certains de mes collègues à l'UCSF pensaient que mon intérêt pour la tremblante était une passade, et que des études sur le métabolisme du glutamate dans le système nerveux offraient des perspectives de carrière bien plus prometteuses. Le glutamate est l'acide aminé le plus abondant du cerveau, j'étais un neurologue, et j'avais acquis une formation considérable dans l'étude des enzymes convertissant le glutamate en glutamine et réciproquement. Pourtant, personne ne put me faire changer d'avis.

Il est clair qu'avant de me lancer je croyais que le problème de la tremblante serait relativement facile à résoudre. Les souvenirs du neurologue Bob Fishman, directeur du service, l'illustrent bien :

> Il arrivait au terme de ses années de clinique et je lui dis : « Stan, que veux-tu faire ? » Il dit : « Eh bien, tu sais, j'ai passé beaucoup de temps à faire de la chimie des protéines avec Stadtman. » Pour paraphraser ce qu'il me dit en quelques mots, il voulait travailler sur l'agent de la tremblante, car d'une part il pensait que cela créait des maladies neurodégénératives intéressantes, et que d'autre part, je l'ai taquiné là-dessus, il disait : « Cela doit être un problème facile à résoudre. C'est juste un problème de chimie des protéines[5]. »

En revoyant ce virage décisif dans ma carrière, je suis à la fois abasourdi et impressionné par ma détermination. J'avais suffisamment peu confiance en moi pour être avide de succès. J'étais motivé, ambitieux, déterminé. J'avais grandi dans une famille avec très peu de moyens ou de statut social, et je voulais de toute manière que la vie me les apporte. L'amour inconditionnel de mes parents a sûrement contribué à me donner une personnalité qui ne plie pas sous les critiques, et celles-ci n'allaient pas tarder à venir de tous côtés lorsque les surprenantes propriétés du prion furent découvertes.

Interlude
Des virus, des gènes et des protéines

Les virus sont de minuscules agents infectieux visibles seulement au microscope électronique. Ils font entre un dixième et un centième de la taille de bactéries comme les staphylocoques ou les streptocoques que l'on peut voir au microscope optique. Chaque virus contient en son centre des gènes. Un gène est la plus petite unité de matériel génétique et la plupart des gènes codent pour des protéines qui sont les molécules d'action de la vie. Les gènes sont composés de l'acide nucléique ADN, sauf chez quelques virus qui ont un autre acide nucléique, l'ARN. Les virus de la polio ou du VIH ont de l'ARN, tandis que celui de l'herpès a de l'ADN. Le génome fait d'ADN ou d'ARN des virus se trouve dans le noyau très compact du virus, qui contient aussi des protéines codées par le génome viral. Ces protéines virales participent à la production de nouvelles copies du virus. Les acides nucléiques contiennent toutes les instructions nécessaires à la production de nouveaux virus. La surface extérieure d'un virus se compose de protéines virales avec parfois des protéines et des lipides pris de la membrane de la cellule qu'il a infectée.

L'ADN est souvent désigné comme le « matériel génétique de la vie ». La plupart des génomes sont faits d'une double hélice d'ADN, qui forme une échelle tournante dont les barreaux sont constitués de quatre bases différentes, l'adénine (A), la thymine (T), la guanine (G) et la cytosine (C). La séquence de ces bases change suivant les gènes. Un intermédiaire existe entre le gène d'ADN et la protéine, il est appelé ARN messager (ARNm). Une fois qu'une copie d'un gène est faite sous la forme d'ARNm, celui-ci sert à fabriquer une protéine en donnant la séquence précise des acides aminés à aligner.

L'ordre des bases recopié sur l'ARNm forme un code qui dirige l'assemblage de vingt acides aminés différents en une chaîne appelée protéine. Chaque combinaison différente de trois bases de l'ARNm détermine quel acide aminé doit être ajouté à la chaîne protéique en construction. Par exemple, la séquence « CCA » code pour l'acide aminé proline. Le déchiffrage du code génétique et la découverte de la colinéarité entre acides nucléiques et protéines furent des étapes majeures dans la découverte de l'information biologique transmise des parents aux enfants. Les chaînes d'acides aminés qui forment une protéine sont assemblées dans la cellule en commençant par une extrémité appelée N-terminale. Lorsque le dernier acide aminé est ajouté, la fin s'appelle l'extrémité C-terminale. Par convention, quand les scientifiques décrivent une protéine, ils placent l'extrémité N-terminale sur la gauche et la C-terminale sur la droite. Les protéines sont l'essence de la vie. Elles ont de nombreuses fonctions différentes et sont les composantes majeures de toutes les cellules vivantes. Certaines protéines appelées enzymes accélèrent les réactions chimiques nécessaires à la vie, d'autres agissent en tant que récepteurs ou remplissent d'autres rôles, structuraux par exemple. L'activité biologique d'une protéine dépend du bon repliement de sa chaîne d'acides aminés sous une forme compacte appelée conformation. Cette forme est essentielle. Une protéine qui perd sa forme se trouve dénaturée et n'a plus d'activité biologique. Parfois, on peut rétablir sa conformation et du même coup son activité biologique.

CHAPITRE 3

Une pléthore de théories

Au moment où je commençai à envisager l'étude de l'agent de la tremblante à l'UCSF, au début des années 1970, un nouveau potentiel de recherche sur sa nature a surgi avec la capacité de transmettre la maladie du mouton ou de la chèvre à la souris de laboratoire. Ce tournant décisif fut annoncé pour la première fois en 1961 par Richard Chandler, du service commun du Conseil de la recherche en agriculture britannique du Berkshire en Angleterre[1]. La transmission, ensuite, de cet agent de souris à souris offrait alors le meilleur système expérimental pour poursuivre son étude.

Tout le problème était désormais d'utiliser ce système en arrivant à séparer l'agent de la tremblante des autres constituants du cerveau que sont les acides nucléiques, les protéines ou les graisses. Les échantillons broyés de cerveau des souris infectées devaient être traités pour obtenir une fraction enrichie en cette substance. Cependant, les caractéristiques physiques de l'agent mystérieux de la tremblante étaient si mal connues que des centaines de fractionnements différents des échantillons devaient être nécessaires pour essayer de le mesurer.

Comme je n'allais avoir aucun résultat tangible pendant un an après le début des expériences d'infection, je devais mettre au point une douzaine de types de purification possibles. Si chaque protocole prenait deux ou trois jours à mettre en œuvre, je pouvais obtenir tous mes échantillons à doser en à peu près un mois. En supposant que chaque protocole produisait vingt-cinq échantillons, j'aurais trois cents mesures à faire. Jusque-là tout allait bien, mais il y avait un hic. J'avais besoin de soixante souris pour déterminer la quantité d'agent de la tremblante présent dans chacun des trois cents échantillons. Et je réalisai vite avec dépit que trois cents multiplié par soixante donnaient dix-huit mille souris ! Il me fallait trouver assez d'argent pour les acheter, et pire encore pour les héberger pendant un an. Je devais aussi trouver deux techniciens très expérimentés capables d'examiner chaque jour les rongeurs et d'y déceler les signes neurologiques de la tremblante. À cette époque, une souris coûtait quelques dollars, plus 5 *cents* par jour pour l'entretien, de sorte que la facture annuelle s'élevait à environ 450 000 dollars en incluant le salaire des deux techniciens.

Et ce n'était pas tout. Préparer les échantillons et les injecter dans des souris saines prendrait au moins trois mois, plus neuf mois supplémentaires pour commencer à voir les résultats des premiers tests de titrage. Pour éviter de ne rien faire durant cet intervalle, j'avais encore besoin de 1,5 million afin d'avoir quatre groupes successifs de dix-huit mille souris à tester en continu. Inutile de dire que je ne risquais pas d'obtenir l'argent pour maintenir quotidiennement soixante-douze mille souris ! C'était complètement illusoire. Où allais-je trouver 2 millions de dollars par an sur les dix ans à venir ? Je pensai en effet qu'il faudrait au moins dix ans pour arriver à préparer des échantillons assez purifiés de l'agent de la tremblante. Au mieux, je pouvais recevoir 50 000 dollars par an de subventions des NIH pour l'entretien des animaux. Chaque fois que je discutais de mes projets avec mes collègues, ils me disaient que je devais développer une méthode plus rapide, plus facile et moins coûteuse pour arriver à doser l'agent de la tremblante.

Interlude
Mon protocole initial pour mesurer l'agent de la tremblante

Le cerveau des souris malades était homogénéisé, dilué, et injecté à des souriceaux à peine sevrés qui présentaient des signes neurologiques environ 150 jours plus tard. Pour déterminer la quantité d'agent de la tremblante dans un cerveau de souris, une série de mesures appelée titrage était effectuée. Après avoir broyé le cerveau dans une solution salée pour créer un homogénat à 10 %, nous le diluions encore dix fois pour avoir un homogénat à 1 %, puis encore à nouveau pour obtenir une dilution de 0,1 %. En répétant ces dilutions encore six fois, l'agent de la tremblante était dilué un milliard de fois. Ensuite, six souris recevaient une injection de cette dilution et des troubles neurologiques étaient recherchés deux fois par semaine. Les souris recevant plusieurs centaines de milliers d'agents de la tremblante développaient la maladie en 150 jours environ, tandis que celles qui n'en recevaient qu'un mettaient plus de 250 jours à présenter des signes de la maladie. Un bilan final était fait au bout d'un an pour permettre à toutes les souris répliquant l'agent de la tremblante de devenir malades. De telles mesures demandaient de cinquante à soixante souris (six souris pour chacune des huit à dix dilutions) pour trouver le nombre d'agents de la tremblante présents dans chaque échantillon. De tels tests de dilution sont utilisés depuis longtemps dans l'étude des virus et des bactéries et visent à obtenir un point limite. Dans mes études chez la souris, ce point était la dernière dilution capable de produire une infection par l'agent de la tremblante.

J'étais déterminé à trouver ma voie dans cette jungle de problèmes. Conceptuellement, je n'étais pas intimidé, même si les chiffres étaient impressionnants. Pour aggraver les choses, la méthode de titrage par la souris n'était pas précise, incapable de mesurer de petites augmentations de pureté de l'agent de la tremblante. Pour montrer des résultats reproductibles avec ce système, cet agent devait être enrichi une centaine de fois au moins. Élaborer un protocole d'isolement en présence d'une foule de contaminants issus du cerveau de la souris allait s'avérer bien plus difficile que ce que j'avais prévu. Si je n'avais pas été aveuglé par la fascination que j'éprouvais pour ce problème, je n'aurais jamais commencé ce travail. Une estimation précise du coût m'aurait convaincu qu'il était bien trop difficile de décrocher les fonds suffisants pour une entreprise aussi risquée. De plus, j'aurais réalisé que j'avais peu de chances d'obtenir un poste à l'université si mes efforts ne se traduisaient pas par des publications un ou deux ans après. Ce qui me faisait avancer, c'était uniquement l'exubérance insouciante de la jeunesse.

Tikvah Alper, malgré des tests de dilutions chez la souris laborieux, à la fois lents et imprécis, avait réussi à découvrir la résistance inédite aux rayons X et ultraviolets de l'agent de la tremblante, alors pourquoi ne pouvais-je pas rencontrer un minimum de succès ? Comme un photon de rayons X pouvait apparemment suffire à éliminer un seul agent de la tremblante, Alper avait pu estimer que sa taille minimale était inférieure à un centième de la taille d'un virus[2]. Pour compléter ses études avec la lumière ultraviolette, Alper utilisa avec Raymond Latarjet à Paris des lumières de différentes longueurs d'onde dans l'ultraviolet. En 1970, ils rapportèrent que l'agent de la tremblante était six fois plus sensible à l'inactivation aux UV de 237 nanomètres (1 nanomètre est égal à un milliardième de mètre) de longueur d'onde qu'à ceux de 260 ou 280 nanomètres. Alper et Latarjet pensaient que leurs résultats n'étaient en faveur ni d'un acide nucléique ni d'une protéine, puisque les acides nucléiques absorbent au maximum la lumière à 260 nanomètres et les protéines à 280 nanomètres[3].

Les résultats de ces études d'inactivation par l'ultraviolet étaient séduisants, mais pouvaient s'interpréter de plusieurs manières. De nombreux biais pouvaient exister. Par exemple, une épaisse enveloppe de protéines, de lipides et de sucres pouvait protéger le génome viral de l'effet destructeur de la lumière ultraviolette. Le génome du supposé « virus de la tremblante » pouvait aussi être formé de bases (les briques élémentaires des acides nucléiques) modifiées résistant à l'inactivation par la lumière ultraviolette stérilisante de 260 nanomètres. Une autre possibilité encore était que le noyau d'acide nucléique abîmé de l'agent de la tremblante pouvait être facilement réparé et paraître plus résistant qu'il ne l'était vraiment.

Je pensais la même chose au sujet des études avec les rayons X d'Alper. La petite taille qu'elle avait calculée pour l'agent de la tremblante pouvait s'expliquer de multiples manières. Peut-être qu'une protéine chargée de métaux réfléchissait les photons des rayons X et protégeait ainsi le génome viral. Comme pour les dommages dus aux UV, des bases spéciales pouvaient rendre l'acide nucléique plus résistant à l'inactivation par les rayons X, ou celui-ci pouvait peut-être se réparer facilement et apparaître ainsi plus résistant. J'estimais, avec mes connaissances limitées en biologie des rayonnements, ces explications plausibles. Je décidai aussi de ne pas écarter l'interprétation la plus surprenante : toutes les données obtenues pouvaient désigner une particule infectieuse dépourvue d'acide nucléique et donc sans moyen apparent de se répliquer. Si c'était le cas, l'énorme effort pour élucider sa structure valait la peine. Une découverte importante pouvait en émerger.

Les résultats d'Alper avaient, bien sûr, suscité une foule de spéculations. Au début des années 1970, les hypothèses sur l'agent de la tremblante dépassaient le nombre de ses chercheurs. Un éventail fascinant d'hypothèses structurales était déployé pour expliquer les caractéristiques inhabituelles de la tremblante et de son agent infectieux. Parmi les plus anciennes, il y avait l'idée que la tremblante était une maladie musculaire causée par le parasite *Sarcosporidia*. Cependant, après la transmission expérimentale de la tremblante d'un mouton à un autre à la fin des années 1930, l'hypothèse virale avait pris le dessus. Certains chercheurs proposèrent que l'agent de la tremblante puisse être un provirus à ARN copié en un génome d'ADN (un provirus est un virus qui s'insère dans le génome de la cellule hôte et se trouve ainsi passivement répliqué). Le « provirus de la tremblante » pouvait être extrêmement stable, ce qui aurait alors expliqué ses propriétés découvertes par Alper et ses collègues. D'autres ont avancé pour sa structure une chaîne de sucres se répliquant, c'est-à-dire un acide nucléique entouré de polymères de sucres protecteurs. D'autres encore ont suggéré un fragment de membrane cellulaire. Les virus tumoraux à ARN, par exemple, bourgeonnent de la surface des cellules et emportent alors une partie de la membrane cellulaire qui leur sert d'enveloppe protectrice. L'agent de la tremblante pouvait-il être un fragment amorphe de membrane cellulaire ayant acquis les propriétés d'un pathogène infectieux ? Certains investigateurs ont même proposé qu'il s'agisse d'une protéine, et un mathématicien perspicace a suggéré plusieurs mécanismes par lesquels une telle protéine pourrait se répliquer toute seule[4].

Comme les virus les plus stables connus sont ceux ayant en leur centre un petit ADN, il a été avancé que l'agent de la tremblante devait avoir une structure similaire (de tous les petits virus à ADN, le parvovirus est le mieux connu. Aux États-Unis, c'est la cause la plus courante d'infection mortelle chez les jeunes chiens). Une autre proposition était un « sous-virus » à ADN, plus petit qu'un virus mais ayant des propriétés virales et contrôlé par une « substance de liaison transmissible ». Cela n'avait aucun sens pour moi et je l'exclus d'emblée. Cela me semblait irrationnel, un tissu d'affabulations.

Incapable d'avoir le moindre renseignement sur la nature de l'agent de la tremblante, du kuru et de la MCJ, le tsar du kuru Carleton Gajdusek proposa le terme de « virus non conventionnel », mais ne fournit aucun détail structurel sur la manière dont il différait des particules virales classiques[5]. Iain Pattison, de l'Institut de recherche Compton du Conseil de la recherche en agriculture britannique, résuma l'inanité de cette appellation dans un mémoire : « La quatrième décennie de mon travail sur la tremblante s'est achevée en 1978 avec son agent causal encore inconnu et des virologues plus déterminés que jamais à affirmer que leurs idées étaient les seules valables. Pour expliquer des résultats qui ne cadraient pas avec l'hypothèse virale, ils avaient rebaptisé l'agent causal "virus non conventionnel". Le recours à cet ingénieux mot postiche enlevait tout sens à celui de "virus", car pourquoi alors ne pas dire d'une maisonnette qu'elle est un château non conventionnel[6] ? »

En 1973, un pathologiste des plantes américano-suisse, Theodor O. Diener, a suggéré une autre possibilité pour l'agent de la tremblante. Il avait découvert auparavant de petites molécules d'ARN nu infectant les plantes et mimant les virus, qu'il avait appelées viroïdes. Les virologues avaient montré que l'acide nucléique de certains virus peut être, par lui-même, infectieux dans les conditions artificielles du laboratoire, mais ces grands génomes viraux ne peuvent survivre dans la nature sans une enveloppe protectrice faite de protéines. Les viroïdes, contrairement aux virus, n'avaient pas d'enveloppe protéique. Leur petite taille était au moins cohérente avec les expériences de rayons X d'Alper qui montraient que l'agent de la tremblante était très petit.

Ce qu'Alper et ses collègues n'avaient pas fait était de définir la nature moléculaire de l'agent de la tremblante. Seule sa purification, c'est-à-dire sa séparation des débris cellulaires et d'autres substances présentes dans le broyat de cerveau de souris, pouvait conduire à une explication sans ambiguïté de leurs résultats. Bien sûr, ils ignoraient comment le faire. Cette lacune me laissait le problème intact, et la purification de l'agent serait mon but à moi.

Je voyais les choses sous l'angle privilégié du chimiste. Pour trouver la composition de l'agent, j'avais besoin de commencer par éliminer les impuretés qui avaient pu perturber l'interprétation des résultats d'Alper. Certaines pouvaient peut-être rendre l'agent de la tremblante résistant à l'inactivation par les rayons X ou ultraviolets, ou le faire apparaître plus petit, ou camoufler un acide nucléique. Avec une préparation purifiée de l'agent, j'étais en mesure de déterminer sa vraie composition moléculaire.

Il y avait déjà eu de nombreuses tentatives de purification, chacune dans le but de tester une hypothèse ou une autre sur sa structure. Elles étaient parties du principe que cette purification serait relativement facile, comme celle de beaucoup de virus. Je me rendis compte que certaines de ces études biochimiques étaient à la fois biaisées du point de vue conceptuel et mal faites. Selon moi, nombre d'aspects critiques de ces travaux avaient été abordés sans grande rigueur ni avec la discipline qui caractérise les études menées par un bon chimiste. J'étais préparé à travailler sur ce problème pour un long moment. Ce n'était qu'en augmentant progressivement la capacité infectieuse du broyat d'un organe de la souris que je pouvais m'attendre à voir finalement l'agent de la tremblante émerger.

Par où fallait-il commencer ? Je devais élaborer un projet qui donnerait des données publiables, mais la logistique et les coûts envisagés pour cela étaient redoutables. Aucune personne raisonnable ne voulait faire un test qui demandait soixante souris et une année pour n'obtenir qu'une seule donnée fiable. Tout aussi impératif, les expériences critiques devaient être répétées non pas une, mais deux fois avant publication. Je devais m'assurer que les autres seraient ensuite capables de confirmer mon travail. Le processus scientifique dépend de la capacité des autres à pouvoir reproduire indépendamment les expériences décisives. Et si vous montez un laboratoire pour faire ce travail et que les réponses obtenues s'avèrent sans intérêt ? Après tout, la grande majorité des recherches scientifiques n'apporte que très peu d'information nouvelle, et celle-ci n'est souvent qu'un prolongement de ce qui est déjà connu. Les grands bonds en avant sont rares.

Mon premier boulot

Au cours de l'été 1974, cela faisait déjà onze ans que je travaillais par intermittence dans le laboratoire des autres et j'aspirais à devenir responsable de mes propres initiatives. Je me mis à chercher un poste où je puisse me consacrer à ma nouvelle passion. Après avoir envisagé d'aller à l'Université Duke, je décidai de rester à l'UCSF. L'invitation à rejoindre le département de neurologie comme professeur assistant faite par Bob Fishman était généreuse. Il me confia le deuxième laboratoire du département par la taille, composé de deux pièces au septième étage du bâtiment est des sciences de la santé. Il était auparavant occupé par la neurochimiste Elizabeth Roboz-Einstein qui venait de prendre sa retraite. Elle était mariée à Hans Einstein, professeur d'ingénierie à l'Université de Californie, Berkeley, et fils d'Albert Einstein. Je pouvais ainsi me prévaloir d'un héritage exceptionnel pour mon labo, mais n'en fis rien car je ne voulais pas que cela suscite des attentes exagérées. Fishman m'accorda, en plus de mon salaire et de celui d'un technicien, un modeste supplément et des fonds pour quelques nouveaux équipements. J'avais aussi une petite pièce près de mon laboratoire pour l'animalerie qui pouvait contenir trois étagères de cages pour les souris, mais comme cela coûtait cher je ne pus en avoir qu'une.

Désormais, tout ce dont j'avais besoin était de persuader les NIH d'attribuer beaucoup de financement à l'UCSF pour étudier la tremblante. La science expérimentale demande beaucoup d'argent. Sans de coûteux approvisionnements en matériel et en équipement, ainsi que des salaires attractifs pour de brillants assistants, on ne peut pas faire de science moderne. Après m'être décidé sur un problème, j'avais besoin de fonds pour soutenir mon travail. Il me paraissait tout à fait logique d'écrire un projet pour les NIH qui décrivait les échecs précédents puis déroulait le plan complet d'une recherche pertinente. Mais je n'étais pas préparé au peu de compréhension bienveillante qu'allaient manifester certains examinateurs à ma demande de subvention.

Alors que mes demandes de financement aux NIH pour mon travail sur le métabolisme du glutamate avaient été acceptées, celle pour l'étude de l'agent de la tremblante fut mal accueillie. Mon projet avait été transmis à la section des études de virologie des NIH, dont les membres pensaient que la tremblante était due à un virus lent et restaient sceptiques devant l'approche chimique que je présentais. Ils considéraient l'étude de la tremblante comme un problème de virologie, qui devait être abordé d'une manière bien différente de ce que je proposais. L'étude des virus humains et animaux avait faiblement progressé pendant des années, jusqu'à ce que l'on trouve un moyen de les cultiver dans des cellules *in vitro*. Dans de telles cellules, les virus se multipliaient en grand nombre et se sont avérés une source idéale de vaccin, par exemple pour celui de la polio développé par Jonas Salk et ses collègues. Des tapis de cellules en culture dans des boîtes de Petri pouvaient aussi être utilisés pour compter les virus, en déterminant le nombre de plages de cellules mortes ou en croissance rapide. Beaucoup de virologues pensaient qu'il fallait utiliser de telles approches pour tenter de déterminer la structure moléculaire de l'agent de la tremblante.

À ma grande déception, ma demande ne fut pas seulement « non financée », mais « désapprouvée », les examinateurs avançant que je n'avais pas de formation en virologie et que je n'étais donc pas qualifié pour entreprendre des études sur le « virus lent » causant la tremblante. Ils ne pouvaient comprendre comment je pouvais réussir là où d'autres bien formés en virologie avaient échoué. Ils notèrent aussi que je n'avais pas d'expérience dans la recherche sur la tremblante. Ces critiques avaient beau être raisonnables, j'étais en colère. Je ne pouvais comprendre pourquoi ces virologues ne partageaient pas mon point de vue et ne pouvaient voir la logique de mon approche. Je considérais mon manque d'expérience en virologie comme un avantage, étant capable par là d'apporter une nouvelle perspective à un problème jusque-là insoluble. Pour répondre à ces critiques, j'allai passer trois semaines d'été en 1975 au laboratoire de Cold Spring Harbor pour étudier les virus animaux.

La collaboration avec William Hadlow

J'entamai aussi une collaboration avec William Hadlow, des Laboratoires des montagnes Rocheuses des NIH à Hamilton, dans le Montana. Hadlow était probablement le premier vétérinaire à avoir fait un stage clinique de neuropathologie humaine. Il s'était formé à l'Université du Minnesota sous la direction de James Dawson, qui devint célèbre plus tard pour sa description de la panencéphalite sclérosante subaiguë (SSPE), maladie du cerveau à progression lente aussi connue sous le nom d'encéphalite de Dawson causée par le virus de la rougeole. Plus pertinent encore pour mes futures recherches, Hadlow avait autrefois travaillé sur la tremblante à l'Institut Compton au Royaume-Uni. Le 3 juillet 1959, il avait pris le train pour Londres et vu une présentation sur la pathologie du kuru sponsorisée par la compagnie Burroughs-Wellcome. Lorsqu'il avait observé les nombreux

Figure 7. William Hadlow a fait le lien entre la tremblante et le kuru en 1959.

petits espaces vides et ronds, ou vacuoles, retrouvés dans des coupes de cerveau de patients atteints de kuru, il les avait trouvés identiques à ceux causés par la tremblante. Frappé par une telle similitude, il avait publié un court article dans la revue médicale britannique *The Lancet* intitulé « Scrapie and kuru » (« Tremblante et kuru ») où il soulignait combien les changements neuropathologiques présents dans le cerveau des patients du kuru ressemblaient à ceux du mouton ou de la chèvre atteints de tremblante[7]. Hadlow avançait, en se basant sur des études de la tremblante, que le meilleur moyen de trouver la cause de la maladie était d'inoculer à des chimpanzés des extraits de cerveau de personnes décédées du kuru, puis de garder les singes pendant des années pour vérifier si la maladie apparaissait chez eux. À l'époque de notre collaboration, il était retourné aux Laboratoires des montagnes Rocheuses et avait monté un programme d'étude de la pathogenèse de la tremblante chez le mouton (figure 7)[8].

Ayant ainsi renforcé mon expérience, je soumis de nouveau ma demande de financement aux NIH accompagnée d'une lettre de réclamation. À ma grande joie, elle fut acceptée. Avec mon premier financement des NIH sur la tremblante, mon travail gagnait un peu de légitimité auprès de mes pairs. Cependant, s'ils me donnaient des fonds pour payer un technicien et acheter du matériel, les virologues de la section des études des NIH faisaient une coupe sévère dans le budget consacré à l'animalerie, supprimant les fonds nécessaires à l'achat de milliers de souris et à leur entretien quotidien. Comment pensaient-ils que j'allais faire le travail décrit dans mon projet ? L'argent obtenu me mettait néanmoins le pied à l'étrier pour solliciter des fonds auprès de donateurs privés ou de fondations. La première fondation à me soutenir fut l'Institut médical Howard Hughes, et mon premier soutien privé fut un homme d'affaires gentil et courtois, Clarence Heller, l'un des donateurs potentiels que Julius Krevans, doyen de l'École de médecine de l'UCSF, avait approchés. Krevans introduisait le plus souvent ses demandes en disant : « La recherche de Stan est risquée, mais le retour pourrait être de taille, et les implications de son travail sont énormes. » Il soulignait aussi l'issue incertaine de mes efforts, tout en faisant remarquer que le secteur de la recherche biomédicale de l'UCSF s'était développé avec un tel succès que « nous avons les moyens de soutenir quelques projets à haut risque ». Je bouillonnais en mon for intérieur en entendant sa présentation, même si je savais qu'il essayait d'être honnête vis-à-vis des donateurs potentiels. Je ne considérais pas du tout mon travail comme à « haut risque », et je commençais à croire que l'agent de la tremblante pouvait s'avérer différent, par sa nature même et non sa quantité, de tous les autres agents infectieux connus. De plus, j'étais persuadé que tout ce que nous trouverions sur cet agent s'appliquerait aussi à l'agent de la MCJ. Il n'y avait aucune raison de penser autrement.

Les coupes sévères de budget dans mes demandes aux NIH allaient rester un problème majeur. Les deux années suivantes, j'écrivis aux NIH deux demandes supplémentaires pour financer l'animalerie, et les deux furent refusées.

CHAPITRE 4

La course de la tremblante

J'étais désormais pris dans une course scientifique, bien que ses débuts fussent très lents. Le peu de recherche scientifique dans le domaine faisait que je devais malheureusement partir de zéro. Cette course allait bientôt prendre toute ma vie.

Au cours de la décennie passée, Bill Hadlow et son collègue du Montana Carl Eklund avaient réalisé un grand nombre d'expériences sur la pathogenèse de la tremblante chez le mouton et la chèvre, ainsi que quelques études sur la tremblante expérimentale induite chez la souris. Alors qu'aucun d'entre eux n'avait essayé de définir la structure moléculaire de l'agent de la tremblante, Eklund, un virologue qui réfléchissait comme un chimiste, était enthousiaste à l'idée de la purification méthodique que j'avais proposée. Il avait assisté à de nombreux échecs de tentatives ponctuelles d'élucider la nature de cet agent. Beaucoup de ces tentatives avaient été publiées, mais sans renseigner vraiment sur ce que pouvait être la prochaine étape. Au lieu de procéder progressivement pour caractériser la nature de l'agent de la tremblante, les expériences étaient généralement conçues pour résoudre d'emblée son mystère. De telles tentatives avaient peu de chances de réussir car il y avait trop de variables à prendre en compte.

Après avoir déterminé un point de départ, je devais décomposer ma recherche en étapes finançables. J'avais en tête que, si je faisais une erreur initiale, je ne disposerais pas ensuite d'assez de temps pour me sortir de l'impasse. Au départ, je devais choisir une source d'agent de la tremblante, un tissu d'origine pour démarrer la purification. Eklund et Hadlow, ainsi que Richard Kimberlin de l'Institut Compton, avaient mesuré la réplication de l'agent dans la rate et le cerveau de la souris. Les deux groupes avaient trouvé que son taux augmentait rapidement dans la rate juste après l'inoculation, puis qu'il atteignait un plateau au bout d'un mois environ. Le taux dans le cerveau, au contraire, arrivait à son maximum au bout de trois mois environ, en étant alors des centaines de fois plus important que dans la rate. Au premier abord, le cerveau semblait une meilleure source d'agent, mais son contenu riche en graisses le rendait plus difficile à utiliser que la rate. Les graisses collaient aux protéines et aux acides nucléiques du cerveau, ce qui entraînait leur présence dans plusieurs fractions et réduisait l'efficacité des purifications.

Hadlow et Eklund furent d'accord pour inoculer cinquante souris avec l'agent de la tremblante et de prélever leur rate 40 jours plus tard. Comme il n'y avait aucune donnée de publiée sur le comportement de cet agent dans un homogénat de cerveau ou de rate soumis à centrifugation, et que les deux chercheurs n'avaient aucune étude non publiée à ce sujet, je conçus un ensemble d'expériences de centrifugation. Une centrifugeuse est un instrument de précision où les échantillons placés dans des tubes spéciaux peuvent tourner jusqu'à 100 000 tours par minute. On peut définir des conditions où les particules d'intérêt restent soit suspendues dans un liquide relativement clair au sommet appelé le surnageant, soit concentrées dans le sédiment au fond du tube dans ce que l'on appelle le culot. Je voulais déterminer les conditions où l'agent restait soit dans le surnageant, soit dans le culot. Cette étude, modeste, était un prudent point de départ. Comme chaque test demandait soixante souris, nous recherchions la moindre économie à faire et, après bien des discussions, nous décidâmes de ne mesurer l'agent que dans le surnageant et de laisser de côté le culot et l'interface, ce qui réduisait des deux tiers le nombre de tests à mener.

Avant de me lancer dans les expériences, j'ai acheté des souris normales et prélevé leur rate et leur cerveau. J'ai fait des homogénats de ces organes non infectés, les ai ensuite fractionnés par centrifugation, puis j'ai mesuré les taux de plusieurs enzymes et de l'ARN dans le surnageant. Après plusieurs modifications de la procédure, je pus obtenir des courbes régulières montrant que les enzymes et l'ARN du surnageant diminuaient avec l'augmentation de la vitesse et du temps de centrifugation[1]. Pour la vraie expérience, je broyai des rates de souris infectées fournies par Hadlow dans une solution saline pour en faire un homogénat. Les portions étaient centrifugées à des vitesses et durant des temps déterminés, puis chaque surnageant congelé et envoyé à Hadlow dans le Montana pour faire des dilutions en série. La dixième dilution de chaque échantillon était ensuite injectée à des groupes de six souris.

Le compte à rebours était enclenché. Nous nous attendions à ce que le surnageant des échantillons contienne des taux assez élevés de l'agent de la tremblante pour qu'ils induisent la maladie en quatre ou cinq mois. J'imaginai que de tels échantillons devaient provenir de fractions de surnageant obtenues après une centrifugation à faible vitesse et de durée relativement brève. Allions-nous obtenir quelque chose ? Une relation claire allait-elle se dégager entre le taux d'agent et les conditions de centrifugations choisies ? Nous devions attendre un an pour avoir le fin mot de l'histoire, mais nous pouvions déjà avoir une idée du résultat après quatre ou cinq mois. Cela restait néanmoins un pari. Il n'était pas question alors de faire une percée extraordinaire, simplement de poser les bases d'un protocole de purification efficace. Des expériences aussi limitées, visant juste à déterminer les propriétés de sédimentation de l'agent de la tremblante, pouvaient-elles donner des éléments publiables ? Dans le cas contraire, j'allai me retrouver en difficulté, mais sans ces informations j'ignorais comment commencer la purification. Il n'était pas évident que je puisse faire un article intéressant à partir d'une telle étude, et j'appréhendais leur résultat.

Après six mois, les surnageants de centrifugations brèves et à faible vitesse commencèrent à causer une maladie neurologique chez les souris. Six mois plus tard, les nouvelles étaient bonnes, car nous obtenions des courbes régulières et des changements notables. Ces courbes indiquaient que l'augmentation de la vitesse et du temps de centrifugation entraînait un dépôt plus important de l'agent de la tremblante dans le culot. La réduction de dix mille fois de la concentration de l'agent dans le surnageant était suffisamment importante pour être reproductible et servir à la mise au point d'un protocole de purification.

Mais il y avait aussi de mauvaises nouvelles. La pente douce de la courbe révélait que l'agent existait sous des tailles très diverses, et que la centrifugation ne pouvait donc constituer le moyen facile d'obtenir un fort enrichissement en pouvoir infectieux de tremblante. La mise au point d'un protocole efficace de purification n'allait pas être simple.

Après deux ans de soutien par les NIH, je devais écrire un renouvellement de ma demande de fonds. J'y décrivis le progrès que Hadlow, Eklund et moi-même avions réalisé. J'en étais content, bien que ce ne fût pas une percée, et donnai les grands traits du travail qui restait à faire. Les NIH répondirent en annonçant que quatre membres de la section des études de virologie allaient venir sur place à l'UCSF pour examiner notre travail. Comme la section n'avait pas de questions sur les compétences de Hadlow ou d'Eklund ni sur leur collaboration, ceux-ci n'étaient pas concernés par l'enquête.

Au fur et à mesure que le jour de leur visite approchait, je devins de plus en plus nerveux et me préparai activement à leurs questions. D'habitude, les visiteurs de site se rencontrent la nuit d'avant pour confronter leurs avis et décider des questions critiques à poser. Comme près de neuf mois s'étaient écoulés depuis le début de ma demande de renouvellement, je pensai qu'il serait prudent de donner à chacun un cahier avec mes derniers résultats. J'étais prêt à une heure ou deux de questions, mais ce jour-là, à ma surprise, ils passèrent près de six heures à me tester. Six mois de plus s'écoulèrent avant que j'apprenne leur décision : ma demande de renouvellement était refusée. Je fus bouleversé et complètement désarçonné par les critiques formulées par les virologues sur les données récentes que je leur avais consciencieusement fournies. Ils m'accusaient même de les avoir trompés. Ils avaient demandé pourquoi les tests témoins de contrôle de l'étude de fractionnement du cerveau étaient les mêmes pour deux expériences menées à neuf mois d'intervalle. Je leur avais expliqué que de nombreux témoins ayant toujours donné le même type de profil, je ne les avais pas refaits chaque fois. Mon budget était serré, et refaire des témoins avant d'avoir un résultat significatif à partir des échantillons infectés ne me semblait pas nécessaire. Une fois le protocole d'enrichissement mis au point, leur avais-je dit, nous projetions de faire les études témoins adaptées avant de publier.

Les virologues n'étaient malgré tout pas satisfaits et furent même sur le point de m'accuser de mauvaise conduite scientifique. L'allégation était tellement sérieuse que je me sentis gêné de demander à la section des études de virologie de rejuger mon travail. En fait, l'un de ses membres me dit même que certains d'entre eux étaient tellement opposés à mon travail qu'ils avaient refusé en bloc ma demande antérieure de fonds pour l'animalerie. Leur esprit était fermé, me dit-il, et il me conseillait de trouver une autre source de financement. Cet épisode me servit de leçon. Les données préliminaires n'avaient aucune place dans des demandes de financement ou des visites de site. Il fallait être sûr que les données soient reproductibles, les témoins faits correctement, et l'interprétation bien menée. Les rares occasions où je ne l'ai pas fait je m'en suis mordu les doigts.

Heureusement, j'avais le soutien d'une grosse subvention provenant d'un projet de programme des NIH que Dick Baringer avait réussi à décrocher un an plus tôt, et je pouvais donc me permettre de laisser tomber cette histoire. Baringer et d'autres neurovirologues seniors de l'UCSF avaient monté une demande pour les NIH sur la sclérose en plaques et les infections virales du système nerveux. Comme ils pensaient que la tremblante était due à un virus lent, ils m'invitèrent avec Hadlow à les rejoindre (décision fortuite qui allait prendre plus tard un tour ironique). Ce coup-ci, le comité d'examen, composé de virologues, de neurologues et de biochimistes, manifesta un grand enthousiasme pour mon travail, et je pus obtenir tout le financement que j'avais demandé. J'appris bien plus tard qu'un neurologue de l'équipe de la visite sur site était resté très tard la nuit pour tenter de convaincre un des virologues de me soutenir.

En 1977, près de trois ans après le démarrage de notre travail, nous eûmes finalement assez de données pour écrire un petit article sur l'agent de la tremblante, avec des courbes régulières montrant que le pouvoir infectieux variait de plus de dix mille fois en fonction d'un seul paramètre physique. C'était une réponse définitive à la question que j'avais posée à de nombreux chercheurs sur la tremblante : dans quelles conditions de centrifugation l'agent de la tremblante sédimentait-il ?

Je demandai à Robley Williams de l'Université de Californie à Berkeley, un expert des caractéristiques physiques des virus, s'il pouvait envisager de communiquer notre article au *Comptes rendus de l'Académie nationale des sciences*. Après l'avoir lu, il m'appela pour me dire qu'il y avait des problèmes et il me demanda si je pouvais venir en discuter avec lui dans son bureau. Lorsque j'arrivai, il avait une mine fermée. « Je ne vais pas envoyer cet article aux *Comptes rendus*, me dit-il, mais vous pouvez peut-être trouver quelqu'un d'autre pour le faire. » Mon cerveau envoya un télégramme à mes tripes disant que cela coinçait. Pouvais-je sauver la situation ou était-ce fini ? Gardant espoir, je lui demandai si je pouvais lui expliquer ce que nous avions fait. Williams avait récemment atteint l'âge obligatoire de la retraite et son statut d'émérite lui donnait plus de temps libre, aussi accepta-t-il de rester pour m'écouter. Lorsque j'eus fini, il dit : « J'aime ça. C'est du très bon travail. Je vais trouver deux personnes pour faire la revue de l'article *. » Apparemment, l'article n'avait pas véhiculé le message que j'avais pu faire passer oralement. Il n'y avait aucune garantie que l'article fût accepté, me prévint-il, et j'aurais à attendre le verdict des deux scientifiques. S'il était positif, il communiquerait l'article pour publication. Quelques semaines plus tard, il me transmit leurs commentaires et quelques suggestions supplémentaires pour améliorer l'article, et lorsque je renvoyai ma copie corrigée il la communiqua. J'étais soulagé d'avoir une publication sur l'agent de la tremblante dans une revue si respectée et si largement lue[2]. C'était crucial pour étayer ma demande de subvention.

Muni des résultats de la centrifugation, je mis au point un protocole de purification de l'agent de la tremblante à partir de la rate et du cerveau. Il commençait par l'homogénéisation du tissu, suivi d'une brève centrifugation à faible vitesse pour retirer les gros débris et laisser l'agent dans le surnageant. Une centrifugation à haute vitesse suivait qui sédimentait plus de 99 % de l'agent dans le culot. Après resuspension de ce culot dans une solution saline, nous ajoutions un détergent pour nous débarrasser des graisses et répétions la centrifugation. Le culot était alors à nouveau dissous dans une solution saline avec détergent.

Lorsque je fus convaincu que la rate n'offrait aucun avantage sur le cerveau en termes de facilité de purification, je changeai mon approche car l'agent de la tremblante était des centaines de fois plus abondant dans le cerveau. Puis je commençai à réfléchir sur le moyen d'augmenter l'échelle de la purification. Je réalisais que c'était probablement crucial de le faire, avec l'idée de devoir peut-être accroître le nombre de cerveaux de souris dans une seule préparation de cinquante à cinq cents, voire à deux mille cinq cents. Au même moment, j'envisageai aussi les problèmes de biosécurité qu'une préparation aussi importante

* Pour qu'un article soit accepté pour publication dans une revue scientifique, il doit être évalué et validé de manière anonyme et indépendante par au moins deux scientifiques du domaine désignés par le comité de lecture éditorial de la revue (*NdT*).

d'un agent infectieux pouvait présenter. Je m'inquiétais du fait qu'une fois commencée notre purification à grande échelle, une personne du laboratoire puisse se retrouver infectée. L'agent de la tremblante pouvait-il causer une maladie chez l'homme, même si aucun lien n'avait pu être établi entre lui et la MCJ dans plusieurs études épidémiologiques ? Après tout, les encéphalopathies spongiformes humaines et animales avaient de nombreux traits communs, comme Hadlow l'avait souligné dans son article sur la tremblante et le kuru. Comme nous devions centrifuger de grandes quantités d'agent de la tremblante, je voulais placer la centrifugation dans une enceinte biosécurisée pouvant supporter la cassure d'un rotor lancé à pleine vitesse.

Enceinte de sécurité et bioconfinement

Heureusement, je trouvai un expert du bioconfinement juste de l'autre côté de la baie, au Laboratoire de bioscience naval d'Oakland. Il s'agissait de Mark Chatigny, un ingénieur spécialisé dans la conception d'installations de haut confinement pour l'étude de pathogènes mortels. Les hottes à flux d'air laminaire commençaient à être largement utilisées dans la recherche biomédicale. La société Baker Company de Kennebunk, dans le Maine, fabriquait les meilleures hottes, et j'appelai donc son président pour discuter de nos besoins en enceintes pour centrifugeuses. Chatigny et moi-même voulions faire exploser dans l'enceinte un rotor lancé à grande vitesse pour tester son intégrité. Ayant obtenu l'accord de Baker, nous approchâmes la société Beckman Instrument pour faire cette expérience, en expliquant que notre but était de tester l'enceinte de biosécurité de la centrifugeuse au cas où son rotor casserait avec des agents infectieux.

L'enceinte fut expédiée par bateau de Kennebunk à l'usine de Beckman, à Palo Alto, en Californie, où une ultracentrifugeuse fut placée à l'intérieur. Chatigny remplit les tubes de bactéries, les mit sur le rotor et disposa des plaques de culture bactérienne sur toute l'enceinte et la pièce autour pour déceler la moindre bactérie qui pourrait s'échapper en cas de rupture du rotor. Une série de tests spectaculaires suivit. Le quatrième essai fut le bon. Lorsque le rotor atteignit la vitesse de quarante mille tours par minute, il se brisa dans un bruit assourdissant.

L'enceinte de biosécurité fut ébranlée mais tint le coup, et nous en fûmes ravis. Mark récupéra les plaques de culture et les mit dans un incubateur pour laisser pousser d'éventuelles bactéries. Quelques jours plus tard, ces cultures montrèrent que, si certaines bactéries avaient pu sortir de la centrifugeuse, aucune n'avait franchi l'enceinte de bioconfinement[3]. J'étais très heureux de ces résultats, et nous commandâmes sur-le-champ deux centrifugeuses Beckman placées dans des enceintes biosécurisées de Baker pour notre nouveau bâtiment bioconfiné.

Nous étions prêts désormais, après avoir déterminé les meilleures conditions de purification de l'agent de la tremblante, à passer à plus grande échelle. Je pouvais ajouter un détergent pour éliminer autant de graisses que possible et recentrifuger ensuite à haute vitesse pour recueillir l'agent dans le culot.

C'était déjà bien, mais je voulais encore raffiner l'approche. L'étape suivante était d'augmenter la résolution de la centrifugation en utilisant un gradient de concentration en sucrose, un type de sucre, au-dessus duquel serait déposé le culot avec l'agent remis en suspension dans une solution saline. Les couches les plus denses de sucrose seraient au sommet, les moins denses à la base du tube, et cela augmenterait le pouvoir de résolution des particules, les plus petites restant au sommet et les plus grosses se déposant au fond. Point crucial, celles de taille moyenne resteraient au milieu du tube. En modifiant les concentrations en sucrose ainsi que le temps et la vitesse de centrifugation, nous serions à même de calculer la taille des particules se rassemblant au milieu du tube. Il s'avéra, et j'en fus horrifié, que l'agent de la tremblante ne se retrouvait pas dans une fraction particulière entre le sommet, le milieu ou le fond du tube. Le pouvoir infectieux se répartissait partout, les petites particules étant aussi infectieuses que les moyennes ou les grandes ! C'était un cauchemar. Décidément, les secrets de la tremblante étaient bien gardés.

Deux interprétations étaient possibles. Soit les petites particules étaient un artefact du processus de centrifugation et les grosses contenaient bien l'agent de la tremblante. Soit les petites particules contenaient l'agent et les plus grosses des agrégats de celles-ci. La plupart des chercheurs sur la tremblante, et presque tous les virologues, favorisaient la première interprétation. Après tout, les virus sont des particules relativement grandes, et on estimait que l'agent de la tremblante était un virus lent restant à isoler. Je trouvai la seconde interprétation plus raisonnable, parce qu'elle était en accord avec les études de Tikvah Alper qui avait démontré que la taille de l'agent était d'environ un centième de celle d'un virus classique.

Des fragments de membrane et des particules de type viral

À l'époque où Alper réalisait ses expériences intrigantes, Richard Kimberlin et son superviseur, Gordon Hunter, menaient une série d'études biochimiques à l'Institut de recherche Compton (figure 8). Kimberlin était un grand jeune homme avec une épaisse tignasse de cheveux roux et une personnalité joyeuse, confiante et enthousiaste. Il avait aussi un grand nez et des yeux chaleureux. Son allure tranquille était parfois désarmante, comme les discussions qu'il engageait. Hunter, lui, était très différent, un peu apathique mais gentil, un homme d'âge moyen aux abondants cheveux gris. Son manque de succès pour élucider la structure moléculaire de l'agent de la tremblante lui pesait lourdement. Au début des années 1970, apparemment épuisé et frustré, Hunter conclut que l'agent de la tremblante était un fragment de membrane sans structure reconnaissable bien définie, un complexe amorphe de lipides et d'autres matériaux indéfinis[4].

Hunter et Kimberlin n'avaient aucune idée de la manière dont un tel fragment de membrane pouvait se répliquer autrement qu'en recrutant d'autres membranes. Point crucial, ils avançaient que l'agent de la tremblante ne pouvait être purifié car la destruction des membranes riches en lipides par les détergents éliminerait son pouvoir infectieux[5]. Si j'avais cru de telles choses, j'aurais abandonné tous mes efforts de purification. Mais je n'y croyais pas car j'estimais que leurs études n'étaient pas formulées correctement et que leur approche était hasardeuse. Ou peut-être voulais-je juste que cette idée soit fausse, de sorte que je puisse poursuivre le projet de recherche dans lequel je m'étais tellement impliqué. J'étais content que leur échec me laisse la voie ouverte. La plupart des chercheurs sur la tremblante trouvaient l'hypothèse de la membrane aussi peu attrayante que moi. Sans alternative

Figure 8. Alan Dickinson (en haut, à gauche), Richard Kimberlin (en haut, à droite), et Richard Marsh, avec d'autres scientifiques non présentés, ont recherché la structure moléculaire de l'agent de la tremblante. Marsh, un vétérinaire, est en train d'examiner un patient.

crédible, beaucoup d'entre eux voulaient revenir à l'idée d'un virus comme responsable de la tremblante. Ils avaient juste à expliquer comment Tikvah Alper avait pu mal interpréter ses résultats. Par exemple, Carleton Gajdusek et son chercheur en postdoctorat Robert Rohwer aux NIH arguaient avec véhémence que les résultats d'Alper étaient tout à fait compatibles avec l'hypothèse d'un virus, soulignant que l'extrême résistance de l'agent de la tremblante aux effets des rayons s'expliquait par un mécanisme de réparation efficace[6].

En 1978, mon idéalisme commençait à faiblir. Ma carrière en tant que scientifique avait peu de chances d'être couronnée de succès si je continuais à utiliser les dosages chez la souris pour mesurer les quantités d'agent de la tremblante. Même avec des expériences très bien conçues, je devais attendre une année pour avoir les résultats, et je commençais à désespérer. Après tout, seulement trente groupes d'expériences séquentielles pouvaient être accomplis en une carrière de trente ans, et j'avais été aux premières loges pour apprendre que la purification de l'agent de la tremblante était un cauchemar biochimique. Son comportement rendait sa purification inaccessible. Il fallait trouver un moyen plus astucieux. La mise au point d'un protocole de purification allait demander beaucoup, beaucoup de tests de dosage pour arriver à se sortir de ce brouillard.

De plus, ma vie était devenue plus stressante avec l'annonce par plusieurs laboratoires qu'ils avaient réussi à isoler l'agent de la tremblante. Peu après que j'eus décidé de poursuivre la purification, un article parut qui décrivait un petit agent causant la tremblante et la sclérose en plaques. Une année plus tard, une autre étude fut publiée qui déclarait que l'agent de la tremblante était un minuscule virus ayant une forme sphérique au microscope électronique. Il faisait environ douze nanomètres de diamètre, et sa taille semblait correspondre avec ce qu'avait trouvé Tikvah Alper. Nous essayâmes de reproduire ce travail, mais je conclus que ces études avaient été si mal menées qu'il y avait peu de chances qu'elles soient correctes. Richard Kimberlin dépensa plus d'efforts à tenter de répéter ces expériences et finit par montrer que les petites particules sphériques étaient de la ferritine, un complexe protéique transportant le fer et donc facilement visible au microscope électronique[7].

Avant cela, des chercheurs avaient déjà présenté beaucoup d'images prises au microscope électronique d'un supposé virus de la tremblante isolé du cerveau d'animaux infectés. L'un des plus anciens travaux de ce genre était celui de Joe Gibbs en 1968, qui avait identifié des particules sphériques de 23 nanomètres de diamètre dans le cerveau des souris[8]. C'était une taille respectable pour un virus, elles ressemblaient au virus de la polio, mais leur relation avec la tremblante ne fut jamais établie. Lorsque, dix ans plus tard, Dick Baringer retrouva ces particules dans le cerveau de souris infectées, il devint enthousiaste, ainsi que nombre de virologues auxquels il avait présenté ses clichés[9]. Je ne pouvais comprendre une telle excitation. Si ces particules relativement grosses causaient la tremblante, comment ce résultat pouvait-il être concilié avec les résultats d'Alper ? Au plus profond de moi, je voulais que l'agent de la tremblante diffère d'un virus. À l'époque, je m'étais tellement investi dans ma recherche que je ne voulais pas trouver quelque chose de banal. Je réagissais d'une manière émotionnelle.

Plus je travaillais dans le domaine, plus ces annonces venant des autres me tapaient sur les nerfs. Alors que mon implication dans la recherche ne cessait d'augmenter et que le problème devenait de plus en plus passionnant, mon anxiété montait d'un cran à chaque nouvel article. Je me retrouvai au milieu d'une compétition que je n'avais jamais voulu intégrer. Mais, maintenant que j'y étais mêlé, je ne voulais pas finir second. Avec le temps, je réalisais combien il était dangereux pour moi de participer à un tel jeu. Le fait d'être pris dans une course scientifique suscite une pression diffuse pour interpréter les résultats en faveur de son hypothèse. Je devais constamment me battre contre cette tentation.

L'idéalisme qui imprègne la recherche scientifique s'estompe quand vous entrez dans une vraie compétition. Je me sentais souvent détenteur du problème et en colère contre ceux qui ne me voyaient pas comme son propriétaire légitime. C'était comme si je croyais que mes efforts m'avaient rendu maître des lieux, que j'avais acquis les droits du squatter. Imaginer que quelqu'un d'autre que moi puisse me devancer dans la détermination de la structure moléculaire de l'agent de la tremblante était ce qui m'horrifiait le plus. Quelques pages dans une revue de renom peuvent réduire virtuellement à néant les années de travail d'un chercheur.

Virinos et viroïdes

Cette compétition engendra d'étranges comportements. L'idée d'un petit acide nucléique séduisit un généticien vétérinaire, Alan Dickinson, de l'Université d'Édimbourg. Ses études avaient démontré l'existence de souches de l'agent de la tremblante capables de se reproduire, ce qui suggérait la présence d'un acide nucléique (voir figure 8). Dickinson introduisit le terme de « virino » en 1978 :

> Si les récents résultats expérimentaux [...] sont corrects en impliquant l'ADN comme une composante nécessaire de l'unité infectieuse de la tremblante, alors un nom approprié pour cette classe d'agent serait « virino », qui (par analogie avec les neutrinos) sont de petites particules immunologiquement neutres avec des propriétés de grande pénétration mais demandant des critères spéciaux pour pouvoir les détecter[10].

Plus tard, lui et d'autres modifièrent la définition en « ADN de type viroïde complexé avec des protéines de l'hôte[11] ».

Dickinson était passionné par son travail, et certaines de ses études étaient faites correctement et intelligemment. C'était un homme mince, de taille moyenne et assez direct, un peu arrogant, plutôt sans humour. Sa rigidité et son intime conviction qu'il avait raison et les autres tort ne le rendaient pas aimable auprès de ses collègues. Le cadre extrêmement long de ses expériences et son peu d'empressement à le réduire furent à l'origine de sa chute. De plus, il n'avait jamais caché son opinion sévère sur l'intelligence limitée des autres, et il avait des idées tellement arrêtées qu'il était difficile d'avoir une conversation franche avec lui. Je l'avais rencontré pour la première fois au cours de l'été 1976 à l'occasion du troisième congrès international de virologie à Madrid. Beaucoup de gens travaillant sur la tremblante, le kuru et la MCJ s'étaient regroupés pour déjeuner à la terrasse d'un restaurant près de la salle du congrès. Au cours du repas, je fis la remarque : « Ce dont a vraiment besoin le domaine de la tremblante, c'est d'un test rapide. » En m'entendant, Dickinson avait rugi : « Ce serait la pire des situations possibles ! Nous aurions alors deux cents personnes dans le domaine. Il a la bonne taille maintenant. » Sa campagne pour garder la tremblante mystérieuse continua encore une décennie, jusqu'à ce qu'il se fâche avec les autorités de financement britanniques et perde son emploi.

Dickinson n'était toutefois pas le seul à suivre ce que je considérais comme une approche peu rigoureuse pour découvrir la vraie nature de l'agent de la tremblante. Cette course faisait prendre le risque de s'engager dans des impasses. En 1978, Richard Marsh, un professeur de science vétérinaire à l'Université du Wisconsin, utilisant une procédure similaire à celle employée pour isoler les viroïdes, rapporta la préparation d'échantillons de cerveaux de hamsters atteints de tremblante qui pouvaient être inactivés par la digestion avec une enzyme, la DNase, qui détruit spécifiquement l'ADN (voir figure 8)[12]. Ni la RNase ni les protéases, qui détruisent respectivement l'ARN et les protéines, n'avaient un tel effet sur les fractions purifiées. Pendant plus de deux ans, la plupart des chercheurs travaillant sur la tremblante pensèrent qu'une petite molécule d'ADN similaire à l'ARN infectieux des viroïdes était responsable de la tremblante. Peu après la parution du travail de Marsh dans la revue *Nature*, j'appris qu'un étudiant travaillant dans le laboratoire de Kimberlin avait identifié une petite molécule d'ADN dans les fractions préparées à partir du cerveau de souris atteintes de tremblante mais pas de souris témoins. On pouvait présumer qu'il s'agissait de l'ADN de type viroïde découvert par Marsh et ses collègues.

Pour vérifier si les résultats de Marsh étaient justes, je me mis une fois encore à tenter de reproduire le travail des autres. Le protocole que nous avait décrit un technicien de l'Université de Californie, Riverside, qui avait travaillé pour Joe Semancik, l'un des collaborateurs de Marsh, semblait très direct. Sa simplicité avait une vraie élégance, la démarquant nettement de la procédure utilisée pour obtenir les petites sphères qui s'étaient finalement avérées être de la ferritine. Je me rappelle avoir pensé : « Si l'isolement de l'agent de la tremblante est si facile, alors je n'appartiens plus à la science. » Mon approche systématique était-elle trop fastidieuse ? Ces moyens plus inventifs de dévoiler les secrets de la nature étaient-ils la marque de la bonne science ? Mais, après plus d'une année de travail et des dizaines de milliers de dollars dépensés, nous n'arrivions pas à répéter les résultats de Marsh. Nous n'avions aucun indice d'un ADN de type viroïde responsable de la tremblante. Je me sentais partagé entre deux sentiments. D'un côté j'avais dépensé beaucoup de temps et d'efforts pour seulement montrer que quelqu'un d'autre s'était trompé, mais d'un autre j'étais content que la réponse à : « Qu'est-ce qui cause la tremblante ? » n'eût pas encore été trouvée. J'avais encore une chance d'être le premier à franchir la ligne d'arrivée.

Comme j'avais besoin d'expliquer nos résultats négatifs, j'appelai Marsh et lui dis que j'avais été incapable de reproduire son étude. Je voulais qu'il m'aide. « Appelle Joe Semancik à Riverside, me dit-il. Il t'aidera. »

Je n'étais pas préparé à ce qui suivit. Je téléphonai à Riverside et pus parler à Semancik. « J'apprécierais beaucoup si vous pouviez venir à San Francisco pour examiner nos données, lui dis-je. Vous pourriez nous dire où nous nous sommes trompés. »

Semancik sembla montrer peu d'intérêt à m'aider. Il me dit qu'il était trop occupé pour quitter Riverside et que je devais répéter les expériences. Il me demanda d'insister, disant que je finirais alors par obtenir des résultats.

« Nous avons fait ces études à trois reprises, dis-je en protestant, et nous trouvons toujours la même réponse. Nous n'avons aucun indice d'un viroïde à ADN causant la tremblante. »

En réponse à ma plainte, il m'incita à continuer de répéter mes expériences, disant qu'elles finiraient par marcher.

Essayant de garder mon calme, je lui suggérai de m'envoyer sa technicienne à San Francisco pour qu'elle voie nos données. Ma requête étant aussi rejetée, je respirai un grand coup et lui dis : « J'aimerais amener nos résultats à Riverside afin que vous ou votre technicienne les voyiez. »

Il me dit encore une fois que lui et sa technicienne étaient trop occupés pour passer du temps avec moi à essayer de résoudre les différences. Il n'avait juste pas le temps de me voir. J'étais embêté et frustré. Pourquoi Semancik ne voulait-il pas examiner nos résultats ? Pourquoi n'était-il pas perturbé par le fait que je n'avais pu reproduire ses résultats après y avoir passé la plus grande partie de l'année ? Je téléphonai de nouveau à Marsh et lui demandai si je pouvais lui apporter mes données.

« Stan, je ne sais pas comment faire ces études, me dit Marsh. La purification a été faite à Riverside. Les échantillons purifiés m'ont ensuite été transmis pour que je détermine les taux d'agent de la tremblante dans les hamsters. »

Je fus très surpris d'apprendre que Marsh n'avait pas essayé de transférer une partie du travail de purification de Riverside à Madison. Après tout, si leur étude était bonne, ils avaient fait une découverte importante. Marsh devait savoir si ses résultats étaient reproductibles, autrement il s'engageait dans une impasse.

Arrivé à ce point, je décidai que nous devions publier un article décrivant nos résultats. Après l'avoir fait[13], ni Marsh ni Semancik ne contestèrent nos conclusions. Aucun d'eux, à mon grand embarras, n'écrivit pour retirer leurs propres données. Peu après, j'appris que l'ADN que l'étudiant de Kimberlin annonçait avoir découvert était une fraude. Cet étudiant ne pouvait reproduire ses résultats que lorsque tout le laboratoire était parti prendre une bière au pub du coin à la fin de la journée. Ce déboire servit d'excuse pour cesser la recherche sur la tremblante à l'Institut Compton et pour licencier Gordon Hunter. Chose curieuse, Kimberlin sortit indemne de toute cette histoire et monta un nouveau programme de recherche sous la direction d'Alan Dickinson, dans le service de neuropathogenèse de l'Université d'Édimbourg.

J'étais encore dans la course. Personne, à ma connaissance, n'avait élucidé la composition de l'agent de la tremblante. De nombreuses hypothèses restaient en lice. Le sujet était grand ouvert. Tout ce qu'il fallait, c'était de grandes idées et des expériences très bien conçues. Mais je n'avais pas de grandes idées. Je ne savais toujours pas comment concevoir l'expérience intelligente qui donnerait la réponse du type : « Mais c'est bien sûr ! » Où se trouvait la solution ? Pourquoi ne pouvais-je la voir ?

CHAPITRE 5

Docteur America et les cannibales tremblants

Le principal personnage dans la compétition que j'avais rejointe était sans aucun doute Carleton Gajdusek des NIH, le gourou du kuru et le partisan du « virus non conventionnel ». En 1968, la transmission de la MCJ au chimpanzé qu'il avait réussi à faire avec Joe Gibbs avait démontré qu'il s'agissait bien d'une maladie transmissible. Cette expérience trouvait son origine sur les Hautes-Terres de l'est de la Nouvelle-Guinée, où il avait fini par s'installer pour des périodes de plus en plus longues à distance des NIH, et où j'allais bientôt faire une visite très instructive en sa compagnie. Gajdusek, qui est décédé en 2008, était quelqu'un à la fois de charmant, d'énergique et de peu assuré, dont la personnalité tapageuse n'a pas changé d'un pouce au cours des trente-quatre années où je l'ai connu. On remarquait ses traits slovaques sévères, et ses cheveux brun foncé couvraient en partie un front plissé et marqué de profonds sillons. Il aimait par-dessus tout exagérer et entendre sa voix de baryton. Il ne pouvait s'empêcher de dominer la conversation à chaque endroit où il se trouvait. Un jour, avant qu'il ne donne une conférence, je lui demandai : « Carleton, as-tu le trac avant ? » Il m'avait rapidement répondu : « Non, je n'ai le trac que lorsque je ne parle pas. » Orateur hors pair, il était connu pour ses conférences de trois ou quatre heures. Il pouvait captiver son audience. Il avait aussi une personnalité clivante, certains de ses collègues lui étaient dévoués et sont restés proches de lui pendant des décennies, alors que d'autres, gênés par ses exagérations et ses monologues décousus, le trouvaient pénible et jugeaient le fil de ses idées et ses imprécisions peu compatibles avec une recherche scientifique rigoureuse.

La Nouvelle-Guinée est la deuxième île du monde par la taille. Sa partie orientale, qui comprend aussi plusieurs petites îles mélanésiennes, s'appelle la Papouasie-Nouvelle-Guinée. De petites tribus autochtones y vivent dans une forêt vierge située à 3 000 mètres d'altitude. L'*Homo sapiens* vit sur l'île de Nouvelle-Guinée depuis plus de cinquante mille ans, et au cours de cette période plus de sept cents langues distinctes sont apparues, illustrant l'extraordinaire isolement des tribus. La moitié occidentale est appelée Nouvelle-Guinée occidentale et fait partie de l'Indonésie. La Papouasie-Nouvelle-Guinée fut une colonie allemande jusqu'à ce qu'elle fût attribuée après la Première Guerre mondiale à l'Australie par la Société des Nations. Après la Seconde Guerre mondiale, les Australiens commencèrent à explorer l'intérieur montagneux de l'île. Au début des années 1950, des patrouilles dans les Hautes-Terres orientales rapportèrent des pratiques de sorcellerie chez le peuple Fore (prononcé *forè*), et un officier nommé John McArthur identifia un état de tremblement connu sous le nom de kuru. Il était attribué à des pratiques de sorcellerie par les autochtones, mais McArthur pensait qu'il avait une origine psychologique.

En 1956, Vincent Zigas fut envoyé dans la région de Fore pour faire son service militaire en tant qu'officier médecin de l'armée australienne. Il fut impressionné par le tremblement et les difficultés de la marche que présentaient beaucoup de jeunes femmes fore. En tant que médecin, il se demanda si ces tremblements et la démarche peu assurée ne correspondaient pas à une forme de la maladie de Parkinson. Les études d'anthropologie n'étaient d'aucun secours car les Fore attribuaient le tremblement à la sorcellerie. Dans les années 1950, le kuru était la cause la plus courante de décès chez les jeunes femmes de la région de Fore. Intrigué par ce trouble, Zigas fut ravi en 1957 de voir arriver Gajdusek, à la fois pédiatre et virologue, alors en quête d'un sujet de recherche intéressant (figure 9). La formation médicale de Gajdusek et le fait qu'il soit en rapport avec le directeur associé des NIH Jospeh Smadel (ce qui lui donnait accès à de nombreuses ressources et à beaucoup d'études de laboratoire) en faisaient un collègue de travail idéal. Zigas et Gajdusek décidèrent de réaliser une étude épidémiologique. Ils définirent les limites géographiques de la maladie ainsi que sa distribution selon l'âge

Figure 9. La connexion entre Nouvelle-Guinée et les NIH. Carleton Gajdusek (à gauche) et Vin Zigas, qui s'occupent ici d'un enfant atteint du kuru, ont établi la transmission expérimentale du kuru et de la maladie de Creutzfeldt-Jakob à des singes et à des chimpanzés.

et le genre. Le kuru était confiné aux Fore et aux tribus environnantes. Le plus grand groupe affecté était celui des jeunes femmes, suivi par celui des enfants des deux sexes, mais où les filles étaient encore deux fois plus nombreuses. Les quelques hommes atteints étaient en général plus âgés que les femmes. Ces données épidémiologiques ne ressemblaient à aucune maladie connue dans les annales de la médecine occidentale. Lorsque Zigas et Gajdusek publièrent les premiers articles médicaux sur la maladie en 1957, ils introduisirent le mot Fore de « kuru » dans la littérature scientifique[1].

Pour mieux caractériser le kuru, Gajdusek et Zigas firent des autopsies et prélevèrent des échantillons de pratiquement tous les organes. Pourtant, ils ne purent identifier une toxine ou un agent infectieux lié au kuru. Leurs études ne révélèrent aucune anomalie dans un quelconque organe, à l'exception du cerveau. À l'examen visuel, le tissu cérébral paraissait normal, ni gonflé ni rétréci, mais au microscope on pouvait distinguer de nombreux trous, ou vacuoles, notamment dans le cervelet qui contrôle la coordination des mouvements.

Hadlow et la transmission du kuru aux chimpanzés

Le tissu cérébral allait fournir le premier indice important de la nature exacte du kuru. Gajdusek envoya un prélèvement à la neuropathologiste Elisabeth Beck de l'hôpital Maudsley à Londres. Sa capacité à produire des coupes de tissu de qualité pour l'examen microscopique était exceptionnelle. Pourtant, ce fut un observateur inattendu et éloigné du terrain qui réussit à faire le premier le lien entre le kuru et la tremblante. Bill Hadlow, en année sabbatique à l'Institut Compton, nota la ressemblance entre les deux lorsqu'il vit les coupes de cerveau de Beck lors d'une présentation sur la pathologie du kuru à Londres en 1959.

Près de sept années s'écoulèrent entre la proposition en 1959 faite par Hadlow dans *The Lancet* d'études expérimentales sur la transmission du kuru chez des primates et le travail de Gibbs et Gajdusek sur le sujet. Comment une expérience si importante a-t-elle pu être si longtemps retardée ? L'idée de Hadlow semble n'avoir pas été d'emblée une priorité pour Gajdusek. Peut-être se croyait-il le seul maître du domaine, ou peut-être que faire l'expérience proposée par Hadlow ne l'intéressait pas parce qu'il n'était pas coauteur de l'article dans *The Lancet*. En 1961, Joe Smadel, qui était le correspondant de Gajdusek aux NIH, tenta de recruter Hadlow et Richard Johnson, neurologue de l'Université Johns Hopkins spécialiste des virus s'attaquant au système nerveux, pour travailler sur un projet de transmission du kuru, mais aucun des deux ne désirait devenir un « médecin de chimpanzé ». Au cours du printemps 1962, Smadel persuada Joe Gibbs de se charger du travail. Gibbs était un célibataire modeste, rasé de près et catholique pratiquant. Ses doux yeux bleus perçaient à travers des lunettes à monture invisible et sa tête chauve portait de courts cheveux blancs sur les côtés. C'était un homme mince et de taille moyenne dont la vie professionnelle était dominée par l'écrasante personnalité de Gajdusek.

Pendant que Gibbs allait s'occuper des singes, quelqu'un d'autre devait récupérer des échantillons de cerveau de patients morts du kuru et les lui envoyer de la jungle pour qu'ils soient injectés aux chimpanzés. Cette tâche échut à Michael Alpers, jeune médecin australien qui s'était montré intéressé par la proposition de Hadlow alors qu'il étudiait la médecine à Perth. Alpers arriva en Nouvelle-Guinée en octobre 1961 et commença à mettre en place le dispositif nécessaire à l'étude de la transmission. En mars 1962, il avait décidé de construire une maison à Waisa, un petit village fore. Au cours de ce même mois, il rencontra Gajdusek à Okapa, un poste avancé de patrouille australienne à environ un jour de marche au nord de Waisa. Deux jours plus tard, Gajdusek rendit visite à Alpers à Waisa, et ils décidèrent de collaborer pour des études sur la transmission de la maladie.

En septembre, Alpers effectua sa première autopsie sur un garçon de treize ans nommé Eiro. En mars 1963, il en fit une seconde sur une fille de onze ans prénommée Kigea qui était restée couchée presque sans bouger pendant six semaines avant de mourir. Les échantillons de cerveau furent congelés et envoyés par bateau aux NIH à Bethesda. En août 1963, un petit morceau du cerveau de Kigea fut homogénéisé et une dilution à 10 % injectée dans le cerveau d'un chimpanzé appelé Daisey. Le mois suivant, ce fut au tour d'un autre chimpanzé, Georgette, de recevoir une telle dilution issue du cerveau d'Eiro, et en février 1964, un troisième chimpanzé, Joanne, reçut une dilution du cerveau d'une jeune femme de vingt-trois ans nommée Kabuinampa décédée en décembre.

Une partie du retard était due à la difficulté d'obtenir des chimpanzés se rappelait Alpers au cours d'un repas que j'eus avec lui à Londres en septembre 2007. « Beaucoup de gens voulaient que nous utilisions des singes mais je voulais commencer avec des chimpanzés, me dit-il. Que se serait-il passé en cas d'échec chez les singes ? Je voulais suivre la suggestion de Hadlow et utiliser l'animal le plus proche de l'homme. »

Les chimpanzés étaient encore en forme au printemps 1965, mais au cours de l'été Georgette commença à montrer des problèmes de coordination. Alpers se souvient d'avoir dit à Joe Gibbs : « C'est comme si elle avait le kuru. » Peu après, Daisey tomba malade et Gajdusek revint aux NIH pour suivre la maladie. En octobre, Georgette fut sacrifiée pour faire une autopsie. Alpers et Gibbs enlevèrent le cerveau et le donnèrent à Elisabeth Beck qui préleva des échantillons pour les examiner à Londres. Début février 1966, avec Daisey déjà morte et Joanne malade, l'étude du tissu était finie et Beck envoya un télégramme déclarant : « Neuropathologie chez le chimpanzé ne peut être distinguée de celle du kuru. » Le jour suivant, Alpers, Gajdusek et Gibbs écrivirent leur article sur la transmission du kuru et le soumirent à la revue *Nature*. Tout s'était passé comme Hadlow l'avait prévu sept ans plus tôt.

Cannibalisme

En écrivant leur article de référence, ils commencèrent par faire des hypothèses sur la manière dont le kuru était transmis chez les Fore et leurs voisins. Comme le cannibalisme était courant chez ces peuples, la possibilité qu'il intervienne dans la transmission de la maladie était devenue, une fois les premières études publiées, un gros sujet de discussion. Cela faisait des années que les rites cannibales des Fore faisaient l'objet de discussions. Certains Fore pensaient que l'âme réside dans le cerveau, de sorte que manger le cerveau d'un parent décédé était un moyen de lui donner une vie éternelle. Au début des années 1950, des anthropologues avaient décrit les rites mortuaires complexes des Fore, dont le cannibalisme, mais à la fin de cette décennie il avait commencé à disparaître sous la pression du gouvernement australien et des missionnaires locaux. Lorsque les résultats des premiers tests de transmission du kuru aux chimpanzés furent connus, le nombre de patients avait déjà bien baissé[2].

Relatant ses études sur le cannibalisme au début des années 1960, l'anthropologue Robert Glasse écrivait :

> L'élément le plus en faveur d'une association entre kuru et cannibalisme se trouve dans le mode de consommation alimentaire des victimes du kuru. S'il est vrai qu'au début le kuru était uniquement une maladie de femmes, comme le disaient les habitants, l'absence de la maladie chez les hommes adultes d'aujourd'hui, ou du moins sa faible incidence, peut s'expliquer culturellement. Dans toute la région du kuru, quand les Européens y arrivèrent pour la première fois, la grande majorité des femmes étaient cannibales... Les enfants consommaient toute la nourriture que leur fournissait leur mère, dont de la chair humaine. Le comportement des hommes cannibales variait selon les régions et les individus. Dans le Fore du Sud, le cannibalisme était très rare chez les hommes adultes, s'il a jamais existé, en partie dû à la croyance que le cannibalisme dérobait à l'homme sa vitalité, le rendant ainsi vulnérable aux flèches ennemies...

> Après les funérailles, la famille maternelle du défunt démembrait le corps. Il était emmené dans un jardin de canne à sucre puis découpé avec un couteau de bambou et une hache de pierre. Les mains et les pieds étaient enlevés, puis les bras et les jambes ouverts pour en retirer les muscles. Le thorax et l'abdomen étaient ensuite ouverts et les viscères enlevés, en prenant soin de retirer la vésicule biliaire qui, si elle était déchirée, gâtait complètement le goût de la viande. Puis ils coupaient la tête, brisaient le crâne et retiraient le cerveau. Il y avait peu de déchets : la moelle osseuse, les viscères et le cerveau étaient cuits et mangés. Même les os, parfois, étaient pulvérisés et consommés avec des légumes verts.
>
> Deux méthodes étaient utilisées pour la cuisine. Le corps pouvait être cuit entier dans un four dans la terre, comme pour le porc. Cette méthode était employée dans le nord de Fore. Dans le Sud, beaucoup de femmes préféraient fumer de petits morceaux de chair dans un tube de bambou avec du sel, du gingembre et des feuilles de légumes. Dans le Nord, le corps était parfois enterré pendant quelques jours pour améliorer son goût, la présence des vers étant considérée comme un raffinement de plus[3].

Alors que le cannibalisme présentait une explication plausible de la transmission du kuru d'une personne à une autre, les premières tentatives de transmettre la maladie au chimpanzé par voie orale furent des échecs[4]. Pour l'expliquer, Gajdusek avança que, lorsque les femmes et les enfants ouvrent le crâne des personnes victimes du kuru, ils s'exposaient à de fortes quantités d'agent infectieux. Comme ils se lavaient rarement, n'ayant pas d'eau courante au village, l'agent du kuru restait sur leur main pendant de longues périodes. Ce dernier pouvait alors pénétrer le corps par la muqueuse orale lorsqu'ils mettaient les mains à la bouche, ou par la membrane conjonctive lorsqu'ils se frottaient les yeux. Une autre voie d'entrée supposée était les plaies sur le bras ou la main. En 1980, toutefois, Gibbs et Gajdusek rapportèrent qu'un des deux singes nourris pendant cinq jours avec du cerveau et d'autres tissus de chimpanzés ayant le kuru avait développé un trouble du fonctionnement du système nerveux trois ans plus tard[5].

Les similitudes entre les neuropathologies microscopiques du kuru et de la maladie de Jakob-Creutzfeldt (comme on l'appelait alors) avaient été relevées la même année, en 1959, que Hadlow avait publié son article dans *The Lancet*. Cette observation resta inaperçue jusqu'à la transmission expérimentale du kuru au chimpanzé. Peu après, Gajdusek et Gibbs injectèrent un extrait de cerveau d'une victime de la MCJ à un chimpanzé, et deux ans plus tard ils annoncèrent la transmission de la maladie. Gajdusek, Gibbs et leurs collaborateurs avaient de la veine. Ils n'avaient pas seulement réussi à transmettre une maladie neurologique exotique présente dans la jungle des plateaux de Nouvelle-Guinée, mais aussi une maladie du cerveau décrite près de cinquante ans plus tôt par Alfons Jakob et Hans Creutzfeldt. La transmission de deux maladies dégénératives du cerveau d'étiologie inconnue était dans tous les cas une avancée importante.

Dans leur article sur la transmission de la maladie de Jakob-Creutzfeldt au chimpanzé en 1968, il y eut une transposition des noms Jakob et Creutzfeldt. J'étais intrigué, car de nombreux neurologues et anatomopathologistes avaient proposé que la maladie soit appelée de Jakob ou de Jakob-Creutzfeldt, mais presque personne ne l'appelait de Creutzfeldt-Jakob. Alfons Jakob avait écrit un article en 1921 décrivant plusieurs cas de démence progressive avec de larges pertes de neurones dans le cerveau[6]. Un an plus tôt, Hans Creutzfeldt avait aussi décrit le cerveau d'une femme décédée après une série prolongée de crises épileptiques[7]. Il avait trouvé une vacuolisation étendue du cerveau, mais certains scientifiques médicaux pensaient que sa patiente était morte d'une épilepsie compliquée d'une lésion par hypoxie du cerveau, et ils doutaient qu'elle ait eu ce qui est ensuite devenu connu sous le nom de MCJ. Alors pourquoi les noms de Jakob et de Creutzfeldt ont-ils été intervertis dans un article important sur la transmission de la maladie au chimpanzé ? Vingt ans ont passé avant que je ne découvre la réponse en discutant avec Gibbs. « Quand j'écrivais mon premier papier sur la transmission de la maladie de Jakob-Creutzfeldt à un singe, me dit-il, je voulus la renommer “maladie de Gibbs”. Je ne pensais pas que cela serait accepté par les communautés scientifique et médicale, donc j'ai décidé d'inverser les noms parce que mon premier prénom est Clarence et mon second Joseph, de sorte que mes initiales sont C. J. » Et c'est ainsi que la maladie est devenue connue sous le nom de maladie de Creutzfeld-Jakob, ou MCJ, suite à un cas peu commun de bêtise scientifique[8].

Gros plan sur les patients du kuru

Depuis le début de ma fascination pour l'agent de la tremblante et son rapport avec une maladie humaine, je savais que j'aurais à examiner un jour des gens mourant du kuru. Pour en apprendre sur une maladie, un médecin doit voir des patients. Autrement vous ne pouvez appréhender ses détails et ses variations, et il faut aussi examiner beaucoup de patients pour voir aussi la maladie progresser ou se résorber. C'est ainsi qu'au printemps 1975 je demandai à Carleton Gajdusek s'il voulait bien organiser une visite afin que je puisse examiner les Fore. Bien qu'il m'ait répondu par l'affirmative, aucune invitation claire à le rejoindre en Nouvelle-Guinée ne suivit, malgré mes demandes répétées.

J'avais rencontré Gajdusek pour la première fois l'été précédent, alors que je rendais visite à Richard Kimberlin et Gordon Hunter à l'Institut Compton. Le passage de Gajdusek incita Hunter à organiser un dîner chez lui, et il m'inclut aimablement dans les invités. Gajdusek monopolisa la parole d'une façon passionnée. Il parla sans arrêt dès le moment où nous fûmes assis pour dîner, et quand tout le monde eut fini de manger, il commençait à peine à le faire. Les petits pois présentaient un réel problème, car ils ne cessaient de tomber de sa fourchette. Chaque fois que quelqu'un essayait d'en placer une, Gajdusek baissait sa fourchette, les petits pois tombaient dans l'assiette et il élevait la voix de sorte que tout le monde cessait de parler. Fatigués par ce monologue, nous finîmes par ne plus rien dire pour que Gajdusek puisse finir ses petits pois.

Après le repas, j'évoquai la possibilité de monter une section dans son laboratoire des NIH sur la biochimie de l'agent de la tremblante. Gajdusek avait les ressources pour faire une recherche sérieuse sur la composition et l'architecture moléculaires des agents de la tremblante, du kuru et de la MCJ. Mais il m'expliqua qu'il ne voulait pas agrandir son labo car cela augmenterait ses responsabilités, ce qui exigerait alors qu'il y passe plus de temps et moins sur le terrain. Il subissait une pression constante, me dit-il, pour diminuer le temps passé en Nouvelle-Guinée et dans d'autres endroits exotiques auprès de cultures primitives. J'ai plusieurs fois réfléchi à ce qui se serait passé si Gajdusek avait accepté mon idée de retourner aux NIH. Bien que je fusse déçu à l'époque, sa réticence fut un coup de chance.

Début octobre 1976, je sus que le voyage que je proposai en Nouvelle-Guinée sous ses auspices allait encore être retardé. J'étais en route pour l'aéroport de San Francisco, devant me rendre à un congrès à Missoula dans le Montana avec Bill Hadlow et Carl Eklund, lorsque la radio annonça que le prix Nobel de médecine ou de physiologie était décerné à Baruch Bloomberg, un spécialiste du virus de l'hépatite B, et à Carleton Gajdusek « pour ses découvertes concernant de nouveaux mécanismes pour l'origine et la dissémination des maladies infectieuses ». Je fus surpris que Hadlow, Joe Gibbs, et/ou Michael Alpers ne partagent pas le prix avec Gajdusek. Quand j'arrivai à Missoula, Hadlow m'attendait à l'aéroport pour me conduire au Laboratoires des montagnes Rocheuses. Il semblait accepter sans trop de gêne que Gajdusek soit récompensé. Même si cela a pu le troubler, j'imagine, sa dignité stoïque ne lui permettait pas de le reconnaître.

Mon envie d'aller en Nouvelle-Guinée ne faiblissait pas mais je ne reçus aucune aide de la part de Gajdusek pour le faire. Comme il fallait s'y attendre, il était maintenant sollicité de partout. Des gens du monde entier le réclamaient pour l'entendre s'exprimer sur le kuru et la MCJ. Le fait de recevoir le prix Nobel en avait fait un conférencier encore plus en vogue.

Dick Johnson, maintenant professeur de neurologie à l'Université Johns Hopkins, avait visité la région du kuru au milieu des années 1960 car il s'intéressait depuis longtemps aux virus lents, et plus particulièrement à ceux s'attaquant au cerveau. Johnson était l'une de ces figures magiques de la neurologie, à la fois charismatique, confiant, joyeux, blagueur et intéressant. Une tignasse de cheveux prématurément blancs et un rire contagieux marquaient sa délicieuse personnalité. Ses connaissances encyclopédiques en neurovirologie lui offraient une foule d'histoires amusantes sur nombre de scientifiques caractériels qui marquaient la discipline. Comme Gajdusek était trop occupé, Dick suggéra que je prenne contact avec Alpers qui dirigeait maintenant l'institut médical de Goroka. Peu après, Alpers organisa ma visite. À l'automne 1978, je m'envolai de San Francisco pour Auckland, puis atterris à Port Moresby, où je changeai d'avion pour Goroka. Alpers était alors en Chine mais sa femme m'accueillit, et je restai avec elle et leurs

Figure 10. Bien au-dessus de la rivière Lamari (en haut) se trouve le village d'Agakamatasa (au centre) sur le bord sud de la région du kuru. Un patient à un stade avancé du kuru présentant des signes de relâchement du lobe frontal : réflexes de museau et de succion (en bas) et de préhension des mains (non montré).

quatre enfants quelques jours avant de prendre un car pour Okapa, puis Purosa, au cœur de la région Fore, accompagné de plusieurs employés fore de l'institut médical. De Purosa, nous montâmes à pied pendant deux heures jusqu'au village d'Agakamatasa, qui se trouve sur le bord sud de la région du kuru et domine la rivière Lamari (figure 10). À ma grande surprise, j'y fus accueilli par Gajdusek, mais c'était lui qui, après tout, devait m'accueillir. Ce n'est que plus tard que j'appris que les employés fore de l'institut travaillaient pour lui, car les NIH finançaient beaucoup d'activités de l'institut, dont les études de surveillance du kuru.

Les villageois parlaient de Gajdusek en disant Docteur America. Il était gentil avec eux et ils l'aimaient énormément. Chaque matin, les gens des environs venaient au village pour qu'il les soigne de divers maux. Une grande part de la magie de Gajdusek émanait des antibiotiques qu'il leur injectait pour traiter leurs infections respiratoires ou de la peau, ainsi que des abcès, ce qui était courant chez les peuples primitifs ayant une pauvre hygiène et occupant souvent des huttes pleines de fumée. Si je ne fus pas surpris par l'admiration qu'il suscitait, je ne m'attendais pas à l'entendre parler le pidgin mélanésien aux autochtones. Il m'avait parlé de son aisance à s'exprimer dans plusieurs langues, dont le Fore, mais aux Fore il parlait pidgin.

L'habitation de Gajdusek consistait en une grande hutte circulaire d'environ 7 mètres de diamètre et de près de 6 mètres de haut. Son cadre était en tiges de bambous et de roseaux, ses parois et le toit en chaume d'herbe. Il y avait une petite cuisine et une aire de repas avec une table et quatre belles chaises de bois. Une échelle conduisait à l'étage pour dormir.

Chaque soir, les indigènes nous servaient le repas, constitué essentiellement de taro, de patates douces, de blé et d'autres plantes locales. Un soir, nous eûmes du sanglier. Il avait été rôti pendant des heures dans un trou profond, et quoique bien cuit il était succulent. C'était clairement un repas de fête, et je me sentis fort honoré. Si j'avais été là vingt-cinq ans plus tôt, le trou aurait certainement contenu la cervelle de parents décédés enveloppée de grandes fougères ou fourrée dans de gros bambous.

Au cours de ces dîners dans la case de Docteur America, je pouvais dire une phrase puis tout le reste de la discussion était fait par Gajdusek, qui se lançait dans une conférence sur les sept cents langues de Nouvelle-Guinée, les premières explorations de la région de Fore, ou l'intérêt du ruban de fibre de verre. Je trouvais ses affirmations à l'emporte-pièce et ses exagérations assommantes. Épuisé de l'écouter, je finissais par m'excuser et grimper à l'étage pour m'allonger sur le plancher d'herbe dans des couvertures. En m'assoupissant, je pouvais voir Gajdusek encore attablé, s'avançant comme si j'étais encore assis en face de lui. Puis, réalisant enfin que je m'étais esquivé, il cessait son monologue et grimpait sur l'échelle pour venir dormir dans la pièce.

Le matin, je faisais d'habitude une longue marche, à la recherche d'un peu de paix et de tranquillité pour me préparer à une autre soirée grandiloquente. Au fil de la semaine, ma tolérance pour son emphase et mon respect pour ses compétences scientifiques en prirent un coup, même si je me surpris souvent à douter de mes pensées. J'avais tout faux. Je devais penser le contraire. Je devais me sentir privilégié d'être dans la région du kuru avec l'homme qui avait inauguré ce fascinant domaine de la recherche médicale. Je devais être reconnaissant que Gajdusek me consacre autant de son temps. Je n'étais personne. J'avais encore à faire quelque chose de significatif dans ce domaine.

Après une semaine à Agakamatasa, je me mis en route avec deux guides, Anua et Auyano, pour trouver des Fore qui mouraient du kuru. Je pus apprécier leur compagnie. Ils étaient chaleureux, gentils, courtois, et comme beaucoup de Fore, très intelligents, bien qu'ayant été très peu à l'école. Anua faisait à peine 1,50 mètre avec des traits fins et des épaules étroites, tandis qu'Auyano était légèrement plus grand, avec des traits plus grossiers et de grands yeux marron profondément enfoncés. Il avait aussi un grand trou dans sa cloison nasale où il avait porté un os de porc durant sa jeunesse. Les deux aimaient rire, et nous n'avions aucun problème à communiquer en pidgin.

J'étais bouleversé par la beauté du paysage. À près de 3 000 mètres d'altitude, il n'y avait pas de moustiques, une vraie bénédiction ! La jungle de montagne était différente de tout ce que j'avais rencontré jusqu'à présent, avec ses pentes raides couvertes de grands hêtres élancés et de beaucoup d'arbres plus petits comme des chênes, des ficus, des bambous et des pandanas. À plus de 15 mètres au-dessus de nous, une fine canopée tropicale absorbait les rayons du soleil. Il y avait de partout d'antiques fougères, de petits buissons et parfois des orchidées et des rhododendrons qui recouvraient les flancs des montagnes d'un tapis doux et épais. Les femmes et les enfants entretenaient des jardins en terrasse dans de nombreux hameaux. Certains sentiers étaient risqués, notamment après une forte pluie à cause d'une boue abondante et glissante. Mes chaussures de marche n'étaient pas idéales pour patauger dans cette boue qui ne collait pas aux pieds nus et très endurcis de mes guides mais qui adhérait incroyablement à mes semelles Vibram. Parfois, j'avais l'impression de skier sur de petits toboggans. Ce type de progression était gérable en descendant une pente douce, mais impossible lorsqu'il fallait la remonter. Durant les deux semaines suivantes, nous avons visité beaucoup de villages. Je me souviens avec plaisir des cannes à sucre et des petites bananes que je n'ai jamais réussi à retrouver aux États-Unis.

Durant cette expédition, je pus examiner huit patients affligés du kuru. Certains en étaient aux premiers stades de la maladie et pouvaient encore marcher avec l'aide d'un bâton. Leur déficit neurologique le plus profond était lié à la coordination des mouvements. Comme une personne ivre, une patiente ne pouvait marcher le long d'une étroite bande en plaçant les orteils d'un pied contre le talon de l'autre. Son équilibre était tellement compromis qu'elle ne pouvait se tenir sur un pied. Assise, elle ne pouvait placer un talon sur le genou opposé et le déplacer lentement le long du tibia. Lorsque je lui demandais de toucher avec l'index son nez puis mon index, elle montrait un tremblement d'action prononcé, c'est-à-dire un tremblement produit au cours d'un mouvement volontaire. Les patients avaient aussi des difficultés à faire de rapides mouvements alternés avec les mains. De telles difficultés neurologiques de coordination, appelée ataxie cérébelleuse, se produisent en cas de mauvais fonctionnement des lobes latéraux du cervelet.

Dans les cas plus avancés de la maladie, les patients n'étaient plus capables de marcher, même à l'aide d'un bâton. Certains avaient de telles difficultés à garder leur équilibre qu'ils ne pouvaient se tenir debout qu'en s'agrippant à un solide pieu enfoncé dans le sol. Dans quelques cas, le balancement d'un côté à l'autre était tellement prononcé qu'ils ne pouvaient même pas se relever sans l'aide d'un tel pieu. Ce balancement se produit quand le lobe médian du cervelet ne peut plus recevoir et envoyer de signaux pour maintenir le buste droit. Lorsque celui-ci commence à pencher d'un côté, le cervelet reçoit un signal qu'une correction est nécessaire. Chez une personne normale, cette correction est si fine et si progressive que l'on ne voit aucun changement de position. Chez une personne ayant un mauvais fonctionnement du cervelet médian au contraire, quand le corps se déporte la correction est grossière et ce trouble se répète encore et encore, donnant une séquence d'alternances appelée ataxie tronculaire ou titubation.

Mis à part les lésions au cervelet, les patients aux stades avancés de la maladie montraient des signes de lésions étendues des lobes frontaux. Ils présentaient un réflexe de préhension quand j'effleurais leur paume, et des réflexes de recherche et de museau quand je touchais la peau autour de leurs lèvres (voir figure 10). De tels réflexes primitifs s'observent chez les bébés mais disparaissent après l'âge de deux ans. Ils réapparaissent en cas de lésion des deux lobes frontaux. Les réflexes de recherche et de museau sont courants chez les patients atteints de la maladie d'Alzheimer ou d'autres formes de démences, MCJ comprise.

La description médicale initiale du kuru par Vincent Zigas et Gajdusek s'était focalisée sur les tremblements. Cela avait conduit à des analogies avec la maladie de Parkinson où le tremblement est un trait majeur. Bien que Zigas et Gajdusek aient été médecins, aucun d'entre eux n'était neurologue, ce qui excuse leur jugement clinique imprécis. Plus tard, quand Richard Hornabrook, un neurologue de Nouvelle-Zélande, visita la région de Fore, il distingua sans peine le tremblement volontaire du kuru du tremblement de repos de la maladie de Parkinson. Il décrivit le kuru comme un trouble cérébelleux et étudia la progressive ataxie des membres et du tronc[9]. Zigas et Gajdusek, ainsi que Hornabrook et nombre d'anthropologues, ont noté des épisodes de rire incontrôlable chez certains patients, mais je n'ai pas été témoin de ce genre de comportement. J'ai bien remarqué que des patients semblaient déprimés au début de la maladie, ce qui peut se comprendre car ils savaient que leur état allait empirer au cours des six à neuf mois suivants et se terminerait par la mort.

En 1980, je fis une seconde visite dans la région, à une époque où l'épidémie avait complètement disparu en raison des efforts du gouvernement australien pour éradiquer le cannibalisme. Je pus toutefois examiner sept patients de plus, ce qui a étendu mon expérience clinique de la maladie à un total de quinze patients. Quand je revins de Nouvelle-Guinée, j'étais accompagné de l'un des fils d'Anua, nommé Sena. Il passa la nuit chez moi et le jour suivant je l'ai envoyé à Bethesda, où il a été adopté par Gajdusek. Il a ensuite fait ses études dans les écoles publiques du Maryland. À l'époque, Gajdusek avait adopté plus de quarante enfants mélanésiens. Quand je l'écoutais décrire ces enfants, je me demandais s'il ne s'agissait pas d'une expérience sur l'adaptation d'enfants élevés dans des cultures primitives à la société occidentale. Mes sentiments étaient partagés entre admiration pour l'opportunité qu'il leur donnait et effroi pour la cruauté de les séparer ainsi de leurs parents. Comme il s'avéra par la suite, certains des enfants de Gajdusek durent affronter bien autre chose que la nostalgie[10].

CHAPITRE 6

La bataille pour un poste

De retour à l'UCSF, je dus faire face à une grosse frustration. Ma collaboration avec Bill Hadlow avançait beaucoup trop lentement. Nous n'avions pu publier que trois articles sur le comportement de l'agent de la tremblante lors de la centrifugation. Je commençais à me rendre compte que mon approche pour élucider sa composition n'était pas réaliste. Il devait y avoir mieux à faire ou alors j'allais perdre mon soutien financier. Mes rêves de succès se dissipaient, ma productivité stagnait et mes chances d'obtenir un poste déclinaient.

J'étais fatigué d'attendre des réponses alors que la biologie explosait avec de nouvelles techniques, dont le clonage de gènes. Je voulais appliquer ces nouveaux moyens extraordinaires à l'étude de l'agent de la tremblante, pour chercher un gène qui puisse être impliqué d'une manière ou d'une autre dans sa réplication. Comment pourrions-nous comprendre un jour la cause de la tremblante en faisant des tests de dosage chez la souris, vu le temps que cela demandait ?

En 1975, Richard Marsh et Richard Kimberlin avaient rapporté une forme d'agent de la tremblante qui, à haute dose, causait la maladie chez le hamster syrien en 70 jours environ[1], soit la moitié du temps nécessaire pour obtenir les signes cliniques de la maladie chez la souris. Lorsque je proposai à Hadlow de passer de la souris au hamster, il ne fut pas enthousiaste. Les hamsters demandaient de plus grandes cages, plus de litière et de nourriture. C'était encore un problème à résoudre ! Puis vint en janvier 1978 le coup de téléphone de Kenneth Sell, le directeur scientifique de l'Institut national de l'allergie et des maladies infectieuses des NIH, qui me dit que les conseillers scientifiques des Laboratoires des montagnes Rocheuses avaient évalué le programme de Hadlow et que je ne pourrai plus collaborer avec lui. Il me dit aussi que, lorsqu'ils avaient posé des questions à Hadlow sur son travail avec moi, il avait répondu qu'il ne comprenait pas vraiment les expériences et qu'ils devaient s'adresser à moi. Ils en avaient conclu, non sans raison, que nous n'entretenions pas une réelle collaboration et que j'utilisais les ressources de Hadlow pour mener mon propre travail, violant ainsi selon eux la limite entre le programme interne des Laboratoires des montagnes Rocheuses des NIH et son programme de financement *extra-muros* de recherche. En d'autres termes, ils pensaient que je faisais un contournement en utilisant des ressources « *intra-muros* » pour faire de la recherche « *extra-muros* » à l'UCSF. C'était effectivement le cas, car je ne pouvais obtenir assez d'argent pour payer toutes les dépenses pour les souris qui dépassaient largement le normal budget des recherches en biologie. En termes de coûts, la tremblante était la physique des hautes énergies de la biologie.

Inutile de dire que j'étais bouleversé, notamment parce que je n'avais pas été présent lors de l'enquête des NIH pour pouvoir répondre à leurs questions. Sell me fit remarquer que Hadlow avait été mis au courant de leur visite des mois à l'avance. Pourquoi ne m'avait-il pas demandé de venir, ou du moins de revoir nos expériences ensemble au préalable ? Quand je demandai à Hadlow de se battre contre cette décision, il refusa de le faire. Il avait une bonne réputation scientifique mais pas les tripes pour intervenir en ma faveur auprès des autorités des NIH. Je trouvai sa passivité ahurissante. Avec le recul, je me demande si le décès de Carl Eklund quelques mois plus tôt n'a pas joué un rôle dans le manque apparent d'intérêt de Hadlow à poursuivre notre collaboration. La formation d'Eklund en virologie aurait mieux aidé à comprendre ce que j'essayais de faire que le bagage de Hadlow en morphologie. Alors qu'Eklund était à la retraite et n'avait donc pas de responsabilité pour l'argent consacré à la mesure de l'agent de la tremblante dans mes échantillons, Hadlow devait rendre des comptes et justifier des financements pour sa recherche.

Je reste reconnaissant à Bill Hadlow de m'avoir aidé à lancer le projet. De plus, la fin des études aux Laboratoires des montagnes Rocheuses fut un tournant, qui s'avéra en fait un coup de chance inattendu. Pour tenter de m'aider, Ken Sell suggéra que j'aille poursuivre ma recherche dans les labos du Montana. Sell était un homme de grande taille avec de larges épaules et une grosse voix pleine d'assurance. Il avait un sérieux surpoids, ce qui a dû intervenir dans son décès à soixante-deux ans suite à des complications de son diabète. Son enthousiasme pour la recherche scientifique était stimulant, et il était particulièrement gentil et serviable à mon égard. Lorsque je répondis à Ken que j'appréciais son offre mais que je ne voulais pas déménager, il me proposa un contrat à court terme pour faciliter la transition et me donna des fonds pour monter une animalerie à San Francisco.

Mes premiers essais pour convaincre le vétérinaire de l'animalerie de l'UCSF que j'avais besoin de ma propre animalerie avaient échoué. J'avais même demandé une fois à Hadlow de venir exprès pour lui en parler. Comme ils étaient tous deux vétérinaires, je pensai qu'il serait plus persuasif. Ce ne fut pas le cas. Je voulais pouvoir diriger ma propre animalerie pour m'assurer que le personnel ferait ce qu'il fallait, mais je ne pouvais payer la somme exigée chaque jour par l'université. En plus du personnel, l'UCSF me demandait de payer une hiérarchie d'administrateurs. Je ne pouvais réunir une telle somme, et à défaut de pouvoir surmonter ce problème, ma recherche allait s'arrêter. Je fus donc forcé de voir ailleurs. Après une recherche extrêmement difficile, je pus établir une petite animalerie dans le Laboratoire de bioscience naval de la base navale d'Oakland avec les fonds apportés par Ken Sell.

Je pouvais désormais commencer mes études de la tremblante chez le hamster. Mes techniciennes, Darlene Groth (figure 11) et Patricia Cochran, leur injectèrent un extrait de cerveau de hamster envoyé par Dick Marsh. Bien sûr, nous fûmes ravis de constater qu'ils développaient la maladie après environ 70 jours. Lorsque nous utilisâmes des extraits de cerveau dilués, nous découvrîmes que plus la dilution était forte, plus les troubles neurologiques apparaissaient tardivement.

Les coûts d'entretien pour les hamsters étaient cinq fois plus élevés que pour la souris, et je décidai d'économiser de l'argent en renversant la situation. Pourquoi ne pas se servir de la durée de l'incubation pour mesurer la quantité d'agent de la tremblante présente dans l'inoculum ? Après avoir recueilli les données sur une demi-douzaine d'échantillons, où soixante hamsters servaient à mesurer le nombre d'agents dans chaque

Figure 11. Mise au point d'un nouveau test pour l'agent de la tremblante. Darlene Groth (ci-dessus), Patricia Cochran et moi-même avons montré qu'il y avait une bonne corrélation entre le nombre d'agents de la tremblante et la longueur du temps d'incubation.

dilution, nous construisîmes un graphique montrant que ce nombre corrélait avec la durée d'incubation de la maladie. Il y avait une relation inverse entre le nombre de jours et la quantité d'agent infectieux. Puis nous testâmes cette relation en mesurant le comportement de l'agent de la tremblante chez le hamster sous l'effet de la centrifugation, comme nous l'avions déjà fait pour l'agent de la tremblante chez la souris. Il n'y avait pas de différence entre le hamster et la souris. Les résultats étaient si bons que je fus convaincu de pouvoir mesurer la quantité d'agent de la tremblante en utilisant seulement quatre hamsters. Passer de soixante à quatre animaux pour faire le test, et de un an à 70 jours pour l'évaluer, accélérait notre travail d'un facteur proche de quatre-vingts. Nous pouvions faire en un an ce qui nous aurait presque demandé un siècle ! Notre nouvelle méthode de mesure changea le paysage de la recherche sur la tremblante. Durant les trois années qui suivirent, nous fîmes plus d'essais de l'agent de la tremblante que tout ce qui avait déjà été fait dans les études de la maladie.

Avec un effectif quotidien de mille six cents hamsters, nous étions capables de tester l'agent de la tremblante dans quatre cents échantillons à la fois. Comme le test de l'agent ne demandait que 120 jours chez le hamster, trois tours de tests nous permettaient de déterminer la quantité d'agent dans mille deux cents échantillons par an. Comme décrit au chapitre 2, l'utilisation du test chez la souris pour un tel nombre aurait demandé soixante-douze mille animaux. Alors que nous n'aurions jamais pu récolter les 2 millions de dollars nécessaires pour cela, nous pûmes recueillir assez d'argent pour maintenir une colonie de hamster d'une certaine ampleur. Lorsque les hamsters présentaient des signes de troubles du fonctionnement neurologique, ils étaient sacrifiés et leur cerveau rapidement congelé dans de l'azote liquide pour être conservé en vue de leur utilisation dans nos protocoles.

En 1979, nous fûmes malheureusement forcés de partir du Laboratoire de bioscience naval parce que le vétérinaire naval eut peur de la tremblante. Mark Chatigny, qui nous avait permis de loger nos hamsters là, était furieux contre lui et son attitude irrationnelle concernant un risque de transmission de la tremblante animale à l'homme. Je me retrouvais encore dans le pétrin. Chatigny me suggéra de m'enquérir auprès de l'institut de recherche de l'armée de Letterman, situé dans le parc du Presidio à San Francisco. Cela semblait une bonne idée, mais je ne savais pas par où commencer. Peut-être devais-je approcher un membre du Congrès ? Lors de mon voyage suivant à Washington, je rendis visite au représentant Phillip Burton, député de San Francisco, et décrivis ma situation à un membre de son personnel. Je pus provoquer sa sympathie lorsqu'il vit que mon travail pourrait servir à renforcer l'image de Burton. J'enchaînai alors avec une lettre au représentant Burton lui demandant de l'aide. Je lui dis comment l'armée pouvait faciliter ce travail important qui était encore largement soutenu par des fonds des NIH. Il me répondit qu'il allait voir ce qu'il pouvait faire. Plusieurs mois s'écoulèrent. En attendant, j'eus la chance de trouver assez d'espace pour mes animaux au vivarium de l'Université de Californie à Berkeley. Puis un jour, je reçus l'appel d'un colonel de l'armée :

« Est-ce le docteur Prusiner ?

– Oui.

– Harold Brown, le secrétaire à la Défense, m'a dit de vous rendre heureux.

– C'est magnifique ! »

D'un coup, je me mis à rêver que l'armée américaine allait payer toutes mes dépenses pour les animaux, une manne tombée du ciel. Le membre du Congrès Burton avait réussi à convaincre le département de la Défense, récemment assailli de protestations contre la guerre du Viet-Nam, que m'aider serait bon pour les relations publiques.

« Monsieur, je comprends que vous voudriez utiliser l'animalerie de l'institut de recherche de l'armée de Letterman pour votre travail.

– C'est juste. Comment pourrions-nous le faire ?

– Monsieur, j'en parlerai à l'officier responsable, et vous devriez aller le voir. Je suis sûr que vous voudrez voir les installations.

– Merci. Et remerciez le secrétaire Brown s'il vous plaît », répondis-je.

Eh bien, ce n'était pas beau ça ? Après avoir négocié une entrée de haute sécurité pour l'animalerie de Letterman, je fus escorté par un sergent dans un énorme ascenseur jusqu'au quatrième étage et présenté à un major qui me fit faire la visite. Il me montra le plus gros autoclave pour la stérilisation que j'aie jamais vu. Il était assez grand pour contenir un camion. Les installations de lavage des cages étaient tout aussi impressionnantes. Pourtant, la déception ne tarda pas. Il y avait beaucoup de place pour les lapins, les chiens et les singes, mais peu pour les rongeurs. Où est-ce que tous mes hamsters allaient vivre ?

Après la visite, je discutai avec le major du coût pour utiliser ce Taj Mahal pour animaux de l'armée. Le prix à la journée était si élevé que j'en fus presque choqué. Et il n'était pas clair qu'il eût compris qu'il devait me faire plaisir. Son intention paraissait plutôt être de me décourager afin que je le laisse tranquille. Quelques jours plus tard, j'écrivis au membre du Congrès Burton et au secrétaire Brown pour les remercier de leurs efforts et leur faire savoir que, si je pensais que Letterman était un merveilleux endroit, j'avais pu trouver un espace pour mes animaux à l'animalerie de l'Université de Californie à Berkeley qui suffisait à mes besoins actuels.

Mes animaux étant en lieu sûr dans les locaux, modestes en comparaison, du vivarium de Berkeley, je pensais que je m'en tirais bien. Mon travail avançait, et je publiais régulièrement dans des revues à comité de lecture. Cependant, certains à la faculté de neurologie de l'UCSF pensaient que je perdais mon temps. Il existait tellement de maladies neurologiques intraitables, que je pouvais consacrer mes efforts à leur trouver une thérapie au lieu d'étudier une maladie peu connue du mouton. Beaucoup de neurologues considéraient mon projet comme une « idée folle », et même la plupart des professeurs de science décourageaient leurs étudiants d'aller travailler avec moi. Mon projet était simplement trop extravagant. Ils pensaient que cela ne produirait jamais rien de valable. Par conséquent, il n'y eut au départ que des assistants de recherche et quelques courageux postdocs dans mon labo, mais attirer de nouveaux postdocs fut bien difficile.

Bob Fishman n'était pas préparé à accueillir une personne comme moi. Les huit années précédentes, il avait fait du département de neurologie l'un des premiers du pays. Il m'avait invité alors que je n'avais que deux ans de formation en clinique, chose qu'il n'avait jamais faite et ne refit pas au cours de ses vingt-sept années en tant que directeur. Maintenant, il se posait des questions. Il ne cessait de me dire : « Que va-t-il se passer si ton travail sur la tremblante n'est pas le bon ? » « Tu ne voudras pas voir les patients chaque jour, et une fois que tu auras un poste, le département sera responsable de ton salaire et je devrai venir y travailler pour pouvoir te le payer. » En effet, la seule source extérieure possible de revenus pour le département était les honoraires de consultations, de sorte que les soucis de Fishman n'étaient ni irrationnels ni infondés. Plusieurs neurologues seniors avaient perdu leur soutien financier, et il ne voyait pas pourquoi je ne suivrais pas leurs traces. En fait, il y avait plus de chances que j'échoue car les autres avaient au moins choisi des problèmes raisonnables, du moins aux yeux de Fishman.

« Bob, si mon travail n'aboutit pas, je quitterai l'UCSF, lui disais-je. Tu as raison, je ne veux pas voir des patients toute la journée, chaque jour. Il y a des moyens plus faciles de gagner beaucoup plus d'argent. Le marché de l'immobilier explose en Californie.

– Où trouves-tu une telle assurance ?, me demandait-il après chaque entretien de ce type. Ta mère a dû penser que tu ne pouvais jamais te tromper. »

Ma fameuse assurance allait bientôt s'effondrer. En juillet 1979, j'entamai ma sixième année à l'UCSF comme professeur assistant. La plupart des professeurs assistants recevaient un poste à la fin de la cinquième année mais je n'avais pas été promu. Fishman ne pouvait plus retarder sa décision, il devait soit me nommer, soit me renvoyer.

Quatre années plus tôt, j'avais reçu des NIH un financement pour le développement de ma carrière de recherche qui payait en grande partie mon salaire. Peu après, j'avais retourné les fonds pour accepter ceux de l'Institut médical Howard Hughes (HHMI). En tant que chercheur de l'Institut, je recevais tout mon salaire de lui. Holly Smith, le directeur pour la médecine, m'avait choisi parce qu'il était convaincu que j'étais un bon médecin scientifique qui finirait par considérer cette histoire de tremblante comme une lubie, et par revenir à la réalité, à savoir travailler sur le glutamate dans le cerveau. Maintenant, le HHMI m'annonçait que mon statut de chercheur allait se terminer car il ne finançait plus d'études de neurosciences. Six mois plus tard, Howard Hughes annonça un effort majeur pour soutenir les neurosciences, qui se poursuit encore aujourd'hui. J'ai appris des années plus tard que Smith avait été à l'origine de la décision du HHMI d'arrêter mon financement. Il voulait utiliser cet argent pour un nouvel universitaire dans le département de médecine. Il était clair que je n'étais pas du tout revenu à la réalité, aussi le HHMI allait-il dépenser son argent pour quelqu'un ayant un programme de recherche plus raisonnable.

La suppression de ce financement me mit dans une situation infernale pendant plus d'un an, au moment où l'on délibérait au sujet de ma promotion. Fishman considérait la perte de mon soutien par le HHMI comme une raison majeure de me refuser un poste. Il devait bien y avoir des gens intelligents pour conseiller le HHMI, et s'ils avaient décidé d'en finir c'est que quelque chose n'allait pas avec moi. Le soutien du HHMI, si bienvenu à l'origine, s'était avéré un cheval de Troie. Fishman m'envoya une lettre relatant les délibérations défavorables des seniors de la faculté de médecine.

San Francisco : école de médecine
Département de neurologie
Le 7 février 1980
Dr Stanley Prusiner
794-M

Cher Stan,

J'écris sur la recommandation du doyen Reinhardt, pour résumer formellement nos discussions de ces derniers mois concernant ton statut dans le département.

Considérant ta nomination comme professeur assistant clinicien en juillet 1974, ta prestation d'ensemble a été examinée en détail par les seniors du département de la faculté ces derniers mois. Je vais résumer leurs conclusions ci-dessous. Tes efforts ont été largement consacrés à la recherche et cela sera discuté avant de passer à ton activité d'enseignement et de clinique.

Recherche : ton laboratoire a été mis en place avec deux axes principaux, l'un qui est l'extension de ton travail précédent sur le métabolisme de la glutamine, l'autre une tentative de caractériser chimiquement l'agent de la tremblante. Tes connaissances étendues de la bibliographie et ta capacité à obtenir un soutien financier complet pour ton travail ont été considérées très favorablement, de même que ton investissement pour développer un programme de recherche innovant. Cependant, une sérieuse inquiétude s'est exprimée quant à la capacité du département à mettre en place et à maintenir le type de programme de recherche sur la tremblante que tu as envisagé. Je t'ai assigné, sur une base temporaire, un tiers de notre espace de recherche dans les tours. Cette grande allocation d'espace a été considérée comme excessive au regard des besoins globaux du département. La question s'est posée de savoir si notre petit département pouvait accorder le soutien total au grand programme de recherche que tu demandes. Ces problèmes complexes n'ont pas été résolus, mais il a été conclu que les réserves de plusieurs seniors au sujet de la taille de ton programme de recherche devaient être portées à ton attention. Il t'est instamment demandé de ne pas recruter plus de personnel de recherche que tu ne peux raisonnablement en accueillir.

Enseignement : les demandes d'enseignement de la neurologie clinique sur ton temps de travail n'ont pas été énormes. Tu as bien rempli tes obligations. On a conclu que tu avais bien mieux satisfait les besoins des étudiants en médecine que ceux des résidents. On a trouvé que tu avais passé la plupart de ton temps à faire de la recherche et que tu n'avais pas acquis beaucoup d'expérience en tant que clinicien.

Service : tu as reçu peu de demandes cliniques vu que tu étais soutenu par le HHMI. De même, ton intérêt pour les programmes de soins aux patients a été minimal. Ta participation très limitée aux grandes conférences cliniques du département (en neuropathologie, neurologie pédiatrique, neuroradiologie) a été relevée. Ta participation à la clinique a été pour la forme. Il est suggéré que tu présentes plus d'intérêt pour les affaires cliniques du département.

Au final, les seniors de la faculté appuient ma recommandation pour un avancement au niveau IV d'assistant professeur en clinique, effective le 1er juillet 1980 en raison des promesses actuelles de ta recherche. Il est prévu d'évaluer plus avant la possibilité d'une nomination pour un poste à l'automne de 1980. À présent, une telle démarche n'a pas été engagée. Comme tu le sais, la Fondation Hughes terminera le versement de ton salaire en juin 1981. À présent, le département ne sait pas si d'autres fonds seront disponibles par la suite. L'incertitude actuelle au sujet d'un financement à long terme de ton salaire doit être soulignée. Nous discuterons des diverses possibilités plus tard cette année.
Je pense que cela résume toutes nos conversations. Si tu as des questions, fais-le-moi savoir s'il te plaît.

Sincèrement,
Dr Robert A. Fishman,
Professeur et directeur du service.

L'intention de la lettre était claire. J'avais été professeur assistant de l'Université de Californie pendant cinq ans et demi, et une décision au sujet d'un emploi permanent était imminente. Les règles de l'université étaient sans ambiguïté : « L'examen pour un poste, qui se produit en général durant la sixième ou la septième année, conduit le président de l'université à sa décision finale d'accorder un poste. » Cela signifie l'obtention du poste après six ans si vos activités universitaires l'ont méritée. Dans le cas contraire, il faut trouver un autre emploi. Si ce système peut paraître dur et même cruel, il est largement encadré par le règlement.

Je fus particulièrement abattu par les critiques de Fishman sur mes prouesses cliniques car je venais d'obtenir mon diplôme de spécialité pour exercer la neurologie. Fishman avait fait de ce diplôme un enjeu important et sa décision sur mon poste aurait été bien plus facile si je n'avais réussi ni l'oral ni l'écrit du premier coup. Je ne voulais lui donner aucun prétexte facile de me refuser un poste, et je ne voulais passer qu'une seule fois ces horribles examens. La pensée de devoir les représenter, ce que beaucoup de neurologues doivent faire, m'était extrêmement désagréable, notamment parce que les centaines d'heures d'études nécessaires pour cela ne faisaient en rien avancer ma recherche.

La lettre de Fishman résumait toutes les critiques que je m'étais attirées. Beaucoup étaient inspirées par la défiance, le dédain et l'ignorance. J'étais devenu une sorte de paratonnerre. Certains cliniciens dans le département méprisaient mon enseignement et mon activité clinique, malgré les bonnes évaluations que j'avais reçues de mes étudiants et des cliniciens résidents, ainsi que du temps que je passais avec les patients. Je tenais une consultation de neurologie générale avec Donald Macrae un après-midi par semaine, et je faisais partie des neurologues du service trois mois par an. Ce que je ne faisais pas était de lire religieusement la littérature de neurologie clinique, et je n'étais donc pas au courant des derniers effets secondaires des traitements de seconde et troisième intention. Mon seul réel point faible était mon manque d'expérience en tant que clinicien. Je n'avais jamais rencontré certaines maladies rares, en raison surtout de mon stage de clinique abrégé et de mon manque d'intérêt pour les conférences sur les cas cliniques externes. Je ne pouvais pas tout faire, et je devais garder un œil sur tous les détails de mes expériences de recherche. Je ne voulais pas négliger la direction de mon travail durant les mois où j'étais le neurologue du service.

En 1980, j'avais dix personnes dans mon laboratoire, trois postdocs et sept assistants de recherche. De plus, j'avais deux autres personnes travaillant dans un bureau à côté du laboratoire, ainsi qu'une autre à plein temps pour le nettoyage de la verrerie. Tout cela se passait dans à peine 90 mètres carrés d'espace et nous étions les uns sur les autres ! Nous étions pleins à craquer, et je savais que nous avions besoin de plus de chercheurs pour avoir un espoir de résoudre le problème. Bien que Fishman eût compris que l'enthousiasme que j'avais suscité autour de la résolution du mystère de l'agent de la tremblante pouvait rapporter plus d'argent pour la recherche, il craignait que je ne consomme le peu d'espace qui avait été alloué à la neurologie.

Mon ami et collègue Curtis Morris, l'un des principaux chercheurs cliniciens de l'UCSF, évoqua d'abord la question de mon poste à Holly Smith, qui proposa de m'en donner un dans le département de médecine. J'étais reconnaissant envers Smith pour cela, mais je ne me voyais pas travailler dans le département de médecine d'une université dont les neurologues pensaient que je n'étais pas assez bon en dépit de mon diplôme de spécialité. Puis Curtis alla voir Julius Krevans, le doyen de l'école de médecine, qui m'avait aidé en de nombreuses occasions à collecter des fonds privés (figure 12). Krevans était un homme gentil et réfléchi qui avait dû être malheureux de s'être retrouvé sur la touche. À la fin du printemps 1979, peu après avoir appris que mon financement par le HHMI allait se terminer, il m'avait demandé de rédiger une brève description de mon programme de recherche qu'il puisse présenter à certaines personnes à New York. Les gens à New York étaient en quête de travaux pouvant faire avancer les connaissances sur des maladies intéressantes. Je me débrouillais pour lui préparer un document qu'il emporta à New York avec deux autres descriptions de travaux menés à l'UCSF. Je n'eus plus aucune nouvelle pendant deux mois, puis Krevans m'annonça que les gens de New York étaient intéressés par mon projet et projetaient de venir nous voir dans quelques semaines. Les personnes de New York étaient en fait Frederick Seitz, le président émérite de l'Université Rockefeller, Maclyn McCarty, codécouvreur avec Oswald Avery et Colin MacLeod de la fonction de l'ADN, et James Shannon, ancien directeur des NIH au cours de treize années dans les années 1960 où ils avaient connu leur développement le plus spectaculaire. L'argent devait provenir de R. J. Reynolds, le fabricant de cigarettes.

Après avoir présenté notre travail aux visiteurs, nous fîmes une pause pour traverser la rue et aller déjeuner. Je fus stupéfait lorsque Seitz me prit à part et me dit qu'ils m'accorderaient un soutien financier majeur équivalent à trois ans de budget. Au cours de ces quelques secondes, il avait violé la pratique habituelle de la prise de décision, notamment quand elle concerne une recherche à haut risque. J'étais surexcité. Le fonds de Reynolds s'élevait à plus de 1 million de dollars pour les trois prochaines années, sept fois le budget que le HHMI m'avait accordé. Il ne me vint pas un instant à l'idée que sans poste je ne pourrais utiliser ce généreux financement. Avec cette approbation, Krevans pouvait pousser Fishman à relancer la procédure d'attribution d'un poste. Fishman dut préparer ma promotion, et j'appris plus tard qu'il écrivit pour cela une lettre peu enthousiaste. De plus, il n'avait aucun poste de disponible à m'accorder à cette époque. Lorsque j'informai Donald Macrae de mon sort, il dit à Fishman qu'il prendrait sa retraite plus tôt pour me libérer un poste, ce qui était un geste extraordinaire de soutien en ma faveur.

En fin de compte, Fishman semble avoir été satisfait de profiter d'une partie de la gloire que mon succès fit retomber sur le département de neurologie et sur l'UCSF. Quinze ans plus tard, il donna un beau

Figure 12. Quelques personnes qui ont sauvé mon programme de recherche et protégé ma bonne santé mentale. Au moment peut-être le plus crucial, Fred Seitz (en haut à gauche) et Maclyn McCarty (en haut à droite) m'ont donné les fonds provenant de R. J. Reynolds pour continuer mon travail. Le soutien et la gentille insistance de Curtis Morris (en bas à gauche), Howard Fields, et Ivan Diamond (voir figure 5) ont sans aucun doute influencé la décision courageuse de Julius Krevans (en bas à droite) de m'accorder un poste.

compte rendu de ses réticences initiales à mon égard dans une interview sur l'histoire de l'UCSF :

> Quand il a demandé de venir faire sa clinique chez nous en 1971, j'étais un peu inquiet de prendre ce gars intelligent qui avait été un interne aussi malheureux et au labo pendant trois ans, et je me demandais s'il allait bien se débrouiller… Je me souviens d'avoir reçu une note de Holly [Smith] qui l'avait eu en tant qu'interne en médecine générale où il m'écrivait le classique : « Il a fait un travail satisfaisant » et ainsi de suite. Holly et moi avions discuté à son sujet, mais Holly m'avait alors écrit un mot, et il est dans le fichier du personnel de Stan : « Prends-le, Bob. Il en vaut la peine[2]. »

Quand Fishman demanda à Mike Bishop, célèbre virologue de l'UCSF, d'écrire une lettre en faveur de ma promotion, il refusa. Le magnifique travail de Bishop avec Harold Varmus sur les oncogènes allait lui valoir le prix Nobel en 1989. Comme je l'ai déjà mentionné, le scepticisme de Bishop au sujet de mon travail était partagé par beaucoup de ses collègues à l'UCSF. Certains d'entre eux contribuaient beaucoup à l'excellence du milieu intellectuel de l'UCSF. C'était un milieu qui provoquait en moi à la fois de la fierté et du désaccord. Dans son essai *La Planification de la science* », Lewis Thomas rend bien le point de vue qui prévalait au sujet de mon travail sur la tremblante :

> D'une certaine manière, l'atmosphère doit s'installer de sorte qu'un sentiment inquiétant de se tromper soit l'attitude normale du chercheur. Il faut s'attendre à ce que le seul moyen de faire soit de chevaucher l'imagination humaine débridée, avec la rigueur particulière requise pour reconnaître que quelque chose peut être hautement improbable, presque impossible même, et dans le même temps vrai.
> Localement, un bon moyen de savoir comment marche le travail est d'écouter dans les couloirs. Si vous entendez le mot « Impossible ! » dit comme un juron, suivi d'un grand rire, vous saurez que le programme de recherche prévu par quelqu'un se déroule bien.

« Impossible » était un mot que beaucoup de gens à l'UCSF (et ailleurs) utilisaient pour décrire ma recherche durant ces années où, précisément, les résultats les plus inattendus émergeaient.

Grâce à Krevans, ma promotion avait été approuvée en juin 1980, et Fishman s'était excusé pour sa réticence. Avec le temps, je peux imaginer combien sa tâche fut difficile. Comment pouvait-il me soutenir quand autant de gens portaient un jugement si négatif sur mon travail ? Il n'avait ni la formation ni le bagage qui lui auraient permis d'évaluer mon travail de manière indépendante et de le défendre contre une légion impressionnante de sceptiques. Je fus grandement soulagé. Redémarrer ma recherche dans une autre institution aurait été extraordinairement difficile. J'aurais encore dû obtenir un nouvel espace pour une animalerie, recruter un nouveau groupe d'assistants de recherche et de postdocs, construire un laboratoire spécialisé pour les travaux sur la tremblante. J'avais des amis qui attendaient aussi un poste et qui n'ont pas eu autant de chance. Après avoir essuyé un refus, leur carrière fut détruite, et ils n'ont jamais pu reprendre une activité scientifique normale. La même chose aurait pu se produire avec moi.

Dans le même temps, je continuais de m'inquiéter pour la quantité d'espace dont je pouvais disposer pour mon laboratoire. Les problèmes d'animalerie étaient maîtrisés à Berkeley, mais j'avais besoin de plus de place à l'UCSF pour mes chercheurs. Le campus était victime de son succès. Il n'y avait plus assez d'espace pour avoir beaucoup d'universitaires. Certains professeurs de qualité avaient un bureau de la taille d'un cabinet, mais je devais me concentrer sur mes propres problèmes. Il me fallait de la place pour suffisamment de personnes et produire assez de données pour justifier le coût global de ce travail. Dans toute recherche, notamment dans celle sur la tremblante parce qu'elle demande des temps d'incubation prolongés pour les tests d'infection, il existe une subtile relation entre financement et productivité. Sans assez de nouveaux résultats le soutien financier est en danger, et ceux-ci ne sortent pas de rien. Les gens brillants produisent des découvertes en faisant de brillantes expériences, et il leur faut un espace adéquat pour qu'ils puissent les faire.

J'ai essayé une tactique après l'autre auprès de Fishman qui était chargé de l'allocation d'espace pour le personnel. Cette quête insistante de territoire a dû l'embêter, mais j'espère qu'il a peut-être été aussi amusé et même impressionné par ma détermination farouche. Je l'ai persuadé de venir plusieurs fois avec moi voir Julius Krevans, qui déclarait invariablement que s'il avait de la place il me la donnerait, mais qu'il ne l'avait pas. Au cours d'une de ces occasions, Fishman me regarda en quittant le bureau de Krevans et dit : « Ce sont des problèmes qui peuvent amener à la démission d'un directeur. » Sans réfléchir, je lui répondis : « Eh bien, alors, Bob, pourquoi est-ce que tu ne menaces pas de démissionner pour que je puisse obtenir l'espace qu'il me faut ? » Chaque fois que je m'en souviens, ma prétention de l'époque m'horrifie. Il me répondit plus calmement qu'il n'aurait pu le faire : « Stan, j'aime mon métier, et je pense que je resterai. »

J'étais préoccupé. Vers qui pouvais-je me tourner ? Et pourquoi pas Frank Sooy, le supérieur de Krevans ? C'était très risqué, mais j'avais désormais un poste. Sooy avait eu connaissance de mon travail cinq ans plus tôt. Son bureau avait bloqué ma demande de fonds auprès de la

Fondation Kresge pour faire construire un local de bioconfinement car l'université espérait aussi obtenir d'elle le financement de ses propres locaux. Quand Fishman avait protesté en mon nom, Sooy avait trouvé l'argent pour mon local. La demande de l'UCSF auprès de Kresge ne fut jamais acceptée, et j'ignore si ma requête plus modeste aurait eu une réponse favorable.

Après que j'ai été présenté à Sooy au cours d'un repas à la fin octobre de 1980, nous devînmes amis. C'était un oto-rhino-laryngologiste et il avait dirigé le département de l'oreille, du nez et de la gorge avant de devenir le président de l'UCSF en 1972, poste qu'il avait refusé deux fois avant de se faire convaincre de l'accepter par le président de l'Université de Californie. Quand j'ai raconté à Frank notre travail, il a immédiatement saisi ses implications pour un mécanisme inédit de maladie, et il me dit qu'il serait heureux de m'aider par tous les moyens dont il disposait. Ce n'était pas le moment d'être timide. « Ce dont j'ai le plus besoin c'est de plus d'espace, lui dis-je. Je n'ai pas assez de place pour mes techniciens et mes postdocs. J'ai besoin de faire un nombre critique d'expériences en parallèle pour produire assez de données et conserver mon financement par les NIH. Si notre production de nouveaux résultats est trop lente, mes pairs vont s'inquiéter et perdre leur enthousiasme. Leur manque d'intérêt pour mon travail se traduira par la perte de mes subventions. »

« Pourquoi est-ce que vous ne m'envoyez pas quelques mots pour que je puisse voir ce que je peux faire ? », me répondit Frank. Le jour suivant, je lui envoyai une lettre décrivant certains de nos résultats les plus récents et y joignis les tirés à part d'articles que nous avions déjà publiés. Malgré son offre, je savais que je ne pouvais m'adresser directement au sommet. Je devais respecter le protocole et demander à Julius Krevans d'en parler à son patron. Mais comment allai-je amener Krevans à en discuter avec Sooy ? Chaque fois que j'avais besoin d'une grosse aide, je me tournais vers mon conseiller Curtis Morris. Celui-ci se porta volontaire pour évoquer le sujet à Krevans et pour gentiment l'inciter à approcher Sooy de ma part. Tout marcha comme nous l'avions prévu. Peu après, Krevans m'indiqua que le bureau du président pouvait m'aider pour mon problème d'espace.

Quelques semaines plus tard, la place fut trouvée. J'étais ravi, même si c'était dans un bâtiment voisin alors que je pensai qu'il était important de développer un espace contigu pour minimiser les risques biologiques associés à notre travail. Un confinement optimal nécessitait que l'espace du laboratoire soit contigu, avec une entrée et une sortie. De plus, c'était la meilleure disposition pour enseigner et surveiller les bonnes pratiques de bioconfinement. Je demandai alors à William Ganong, qui dirigeait le département de physiologie et avait un espace à côté du mien, d'échanger le sien avec celui que Sooy et Krevans m'avaient attribué. Mon nouvel espace était à côté du bâtiment principal de la physiologie, de sorte que je fus surpris d'apprendre que Ganong ne voulait même pas faire un échange. Il voulait deux fois la surface de celle qu'il me cédait. Lorsque je lui dis que son attitude n'était pas digne d'un collègue, il ne me répondit pas. Je vis qu'aucun argument intelligent ne le convaincrait. Je fus écœuré par son comportement et on put sûrement le voir sur mon visage.

Ensuite, j'eus le culot de demander à Fishman l'assiégé de déplacer son laboratoire dans le nouvel espace et de me donner le sien, qui était à côté de mon laboratoire. Il refusa, arguant qu'il avait plus de place que je ne lui en offrais. Mon dernier espoir était Howard Fields, qui accepta de se déplacer après ma proposition de financer la rénovation de son laboratoire de neuroscience. Finalement, tous les efforts que j'ai dû faire ont fini par payer.

CHAPITRE 7

Qu'y a-t-il dans un nom ?

Les tractations administratives de l'université étant derrière moi, même temporairement, je pouvais à nouveau me consacrer entièrement à la science. Alors que je me rapprochais de la résolution du mystère de l'agent de la tremblante, j'allais me heurter à un autre type de décision politique, celle de savoir comment présenter une découverte à une communauté scientifique plus large...

Alors que j'explorais les artefacts de l'histoire des viroïdes de Marsh et collaborateurs, je pris conscience que nous ne pouvions mettre tous nos efforts uniquement sur la purification. Je commençais à réaliser que mon idée de départ, attendre que l'agent de la tremblante soit complètement purifié pour le caractériser, était naïve. Comment savoir à quel moment la purification était terminée ? Il nous fallait un indice sur la composition de l'agent. Cela signifiait que nous devions déterminer, aussi rapidement que possible, au moins une de ses composantes. Contenait-il de l'ADN, de l'ARN, une protéine ? Une fois cette composante établie, nous serions en mesure de l'utiliser pour calculer le degré de pureté. Par exemple, s'il s'agissait d'une protéine, nous pourrions ensuite nous demander : « Quel pourcentage de la quantité totale de protéines de notre préparation est de l'agent de la tremblante ? » La réponse pourrait alors être que l'agent de la tremblante représente un centième, un millième ou un dix millième de l'homogénat de cerveau brut. Une autre raison de rechercher la structure de l'agent du prion était de s'assurer par ce résultat la juste reconnaissance de tous nos efforts. Après six années

TRAITEMENT	EFFET SUR LES ACIDES NUCLÉIQUES	EFFET SUR LES PROTÉINES	EFFET SUR LES PRIONS
IONS DE ZINC	DIGÉRÉS	AUCUN	RESTENT INFECTIEUX
PHOTO-ADDUIT DE PSORALÈNE	MODIFIÉS CHIMIQUEMENT	AUCUN	RESTENT INFECTIEUX
HYDROXYLAMINE	MODIFIÉS CHIMIQUEMENT	AUCUN	RESTENT INFECTIEUX
NUCLÉASE	DIGÉRÉS	AUCUN	RESTENT INFECTIEUX
RAYONS UV	ENDOMMAGÉS	AUCUN	RESTENT INFECTIEUX
PROTÉASE	AUCUN	DIGÉRÉES	PERTE DU POUVOIR INFECTIEUX
DODÉCYLSULFATE DE SODIUM (SDS)	AUCUN	DÉNATURÉES	PERTE DU POUVOIR INFECTIEUX
PHÉNOL	AUCUN	DÉNATURÉES	PERTE DU POUVOIR INFECTIEUX
DIÉTHYL PYROCARBONATE (DEPC)	MODIFIÉS CHIMIQUEMENT	MODIFIÉES CHIMIQUEMENT	PERTE DU POUVOIR INFECTIEUX
HYDROXYLAMINE APRÈS DEPC	INACTIVÉS	MODIFICATION ANNULÉE	POUVOIR INFECTIEUX RESTAURÉ

Figure 13. Les préparations enrichies en pouvoir infectieux de la tremblante étaient résistantes à l'inactivation par des procédures qui altéraient sélectivement les acides nucléiques mais réagissaient à celles qui modifiaient les protéines. Des enzymes appelées nucléases dégradent l'ADN et ARN, les clivant en bases qui les constituent. Certaines,

de labeur, je commençai à craindre que quelqu'un d'autre ne définisse la composition de l'agent en utilisant largement nos travaux.

Après avoir réussi à éliminer plus de 95 % des débris cellulaires de la préparation servant à faire les infections, nous avons appliqué des traitements destinés à éliminer soit les acides nucléiques (ADN et ARN), soit les protéines (figure 13). Des enzymes appelées nucléases dégradent l'ADN et l'ARN en leurs constituants primaires, les bases. Certaines, les DNases, s'attaquent uniquement à l'ADN, d'autres, les RNases, découpent l'ARN, tandis que d'autres encore dégradent les deux. Les échantillons ainsi traités étaient injectés dans quatre hamsters et le temps d'incubation, mesuré en comparaison d'animaux témoins ayant reçu un échantillon non traité. Si le temps d'apparition de la maladie était le même dans les deux cas, cela voulait dire que les nucléases n'avaient aucun effet. En revanche, s'il était prolongé, cela signifiait qu'elles avaient diminué le pouvoir infectieux de l'agent de la tremblante, en détruisant *a priori* son acide nucléique. Contrairement aux résultats de Marsh, nous découvrîmes que rien n'indiquait une dégradation de l'agent de la tremblante par les nucléases.

Alors que les nucléases découpent l'ADN ou l'ARN, d'autres enzymes appelées protéases clivent les protéines en leurs constituants de base, les acides aminés, et en petits morceaux appelés peptides. À mon grand émerveillement, les échantillons exposés aux protéases présentèrent un pouvoir infectieux réduit. Cela signifiait que l'agent de la tremblante contenait pour l'essentiel une protéine. Nous avions enfin un résultat positif !

Nous trouvâmes aussi que l'agent était plus résistant aux protéases que la plupart des autres protéines. Nous avons alors tiré parti de cette propriété en permettant aux protéases d'agir juste assez pour éliminer la plus grosse partie des protéines tout en laissant intact l'agent de la

appelées DNases, ne dégradent que l'ADN, tandis que d'autres, appelées RNases, ne décomposent que l'ARN, et d'autres encore détruisent les deux. Les quatre procédures qui ne s'attaquaient qu'aux protéines inactivaient l'agent de la tremblante purifié. Lorsque le diéthylpyrocarbonate (DEPC) était ajouté à nos préparations purifiées, l'agent de la tremblante était inactivé. Le DEPC modifie à la fois les protéines et les acides nucléiques, de sorte que cette expérience n'était pas utile en elle-même. Cependant, le DEPC peut être retiré des protéines, mais pas des acides nucléiques, par un autre produit chimique, l'hydroxylamine. Tout aussi important, en l'absence de modification par le DEPC, l'hydroxylamine réagit avec les acides nucléiques mais pas avec les protéines.

tremblante. En limitant soigneusement le temps d'exposition aux protéases, nous pûmes détruire la plupart des protéines sans intérêt contaminantes pour ne conserver que la majorité des particules infectieuses, augmentant ainsi fortement la pureté de nos échantillons[1].

Presque immédiatement après la découverte de cette sensibilité du pouvoir infectieux à une protéase, je commençai à m'inquiéter de la possibilité d'un artefact subtil dans ce résultat. La protéase pouvait-elle être contaminée par une nucléase spéciale ? Comme plusieurs protéases avaient le même effet, il semblait peu probable qu'elles soient toutes contaminées par la même nucléase. Puis nous avons inactivé la protéase par la chaleur et trouvé que l'agent de la tremblante gardait alors son pouvoir infectieux. Tout aussi important, nous montrâmes que l'augmentation du temps d'action de la protéase réduisait progressivement le pouvoir infectieux chez les hamsters. De même, l'augmentation des quantités de protéase diminuait progressivement le taux de pouvoir infectieux de l'agent. J'étais de plus en plus convaincu qu'une protéine était essentielle. Nous pouvions alors passer à l'étape suivante, identifier par une purification accrue la protéine de l'agent de la tremblante qui était dégradée par les protéases.

En continuant l'enrichissement de nos préparations, nous déterminâmes aussi la quantité de protéines qu'elles contenaient. Je savais que notre purification s'améliorait chaque fois que le taux de pouvoir infectieux augmentait et que le contenu en protéines diminuait. D'autres idées me venaient en tête ! Une fois cette protéine découverte, je projetai de créer un test rapide avec des anticorps qui ne se lieraient qu'à elle, ce qui nous permettrait de trouver le gène qui la code et déterminer si elle était présente dès l'origine chez l'animal ou résidait dans l'agent infectieux.

Nos données étaient jusqu'à présent troublantes. L'agent de la tremblante devait porter un élément génétique essentiel. Comment autrement pouvait-il se reproduire chez l'animal, s'il ne contenait ni ADN ni ARN ? Je me demandai si cet acide nucléique était protégé par une enveloppe de protéines ou s'il était construit de sorte qu'il résiste à l'attaque des nucléases. Il devait y avoir encore beaucoup de contaminants dans nos préparations, dont l'un pouvait encore empêcher les nucléases de cliver l'ADN ou l'ARN.

Parallèlement à l'amélioration de la purification, je décidai de rechercher un acide nucléique par des procédures ne recourant à aucune nucléase. En réfléchissant encore plus au moyen d'identifier les composantes essentielles de l'agent, il me revint en mémoire une réaction que j'avais eu d'emblée à une série apparemment fastidieuse d'expériences d'Earl Stadtman. Une partie de son travail paraissait avoir été un peu excessive. En effet, Stadtman avait utilisé huit approches expérimentales pour montrer qu'un groupement chimique un peu complexe en anneau était attaché à l'enzyme glutamine synthétase. En relisant plusieurs fois son article de référence, je me demandai pourquoi il avait opté pour une approche aussi systématique. Pourquoi avait-il utilisé autant de méthodes différentes pour montrer que les groupements chimiques d'adénylyl sont attachés à l'enzyme ? Et c'est alors que j'eus un éclair de lucidité.

Avant que Stadtman et ses collègues n'aient fait leur découverte, personne n'avait observé la présence d'un tel groupement chimique sur une enzyme, ou même une protéine en fait, de sorte qu'ils voulaient être sûrs d'interpréter correctement leurs données. Stadtman ne voulait pas que quelqu'un lui dise qu'il s'était trompé. Dans le même genre, je m'inquiétai qu'en dépit de la clarté des résultats de nos expériences nous puissions nous tromper dans leur interprétation. Je me mis donc à la recherche d'autant de procédures distinctes que je pouvais pour dégrader les protéines ou les acides nucléiques. Mon objectif était d'identifier des procédures qui modifieraient sélectivement les protéines et de m'en servir pour attaquer les protéines dans nos préparations les plus purifiées. En parallèle, je recherchai des procédures qui modifiaient sélectivement les acides nucléiques. Je trouvai en tout six procédures qui ne modifiaient que les protéines et six autres n'altérant que les acides nucléiques. Les procédures qui ne modifiaient que les protéines réduisaient de façon fiable le nombre de particules infectieuses de la tremblante (voir figure 13). Ce nombre n'était au contraire pas affecté par les procédures altérant les acides nucléiques. Comme chaque procédure modifiait soit les protéines, soit les acides nucléiques par des principes physiques ou chimiques différents, la probabilité d'une mauvaise interprétation de nos résultats semblait maintenant très faible.

Interlude
Les expériences avec le DEPC et l'hydroxylamine

L'une de nos expériences les plus convaincantes ne fut possible que lorsque nous eûmes retiré plus de 99 % des protéines contaminantes. Lorsque nous avons ajouté un réactif chimique appelé diéthylpyrocarbonate (DEPC) à nos préparations purifiées (voir figure 13), nous avons trouvé que l'agent de la tremblante était inactivé. Le DEPC modifie les protéines et les acides nucléiques, de sorte que cette expérience n'était pas en elle-même d'un grand secours. Cependant, le DEPC peut être retiré des protéines mais pas des acides nucléiques par un autre réactif chimique, l'hydroxylamine. Tout aussi important, en l'absence de modification par le DEPC, l'hydroxylamine réagit avec les acides nucléiques mais pas avec les protéines. Quand nous avons traité nos préparations inactivées avec l'hydroxylamine, leur pouvoir infectieux revint. La cible de ces deux produits chimiques ne pouvait être un acide nucléique mais seulement une protéine. Si cela avait été un acide nucléique, le DEPC comme l'hydroxylamine aurait inactivé l'agent de la tremblante. Et ce n'était clairement pas le cas.

L'agent de la tremblante pouvait-il n'être formé que de protéines ? Cela frisait l'impossible. Cela commençait à ressembler à de la science-fiction.

Quand je décrivis nos résultats à Curtis Morris lors d'un déjeuner au printemps de 1981, il me dit : « Pourquoi ne pas résumer tout cela dans un article pour *Science* ? » Je pensai que c'était une bonne idée et j'appelai son rédacteur en chef, Philip Abelson, pour lui raconter mon histoire. Notre conversation dura plus d'une heure et demie. Je prévins Abelson que l'article serait sujet à polémique, menaçant, comme il le faisait, le sacro-saint dogme central de la biologie. « Je sais comment gérer de telles situations », fut sa réponse, et je me mis donc au travail.

Alors que je commençais à rédiger l'article, je me souvins du conseil de Frank Westheimer. Celui-ci, un chimiste éminent de l'Université de Harvard avec de larges connaissances en biologie, avait rendu visite à l'UCSF pendant une semaine à l'été 1980. Frank était un homme mince, de taille moyenne, avec des cheveux blancs ondulés (figure 14). Il parlait d'une voix chaleureuse, posée et sensible. Il était toujours honnête, franc et enthousiaste. Je connaissais Frank depuis mes études

Figure 14. Frank Westheimer fut un ami de longue date de la famille qui m'encouragea à fournir un effort considérable pour créer un nom approprié pour la protéine de la tremblante infectieuse que j'ai découverte.

de médecine à la Penn, quand ma tante Helen Spigel Sacks nous avait présentés. Jean, la femme de Frank, et Helen étaient amies depuis l'âge de trois ans. Durant sa visite, je montrai à Frank les résultats de nos expériences de centrifugation et elles le fascinèrent. Lorsque je lui parlai de celles avec le DEPC et l'hydroxylamine (voir l'interlude), et de notre conclusion qu'un acide nucléique ne pouvait pas être impliqué, son visage s'illumina. « Tu fais un travail révolutionnaire, dit-il. Vos données vous disent que l'agent de la tremblante est différent de tout ce qui a été vu auparavant. Quand vous aurez une meilleure idée de la composition de l'agent, vous devrez passer un peu de temps à réfléchir sur le nom à lui donner. Le nom est très important. Si tu choisis un mauvais nom, quelqu'un va arriver et le renommer, et si cela se produit votre contribution à la découverte risque de passer au second plan. Mais, si vous lui donnez un bon nom, il restera. »

Un article dans la revue *Science* était l'endroit idéal pour donner un nom provisoire à la particule infectieuse de la tremblante. J'étais particulièrement enthousiaste à l'idée d'extraire l'agent de la tremblante du monde de la virologie. Sa caractérisation comme « virus lent » ou « virus non conventionnel » était fallacieuse car il n'y avait aucune trace d'acide nucléique.

Mais comment choisir un nom ? Si l'agent de la tremblante était un type de pathogène radicalement nouveau, alors cette classe d'agents infectieux devait être marquée par un mot évoquant quelque chose de fondamental. Les meilleurs termes de ce type sont courts, avec d'habitude une ou deux syllabes. Il me fallait un mot comme le superbe « quark » ou le tout aussi bon « virus ». Je commençai à noter des possibilités, mais rien n'émergeait avec la précision que je voulais. J'envisageai de consulter quelqu'un au département de linguistique de Berkeley. Pourquoi n'avais-je jamais suivi un cours avancé de dérivation lexicale ? Une racine grecque ou latine pouvait-elle convenir ? Je ne connaissais pas le grec, et ce dont je me souvenais du latin ne m'inspirait pas.

Les mots les plus importants pour décrire l'agent de la tremblante étaient « protéine », « infectieux » et « agent ». De ceux-ci, je tirai un p, un i et un a, puis ajoutai un f pour donner « piaf ». Si ce mot manquait de connotation fondamentale, il était au moins bref. Je l'abandonnai quand trop de gens me signalèrent qu'il signifiait « moineau » en français et était le nom de scène de l'une des chanteuses françaises les plus populaires du XXe siècle. Lorsque je me remis à imaginer un mot, j'éliminai « agent » puisque ce n'était pas un mot spécifique. Il me restait « protéine » et « infectieux ».

Ces deux mots m'obsédaient. Un jour de printemps, je déjeunais seul dans ce qui allait devenir l'ancien Faculty Club de l'UCSF à la Millberry Student Union. La vue sur le nord était l'une des plus belles au monde. On pouvait voir, au-delà des magnifiques pins et cyprès de Monterey interrompus par des groupes d'eucalyptus du parc Golden Gate, jusqu'aux tours métalliques rouges du pont Golden Gate et les premières terres du comté de Marin. Alors que je savourais ma salade de thon, de laitue et de tomates sur un pain de seigle trempé dans de la moutarde, je fis une matrice à deux dimensions avec « i-n-f-e-c-t-i-o-u-s » sur l'axe horizontal et « p-r-o-t-e-i-n » sur l'axe vertical. Cela donna, parmi des combinaisons sans intérêt, le mot « proin ». Pas mauvais, mais il y avait quelque chose de boiteux, que cela rime avec « loin » ou soit prononcé « pro-in ». Puis j'intervertis le « o » et le « i » pour faire « prion ». *Eurêka* ! Cela avait une apparence superbe, peut-être parce que les trois dernières lettres sont un terme de physico-chimie fondamentale et se retrouvent aussi dans « virion ». Quand je le prononçais « pri-on », cela avait une connotation fondamentale satisfaisante.

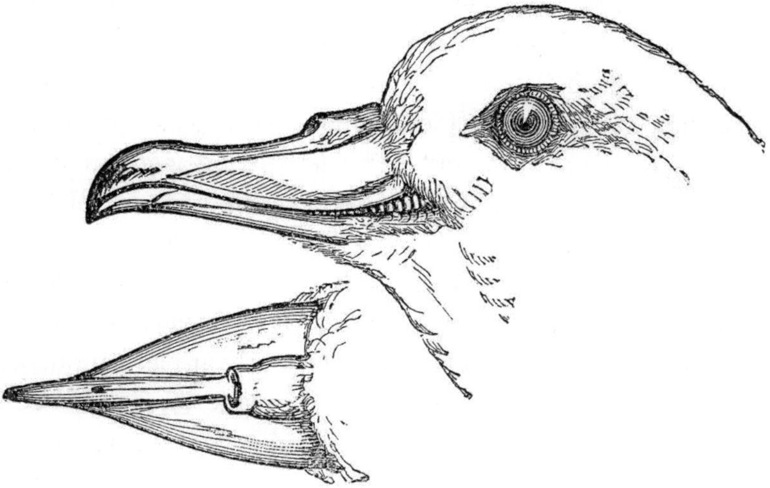

PRION VITTATUS. (After Buller.)

Figure 15. Horreur, c'était lui : un pétrel marin de l'océan Austral, prononcé « praï-on » avec un *i* long. L'oiseau a été nommé ainsi en raison de son bec dentelé ou en dents de scie (le mot grec *prion* signifiant « scie »).

Je finis rapidement mon repas et regagnai vite mon bureau pour vérifier « prion » dans la grande édition du dictionnaire Webster. Horreur, il y était déjà ! C'était un oiseau marin de type pétrel de l'océan Austral prononcé « praï-on ». L'oiseau était ainsi nommé à cause de son bec avec des bords en dents de scie (le mot grec πριον signifie « scie ») (figure 15). Puis je réfléchis un moment. De nombreux mots ont plus d'une signification, et pratiquement personne, en dehors de la communauté ornithologique, n'a jamais entendu parler de ce pétrel. Si mon interprétation des données se vérifiait, ma définition et ma prononciation de « prion » l'emporteraient.

Sans me laisser impressionner par un quelconque oiseau subantarctique au bec en dents de scie, je terminai mon article. En juin, je l'envoyai à *Science* avec une lettre rappelant à Abelson qu'il devait faire attention dans le choix des personnes chargées de le revoir, car les gens étaient divisés sur la question et les critiques déjà nombreuses à mon sujet.

Peu après, je donnai une brève conférence au cinquième congrès international de virologie à Strasbourg. J'y décrivis nos découvertes et expliquai pourquoi ces observations étayaient le fait que la tremblante soit transmise par une « particule infectieuse protéique » (je n'étais pas prêt à rendre public le terme « prion » avant la publication de mon article par *Science*). Après ma conférence, l'atmosphère fut tendue. La salle était pleine de défiance et les questions furent brutales, posées en des termes bien prévisibles : « Comment un virus peut-il n'être fait que de protéines ? », « Comment peut-il être dépourvu d'acide nucléique ? ».

« Même si les particules à l'origine de la tremblante sont souvent désignées sous les termes de "virus lent" ou de "virus non conventionnel", ce ne sont pas des virus, répondis-je. Vous ne savez même pas comment isoler l'agent causant la tremblante » (j'essayai de garder mon calme sous le feu des questions, mais je n'y arrivai pas toujours).

D'autres remarques portaient sur ma supposée incompétence technique : « Comment quelqu'un peut-il se dire scientifique et ne pas trouver d'acide nucléique ?

– J'ai essayé de trouver un acide nucléique par six approches différentes, répondis-je.

– Trouver une preuve de l'existence d'acide nucléique est facile. Vous avez dû vous tromper ! »

Une autre personne avança encore : « Pourquoi utilisez-vous des procédures aussi bizarres pour purifier un virus ? Vous devriez utiliser un gradient de chlorure de césium.

– J'ai essayé de nombreuses approches, dont celles utilisées couramment pour purifier les virus, mais elles ne marchent tout simplement pas, répliquai-je.

– Personne qui s'y connaît un peu sur les virus ne tenterait d'isoler un virus par les méthodes que vous employez.

– Mais je n'étudie pas un virus. Mes résultats soutiennent clairement cette conclusion. »

Quelques semaines plus tard, David Perlman, le journaliste scientifique du *San Francisco Chronicle*, m'interrogea sur mon travail. De nos jours, à quatre-vingt-treize ans, David Perlman paraît le même que lorsque je le vis pour la première fois, un homme de taille moyenne, aux cheveux blancs abondants, aux yeux bleus pénétrants à travers ses lunettes, avec une personnalité aimable, curieuse et chaleureuse. David avait le sentiment qu'une bonne histoire se cachait dans toutes ces études sur la tremblante. Je lui expliquai les résultats scientifiques mais gardai pour moi mon nouveau terme, promettant de lui envoyer une copie de l'article dans *Science* dès qu'il serait publié.

Finalement, en septembre 1981, je reçus une lettre encourageante d'Eleanore Butz, rédactrice senior de *Science*. Je devais répondre aux commentaires de quatre spécialistes. Trois d'entre eux étaient assez positifs. Le quatrième ne l'était pas et écrivit une critique de trois pages et demie qui commençait ainsi :

> Ce mélange de faits, d'hypothèses non prouvées et d'observations personnelles non confirmées contient des éléments relativement nouveaux, parfois brillants sur la biologie moléculaire comparative des agents du type de la tremblante...
> Le style est malheureusement irrémédiablement mauvais et convient mieux finalement à l'affirmation d'opinions personnelles, et même de préjugés, qu'à une grande revue équilibrée dans *Science*, par exemple.
> 1. Le texte est regrettablement égocentrique, ne rappelant pas correctement le travail des chercheurs précédents et actuels.
> 2. L'idée principale, que les agents d'encéphalopathie spongiforme sont des protéines sans acide nucléique, repose surtout sur le propre travail souvent non publié et non confirmé de l'auteur.
> 3. Le terme prion est mis en lettres capitales comme s'il était enregistré sous forme d'une marque. Il fait un écho malheureux avec le nom de l'auteur (PRusiner IONs).
> 4. La revue générale du sujet avant ses travaux est pauvre et à aucun moment le terme standard d'« encéphalopathie spongiforme » n'est utilisé ou expliqué.
> 5. L'article a un ton désagréable, presque sarcastique qui minimise souvent le travail des autres.

Malgré cette harangue, *Science* accepta le papier après que j'eus renvoyé mes réponses à beaucoup de critiques. Je changeai le titre de « Les prions sont de nouveaux microbes : études sur l'agent protéique de la tremblante » en « De nouvelles particules protéiques causent la tremblante », et j'essayai de réduire l'emploi du mot « prion » dans l'article. Après que l'article eut été accepté, Butz m'appela pour discuter le texte phrase par phrase, procédé laborieux auquel je me soumis sans me plaindre car je ne voulais pas mettre en péril ma publication.

J'étais encore préoccupé par la critique de « PRusiner ION » car elle pouvait trouver un écho dans la communauté scientifique et m'empêcher d'atteindre mon objectif d'introduire une désignation pour une classe entièrement nouvelle d'agents infectieux différant des virus, bactéries, champignons et parasites. J'essayai d'élaborer un autre nom, un terme qui ne puisse pas être interprété comme un acte d'autoglorification. Cela n'allait pas être facile car il fallait se débarrasser de « protein » pour s'éloigner de « Prusiner ». Mais le cœur n'y était pas. J'aimais « prion » et j'avais par ailleurs d'autres choses à faire. Je devais imaginer de nouvelles expériences, décider des témoins adéquats, évaluer les résultats et déceler les ambiguïtés à éliminer. Et dans le même temps écrire constamment de nouveaux articles et monter de nouvelles demandes de financement.

Plusieurs mois passèrent, et j'attendais toujours que *Science* publie mon article. On traînait clairement les pieds chez eux. Je soupçonnai que Butz, qui m'avait torturé sur chaque mot, craigne que la réputation de la revue soit entachée par mes conclusions, et j'avais peur de revenir à la charge et de leur donner ainsi un prétexte pour revenir sur leur décision. Puis Frank Sooy (figure 16) appela David Perlman du *Chronicle* dans l'espoir qu'il couvre la célébration de la Journée des Fondateurs * qui arrivait en avril 1982. Perlman répondit qu'il le ferait s'il recevait à l'avance une copie de mon article pour *Science*. Lorsque le secrétariat de Sooy m'appela, je fus trop content d'accepter. Comme la politique d'embargo des revues scientifiques n'était pas très développée à l'époque, la pensée que Perlman écrive sur les prions ne m'effraya pas.

Perlman écrivit son article et m'appela un jeudi après-midi pour vérifier certaines parties de son texte alors que j'assistais à une Gordon Conference ** sur le vieillissement du cerveau à Santa Barbara. Le lendemain matin, le vendredi 19 février 1982, le *San Francisco Chronicle* avait à sa une l'article intitulé « Une forme minuscule de vie trouvée », qui se poursuivait en page intérieure avec le sous-titre « Une nouvelle forme bizarre de vie ». Durant le week-end, les médias s'emparèrent de l'histoire. Du jour au lendemain, le mot « prion » devint connu dans le monde entier.

---

* Journée de célébration annuelle de l'Université de Californie à San Francisco (UCSF) instituée en 1982 par son président, Francis A. Sooy. La médaille de l'UCSF est décernée au cours d'un banquet à des membres ayant contribué d'une manière exceptionnelle aux missions de l'université (*NdT*).

** Les Gordon Research Conferences sont des réunions scientifiques prestigieuses réunissant chaque année un nombre limité d'experts d'un domaine donné. Elles se tiennent le plus souvent en été aux États-Unis (*NdT*).

Figure 16. Frank Sooy (ci-dessus), alors président de l'UCSF, me demanda de communiquer mon manuscrit sur les prions à David Perlman, un reporter du *San Francisco Chronicle*, avant sa publication dans *Science*.

Scientifiques et journalistes poussèrent alors *Science* à publier mon article pour mieux comprendre l'effervescence déclenchée par Perlman. Comme je m'y attendais, Butz, avec d'autres employés de la revue, mal à l'aise par les implications révolutionnaires de mon article, avaient retardé sa publication dans l'espoir d'éviter à *Science* l'embarras au cas où quelqu'un trouverait un acide nucléique au cœur de l'agent de la tremblante. Sous la pression des médias, les rédacteurs de la revue finirent par plier et mon article put prendre le chemin de l'imprimerie. Il fut publié le 9 avril 1982, et ma trouvaille fit ses débuts académiques dans la phrase suivante : « Au lieu de termes comme "virus non conventionnel" ou "agent inhabituel de type virus lent", le terme "prion" (prononcé "pri-on") est suggéré. Les prions sont de petites particules *pro*téiques *in*fectieuses qui sont résistantes à l'inactivation par la plupart des procédures modifiant les acides nucléiques[2]. »

En définissant soigneusement les prions comme des « particules », je voulais laisser un peu de place pour une autre molécule, telle qu'un petit acide nucléique. Mes concurrents n'eurent pas de telles hésitations. Convaincus que j'étais passé à côté de l'acide nucléique de l'agent de la tremblante, nombre d'entre eux définirent joyeusement les prions comme des « protéines infectieuses », sans vraiment prêter attention aux huit années de travaux méthodiques qui avaient sous-tendu ma recherche. Richard Kimberlin ressortit le mot « virino » pour décrire l'une des possibilités que j'avais évoquée pour le prion, c'est-à-dire un petit acide nucléique entouré d'une protéine[3]. Poussé dans mes retranchements avec ma « protéine infectieuse », je dus répliquer dans mes articles scientifiques et à chacune de mes conférences.

Je ne connaissais pas la structure précise du prion, mais j'avais fait de grands progrès pour la définir aussi précisément que le permettaient les données disponibles. J'avais fait un effort considérable pour décrire tout ce à quoi il pouvait être identifié. Mes résultats éliminaient les hypothèses du viroïde, de l'hydrate de carbone ou du lipide. Nous avions montré que les seules hypothèses viables pour la structure de l'agent de la tremblante comportaient le rôle essentiel d'une protéine. Si je ne pouvais exclure l'existence d'un petit acide nucléique au sein d'une enveloppe protéique, il semblait peu probable qu'on le trouve, mais nous ne pouvions prouver le contraire. Le mot « prion » posait un défi à tous mes concurrents, celui de trouver l'acide nucléique de l'agent de la tremblante et tuer le mot en l'ayant redéfini.

En plus de suggérer que le prion cause la tremblante, je proposai aussi qu'il soit responsable de la MCJ et du kuru en me fondant sur les données d'autres chercheurs qui indiquaient que les agents de ces maladies étaient soit identiques, soit très proches. Comme Bill Hadlow avait eu la prescience de l'écrire vingt et un ans plus tôt, tremblante et kuru étaient tellement semblables dans leur neuropathologie que le kuru, comme la tremblante, devait pouvoir être transmissible par injection d'extrait de cerveau de patients dans des chimpanzés. Gibbs et Gajdusek avaient montré que c'était bien le cas pour la MCJ. De plus, par leur collaboration avec l'ancien collègue de Tikvah Alper, Raymond Latarjet, ils avaient montré l'extrême résistance des « virus » du kuru, de la MCJ et de la tremblante à l'inactivation par les rayons gamma[4].

Il est difficile de rendre compte du degré d'animosité que le mot et le concept de « prion » engendraient. De partout, je rencontrais des gens profondément irrités par mes découvertes. Il semblait que les universitaires étaient perturbés par la fascination de leurs élèves pour nos données, ce qui les forçait à prendre au sérieux notre travail et à trouver des arguments à son encontre. Les adjectifs utilisés pour me décrire à cause d'un mot de cinq lettres étaient surprenants. On disait que j'étais impulsif, présomptueux, imprudent, ambitieux, agressif, insensible, manipulateur et égocentrique. J'avais imaginé que les gens apprécieraient la distinction entre l'agent de la tremblante et les virus que nos données avaient établie. Et je pensais qu'au moins une partie des scientifiques accueillerait avec enthousiasme un nouveau terme recouvrant un concept entièrement nouveau en biologie et en médecine. Je fus surpris et déçu par la réaction négative de nombre de mes collègues. Même certains de mes amis avaient des difficultés à comprendre l'histoire du prion qui se déroulait sous leurs yeux. Dans un commentaire qu'il écrivit peu après la publication de mon hypothèse du prion, Dick Johnson comparait le terme de « prion » au nom donné à un enfant avant sa naissance, en remarquant que dans son cas ses parents avaient choisi le prénom de « Dorothy » avant qu'il ne naisse. Quand ils surent que leur bébé était un garçon, ils durent se dépêcher de lui trouver un autre prénom, et ils choisirent « Dick ». Il suggérait que les prions étaient, comme lui, nommés prématurément et qu'ils devaient peut-être se faire appeler « dorothies » pour « *different or other things* * »… avec une autre inversion de voyelle pour l'euphonie[5]. Dick sembla surpris que je ne trouve pas drôle ni son commentaire ni son acronyme.

Les nouvelles idées importantes sont peu fréquentes en sciences, notamment celles étayées par une base respectable de données. Après chaque cours, je me retrouvais à devoir discuter avec un membre de l'audience, parfois un étudiant, plus souvent un membre de l'université. « Je pense qu'il est peu probable que la tremblante soit causée par un virus, pouvais-je dire, mais je ne peux prouver que vous faites erreur. C'est pour cela que j'ai avancé toute une série d'hypothèses. D'abord, j'ai considéré la possibilité que le prion ne soit formé que d'une protéine. Ensuite, j'ai suggéré qu'il puisse être constitué d'une protéine et d'un acide nucléique. Et enfin, je me suis demandé si l'acide nucléique pouvait être grand ou petit. Dans le premier cas, le prion représente probablement une forme de virus, et si cela est avéré, le terme “prion” devra être abandonné. »

---

* En français : « différent ou autre chose » (*NdT*).

Figure 17. Ted Diener a découvert les viroïdes, qui sont de petits ARN très stables et infectieux.

« Eh bien, je pense que l'idée d'un virus est la seule qui soit crédible !, était l'inévitable réponse. Il ne peut pas tout simplement en être autrement. »

Quand la discussion devenait aussi stérile, je devais arrêter. Je ne voyais pas l'utilité de m'acharner car je n'avais pas la réponse. J'avais juste une masse de données qui continuaient à me dire que la possibilité qu'un virus cause la tremblante et la MCJ s'amenuisait de plus en plus. Quoi qu'en pensent les autres, il était crucial pour moi de garder une attitude objective. Quel que pût être l'agent de la tremblante, il était là. Je ne pouvais changer sa composition. Je ne pouvais qu'aider à faire reculer l'ignorance autour de cette énigme.

En 1980, alors que notre nouveau test d'incubation chez le hamster générait un torrent de données, Theodor Diener, le découvreur des petites molécules d'ARN infectieuses qu'il avait appelées « viroïdes » (voir chapitre 3), offrit de collaborer avec nous (figure 17). Les viroïdes de Ted furent ajoutés à nos préparations purifiées de prion, et le mélange, testé pour son pouvoir infectieux chez les plantes dans son laboratoire à Beltsville dans le Maryland. Nous testâmes aussi le pouvoir infectieux de ces préparations comme prion chez le hamster. Plus d'un an s'écoula avant que nous n'ayons terminé toutes les expériences. Au fur et à mesure que les résultats sortaient, ils donnaient toujours la même chose. Les propriétés du viroïde étaient à l'opposé de celles du prion. Chaque fois que le viroïde était inactivé par une procédure modifiant l'ARN, le pouvoir infectieux du prion était préservé. Et chaque fois que le prion était inactivé par une procédure modifiant les protéines, le pouvoir infectieux du viroïde était préservé. Les viroïdes de Ted étaient des témoins importants. Les prions n'étaient non seulement pas des virus, mais ils n'étaient pas non plus des viroïdes. Notre travail avec Ted, intitulé « Viroids and Prions », fut publié dans les *Comptes rendus de l'Académie nationale des sciences* en septembre 1982, et c'était le premier article où le mot « prion » apparaissait dans le titre[6].

Mais les résultats de notre collaboration ne mirent pas fin au débat sur le fait de savoir si la tremblante était causée par un virus, peut-être formé d'un petit acide nucléique protégé d'une épaisse enveloppe protéique. J'ai encore passé des années à chercher le mythique acide nucléique du prion. Si ma conclusion que les prions étaient dépourvus d'acide nucléique venait à être démentie, je voulais être celui à l'avoir fait. Un postdoc ou un autre venait parfois me voir à mon bureau avec « une mauvaise nouvelle ». Triste et agité, il murmurait : « Je suis navré de vous dire que j'ai une preuve d'un acide nucléique pour la tremblante. » Je lui répliquais alors, à son grand étonnement, que c'était bien mieux pour nous d'être les premiers à trouver et à annoncer la chose avant nos concurrents, et je l'encourageais à refaire ses expériences plusieurs fois avant de décider quoi que ce soit. Il s'avéra qu'aucune de ces annonces ne fut confirmée. De plus, beaucoup de chercheurs qui ne pouvaient trouver ce supposé acide nucléique par différentes approches confirmaient ainsi nos résultats de manière indépendante.

Pourquoi autant de biologistes, et notamment de virologues, étaient-ils aussi réticents à l'idée d'une protéine infectieuse ? Je ne cessais de me poser la question. Leur scepticisme était-il un cas de résistance inconsciente ? Il a fallu beaucoup de temps à la biologie pour se déprendre de l'idée que les gènes étaient des protéines, un concept qui a dominé la discipline pendant plus d'un demi-siècle. Soixante-quinze ans ont passé entre le moment où l'ADN a été isolé pour la première fois par le médecin suisse Friedrich Miescher et la démonstration en 1944 par Oswald Avery, Colin MacLeod, et Maclyn McCarty qui travaillaient à l'Institut Rockefeller que de grands fragments d'ADN chromosomique pouvaient transformer des bactéries non virulentes de pneumocoques en formes responsables d'une maladie[7]. Cette démonstration que le « principe transformant » était composé d'ADN fut longue à être acceptée. En fait, il a encore fallu plus d'une décennie pour que les acides nucléiques soient vraiment reconnus comme étant le matériel génétique de la vie. Cette anecdote me rappelle une phrase de Maurice Maeterlinck : « À tous les carrefours de la route qui mène à l'avenir, [l'humanité] a mis, contre chacun de nous, dix mille hommes qui gardent le passé *. »

* *L'Intelligence des fleurs*, Éditions Fasquelle, 1907, p. 267.

CHAPITRE 8

Perdu dans le brouillard du Pacifique

L'un des aspects les plus satisfaisants de mon travail fut d'identifier la protéine essentielle de l'agent de la tremblante. Durant la période où fut publié mon article introduisant le mot « prion », nous réussîmes à l'identifier. Avec la découverte de ce que j'ai appelé la protéine du prion, ou PrP, tous les outils de la biologie moderne devinrent disponibles. Une fois produits des anticorps contre cette protéine, nous pûmes effectuer une foule d'expériences en quelques jours ou semaines tout au plus. Ma recherche prit un tout autre tour. Nos études n'étaient plus limitées par ce qui était possible. Nous en étions plutôt à décider ce qui était le plus important à poursuivre dans un menu en expansion permanente de choix fascinants.

La meilleure stratégie pour l'identification de la protéine était d'incorporer comme marqueur des atomes radioactifs dans toutes les protéines de nos préparations purifiées, puis de séparer les diverses protéines par leur masse en les faisant migrer à travers de la gélatine soumise à un champ électrique, procédé connu sous le nom de gel d'électrophorèse. Après ce marquage des protéines, nous pouvions voir celles présentes dans les fractions infectieuses mais absentes des fractions témoins préparées à partir de hamsters non infectés.

Mais il y avait un préalable à cette approche par gel d'électrophorèse. Pour séparer les protéines, il fallait les déplier par un processus appelé dénaturation, ce qui leur fait perdre leur état natif et leur activité. L'un des procédés les plus efficaces pour dénaturer les protéines est de les faire bouillir pendant quelques minutes dans un mélange d'un détergent appelé SDS (pour dodécylsulfate de sodium) et d'urée. Alors que les protéines dénaturées et recouvertes de détergent migrent à travers la gélatine, les plus grandes vont plus lentement. Malheureusement, le SDS et l'urée détruisaient le pouvoir infectieux de l'agent de la tremblante que nous mesurions chez le hamster. Bien que certaines protéines puissent reprendre ensuite une forme active, nous étions incapables de faire récupérer au prion son pouvoir infectieux après une électrophorèse sur gel.

J'examinai diverses méthodes d'insertion d'atomes radioactifs dans les protéines. La protéine essentielle de l'agent de la tremblante se distinguait-elle en n'étant composée que de certains acides aminés ou possédait-elle les vingt que l'on retrouve dans les protéines ? Chaque méthode d'insertion d'atomes radioactifs utilise un processus chimique différent ciblant un seul aminé spécifique. Je pensais que nous devions utiliser plusieurs méthodes, n'ayant aucune raison de penser *a priori* que l'une soit meilleure que les autres. Mais il y a toujours un danger à prendre une approche trop large, car vos efforts se dispersent et vous perdez en précision quand les résultats sont souvent négatifs. Alors que les scientifiques sont supposés explorer avec plaisir l'inconnu, la plupart ne le font pas par peur de voir leur « productivité » diminuer.

Je me sentis comme m'avançant dangereusement sur la branche d'un pin de Monterey balayé par le vent, perché au sommet d'une falaise dominant le Pacifique dans le brouillard d'une nuit froide. Je ne pouvais distinguer où j'allais. Chaque mouvement devait être fait avec soin sous peine de tomber dans les vagues rugissantes en contrebas. Si je faisais le mauvais choix du réactif chimique, je pouvais facilement échouer à insérer un atome radioactif et me retrouver à errer sans but. Alors que je tentais de projeter ma réflexion au-delà de la prochaine série d'expériences et de considérer toutes les possibilités imaginables suite aux résultats de ces expériences, je ne me sentis pas à la hauteur de la tâche. Les données d'une expérience étaient parfois si inattendues que ce que j'avais spéculé auparavant n'avait plus aucune valeur. Pourtant, la meilleure chose qu'une expérience puisse donner est un résultat inattendu. Alors que ce phénomène, caractéristique d'une recherche totalement nouvelle, se répétait souvent, je devais en permanence réviser mes idées.

La seule approche sûre était d'utiliser du DEPC radioactif, capable comme nous l'avions montré d'inactiver le pouvoir infectieux de l'agent de la tremblante de manière réversible (voir chapitre 7). Je n'avais malheureusement pas les compétences chimiques pour le fabriquer. Tant que nous ne trouvions pas le moyen de faire du DEPC radioactif, j'étais obligé d'utiliser les procédures disponibles dans le commerce pour marquer radioactivement les protéines. Je choisis une méthode qui marque à l'iode les groupements amines des protéines, mais qui comportait deux problèmes possibles. Les groupements amines pouvaient être inaccessibles à l'iode radioactif, et le nombre de protéines formant une unité infectieuse pouvait être trop faible pour être détectable, même marqué. Je ne savais absolument pas si l'agent de la tremblante était aussi efficace que, disons, les virus qui s'attaquent aux bactéries, où une seule particule virale suffit à établir l'infection. Une protéine de l'agent par unité infectieuse pouvait représenter le minimum, mais ce nombre pouvait aussi bien s'élever à dix mille, comme le nombre de virus de la polio nécessaires pour infecter une souris.

De plus, je n'avais aucune idée de la taille de la protéine de l'agent, ou même si elle pouvait avoir plusieurs tailles. Elle pouvait être aussi petite que l'insuline, avec ses 51 acides aminés, ou plus grosse que la titine, énorme protéine du muscle de plus de 30 000 acides aminés. L'extrême résistance de l'agent de la tremblante à l'inactivation par la chaleur et les produits chimiques comme le formaldéhyde suggérait une protéine peu complexe. La plupart des protéines ayant entre 150 et 300 acides aminés, je supposais, pour restreindre le nombre de possibilités à envisager, que la protéine de l'agent de la tremblante était d'une taille intermédiaire. Si les pores de nos gels d'électrophorèse étaient trop grands, elle allait migrer trop vite et sortir du gel par le bas. Si les pores de nos gels d'électrophorèse étaient trop petits, la protéine n'entrerait pas du tout dans le gel et donnerait une traînée au sommet. Pour régler la question, nous fîmes des gels avec des pores de différentes tailles. Au printemps de 1981, nous avions parfois une bande dans les échantillons avec l'agent, mais pas dans les témoins de protéines ayant une taille voisine de 30 000 daltons.

Interlude
Mesurer la taille des protéines

La taille des protéines se mesure en daltons (Da) en l'honneur de John Dalton, qui suggéra en 1803 de donner les poids atomiques par rapport à celui de l'hydrogène. En 1961, un dalton fut fixé comme un douzième de la masse d'un atome de carbone, qui a un poids atomique de 12,011 unités de masse. En général, la taille d'une protéine correspond à son poids moléculaire donné en daltons ou en milliers de daltons (kDa). Chaque acide aminé a un poids moléculaire d'environ 100 Da, de sorte qu'une protéine de 150 acides aminés a un poids moléculaire de 15 000 Da ou 15 kDa.

Mais cette bande radioactive n'était pas toujours là. Cela pouvait s'expliquer par le fait qu'il n'y avait pas toujours assez de protéines de l'agent de la tremblante. En juin 1981, je présentai mon travail à une rencontre du département de biochimie de l'UCSF, au centre de conférence d'Asilomar à Monterey. Un membre du département de physiologie, Juan Korenbrot, suggéra d'utiliser un gradient de sucrose fait sur mesure pour faire l'électrophorèse, et cette approche s'avéra être la bonne. La pureté de nos échantillons augmenta, et cette technique put directement être appliquée à plus grande échelle pour produire assez de protéine purifiée pour toute une gamme d'expériences, de la mesure du pouvoir infectieux à la détermination de sa séquence en acides aminés.

C'est à cette époque qu'un nouveau postdoc arriva dans mon laboratoire, David Bolton. Il avait fait sa thèse de virologie à l'Université de Californie, à Davis. Il avait de longs cheveux raides et châtains qui s'incurvaient vers le cou, vestiges apparents de son ancienne appartenance à un groupe de rock. Enthousiaste au travail, il semblait parfois un peu détaché. Il comprenait l'importance des études que je lui demandais de faire, mais il me semblait qu'il avait du mal à s'y investir complètement. Je ne suis pas sûr d'avoir assez bien compris David pour le diriger au travers de toutes les découvertes que nous allions faire ensemble. Curieusement, ce fut David qui attira mon attention sur le livre de Thomas Kuhn *The Structure of Scientific Révolutions* (*La Structure des révolutions scientifiques*) alors que l'histoire du prion commençait à émerger.

Quand David rejoignit mon laboratoire, je lui suggérai d'apprendre à fabriquer du DEPC radioactif. Cette synthèse s'avérant compliquée, il finit par faire des études de marquage à l'iode radioactif en utilisant des produits chimiques du commerce. Conscient de l'irrégularité de nos premiers résultats, je demandai à Dave de préparer des gels d'électrophorèse analytiques appropriés à la détection de protéines de 30 kDa. Dave travaillait en étroite collaboration avec un autre postdoc, Michael McKinley. En utilisant des protéases pour purifier les préparations marquées à l'iode radioactif, ils retrouvèrent chaque fois une protéine de 30 kDa dans les fractions purifiées issues de cerveaux de hamsters malades, mais pas dans celles issues de hamster témoins. Huit mois après avoir introduit le concept de prion dans l'article de *Science*, nous eûmes suffisamment de données pour deux publications, l'une dans *Science* sur la découverte de la protéine[1], l'autre pour détailler le protocole de purification que nous avions développé[2].

Mike McKinley avait rejoint mon laboratoire quelques années plus tôt et joua un rôle inestimable pour faire avancer une partie du travail. Grand, avec des cheveux coiffés sur le côté pour masquer un peu son crâne chauve, Mike était quelqu'un de chaleureux, d'enthousiaste et de très intéressé par ce travail. Il semblait ravi de faire partie de l'équipe élargie et fut souvent un témoin rassurant pour moi chaque fois que je m'inquiétais de la progression de notre travail. J'ai vraiment apprécié les nombreuses interactions que j'ai eues avec Mike, dont l'enthousiasme était un atout important pour le laboratoire.

Une fois trouvé un marqueur mesurable qui semblait bien refléter le pouvoir infectieux, il nous fallait déterminer si la protéine était un artefact ou une composante essentielle de la particule infectieuse de la tremblante. Je me suis d'abord demandé si c'était une protéine fortuite, c'est-à-dire ayant des propriétés assez semblables à celles de l'agent de la tremblante pour se comporter de manière analogue à lui dans les protocoles d'isolement que nous avions mis au point. Ensuite, j'imaginais qu'il se pouvait que la protéine fût produite en réponse à l'infection, mais sans avoir de lien avec la particule infectieuse. Enfin, il y avait la possibilité que la protéine fût un élément essentiel du prion, ou le prion lui-même !

Nous avons alors pensé que, si la protéine de la tremblante était une composante de la particule infectieuse du prion, il devait y avoir un lien entre ses quantités et le nombre d'unités infectieuses que nous avions déterminé par la durée d'incubation chez le hamster.

Interlude
La détermination de la protéine de la tremblante

Pour entreprendre une telle étude, nous devions d'abord purifier une quantité importante de prions. Avec ces préparations très enrichies, nous avons marqué la protéine à l'iode radioactif puis l'avons exposée à des quantités croissantes de protéase. De petites quantités de protéase n'affectaient pas le taux de protéine de la tremblante mesuré par gel d'électrophorèse. Des quantités intermédiaires faisaient baisser ce taux tandis que des quantités plus élevées éliminaient complètement la protéine. Puis nous avons fait des injections aux hamsters pour déterminer le niveau de prions infectieux dans les échantillons digérés avec ces différentes quantités de protéase. De faibles quantités de protéase avaient un effet minime sur le taux de protéine et le nombre de prions infectieux. Des quantités intermédiaires faisaient clairement diminuer les deux, et des quantités élevées les détruisaient complètement (voir figure 13). Cela indiquait que la résistance inhabituelle de la protéine de la tremblante à la dégradation ne pouvait se distinguer du pouvoir infectieux mesuré chez le hamster.

En fait, cela s'avéra être le cas et je fus tellement enthousiasmé par notre découverte que je voulus la publier dans une revue de rang élevé. L'article devait être nettement plus long que ceux typiquement publiés par *Science* ou *Nature*. Je me rappelai une lettre, reçue trois ans plus tôt, du directeur éditorial de la revue scientifique *Cell*, Benjamin Lewin, dans laquelle il avait poliment retourné deux articles en me demandant de lui envoyer un papier lorsque nous aurions purifié l'agent de la tremblante. Maintenant, nous avions non seulement purifié cet agent mais aussi identifié la protéine qui le composait. Lorsque j'appelai Lewin, il me dit qu'il était intéressé, et quelques semaines plus tard il accepta la publication de notre manuscrit.

Pas de temps pour le mal de dos

Alors que 1982 avait été une année extraordinaire, avec l'introduction du concept du prion et la découverte de la protéine, la première moitié de 1983 n'est pas un bon souvenir pour moi. La vie m'a rattrapé.

Peut-être avais-je travaillé trop dur et devais-je lever le pied. Encore une fois, j'eus de la chance. Je fus atteint d'une hernie discale dans le bas du dos, ce qui est largement préférable à une attaque cardiaque. Je souffris alors du syndrome typique du docteur : il est normal pour les gens de tomber malade, après tout ce sont mes patients, mais je n'ai pas de temps pour cette douleur dans le dos. Après quatre semaines de repos intermittent au lit, j'eus une paralysie des muscles qui soulèvent le pied gauche. Ce phénomène, appelé « pied tombant », est une indication immédiate de chirurgie après sa détermination par une IRM de la moelle épinière. À l'époque, l'IRM était quelque chose de relativement nouveau et je choisis de ne pas faire une vingtaine de kilomètres pour en passer une. Au lieu de cela, Bob Fishman, qui m'avait pris en charge, décida de me faire passer un scanner, et celui-ci ne montra aucune lésion. Bob espérait que le pied tombant disparaîtrait lentement. Alité, je n'étais pas en position d'argumenter et c'était lui le responsable en fin de compte. Après trois semaines supplémentaires au lit, je décidai que traîner le pied gauche pour le restant de ma vie était une mauvaise idée. Je pris mon courage à deux mains et dis à Fishman que j'allais consulter mon ami et collègue neurochirurgien Phil Weinstein pour une opération. Supprimer ce qui causait la paralysie de mon pied semblait rationnel. Mon seul souci était de savoir dans quelle mesure j'allais pouvoir récupérer la mobilité de mon pied.

Phil me fit admettre à l'hôpital le lendemain, et une myélographie montra qu'un fragment de l'un de mes disques lombaires s'était détaché et s'incrustait dans une racine nerveuse. Le diagnostic était clair : la cause de mon pied tombant était ce fragment qui devait être retiré. En récupérant de mon opération, qui s'avéra un succès, je mis une touche finale à l'article pour *Cell*. Dave Bolton et Mike McKinley vinrent me voir à l'hôpital et me dirent qu'il fallait donner un nom à la protéine de la tremblante. Ils suggérèrent « Scp 27-30 » avec « Scp » pour *scrapie* * et « 27-30 » car la protéine se présentait dans le gel d'électrophorèse sous une bande diffuse indiquant une taille moléculaire comprise entre 27 et 30 kDa.

J'avais, moi aussi, réfléchi à la question du nom à donner à notre protéine, mais je n'avais pas toujours les idées claires en raison des

* Nom anglais de la tremblante (*NdT*).

médicaments que je prenais contre la douleur. Après avoir quitté l'hôpital, je décidai que nous pouvions avoir mieux. J'appelai Dave et Mike. « Je ne veux pas restreindre le nom de la protéine à la tremblante en utilisant l'abréviation Scp, leur dis-je, car nous et d'autres allons sûrement trouver la même protéine dans d'autres maladies comme le kuru et le Creutzfeldt-Jakob. Il nous faut un nom plus général. Utilisons la “protéine prion” et abrégeons-la en PrP. Dans notre papier de *Cell*, pourquoi ne l'appellerions-nous pas PrP 27-30 ? » Je pensai que ce serait un bon compromis qui permettrait de créer une terminologie plus largement utilisable.

Il y eut un moment de silence et une froideur perceptible dans la voix de David. Je me demandai s'il ne voulait pas voir le mot « prion » associé à la protéine sur laquelle il travaillait avec Mike. Peut-être, comme tant d'autres, craignait-il que le concept de prion ne dure pas. Après tout, c'était un virologue de formation.

Même si nos résultats étaient clairs, ils pouvaient s'interpréter de diverses manières, et nous essayâmes de le faire dans la partie discussion du manuscrit. En général, les scientifiques envisagent autant de possibilités qu'ils le peuvent, puis tentent de les éliminer au fur et à mesure en fonction des résultats obtenus. Il en était de même pour la protéine PrP 27-30. Était-ce une composante du prion infectieux ? La seule ? Un produit de l'infection sans rapport avec la particule infectieuse ? J'estimais cette dernière possibilité tellement éloignée qu'elle ne valait pas la peine d'être mentionnée, mais Bolton et les relecteurs de l'article à *Cell* pensaient autrement et elle fut donc évoquée[3].

Un moyen de déterminer le rôle de PrP 27-30 était de le rechercher dans d'autres maladies comme le kuru et la MCJ, mais c'était difficile car nous aurions dû isoler la protéine de patients ou de chimpanzés infectés avant d'y fixer les atomes d'iode radioactifs. Bien que notre service de bioconfinement intermédiaire était superbe pour l'étude de la tremblante, j'avais le souci qu'il n'était pas adapté à l'étude d'un agent infectieux humain.

Nous manquions aussi d'anticorps réagissant avec la PrP 27-30. Une technique appelée « Western blotting » pouvait être utilisée pour détecter la PrP 27-30 de pratiquement toutes les sources une fois de tels anticorps obtenus. Ceux-ci sont tellement spécifiques que nous pourrions alors détecter la PrP 27-30 dans des homogénats de cerveau ou même dans des coupes minces sous microscope. Pour produire ces anticorps, nous injectâmes à des lapins nos fractions les plus purifiées, mais des injections répétées de rappel ne produisirent aucune réponse immunitaire. Les lapins refusaient de faire des anticorps ! Bien que j'eusse espéré qu'ils en fissent, je ne fus pas surpris. La littérature abonde en articles sur l'absence de réponse immunitaire à l'infection par l'agent de la tremblante. Le mouton, la chèvre, le rat, la souris et le hamster développaient tous la maladie de la tremblante sans provoquer aucune réaction de leur système immunitaire. C'était la même chose pour le kuru et la MCJ chez l'homme. Non seulement il n'y avait pas de dépôts dans le cerveau des animaux avec la tremblante, mais aussi aucune trace d'une réponse cellulaire du système immunitaire impliquant des lymphocytes. De même, le système interféron activé par les virus ne réagissait pas non plus au prion de la tremblante[4].

L'un des traits communs à la tremblante et à la MCJ qui m'intriguait était cette inactivité des systèmes de défense de l'organisme. Ma patiente avec la MCJ était décédée sans avoir manifesté de fièvre. Elle n'avait jamais eu un taux élevé de lymphocytes dans le sang ou dans le liquide céphalo-rachidien. À l'autopsie, son cerveau ne présentait aucune trace de dépôts d'anticorps ou d'infiltration par des cellules immunitaires. Elle était morte d'une « infection de prion » alors que ses systèmes de défense étaient restés silencieux. Si elle avait été infectée par un virus, une bactérie, un champignon ou un parasite, ces systèmes auraient été activés, elle aurait eu de la fièvre, avec un nombre élevé de lymphocytes dans son liquide céphalo-rachidien. Comme les protéines sont en général les meilleures molécules pour stimuler une réponse immunitaire, notre trouvaille que le pouvoir infectieux de la tremblante exigeait la présence d'une protéine de taille moyenne était inattendue et quelque peu troublante, bien que notre échec à produire des anticorps chez le lapin fût cohérent avec la nature furtive de l'agent de la tremblante. Je me retrouvai à nouveau dans le brouillard du Pacifique !

George Balanchine

Le cas de ma patiente fut, par nombre d'aspects, parallèle à celui de George Balanchine (figure 18), le célèbre maître de ballet, décédé le 30 avril 1983 alors que nous cherchions à produire des anticorps et à définir les propriétés de la PrP 27-30. Contrairement à ma patiente, qui avait développé une démence à progression rapide pour mourir trois mois après mon premier examen, la maladie de Balanchine a été lente et mystérieuse. Il a commencé à se plaindre de l'équilibre en septembre 1978, mais était encore capable, à l'âge de soixante-quatorze ans, d'effectuer des mouvements de danse demandant un haut niveau de coordination. Après un triple pontage du cœur en mars 1979, son angine de poitrine disparut mais ses troubles de l'équilibre persistèrent. Durant les trois années suivantes, la difficulté de Balanchine à exécuter des entrechats et d'autres figures de danse augmenta, mais comme il avait plus de soixante-dix ans cela n'était pas trop surprenant. Son cerveau était stimulé tous les jours lorsqu'il imaginait de nouveaux enchaînements, décrivait la chorégraphie à ses danseurs ou leur montrait les mouvements complexes qu'il attendait d'eux. Au printemps de 1982, son trouble de l'équilibre commença à s'aggraver. Plusieurs scanners du cerveau et beaucoup de consultations neurologiques à New York ne purent permettre de poser un diagnostic. Son problème d'équilibre fut décrit comme une « ataxie troncale », le terme même utilisé pour désigner les difficultés de l'équilibre observées chez les patients du kuru au cours de la progression de leur maladie.

En octobre, Balanchine tomba par terre lors d'une tournée avec le ballet de la ville de New York à Washington. Il y fut hospitalisé, mais aucune ataxie des membres ne fut trouvée dans ses bras ou ses jambes, même si son ataxie troncale était profonde. Alors que ses troubles de l'équilibre étaient similaires à ceux des gens de Fore atteints du kuru, la coordination de ses bras et de ses jambes n'étaient pas affectée. Contrairement à Balanchine, les quinze patients du kuru que j'avais vus en Nouvelle-Guinée avaient des difficultés marquées de coordination. Comme les neurologues de New York, ceux de Washington étaient abasourdis.

Figure 18. Le chorégraphe et maître de ballet George Balanchine a commencé à se plaindre de troubles de l'équilibre en 1978, près de cinq ans avant qu'il ne meure d'une maladie neurologique progressive difficile à cerner le 30 avril 1983.

De retour à New York, Balanchine refit une chute et fut admis à l'hôpital Roosevelt le 4 novembre. Le neurologue qui fit la consultation, Sidney Bender, trouva que Balanchine savait qu'il était à l'hôpital Roosevelt et que Ronald Reagan était le président des États-Unis, mais pas en quelle année il était. Ce qui correspondait avec une démence, c'étaient les réflexes de préhension, de recherche et de museau, également observés chez les patients du kuru à un stade avancé de la maladie et dans la plupart des démences. L'ataxie troncale de Balanchine était profonde, mais ses membres relativement peu touchés. De plus, la force et le tonus musculaire de toutes ses extrémités étaient remarquablement bons pour un homme de soixante-dix-huit ans. Les six mois suivants, il resta à l'hôpital et son état empira régulièrement. Son ataxie devint sévère, sa mémoire des événements récents disparut, et il était souvent dans un état confus et agressif. En février 1983, il ne pouvait plus parler bien qu'il ait encore des moments de lucidité.

Comme la maladie qui l'avait tué n'était pas diagnostiquée lors de son décès, une autopsie fut pratiquée. Le diagnostic n'émergea que lorsque son cerveau fut envoyé à l'Université Columbia et que le neuropathologiste Philip Duffy prépara des coupes pour un examen microscopique.

Duffy trouva une dégénérescence spongiforme sévère dans le cervelet, ainsi que de nombreuses plaques « amyloïdes », également appelées « plaques de kuru ». De plus, un léger aspect spongieux était visible dans les hémisphères cérébraux. Le diagnostic semblait clair : il s'agissait de la maladie de Creutzfeldt-Jakob, plus spécifiquement d'une forme rare appelée MCJ ataxique[5].

Les plaques amyloïdes trouvées dans le cerveau de Balanchine, si elles sont courantes chez les victimes du kuru, ne sont présentes que dans environ 10 % des personnes décédées d'une MCJ. Lorsque les anatomopathologistes utilisaient le colorant rouge Congo pour teinter les fines coupes de cerveau, ces plaques, comme celles observées dans tous les cas de la maladie d'Alzheimer, étaient classées comme amyloïdes. Alors que la présence de telles plaques était utile pour le diagnostic de ces maladies à démence, les neuropathologistes pensaient qu'elles étaient remplies de « déchets » formés de lipides, de sucres et de protéines tendant à s'accumuler avec l'âge. Cette hypothèse était-elle juste ? De quoi ces plaques étaient-elles constituées au juste ? J'allais bientôt me plonger dans ce type de questions.

CHAPITRE 9

L'histoire de l'amyloïde

Notre découverte que le prion forme des fibrilles amyloïdes qui s'agrègent en plaques allait annoncer plusieurs décennies à l'avance une série de travaux montrant que les prions causent une large gamme de maladies neurodégénératives. L'idée que les prions puissent former de l'amyloïde déchaîna une autre tornade de controverses. Pour moi, la trouvaille de l'amyloïde fut un événement remarquable qui créa un kaléidoscope de découvertes à la fois inimaginables et inattendues.

Les fonds combinés des NIH et de R. J. Reynolds nous avaient apporté le soutien nécessaire pour nos travaux en cette fin des années 1970, mais il nous fallait plus d'argent pour amplifier nos efforts, ce à quoi je pensais bien avant la découverte de la PrP 27-30. Mon travail sur les enzymes de la glutamine aux NIH m'avait appris l'intérêt des préparations à grande échelle. À moins d'avoir des quantités adéquates de protéine purifiée, les expériences deviennent trop prudentes car on a tendance à choisir celles ayant le plus de chances de « marcher ».

Au cours d'une réunion hebdomadaire du laboratoire où nous faisions le point sur nos progrès, je demandai aux membres de mon groupe s'ils pensaient à une personne susceptible de nous aider à récolter des fonds. Paul Bendheim, un jeune neurologue très aimable de l'UCSF, nous dit alors : « Vous devez en parler au chef de mon cousin. » Il s'agissait d'un juriste ayant de nombreuses relations dans le monde des affaires de la technologie de l'information. Il suggéra la Fondation Sherman Fairchild comme source de financement et que je rencontre Lester Hogan, l'ancien président de Fairchild Industries. C'est ce que

Figure 19. Walter Burke (à droite), le président de la Fondation Fairchild, est devenu un bienfaiteur enthousiaste de notre travail. Photo prise à la cérémonie du Darthmouth Commencement en mai 1998.

je fis, et Hogan, un physicien, devint enthousiaste lorsqu'il apprit que Frederick Seitz avait soutenu mon travail. Il s'était servi du manuel de Seitz *The Modern Theory of Solids*, lorsqu'il était étudiant à Harvard à la fin des années 1940. Le jour suivant, il téléphona au président de la Fairchild Foundation, Walter Burke (figure 19), et quelques jours plus tard ce dernier me demanda de le rencontrer à New York pour voir quels étaient mes besoins.

En octobre 1982, je m'envolai pour New York dans le but d'expliquer à Burke le projet de la tremblante, et de lui préciser que nos études pouvaient éclairer l'étiologie du kuru et de la MCJ, et peut-être même conduire à leur guérison. Walter Burke était un homme de taille moyenne avec une raie de côté dans ses cheveux bruns. Il avait un regard gentil et pensif, mais tentait toujours d'imaginer à l'avance les dix prochaines étapes de tout processus. Derrière ses yeux bleus chaleureux, il y avait un homme extrêmement intelligent aux larges centres d'intérêt qui allaient des grands peintres à l'exploration de l'univers. Ses questions judicieuses et sa capacité à saisir l'essence de ce que vous étiez en train d'essayer de dire reflétaient probablement ses nombreuses années de pratique du droit. Avant notre rencontre, il avait déjà discuté de nos travaux avec Hogan, et il écoutait maintenant attentivement ce que j'envisageais pour l'avenir. « Vous pouvez avoir n'importe quelle place sur le bateau », me dit-il à la fin, remarque elliptique que je pris favorablement. Plus tard, nous devînmes de bons amis. Chaque fois que je complimentais Walter pour son courage à soutenir notre travail alors que nombre de mes collègues étaient encore sceptiques, il me rappelait que je lui avais dit que la solution au problème de la tremblante était simple, ce qui était un peu exagéré à l'époque. En tout cas, la fondation nous a versé plusieurs millions de dollars pour nos travaux au cours de ces trois dernières décennies.

Avec l'argent de la Fondation Fairchild, qui commença à arriver en décembre, nous pouvions agrandir notre laboratoire bioconfiné pour des purifications à grande échelle, et notre animalerie allait accueillir des centaines de hamsters supplémentaires. Pour cela, je visitai la société Lakeview Hamster Colony, à Newfield dans le New Jersey, où sont élevés la plupart des hamsters dorés destinés aux magasins d'animaux de compagnie et aux laboratoires de recherche américains. J'y appris que les plus grandes portées arrivaient à la troisième ou à la quatrième gestation, et qu'il serait nettement moins coûteux d'acheter des femelles en troisième gestation plutôt que des petits. Nous avons ainsi installé une salle pour la mise bas dans la superbe animalerie du campus de Berkeley qui hébergeait nos hamsters depuis 1980. Nous occupions huit grandes pièces au troisième étage pour les animaux, sept pour les hamsters et une pour les souris.

Un énorme bond en avant

En 1980, dans nos préparations de prion, Mike McKinley et moi-même avons commencé à voir au microscope électronique des structures cylindriques quelque peu irrégulières, avec des formes légèrement différentes et des longueurs très diverses. Aucun de nous deux n'avait une idée de la signification de ces minuscules bâtonnets, qui apparaissaient aussi, mais en nombre bien plus faible, dans les fractions témoins issues de cerveaux de hamsters non infectés. Tout aussi curieux, nous n'arrivions pas à comprendre pourquoi, dans certaines fractions du gradient de sucrose, les bâtonnets avaient un pouvoir infectieux plus important[1]. Nous en étions à ce stade à la fin de 1982 lorsque le biophysicien Robley Williams, qui avait si gentiment transmis, cinq ans plus tôt, mon premier article aux *Comptes rendus de l'Académie nationale des sciences* se mit à s'intéresser encore plus à nos travaux.

Williams, une autorité dans le domaine de la structure des virus, avait inventé une technique appelée ombrage rotatif pour visualiser les virus au microscope électronique. Elle se basait sur son travail antérieur d'astronome, où il avait fabriqué des miroirs pour les télescopes. Les échantillons étaient étalés sur un film qui tournait au cours de l'ombrage, processus où un métal lourd, typiquement du platine, du chrome ou de l'uranium, est déposé sur le film. Cela permet de faire apparaître un relief reflétant l'architecture du virus. Les études d'ombrage rotatif confirmèrent nos impressions sur la forme et la taille des bâtonnets.

Ce fut Robley qui décrivit les particules allongées sous le terme de « bâtonnets ». Bien que leur taille, avec un diamètre d'environ 10 à 20 nanomètres et une longueur de 100 à 200 nanomètres, les plaçât bien dans la fourchette des virus, Robley ne pensait pas qu'il s'agissait de virus car leur dimension et leur forme variaient. Il avait le sens de l'ironie et il me dit à plusieurs reprises, « Quand on a vu un virus de la mosaïque du tabac, on les a tous vus », le VMT étant le virus standard en laboratoire pour apprendre la microscopie électronique aux étudiants. Et il avait mille fois raison ! Lorsque nous avons mélangé du VMT à nos préparations, nous pûmes facilement distinguer les particules régulières, uniformes, du VMT de celles des bâtonnets (figure 20).

Robley était arrivé à Berkeley en 1950 pour travailler avec Wendell Stanley qui avait réussi à cristalliser le VMT pur à la fin des années 1930. Le VMT se comportait comme une protéine, en ce sens qu'il pouvait être cristallisé. De plus, l'analyse chimique du VMT cristallin ne révélait que des protéines. Son génome d'ARN, qui représente environ 5 % de la masse du virus, était enfoui à l'intérieur de la structure et n'était pas détectable. C'est ainsi que Stanley arriva à la conclusion, incorrecte, que les préparations hautement purifiées n'étaient formées que de protéines, et il reçut le prix Nobel en 1946 pour ce travail. Je n'ai jamais pu faire parler Robley au sujet de la bourde de Stanley. Chaque fois que j'ai évoqué la question, il m'a fusillé du regard et a changé de sujet.

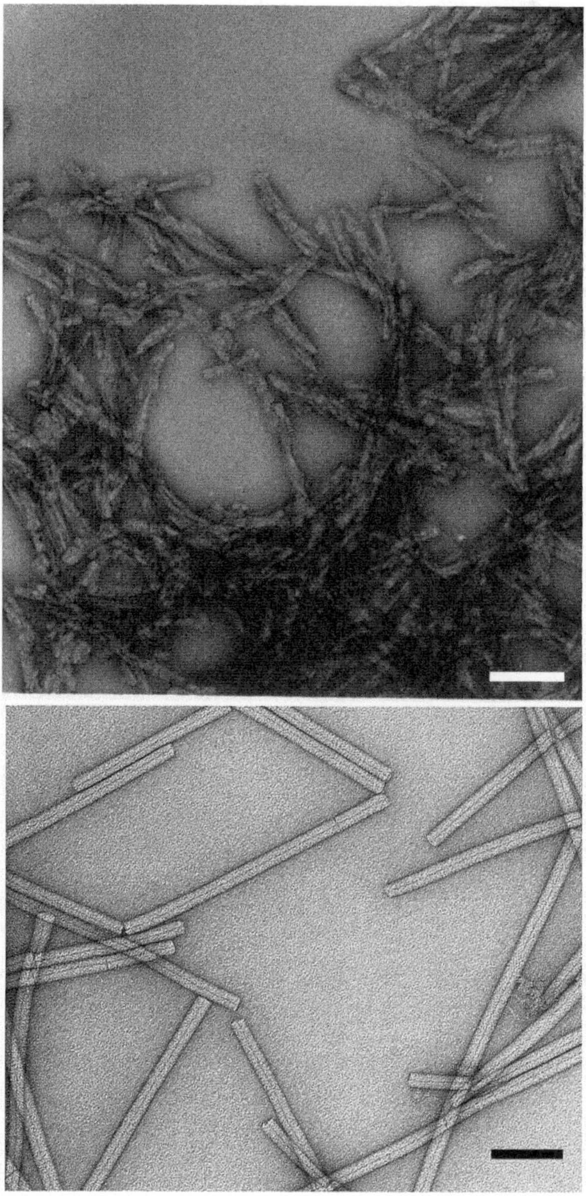

Figure 20. Les particules allongées présentes dans certaines de nos fractions purifiées sont appelées « bâtonnets de prions » (en haut). Les structures régulières du virus de la mosaïque du tabac (en bas) contrastent avec celles des bâtonnets de prions.

Les bâtonnets m'intriguaient. Je ne pouvais faire le lien entre eux et les résultats de Tikvah Alper qui suggéraient des particules infectieuses de la tremblante bien plus petites. Robley était également déconcerté, mais il avançait que les résultats d'Alper pouvaient expliquer pourquoi les fractions du fond du gradient de sucrose avaient des bâtonnets contrairement à celles du sommet. Au fond du gradient de centrifugation, les nombreux petits prions pouvaient s'être assemblés en bâtonnets plus lourds, tandis qu'au sommet du tube ils restaient non agrégés. Le haut pouvoir infectieux des fractions du sommet du gradient suggérait que le prion, dans sa forme dispersée, était trop petit pour être visualisé au microscope électronique.

« Es-tu en train de dire que les bâtonnets pourraient être des agrégats de prions ?

– C'est une possibilité, disait-il. Tout ce que nous savons est que nous pouvons les voir. Nous devons faire beaucoup mieux que ça. »

Il y avait deux explications possibles pour les bâtonnets, dont le nombre augmentait avec le pouvoir infectieux des préparations. Il s'agissait soit de contaminants, soit d'agrégats ordonnés de particules protéiques constituant le prion infectieux. Ce n'est que plus tard que nous apprîmes que nos procédures d'enrichissement favorisaient l'agrégation des particules d'agent de la tremblante, ce qui expliquait pourquoi le nombre de bâtonnets augmentait avec le degré de purification de nos préparations. Au cours de cette période, en lisant un livre intitulé *The Electron Microscopy of Proteins* [*La microscopie électronique des protéines*], je tombai sur un chapitre consacré aux agrégats fibreux de protéines connus sous le nom d'amyloïdes[2]. Je fus frappé par le fait que les images des fibrilles amyloïdes étaient identiques à celles des bâtonnets de nos préparations. Mike et Robley furent aussi étonnés. « Connais-tu un expert des amyloïdes ? », demandai-je à Robley. Il me répondit : « Non, mais je pense que tu as besoin d'en avoir un. »

Pendant près d'un siècle, les médecins qui s'intéressaient aux maladies du système nerveux avaient examiné les coupes de cerveau de personnes âgées. Ils observaient souvent des petits domaines ronds qui absorbaient la coloration et semblaient dépourvus de neurones. Ces domaines étaient appelés plaques amyloïdes. La pathologie du cerveau la plus courante présentant ces plaques était la maladie d'Alzheimer. En utilisant le rouge Congo pour colorer les coupes de cerveau de patients d'Alzheimer ou du kuru, ces plaques présentaient un rouge profond visible au microscope optique[3]. Lorsqu'on utilisait des filtres qui polarisent la lumière de la lampe du microscope, le rouge Congo lié aux fibres amyloïdes prenait un aspect vert-jaune caractéristique. C'est-à-dire que, lorsque le spécimen était tourné de 45 degrés dans la lumière polarisée, les régions vertes devenaient dorées et les dorées, vertes. Ce changement de couleur, qui se produit tout les 45 degrés, est désigné par le terme de biréfringence.

Pendant plus de deux décennies, on a su que des plaques amyloïdes étaient présentes dans le cerveau de la majorité des patients atteints de kuru et d'une minorité de patients ayant la MCJ, comme dans le cas de George Balanchine. De plus, certains moutons atteints de la tremblante avaient des plaques amyloïdes, et la souche 87V de l'agent de la tremblante isolée par Alan Dickinson, le directeur irascible de l'unité de neuropathogenèse de l'Université d'Édimbourg, produisait aussi de grandes quantités de ces plaques une fois inoculée dans le cerveau d'une souche de souris qu'il appelait VM/Dk.

Une histoire extraordinaire émerge

Je pouvais voir émerger en direct une histoire extraordinaire. Pendant près d'un siècle, les plaques dans le cerveau avaient été considérées comme des amas de déchets. Les plaques amyloïdes du kuru, de la MCJ et de la tremblante contenaient-elles des prions infectieux ? Si c'était le cas, cela suggérait que les plaques ou les protéines qu'elles contenaient causaient la maladie. Mais il y avait encore une ombre au tableau à cette nouvelle perspective pour les maladies neurologiques dégénératives. Bien que la maladie d'Alzheimer ressemblât au kuru et à la MCJ par bien des aspects, elle ne paraissait pas infectieuse. Les tentatives de la transmettre à des chimpanzés ou à d'autres singes n'avaient rien donné.

J'appris alors que George Glenner, un expert des amyloïdes aux NIH, était en année sabbatique à San Diego et je décidai de lui demander si Mike McKinley et moi-même pouvions lui amener un échantillon purifié de notre prion de hamster. Pour Glenner, l'idée que l'agent de la tremblante puisse être l'amyloïde semblait folle, mais il accepta d'examiner nos préparations. Lorsqu'il observa nos échantillons colorés au rouge Congo il écarquilla les yeux. Il voyait bien la biréfringence vert-jaune au microscope polarisant. Les bâtonnets de nos préparations, qui étaient très enrichies en prion infectieux, étaient bien amyloïdes.

Tout cela cadrait à merveille. Nous avions trouvé qu'un amyloïde pouvait être infectieux, qu'il causait la tremblante, et probablement la MCJ. Lors du vol retour, Mike et moi étions sous le choc. L'histoire du prion pouvait déboucher sur l'étude de toutes les maladies neurodégénératives du cerveau. Pendant plus de cinquante ans, ces pathologies avaient été rangées dans la catégorie fourre-tout des maladies de cause inconnue, dont par exemple les maladies d'Alzheimer, de Pick, de Huntington, de Charcot et de Parkinson. Si les plaques amyloïdes étaient bien formées de prions, alors les dépôts protéiques visibles chez les autres maladies dégénératives du cerveau pouvaient aussi en être la cause.

Maintenant, je devais préparer un manuscrit pour un article. Le jour suivant, j'appelai Ben Lewin à *Cell* et lui dis ce que nous avions trouvé. Il m'encouragea à écrire rapidement un papier pour qu'il me donne son avis. Je dis à George Glenner que je serais heureux de l'avoir comme coauteur. J'invitai aussi Robley à faire partie des auteurs mais il déclina mon offre : « Stan, c'est ton travail, pas le mien. C'est toi qui as découvert le lien avec l'amyloïde, pas moi. »

Lorsque notre article parut dans *Cell* en décembre 1983, il suscita un énorme intérêt de la part des médias[4]. Je décrivis nos conclusions à la presse, en racontant au *New York Times* que « nous n'aurions jamais pu rêver que l'amyloïde et le prion fussent la même chose. Ce que nous avons trouvé pourrait avoir d'énormes implications[5] ». Mais Glenner, le plus éminent de mes six coauteurs, nia qu'il s'agissait d'un résultat important. Il déclara plus tard à *Discover* : « J'ai le plus grand respect pour Stanley, mais il voulait faire rapidement une publication. [...] Je pense qu'il ne fallait pas la faire du tout[6]. » Les médias étaient perplexes, et, le 7 décembre 1983, le *MacNeil/Lehrer NewsHour* rapporta :

> Suivant qui vous écoutez, il y a ou pas une percée dans la recherche sur la maladie d'Alzheimer, un type de sénilité qui affecte deux millions d'Américains et se place à la quatrième place des causes de décès dans le pays. Jusqu'à présent, les médecins n'ont pu trouver ni de cause ni de traitement pour cette maladie, mais hier une équipe de l'Université

> de Californie a rapporté qu'un minuscule agent infectieux appelé prion, qui agit comme un virus, pourrait être identique à la substance trouvée dans le cerveau des malades d'Alzheimer. Le docteur Stanley Prusiner, de l'Université de Californie à San Francisco, dit que cette découverte pourrait signifier que le prion est en fait la cause de la maladie d'Alzheimer et d'autres pathologies neurodégénératives du cerveau. Mais l'un des coauteurs de l'étude, le docteur George Glenner, de la branche de San Diego de l'Université de Californie, nous a dit que le docteur Prusiner va un peu vite en besogne et qu'il n'y a aucune preuve solide que le prion puisse causer la maladie d'Alzheimer. Le docteur Glenner dit que leur étude se résumait à dévoiler le fait très limité de similitudes entre les deux substances et il a ajouté qu'il est « farfelu d'en tirer une conclusion quelconque ». Le docteur Prusiner, dans le même temps, l'appelle « une découverte stupéfiante aux implications énormes ». Les deux hommes, notez-le, parlent du même article sur lequel ils ont travaillé et mis leur nom. Cet article est paru dans le numéro actuel de la revue scientifique *Cell*.

J'étais furieux. Glenner avait passé quinze minutes à nous aider et c'est pour cela que je l'avais mis en coauteur. Ce n'est que plus tard que j'appris une rumeur comme quoi Glenner aurait été peu enthousiaste car il était préoccupé par l'isolement des protéines de l'amyloïde vasculaire découvert dans le cerveau de patients d'Alzheimer décédés, résultat qui fut soumis à publication quatre mois plus tard[7]. Glenner pouvait bien être passionné par son propre travail, il n'avait pas les moyens de démontrer l'importance de sa découverte. Contrairement à nos bâtonnets de prions, qui causent un dysfonctionnement neurologique chez les hamsters, la protéine amyloïde de Glenner n'avait aucune activité biologique mesurable. Elle s'avéra être un peptide de quarante acides aminés qui fut nommé par la suite amyloïde bêta (Aβ). L'Aβ allait devenir un élément crucial pour comprendre la pathogenèse d'Alzheimer.

En tout cas, le fait que le prion forme de l'amyloïde était une découverte inattendue, aux conséquences remarquables pour déchiffrer la pathogenèse de toutes les maladies neurodégénératives. Lors de mes études de médecine, et plus tard quand j'étais résident en neurologie, on m'avait appris que les plaques amyloïdes étaient des déchets inertes et accessoires s'accumulant dans certaines maladies du système nerveux central et aussi chez beaucoup de gens âgés en pleine forme. Notre travail avait changé cette idée à jamais[8].

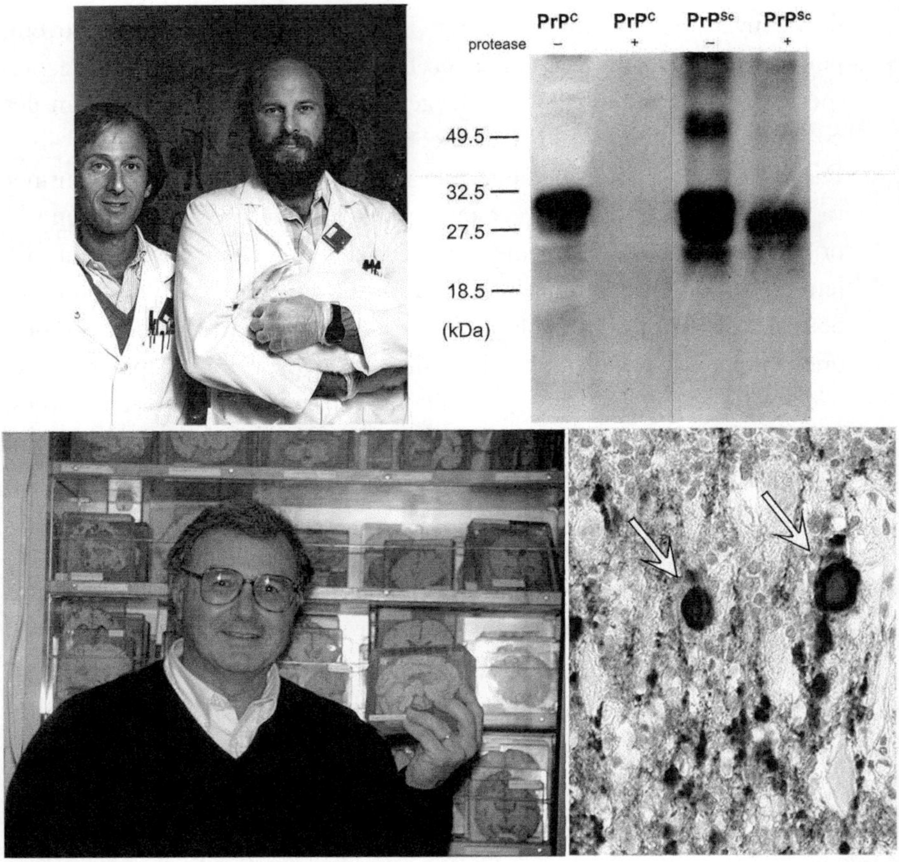

Figure 21. Des anticorps produits chez le lapin par Paul Bendheim (en haut à gauche), Ron Barry (en haut à gauche, tenant le lapin) et Dan Stites ne retenaient que la PrP (en haut à droite) parmi les nombreuses protéines présentes dans le cerveau. En travaillant avec moi, Barry a découvert une nouvelle protéine que nous avons appelée PrP^{C} pour « PrP cellulaire ». Le C en exposant distingue la protéine d'une autre de même taille trouvée dans le cerveau des animaux victimes de la tremblante. Steve DeArmond (en bas à gauche) a trouvé que les plaques amyloïdes présentes dans le cerveau des hamsters infectés par le prion de la tremblante se coloraient intensément à l'aide de ces anticorps. Un quart de siècle plus tard, des coupes de tissu de cerveau fixé de George Balanchine (en bas à droite) se coloraient aussi avec ces anticorps révélant les plaques amyloïdes (flèches). Henryk Wisniewski, Heino Diringer, Carleton Gajdusek (voir figure 9), Alan Dickinson (voir figure 8) et beaucoup d'autres ont soutenu avec force l'idée que l'amyloïde formé de PrP 27-30 était une conséquence du processus infectieux créé par l'insaisissable virus de la tremblante.

Confrontés à une réponse ambiguë de la part de mes collègues scientifiques, nous devions montrer la présence sans équivoque d'une protéine spécifique, la PrP 27-30, au sein des plaques amyloïdes de la tremblante, du kuru et de la MCJ. La meilleure approche semblait d'utiliser des anticorps spécifiques de la PrP 27-30, mais nous n'en avions pas encore. J'encourageai un nouveau postdoc, Ronald A. Barry, qui avait récemment terminé sa thèse en immunologie, à rejoindre Paul Bendheim pour produire des anticorps chez le lapin, ce que nous n'étions pas parvenus à faire jusqu'à présent (figure 21).

En janvier 1984, je m'envolai pour Édimbourg dans le but de demander à Alan Dickinson de collaborer avec nous. Je voulais purifier les plaques amyloïdes de sa souche de souris VM/Dk et déterminer si elles contenaient de la PrP 27-30. Dickinson m'avait proposé de donner une conférence sur nos travaux à son unité de recherche. Lors de mon exposé, il se mit à m'interrompre toutes les trente secondes ou presque, avec des objections sur les diverses conclusions de mes études. Il était clair que nos données n'allaient pas dans le sens de ce qu'il considérait comme étant la vérité. Après la conférence, et malgré son comportement gênant, je lui proposai une collaboration, mais il ne réagit pas. Il ne voulut pas non plus que j'accède à ses souris VM/Dk dans la crainte que nous soyons incapables de maintenir la lignée. De plus, il ne voyait aucune raison de le faire, doutant que nous ayons réellement trouvé de l'amyloïde. Notre découverte ne pouvait être vraie, cela devait être un artefact, une erreur stupide.

J'avais par le passé demandé plusieurs fois à Dickinson de m'envoyer des souris VM/Dk pour étudier les facteurs génétiques qui pouvaient intervenir dans la durée d'incubation de l'agent de la tremblante, puisque celle de la lignée VM/Dk était atypique. Il fut néanmoins réticent à s'en séparer jusqu'à ce qu'il obtienne sa lignée avec une couleur de pelage unique. Il était inquiet de ce qu'en l'absence d'une couleur unique elles soient mélangées avec d'autres lignées. Si cela devait se produire, et si mes résultats différaient des siens, cela serait catastrophique. Nous en étions arrivés au point où je fus tenté de lui demander de nous faire des souris pourpres, mais je n'en fis rien. Ce soir-là, je dînai avec plusieurs scientifiques seniors de son unité dans un pub contigu à Castle Rock, au pied du château millénaire d'Édimbourg. Richard Kimberlin, l'adjoint de Dickinson, me pria d'excuser le comportement de son patron :

« C'est juste qu'il est complètement déconcerté par vos résultats, dit-il. Nous pensons tous que l'agent de la tremblante a un acide nucléique. Pour au moins une raison, c'est qu'autrement vous ne pouvez expliquer l'existence de différentes souches de l'agent. » C'était une objection tout à fait sensée, et une décennie s'écoula avant que je puisse y répondre (voir chapitre 15).

Alors que j'étais à Édimbourg, Ron Barry et Paul Bendheim réussirent à produire les anticorps dont nous avions besoin chez un lapin que Ron avait immunisé avec de grandes quantités de PrP 27-30 dénaturée[9]. Ils avaient réussi à faire une émulsion de la protéine dans une substance huileuse appelée adjuvant de Freund couramment utilisée pour stimuler la fabrication d'anticorps. En deux mois, les anticorps anti-PrP 27-30 allaient rendre obsolète ma proposition à Dickinson.

Mon collègue à l'UCSF Stephen DeArmond, muni de nos anticorps anti-PrP 27-30, décida de consacrer ses recherches en neuropathologie aux variétés potentielles de maladies à prion (voir figure 21[10]). Steve avait étudié une protéine appelée GFAP (pour protéine gliale fibrillaire acide) qui s'accumule dans le cerveau en réponse à une blessure. Son expérience de l'anatomie microscopique du cerveau, sa capacité à visualiser les voies anatomiques dans le système nerveux et son expertise dans la coloration des coupes de cerveau avec des anticorps en faisaient l'homme idéal pour exploiter notre travail. Il trouva que les plaques amyloïdes présentes dans le cerveau de hamsters infectés par l'agent de la tremblante étaient intensément colorées par les anticorps de lapin contre la PrP 27-30[11]. Ainsi, par une seule expérience, Steve avait établi ce que j'avais supposé neuf mois plus tôt, à savoir que les plaques amyloïdes des cerveaux infectés par la tremblante contiennent la protéine du prion.

Puis Steve montra que les plaques amyloïdes des patients de la MCJ ou du SGSS (pour syndrome de Gerstmann-Sträussler-Scheinker, une autre maladie à prion chez l'homme) contenaient aussi la PrP. Pour être sûr du diagnostic de MCJ que Philip Duffy avait établi pour George Balanchine, nous récupérâmes des blocs de paraffine contenant de petits morceaux de son cerveau au département d'anatomopathologie de l'Université Columbia. Avec les anticorps, Steve trouva que les plaques amyloïdes se coloraient intensément, confirmant ainsi le diagnostic de Duffy (voir figure 21). Steve montra aussi que les anticorps contre la PrP 27-30 ne coloraient pas, en fait, les plaques de la maladie d'Alzheimer, ce qui concordait avec le travail de Glenner et d'autres, et était une indication claire que la PrP n'était pas simplement une réponse non spécifique du cerveau à une lésion du cerveau. Dans la maladie d'Alzheimer, c'est le peptide Aβ découvert par Glenner qui forme des fibrilles se rassemblant en plaques amyloïdes.

Les études de coloration faites par Steve couronnaient notre découverte initiale de la fixation du colorant rouge Congo sur les bâtonnets purifiés de prion et de leur biréfringence vert-jaune. Les anticorps anti-PrP 27-30 nous avaient permis de déterminer la spécificité des dépôts de PrP dans le cerveau humain. Bien que les plaques amyloïdes de la MCJ et d'Alzheimer étaient d'aspect identique, l'immuno-coloration avec nos anticorps révélait que les plaques étaient spécifiques de chaque maladie. Lorsque Steve et d'autres chercheurs plus tard utilisèrent les anticorps anti-PrP 27-30 sur les coupes de cerveau de victimes de plusieurs autres maladies neurologiques, ils n'obtinrent aucune coloration. L'extrême spécificité des dépôts de PrP démontrait non seulement que cette accumulation n'était pas une réponse non spécifique du cerveau à une lésion, mais aussi que la PrP 27-30 était un élément essentiel du prion infectieux.

L'opposition

Tous mes collègues chercheurs n'étaient pas d'accord avec cela. Quelques années plus tôt, à l'Institut de l'État de New York pour la recherche fondamentale sur les handicaps développementaux, à Staten Island, le neuropathologiste Henryk Wisniewski et ses collègues avaient trouvé au microscope électronique des paires de longues fibrilles enroulées dans les extraits de détergent d'homogénats de cerveau de souris malades de la tremblante, mais pas dans celles non infectées. En 1981, Wisniewski et sa talentueuse assistante de recherche Patricia Merz étaient désormais convaincus que leurs fibrilles associées à l'agent de la tremblante, ou SAF comme ils les appelaient, étaient différentes des fibrilles amyloïdes tout en étant liées à la maladie. Au cours des deux années suivantes, ils allaient comparer les SAF à beaucoup d'amyloïdes différents et publier une étude détaillée exposant les caractères des SAF qui les différenciaient de l'amyloïde[12]. Cependant, comme les SAF n'avaient été étudiées que dans des fractions brutes de cerveau, je n'avais aucune idée sur la manière de les mettre en rapport avec nos travaux.

Après que nous avons publié les deux articles de 1982 qui décrivaient notre découverte de la PrP 27-30, Heino Diringer, de l'Institut Robert Koch à Berlin, confirma rapidement nos résultats. Je lui en fus reconnaissant, car aucun résultat scientifique ne peut être considéré comme authentique tant qu'il n'a pas été vérifié de manière indépendante. Mais Diringer voyait la situation bien différemment de moi. Lui et son coauteur, Richard Kimberlin, concluaient que les SAF se composaient de PrP 27-30, et ils publièrent leur postulat à peu près au même moment où nous publiâmes nos résultats que le prion purifié ne pouvait pas être distingué de l'amyloïde[13]. Wisniewski ayant rapporté qu'au microscope électronique les SAF étaient différentes de l'amyloïde et ne se coloraient pas avec le rouge Congo, comment pouvaient-elles être équivalentes à nos bâtonnets ? Je demandai à plusieurs occasions à Diringer et à Kimberlin comment ils pouvaient assimiler les SAF aux particules en forme de bâtonnets des préparations purifiées de prion. Les bâtonnets de nos préparations ne présentaient pas les critères ultrastructuraux définissant les SAF. Leur réponse (« Mais les SAF se composent de PrP 27-30 ») était frustrante. Tout en admettant que leurs préparations purifiées contenaient de la PrP 27-30, je proposai que les fibrilles de leurs préparations ne fussent pas des SAF.

Ce que Diringer et Kimberlin avaient fait était de redéfinir les SAF de Wisniewski et ce faisant, intentionnellement ou pas, ils avaient réussi à brouiller l'histoire des découvertes. S'il est vrai que les SAF avaient été décrites deux années avant notre publication sur l'amyloïde, Wisniewski et ses collègues avaient cependant rapporté des SAF distinctes de l'amyloïde et prétendu plus tard que les SAF étaient des virus filamenteux d'animaux. De plus, ils n'avaient pas purifié les SAF, de sorte que leur composition restait inconnue. Mon groupe avait fait une découverte importante, et il me semblait que Diringer et Kimberlin tentaient d'en modifier l'histoire publiée.

On peut mettre au crédit de Wisniewski de s'être initialement contenté de dire que les SAF n'étaient pas de l'amyloïde. Plus tard, quand il devint clair que l'amyloïde de la PrP se composait de prions infectieux et était responsable d'un nombre important de maladies du système nerveux central, il devint moins affirmatif. Wisniewski était l'une des personnalités les plus flamboyantes que j'aie jamais rencontrées, connu auprès de certains de ses collègues comme un « combattant de rue », peut-être en référence à sa jeunesse dans la Pologne occupée par les Allemands. Lui et la plupart des autres chercheurs sur la tremblante, dont Alan Dickinson et Carleton Gajdusek, pensaient encore qu'un virus en était la cause, que les amyloïdes étaient faits d'une protéine cellulaire et pas virale, et qu'ils ne pouvaient donc être à l'origine de la maladie. Avec Diringer et Kimberlin, les cinq créaient une énorme force d'opposition.

Ils élaborèrent un raisonnement selon deux axes, prétendant que soit la PrP 27-30 et les bâtonnets avaient une origine cellulaire et ne pouvaient donc être le virus causant la tremblante, soit la PrP 27-30 était une composante du virus de la tremblante mais ne formait pas d'amyloïde, car ce dernier se composait de protéines cellulaires. Leurs arguments eurent du succès auprès de mes opposants lors du sixième congrès international de virologie à Sendai au Japon en août 1984. Dès cette époque, nous avions produit de superbes anticorps contre la PrP, et Steve DeArmond avait montré que les plaques amyloïdes des cerveaux de hamsters infectés se coloraient à l'aide de ces anticorps.

L'opposition à notre découverte de la polymérisation de la PrP 27-30 en amyloïde aurait pu s'arrêter au congrès de Sendai, mais ce ne fut pas le cas. Perturbé par une telle animosité, j'invitai Alan Dickinson à prendre le petit déjeuner au restaurant de l'hôtel où se tenait le congrès. Je lui demandai alors, comme il était le leader intellectuel de notre domaine, d'essayer de réduire un peu les hostilités. Ce à quoi il me répondit : « Tu dois d'abord rétracter le mot "prion" et me laisser voir tes articles avant toute soumission à publication. Alors, et seulement alors, je serai plus amical. Chaque fois que vous faites une découverte, les autorités britanniques font une coupe dans mon budget. » Quand je lui répondis clairement que « Non, le mot "prion" n'est pas négociable et je n'ai pas besoin de ton approbation pour publier mes résultats », le repas fut terminé. Dickinson se leva de table et sortit.

Au cours de l'automne 1984, un article sur les SAF fut publié dans *Science*, signé conjointement par Wisniewski, Gajdusek et leurs collègues de Staten Island et Bethesda[14]. Ils avançaient que les SAF étaient distinctes de l'amyloïde au microscope électronique et « pas seulement juste une autre manifestation morphologique de l'amyloïde ». Plus loin dans l'article, ils suggéraient que la « SAF pourrait être l'agent étiologique de ces maladies. Si c'est le cas, la SAF représente une nouvelle classe de virus filamenteux chez l'animal ». Les virus filamenteux, comme celui de la mosaïque du tabac, n'avaient été montrés que chez les plantes et les bactéries, jamais chez les animaux. De plus, les auteurs rapportaient que les SAF se trouvaient non seulement chez les souris infectées par la tremblante mais aussi dans les fractions brutes issues du cerveau de patients décédés de la MCJ.

Quand j'ai lu le papier, je me rappelle avoir ri. Je pensai que c'était absurde. Ils avaient négligé le premier principe de la morphologie des virus que Robley Williams m'avait enseigné : « Quand tu as vu un virus de la mosaïque du tabac, tu les as tous vus » (figure 20). Tous les virus de la mosaïque du tabac se ressemblent au microscope électronique. Les virions d'un seul type de virus ne peuvent être distingués entre eux alors que les SAF présentées dans l'article de *Science* étaient de tailles variables. Les auteurs avaient-ils vu l'ouvrage de Williams *Un atlas des virus au microscope électronique* ou discuté avec un microscopiste expert de l'ultrastructure des virus ?

Diringer, qui pensait que la tremblante était causée par un virus capable d'induire l'amyloïde, avançait que les bâtonnets que nous avions vus et les SAF de Wisniewski étaient identiques, et il persista à ignorer mes questions sur les différences morphologiques entre SAF et amyloïde. Pour lui, les bâtonnets d'amyloïde qu'il avait trouvé dans ses fractions purifiées étaient des SAF, malgré le fait qu'ils ne présentaient pas les caractéristiques des SAF au microscope électronique. Il allait passer les quinze années suivantes à rechercher le virus de la tremblante inducteur de l'amyloïde. Il prit sa retraite de l'Institut Robert Koch à la fin des années 1990 en continuant de penser qu'un jour, quelque part, quelqu'un trouverait « le virus de la tremblante » qui induit l'amyloïde de la PrP[15].

Notre découverte de l'amyloïde de la PrP déclencha une tempête de plusieurs années. Au congrès de la Société américaine de neurochimie à Portland, dans l'Oregon, au printemps de 1985, Henryk Wisniewski présidait une session consacrée à la tremblante où je présentais notre travail. Au milieu de mon exposé, Wisniewski m'interrompit en soulevant sa cravate et en criant : « Le rouge Congo se lie à la soie.

– Oui, Henryk, tu as raison. La soie lie le colorant du rouge Congo, lui dis-je.

– Mais ma cravate ne cause pas la tremblante, exulta-t-il, et donc l'agent de la tremblante n'est pas l'amyloïde.

– Oui et non, lui répondis-je. Oui, ta cravate ne cause pas la tremblante, et non, le prion de la tremblante forme de l'amyloïde. »

Après cet échange, je repris ma présentation.

Peu de temps après, je reçus une lettre me demandant de donner une conférence plénière au prochain Congrès international de neuropathologie à Stockholm. Wisniewski, je l'appris plus tard de l'un des organisateurs du congrès, fut révolté de ne pas avoir été invité à faire un exposé. Malgré ses protestations, les organisateurs ne cédèrent pas. De plus, quand j'eus fini ma conférence, le président de la session ne permit pas de question, évitant ainsi que Wisniewski ne me couvre d'insultes. Il se rua néanmoins de son siège vers la tribune en clamant que les SAF étaient la cause de la tremblante et de la MCJ.

Je n'étais pas surpris par les pitreries de Wisniewski. Je me souvins d'une conversation avec Mike McKinley et il avait appris que Wisniewski, Kimberlin, Dickinson et plusieurs autres avaient décidé que je devais être stoppé. J'avais, semble-t-il, reçu trop de crédit et la recherche devait être recadrée. Si la structure de l'agent de la tremblante venait un jour à être découverte, ils voulaient que le crédit en retombe sur toute la discipline. Un plan avait germé. Wisniewski allait débaucher mon chimiste des protéines David Bolton ainsi que mon immunologiste Paul Bendheim, et, une fois qu'ils seraient partis, mon labo s'écroulerait ! Ils pensaient que mon seul talent résidait dans l'administration, que j'avais eu la chance de recruter ces vedettes sans lesquelles je n'étais rien.

Lorsque Bolton et Bendheim m'informèrent chacun que Wisniewski leur avait proposé un travail, je ne fus pas si mécontent. Chacun désirait plus que ce que j'étais prêt à leur offrir. Chacun voulait diriger une partie notable du laboratoire que j'avais construit depuis dix ans. Il n'était donc pas surprenant que je n'eusse pas cherché à leur donner des responsabilités, quelque talentueux qu'ils eussent pu être. Bendheim me posait un problème particulièrement difficile. Il voulait rester à San Francisco, mais je ne pouvais trouver les arguments pour demander à

Bob Fishman de lui donner un poste universitaire, car de mon point de vue il n'avait pas fait grand-chose de plus qu'aider Ron Barry à produire les anticorps contre la PrP. Cependant, il avait été à l'origine de ma rencontre avec Walter Burke et avait ainsi gagné le soutien considérable de la Fondation Fairchild. Est-ce que les relations de Bendheim lui auraient permis d'obtenir un poste même si je l'avais trouvé relativement peu productif au laboratoire ? J'aimais bien Paul, il était chaleureux et charmant, mais après réflexion je décidai de ne pas le garder, même si cela mettait en péril le soutien apporté par la Fondation Fairchild.

Alors que le moment du départ approchait pour Bendheim et Bolton, j'organisai en leur honneur un grand repas dans un superbe restaurant chinois, au cours duquel je fis un aimable discours pour leur souhaiter une bonne continuation. Après la réponse convenue de Bendheim, Bolton se leva et dit : « Ce laboratoire peut être fier de beaucoup de choses, et va connaître un bel avenir. Continuez juste à faire ce bon travail. » Pour moi, les paroles de son toast signifiaient implicitement que le départ de Bendheim et le sien allaient faire couler mon laboratoire, et que le centre de la recherche sur la tremblante allait maintenant se déplacer à Staten Island. Je peux seulement imaginer les rêves de grandeur que ces deux hommes et Wisniewski ont pu se faire.

Je peux aussi imaginer les frustrations qu'ils ont dû subir les années suivantes. Malgré ses études pionnières, Wisniewski avait raté le lien entre amyloïde et prion, tandis que Bolton et Bendheim n'ont jamais fait les exploits qu'annonçait leur installation à Staten Island. Quelques années plus tard, lors d'un congrès à Cold Spring Harbor, à Long Island, Wisniewski me confessa qu'il était mécontent du manque de productivité de Bolton et Bendheim.

CHAPITRE 10

Trouver le gène

Assuré du fait que la PrP 27-30 était un élément essentiel du prion infectieux, nous avions besoin d'en savoir plus sur son origine génétique. À cette époque, j'avais engagé deux collaborations qui allaient m'aider à nous faire avancer sur ce front-là.

Initialement, nous avons envisagé la possibilité que la PrP 27-30 soit fabriquée à partir d'un groupe d'acides aminés sans passer par l'utilisation d'un gène. Une fois que nous avons découvert que la PrP contenait les vingt acides aminés, la probabilité qu'elle soit le fruit d'un processus synthétique sans gène devenait très faible. Si un gène codait bien pour la PrP, il nous fallait l'identifier et déterminer son origine. Était-il porté par le génome de l'animal ou par un virus ? En utilisant une sonde du gène, c'est-à-dire un acide nucléique marqué d'un isotope radioactif capable de le reconnaître, nous pouvions le localiser et répondre à ces questions. Le séquençage des protéines et la synthèse d'ADN automatisés mis au point dans le laboratoire de Leroy Hood à l'Institut de technologie de Californie allaient nous permettre de trouver la réponse à toute une série de questions cruciales.

Comme le prion résistait à l'inactivation par des procédures qui modifient les acides nucléiques, rendant la présence d'un gène en son sein peu probable, je m'étais demandé s'il se composait d'un polypeptide de moins d'une douzaine d'acides aminés, semblable en cela à certains antibiotiques fabriqués par des bactéries ou des champignons[1]. Ceux-ci peuvent synthétiser des peptides antibiotiques sans passer par l'instruction d'un gène et sa traduction par des ribosomes. Plus d'une demi-douzaine d'enzymes agissent de concert pour assembler ces petits polypeptides[2]. Certains de ces antibiotiques se lient fortement aux graisses et aux membranes comme le fait la PrP 27-30. J'imaginai ainsi que la PrP 27-30 se composait de sous-unités répétées d'une douzaine ou moins encore d'acides aminés, mais, quand nous avons découvert qu'il contenait les vingt acides aminés les plus courants dans la nature, l'idée fut abandonnée.

Mettre au point une sonde génétique pour la PrP n'allait pas être une tâche facile, car à l'époque les procédures étaient relativement nouvelles. Pour commencer, nous devions déterminer une partie de la séquence en acides aminés de la PrP, puis utiliser cette information pour trouver le gène correspondant dans une banque d'ADN clonés. Heureusement, la voie pour déterminer la séquence avait été clairement ouverte quelques années plus tôt. En 1981, j'avais rencontré Lee Hood à un congrès de l'Institut médical Howard Hughes à Miami, où il décrivait le séquençage automatisé des protéines. En utilisant des procédés chimiques pour détacher un à un les acides aminés à partir d'un bout de la protéine, Lee avait construit un instrument qui automatisait ce qui était auparavant, dans le meilleur des cas, un processus très laborieux.

Avant de décrire le fonctionnement de l'instrument de Lee, il est important de rappeler comment les protéines sont construites. Ce sont des chaînes d'acides aminés assemblées dans la cellule en commençant par ce qui est appelé l'extrémité N-terminale. Par convention, les scientifiques placent cette extrémité à gauche et l'extrémité C-terminale à droite. L'instrument de Lee contenait une chambre de réaction où chaque acide aminé était clivé de l'extrémité N-terminale l'un après l'autre pour être identifié. Cette opération était cyclique, répétée jusqu'à ce qu'une trentaine d'acides aminés, sur environ une centaine, aient été déterminés. Cet instrument était non seulement beaucoup plus fiable que tous les procédés manuels, mais sa plus grande efficacité permettait aussi de séquencer de plus longs fragments de protéines. Cependant, la pureté de la protéine à séquencer demeurait cruciale. Si elle ne représentait que 60 % de votre échantillon, et deux autres protéines 15 et 25 %, vous étiez mal partis. En supposant que chacune des trois protéines ait un acide aminé différent à son extrémité N-terminale, vous pouviez observer leurs trois signaux différents à la fin du premier cycle du séquençage. Les multiples signaux recueillis à chaque nouveau cycle vous empêchaient alors de déterminer la séquence de votre protéine.

Figure 22. Darlene Groth (voir figure 11) a préparé des échantillons de prion purifié pour leur séquençage par Steve Kent qui travaillait dans le laboratoire de Lee Hood (ci-dessus).

Lee, un scientifique optimiste et plein d'énergie, donnait une image simple du procédé (figure 22). Après ma présentation de la purification de l'agent de la tremblante, il me dit qu'il serait content de déterminer sa séquence protéique. C'est pourquoi, avant même que nous ayons publié les deux articles sur la découverte de la PrP 27-30 en décembre 1982, j'avais demandé à David Bolton de concentrer ses efforts sur la préparation de la protéine en vue de son séquençage. Pour atteindre le niveau de pureté requis, nous devions mettre au point une ou deux étapes supplémentaires pour enlever les derniers produits contaminants. Comme je voyais que Bolton n'était pas passionné par ce type de nettoyage, j'arrangeai un petit voyage au Caltech où Lee Hood lui montra l'instrument de séquençage. J'espérais que cet aperçu de première main sur une nouvelle technologie aussi étourdissante allait stimuler Bolton, mais, au cours des mois suivants et de mon alitement prolongé de l'hiver et du printemps de 1983, il passa peu de temps sur le projet de la purification. Frustré par sa réticence, je lui dis que le projet pourrait mieux progresser si je le confiais à Darlene Groth. Bolton ne fit aucune objection et Darlene prit en main le travail avec son entrain habituel pour les objectifs cruciaux.

L'agrégation de la PrP 27-30 en bâtonnets amyloïdes était au cœur du problème de la purification. Les protéines contaminantes étaient si étroitement liées aux bâtonnets que nous devions briser leur structure pour les éliminer. Mais les produits chimiques agressifs que nous devions utiliser pour cela dénaturaient aussi, en dépliant sa structure, la PrP 27-30, entraînant la perte de son pouvoir infectieux. Nous étions entre le marteau et l'enclume. Chaque fois que nous détruisions les bâtonnets, nous perdions le seul moyen de savoir si nous avions accru le degré de pureté de notre préparation. Je décidai de prendre un peu plus de risque pour avancer. Comme nous pensions désormais que la PrP 27-30 de 27 à 30 kDa représentait au moins 80 % des protéines de notre préparation, nous pouvions probablement nous permettre de dénaturer la protéine puis d'accroître la purification en utilisant simplement un gel d'électrophorèse pour séparer les protéines uniquement par leur taille.

Au début de l'automne de 1983, et jusqu'au printemps suivant, Darlene effectua cinq pèlerinages au laboratoire de Lee Hood à Pasadena avec nos préparations les plus purifiées. Elle travaillait en étroite collaboration avec le collègue de Hood responsable des travaux de séquençage, Stephen Kent, mais les résultats furent d'abord décevants. Chaque fois qu'une nouvelle préparation était séquencée, les données n'étaient pas interprétables, avec deux ou trois acides aminés différents trouvés à chaque cycle. Nos préparations pouvaient-elles encore contenir plus d'une protéine spécifique ? L'énigme fut résolue par Steve Kent, qui découvrit que l'explication de l'apparente séquence multiple était une extrémité N-terminale hétérogène. Le traitement limité à la protéase que nous trouvions si efficace pour purifier le pouvoir infectieux de la tremblante se traduisait par une digestion de la PrP à des endroits légèrement différents de son extrémité.

Nous avions alors une séquence d'acides aminés, celle de la PrP 27-30. À partir de cette séquence, Lee Hood produisit des sondes d'ADN qui pouvaient permettre de retrouver le gène de PrP. Il me les envoya, mais bien que je susse ce qu'il fallait faire ensuite, je n'avais pas l'expertise dans mon laboratoire pour poursuivre et identifier les clones du gène de la PrP.

Interlude
Déchiffrement de la séquence d'acides aminés de la PrP 27-30 et recherche du gène

Chaque fois que Darlene apportait une nouvelle préparation purifiée de PrP 27-30 à Pasadena, les données du séquençage étaient ininterprétables, avec deux ou trois acides aminés différents trouvés à chaque cycle. Apparemment, nos préparations contenaient encore plus d'une protéine. Darlene et moi-même commencions à nous décourager mais nous n'avions pas d'autre choix que de persévérer. Avec Kent et Hood, nous décidâmes d'emprunter deux nouvelles approches. Premièrement, nous séquençâmes la PrP 27-30 qui avait été dénaturée et purifiée par une procédure légèrement différente. Deuxièmement, nous injectâmes les fractions infectieuses contenant les bâtonnets amyloïdes directement dans la chambre de séquençage. Les deux approches donnèrent le même résultat qu'auparavant, c'est-à-dire qu'à chaque cycle les mêmes deux ou trois acides aminés apparaissaient. Nous étions profondément déconcertés et nous commençâmes à nous demander si notre interprétation des données était la bonne. Peut-être que nos préparations étaient suffisamment pures et qu'il y avait une autre explication à cette apparente hétérogénéité.

Il y avait des milliers de séquences possibles que l'on pouvait assembler à partir des acides aminés trouvés à chaque cycle de dégradation. Nous avions besoin d'un moyen de simplifier l'analyse, d'une approche qui réduise la complexité des données obtenues. C'est ce qui arriva quand Steve Kent eut l'idée de classer les acides aminés trouvés à chaque cycle en trois catégories suivant leur abondance relative. Ceux du premier groupe étaient présents en forte concentration, du deuxième en concentration intermédiaire et du troisième à très faible concentration. Cette méthode nous fit faire un bond de géant. Ensuite, Steve écrivit la séquence d'acides aminés définie par les acides aminés les plus abondants obtenus à chaque cycle. Il fit une deuxième séquence avec les acides aminés en concentrations intermédiaires, et une dernière séquence avec ceux qui étaient le moins concentrés. Et d'un coup, Steve vit la solution. Lorsqu'il déplaçait la deuxième séquence de deux rangs vers la droite, elle s'alignait parfaitement avec la première obtenue avec les acides aminés les plus fréquents. Et en décalant la séquence obtenue avec les acides aminés les moins abondants de quatre rangs vers la gauche, il obtenait encore un alignement parfait. Nous avions donc une seule séquence d'acides aminés, celle de la PrP 27-30 ! L'explication des multiples séquences apparentes était une extrémité N-terminale partiellement dégradée, résultat d'une digestion plus ou moins avancée par les protéases utilisées au cours de la purification.

Munis de cette séquence unique pour la PrP 27-30, nous poursuivîmes en allant pêcher les clones d'ADN complémentaire (ADNc) de son gène. Pour ce faire, nous avons utilisé des techniques de l'ADN recombinant qui avaient commencé à révolutionner les sciences de la biologie. Pour produire une banque de gènes, l'ARN messager est recopié sous forme d'ADN à l'aide d'une enzyme appelée transcriptase inverse. Comme l'ADNc est une copie inverse de l'ARNm, il est relativement petit et ne contient pas d'ADN non codant. Une fois créé, l'ADNc correspondant à chaque ARNm est inséré dans une bactérie à l'aide d'un vecteur où il est amplifié, c'est-à-dire produit en grande quantité. Chaque bactérie, en se multipliant pour donner une grande colonie, fabrique de nombreuses copies de l'ADNc qu'elle porte. Les sondes d'ADN que Lee Hood faisait allaient nous permettre d'identifier laquelle des colonies bactériennes portait l'ADNc cloné codant pour la PrP 27-30.

Bien que nous eussions trouvé un chemin pour remonter au gène par la séquence d'acides aminés, j'étais inquiet que d'autres puissent nous damer le pion. J'avais l'intention de présenter la séquence d'acides aminés de la PrP aux prochains congrès et de la publier, de sorte que d'autres allaient bientôt avoir la même clé pour débloquer le mystère de son gène. Malgré le fait que le clonage du gène eût été mis au point en partie à l'UCSF, personne là-bas avec cette expérience n'avait exprimé le moindre intérêt pour nous aider. Il se peut que mes collègues de l'UCSF se méfiaient encore de l'idée qu'une protéine puisse mimer un virus en se reproduisant toute seule et en causant une infection. Ne sachant pas trop comment m'y prendre, j'envisageai de confier le clonage du gène de la PrP à Lee Hood, mais quelques amis m'avertirent que ce travail risquait de ne pas aboutir dans son laboratoire qui comptait maintenant plus d'une centaine de chercheurs travaillant sur des sujets aussi variés que le système immunitaire, de meilleurs séquenceurs pour les protéines et l'ADN, et l'amélioration de la synthèse automatisée d'ADN.

Durant l'été de 1982, lors d'un congrès international de biochimie à Perth, en Australie, j'avais rencontré le biologiste moléculaire suisse Charles Weissmann, connu pour avoir cloné les gènes codant pour les interférons, une famille de protéines actives contre les infections virales et potentiellement le cancer. Après ma présentation, Weissmann, alors à l'Institut de biologie moléculaire à Zurich, me proposa de venir passer

Figure 23. Charles Weissmann (ci-dessus) et Bruno Oesch ont déterminé à Zurich la séquence d'ADN du gène de la PrP.

une année sabbatique dans mon laboratoire. Il espérait appliquer des techniques sophistiquées utilisées dans son travail sur l'interféron pour trouver la partie du génome de l'agent de la tremblante que je n'avais, selon lui, pas vu. J'étais tout excité à l'idée que Weissmann puisse venir à San Francisco et y passer une année sabbatique, tellement il avait de choses à m'apprendre. Il avait un sourire engageant qui reflétait une personnalité chaleureuse, mais j'avais aussi noté qu'il pouvait porter des jugements sévères et catégoriques. Il avait des lunettes au cadre épais qu'il relevait lorsqu'il devait lire de petits caractères. Son approche talmudique de la science lui conférait un esprit critique remarquable. Il était très intelligent et extrêmement précis dans ses analyses (figure 23).

L'année sabbatique ne se concrétisa pas, mais l'année suivante Weissmann vint à San Francisco pour présenter ses travaux sur l'interféron au congrès annuel de la Société américaine de biochimie. Nous avons déjeuné et discuté ensemble des mérites relatifs des approches *via* l'ARN ou la protéine de l'agent de la tremblante. Je lui donnai un échantillon de notre préparation la plus pure de prion, et il monta aussi une série d'expériences avec l'un de ses étudiants pour comparer les ARN issus de cerveaux de hamsters infectés ou pas. Mon attitude à l'égard de sa recherche d'un ARN essentiel dans le prion fut similaire à celle que j'exprimais vis-à-vis de mes postdocs qui pensaient avoir des indices d'un acide nucléique spécifique de la tremblante, à savoir qu'il était plus important de découvrir la vérité au sujet de l'agent de la tremblante que de prouver l'absence d'acide nucléique.

Comme une année s'était déjà écoulée sans que Weissmann ait encore pu identifier un ARN unique à la tremblante, j'ai pensé qu'il serait partant pour rechercher dans ses banques de gènes de hamster le gène de la PrP 27-30 avec les sondes ADN que Lee Hood avait fabriquées. Dans le même temps, je craignais qu'il ne s'empare du problème. Certains de mes amis me suggéraient qu'il pourrait me marcher sur les pieds s'il estimait que cela en valait la peine. Mais, après quelques semaines de réflexion, je décidai que Weissmann était l'homme qu'il me fallait pour faire le clonage et je lui envoyai les sondes d'ADN à Zurich.

Paria et prophète

En juillet 1984, muni d'un article dans lequel Lee Hood et moi-même décrivions les résultats du séquençage protéique qui était accepté pour publication dans *Cell*[3], je pris l'avion pour Édimbourg. J'étais parti pour un congrès dont les organisateurs, je le savais, avaient tenté de m'exclure tout en reprenant mes données. Presque un an plus tôt, à une rencontre aux Laboratoires des montagnes Rocheuses, Richard Kimberlin m'avait approché et dit avec un air embarrassé : « Alan Dickinson veut que tes données soient présentées à la rencontre de l'été prochain à Édimbourg, mais il préférerait que toi tu ne sois pas là. » Je fus pour le moins abasourdi. Comment Kimberlin avait-il le culot de me dire cela ? « Richard, lui dis-je, la seule manière pour toi et Dickinson d'avoir mes données sera de m'inviter à la rencontre. » Et c'est ainsi que je reçus l'invitation, apparemment à l'instigation de Kimberlin et Heino Diringer[4].

Quand j'arrivai, je pus sentir l'hostilité qui se dégageait de chaque pierre du Newbattle Abbey College où la rencontre avait lieu. L'abbaye remonte au XVIe siècle, et les conditions matérielles étaient des plus rudimentaires, jusqu'à l'absence de téléphone dans les chambres. Revoir Erling Norrby fut le seul rayon de lumière pour moi. Erling et moi étions devenus amis lorsqu'il avait passé une année sabbatique à l'UCSF en 1977-1978. C'est l'une des personnes les plus correctes que je connaisse, avec un comportement toujours pertinent, gentil et patient. Bien au fait au sujet de la tremblante et du kuru, il avait été un critique avisé et plein de bonne volonté. Nous avions passé des heures à discuter de la nécessité de purifier l'agent de la tremblante et de son comportement physique lors de la centrifugation[5]. À l'époque de la rencontre d'Édimbourg, je n'étais plus obligé de présenter des travaux sur les propriétés de la sédimentation de l'agent de la tremblante. Mes exposés portaient alors sur le prion amyloïde et la séquence N-terminale de la PrP 27-30.

Sur la quasi-centaine de personnes présentes, Erling était la seule amicale avec moi. J'étais l'incarnation du mot « paria », l'antagonisme était palpable. Après ma présentation du prion amyloïde, Kimberlin fit un sondage dans l'audience pour savoir si les bâtonnets amyloïdes composés de PrP 27-30 étaient des SAF ou pas, et toutes les personnes interrogées furent d'accord que bâtonnets et SAF étaient la même chose (certains d'entre eux allaient avancer un mois plus tard au congrès de Sendai que les SAF étaient des virus filamenteux sans rapport avec un quelconque amyloïde). Personne ne semblait imaginer un virus de la tremblante contenant de l'amyloïde, et moins encore un prion amyloïde à l'origine de la tremblante. Dans leur esprit, il y avait une frontière inviolable entre les protéines virales et les protéines cellulaires qui polymérisent en amyloïde. Lorsque Kimberlin eut terminé le sondage, il se tourna vers moi et me demanda, comme si le nombre même de gens en désaccord avec moi allait me faire changer d'avis : « Maintenant, tu ne penses pas que bâtonnets et SAF sont une seule et même chose ?

– Non, ai-je répliqué. Les bâtonnets se sont avérés être de l'amyloïde au microscope électronique et à la coloration au rouge Congo. Ils se composent de PrP 27-30. Il a été montré à plusieurs reprises que les SAF diffèrent de l'amyloïde, par leur morphologie et leur coloration. De plus, elles n'ont pas été purifiées, de sorte que nous ignorons leur composition. »

Ma réponse fut néanmoins suivie d'un lourd silence, et la session se termina.

Ma présentation de la séquence N-terminale de la PrP 27-30 le jour suivant aurait dû être le clou du congrès. Sa détermination signifiait que toutes les merveilleuses techniques de biologie moléculaire pouvaient désormais être utilisées pour résoudre les mystères entourant encore les prions, mais peu de chercheurs voulaient reconnaître ce que nous avions accompli. Après mon exposé, Konrad Beyreuther, un biochimiste qui collaborait avec Heino Diringer, vint me voir et m'annonça : « Heino et moi venons de finir de séquencer la PrP 27-30 et votre séquence est fausse. » Ses mots me frappèrent comme un éclair de la foudre. Notre papier sur la séquence de la PrP 27-30 allait bientôt sortir dans *Cell* à moins de dire à Ben Lewin que nous n'étions pas sûrs de nos résultats. Je trouvai rapidement un téléphone et appelai Lee Hood à Pasadena : « Lee, je suis à un congrès sur la tremblante à Édimbourg et on vient de me dire que notre séquence d'acides aminés n'est pas bonne.

– Notre séquence est correcte, répondit Lee, mais je peux la revoir avec Steve Kent. Nous avons beaucoup de données. »

Encore sous le coup de l'agitation, je lui dis : « Lee, revois nos données s'il te plaît. Je te rappelle demain. Tu ne peux m'appeler, il n'y a pas de téléphone dans les chambres. » Après avoir dîné avec Norrby dans un pittoresque restaurant écossais près du château d'Édimbourg, je revins dans ma chambre et ne pus fermer l'œil de la nuit sous l'effet de l'anxiété. Lorsque je rappelai Lee Hood le lendemain, il me dit que lui et Steve avaient soigneusement revu les données et qu'ils étaient certains que la séquence était bonne. Je fus énormément soulagé et n'eus plus qu'une envie, celle de dire à Beyreuther que c'était eux qui se trompaient, pas moi. Lorsque je le fis, après l'une des sessions une heure plus tard, il sembla peu touché, ce qui fit me demander s'il avait vraiment des résultats. Se moquait-il de moi ? Avait-il juste tenté de nous empêcher de publier avant que lui et Diringer n'aient une chance de le faire ?

Au terme de ce congrès d'un week-end, j'étais épuisé et je voulais juste repartir. Je devais m'entretenir avec Charles Weissmann avant de rentrer aux États-Unis, et lorsque l'avion décolla d'Édimbourg pour Zurich, je me sentis comme libéré d'un camp viet-cong de prisonniers de guerre. Ceux qui voulaient me laver le cerveau étaient profondément gênés par les données que nous avions obtenues. Je devais trouver un virus et il était inexcusable que ce ne soit pas le cas. Le problème devait donc venir de moi !

Weissmann m'accueillit tout excité à l'aéroport de Zurich. « La PrP est codée par un gène chromosomal et non viral ! », m'annonça-t-il. Lui et son étudiant, Bruno Oesch, avaient trouvé avec les sondes d'ADN que j'avais envoyées un gène dans une banque d'ADNc préparée à partir d'ARNm extrait du cerveau d'un hamster normal, non infecté. Je fus ravi de son succès, tout s'était passé si vite.

Nous prîmes la voiture pour rejoindre le campus plutôt terne de Hönggerberg à la fameuse École polytechnique fédérale de Zurich (ETH), l'*alma mater* d'Einstein et siège de l'Institut de biologie moléculaire que Weissmann avait fondé. Le campus, qui s'étend sur plus de cinq hectares, consiste en un ensemble de barres de béton de quatre ou cinq étages. Du parking souterrain, de tristes escaliers nous ont menés à un long couloir le long duquel se répartissaient les laboratoires. Au milieu se trouvait le petit bureau soigné de Weissmann, où Bruno Oesch nous rejoignit.

Les sondes de Hood avaient permis d'identifier une copie d'ADNc du gène de la PrP parmi des millions d'ADNc. Lorsque Weissmann a retrouvé la séquence en acides aminés de l'extrémité N-terminale de la PrP 27-30, il a su qu'ils avaient trouvé le bon gène. Curieusement, le signal de départ pour produire la protéine semblait manquer. En général, le premier acide aminé d'une protéine est la méthionine, codée par la séquence de bases ATG dans l'ADN. Mais Weissmann ne put trouver un ATG au début de sa séquence d'ADN, ce qui amena à conclure que la PrP 27-30 est clivée d'une plus grosse protéine. C'était en accord avec notre explication d'une extrémité N-terminale irrégulière pour PrP 27-30, source de problèmes avant que Steve Kent ne résolve l'énigme. Plus intéressant encore, Weissmann avait récupéré un clone d'ADNc codant pour la PrP, mais à partir d'un hamster non infecté (plusieurs années plus tard, j'appris que le hamster avait été acheté à la va-vite dans un magasin d'animaux de compagnie à Zurich et pas chez un fournisseur d'animaux de laboratoire comme je le pensai, mais cela n'avait heureusement pas d'importance). Je devais donc en conclure que le gène de la PrP était normalement présent chez les animaux, aucune autre interprétation n'étant possible.

Comment le gène d'une protéine causant la tremblante pouvait-il résider chez des animaux (et du même coup des gens) sains ? Une question commença à poindre dans mon esprit : « Ai-je un gène de la PrP ? »

Je devais absolument être sûr de l'origine génétique de la PrP. Est-ce que la PrP était codée par un gène cellulaire, comme l'affirmait Weissmann, ou le produit d'un gène étranger, porté par un virus par exemple ? En utilisant l'ADN cloné que Weissmann avait identifié, David Westaway, qui avait récemment rejoint mon groupe en tant que postdoc après plusieurs années passées à l'UCSF auprès de Harold Varmus, trouva que l'ADN issu de hamsters infectés ou pas portait bien le gène de la PrP. Ce résultat nous força à conclure, comme Weissmann l'avait déjà fait, que ce gène faisait bien partie du génome de l'animal et n'était pas porté par le mythique virus de la tremblante. Ensuite, David rechercha un gène de la PrP qui pouvait se cacher dans les prions infectieux. Il fut incapable d'en trouver la trace dans nos préparations les plus purifiées.

Les études d'expression du gène de la PrP à Zurich et à San Francisco donnaient le même résultat. Les quantités d'ARNm codant pour la PrP était similaires chez les animaux infectés par la tremblante ou pas. Comment cela pouvait-il se faire ? La PrP était-elle inoffensive ? Avions-nous isolé la mauvaise protéine ? Peut-être que le pouvoir infectieux de la tremblante dépendait d'une autre protéine. J'imaginai sans peine Hood et Weissmann hocher de la tête et murmurer que Stan, le pauvre, avait passé les huit dernières années à purifier la mauvaise protéine.

Était-ce vraiment le cas ? Je voulus régler cette question et demandai à Lee Hood de faire des séquençages supplémentaires sur des fragments ultrapurifiés de la PrP 27-30. Quand nous trouvâmes que la séquence de chaque fragment de la PrP 27-30 était bien représentée dans la séquence du gène, je devins certain du fait que nous avions au moins trouvé le bon gène. Pourtant, malgré de nombreuses heures passées à réfléchir sur la signification d'un ARNm de la PrP chez des animaux non infectés, je me retrouvai encore coincé, à nouveau plongé dans l'épais brouillard de la côte Pacifique. J'avais besoin de me frayer un chemin à travers lui. Je devais trouver une autre explication que le fait d'avoir isolé la mauvaise protéine. Si la PrP 27-30 était sans rapport avec le prion infectieux de la tremblante, ma carrière scientifique était grillée. Près d'une décennie de travail, de longues heures de laboratoire, d'épais volumes de demandes de financement et des milliers d'animaux sacrifiés se trouvaient réduits à néant.

Je décidai de concentrer mon travail sur la protéine produite par l'ARNm de la PrP dans un cerveau normal, non infecté. Je suggérais à Ron Barry que la caractéristique la plus inhabituelle de la PrP 27-30 était sa résistance à la dégradation par des protéases, et que la PrP 27-30 des cellules normales pouvait ne pas l'avoir. Ron fit des homogénats de cerveau de hamsters non infectés en présence d'inhibiteurs de protéases, des molécules qui empêchent la dégradation des protéines. Puis il utilisa des anticorps qu'il avait produits contre la PrP 27-30 pour rechercher une protéine similaire dans ces homogénats. Lorsque ses anticorps reconnurent une protéine légèrement plus grande que la PrP 27-30, l'explication commença à apparaître.

Ron avait découvert une nouvelle protéine, que nous nommâmes PrP^{C} pour « PrP cellulaire ». Le grand « C » en exposant la distinguait d'une protéine de même taille trouvée dans le cerveau des animaux ayant la tremblante qui fut désignée PrP^{Sc} pour « PrP de la tremblante ». Après exposition à des protéases, la PrP^{C} était complètement détruite alors que la PrP^{Sc} était simplement réduite à sa forme PrP 27-30 (voir figure 21). Il semblait bien que la région N-terminale de PrP^{Sc} était clivée au cours du traitement avec les protéases, ce qui expliquait la taille plus petite de la PrP 27-30, son extrémité N-terminale irrégulière et la méthionine manquante au début.

Maintenant que les pièces du puzzle étaient réunies, je commençais à me sentir mieux. Ces résultats changèrent radicalement notre réflexion et donnèrent un coup d'accélérateur à notre travail. Les informations sur la protéine prion étaient apparues d'une façon désordonnée, mais c'est une caractéristique de la plupart des grandes découvertes, notamment de celles qui changent notre manière de penser. Initialement, c'est souvent le chaos, mais, après beaucoup de réflexion, une nouvelle synthèse des résultats obtenus aboutit à une compréhension inédite du phénomène observé. Le brouillard s'était dissipé avec la découverte de la PrP^{C} et de la PrP^{Sc}, et une nouvelle voie s'ouvrait pour avancer. Je pouvais désormais voir au loin dans le paysage offert par notre découverte.

Nos résultats ouvraient un nouvel ensemble fascinant de questions, mais, avant de nous lancer dans de nouvelles études, nous devions publier notre travail sur le gène de la PrP, son expression, et la découverte de la PrP^{C} et de la PrP^{Sc}. Je voulais réunir toutes les données dans un seul article, mais je me ravisai quand Weissmann insista pour que son étudiant, Bruno Oesch, soit le premier auteur et que lui-même soit l'auteur senior dont le nom est placé en dernière position. Finalement, je décidai qu'un seul papier superbe décrivant ces avancées était plus important que l'ordre des auteurs.

Faire le manuscrit ne fut pas une tâche facile, même si toutes les figures, sauf pour le séquençage, avaient été réalisées à San Francisco. Weissmann, un homme habitué à obtenir ce qu'il veut, voulait mettre des réserves dans chaque phrase. Il croyait encore qu'on trouverait un jour le mythique acide nucléique du prion, et il ne manquait pas une seule occasion d'insérer son point de vue. Négocier la rédaction d'un article qui étendait l'histoire du prion tout en étant plein de précautions ne fut pas une tâche facile. Après des centaines et des centaines de dollars dépensés en téléphone entre San Francisco et Zurich, nous eûmes finalement un manuscrit qui fut envoyé à Ben Lewin pour publication dans *Cell*[6].

Peu après la parution de l'article dans le numéro d'avril 1985 de *Cell*, un autre article parut dans *Nature* de Bruce Chesebro et ses collègues des Laboratoires des montagnes Rocheuses qui concluait que la PrP 27-30 ne pouvait être une composante essentielle de l'agent infectieux de la tremblante car le gène était autant exprimé dans le cerveau des animaux non infectés[7]. Comme Hood et moi-même avions publié la séquence d'acides aminés N-terminale dans *Cell* une année auparavant, n'importe qui d'expérimenté en clonage de gène pouvait retrouver le gène de la PrP. Chesebro avait lu notre article de 1984 et décidé d'utiliser la séquence protéique de la PrP pour synthétiser une sonde ADN correspondant à son gène. Cela lui avait permis d'identifier ce gène dans une banque d'ADNc qu'il avait construite à partir du cerveau de la souris. Plus tard, j'appris que ce résultat avait été fêté aux Laboratoires des montagnes Rocheuses, notamment lorsqu'il fut examiné par le Bureau du conseil scientifique. L'un des conseillers m'a décrit la joie et la satisfaction manifestes que Chesebro et ses collègues avaient témoignées en présentant leurs résultats qui suggéraient que je m'étais trompé. Chesebro, dont le travail sur les virus persistants et notamment le VIH était superbe, allait rester prisonnier du monde de la virologie. Après avoir investi autant de temps et d'efforts à rechercher un virus, il allait persister à croire qu'un virus cause la tremblante bien des années après que la plupart des scientifiques eurent admis que le prion en était responsable.

Il semble que je n'avais pas saisi toute l'anxiété de Weissmann au sujet de notre article dans *Cell*. Une fois qu'il fut publié, Ted Diener me demanda : « Pour quelle raison au monde mets-tu autant de réserves ? » Il fut néanmoins admiratif de ma collaboration avec Hood et Weissmann. « La plupart des gens auraient tellement peur de se faire écraser, me dit-il, qu'ils n'oseraient jamais collaborer avec des scientifiques aussi connus. » Rétrospectivement, je réalise que j'étais naïf dans ce jeu, mais j'avais besoin d'aide. Ma naïveté m'a sauvé. Je ne pouvais maîtriser tous les domaines requis dans la détermination du prion. Plus les scientifiques que je pouvais amener à étudier la tremblante étaient hors du commun, plus il y avait de chances de voir émerger une solution au problème.

Hood et Weissmann réagirent de manière très différente à ces nouvelles perspectives pour la biologie. Hood fut content de poursuivre avec nous pour nous aider à explorer ce nouveau territoire, mais il était trop occupé par ailleurs pour s'y investir complètement. Son travail sur le système immunitaire progressait rapidement, de même que son développement d'instruments extraordinaires de séquençage des protéines et de l'ADN. Weissmann resta convaincu que les prions devaient contenir quelque part un petit acide nucléique, et nous avons passé des heures et des heures à discuter comment le prion pouvait se répliquer sans lui. Son approche talmudique de la science et sa formulation audacieuse des problèmes étaient instructives, bien que parfois un peu lourdes. Il ne cessait de me suggérer des expériences en collaboration avec Detlev Riesner, un expert en chimie physique des viroïdes à l'Université Heinrich Heine de Düsseldorf, pour trouver le mythique acide nucléique au sein du prion. Detlev avait un visage aimable et volontaire qui reflétait bien sa personnalité (figure 24). Lorsque nous nous rencontrâmes pour la première fois, ses cheveux bruns encadraient un large front dominant des yeux bleus chaleureux. Malgré le fait que nous ne nous fussions pas vus très souvent, nous devînmes des amis proches. Ma collaboration avec Detlev dans la recherche vaine d'un ARN essentiel qui serait enfoui dans le prion allait durer près de vingt ans.

Figure 24. Detlev Riesner et moi-même avons déployé d'énormes efforts pour trouver la trace d'un virus ou d'un petit acide nucléique au cœur du prion.

Le contrôle génétique de la durée d'incubation chez la souris

La découverte du gène de la PrP avait ouvert une série de questions fructueuses. Par exemple, nous pouvions nous demander si elle jouait un rôle dans le déclenchement de la tremblante. Quelques années avant que les clones du gène ne fussent disponibles, j'avais entamé une collaboration avec George Carlson, un généticien du Laboratoire Jackson à Bar Harbor, dans le Maine, laboratoire de premier plan dans la recherche sur la génétique des souris. George était un homme de grande taille avec un visage étroit et des cheveux bruns. Timide et discret, c'était néanmoins un brillant scientifique dont la modestie était presque toujours inappropriée (figure 25). Nous voulions savoir si le gène de la PrP jouait un rôle dans le temps d'incubation de la tremblante. Disposant d'une sonde de ce gène, nous pouvions maintenant examiner diverses lignées de souris dont les temps d'incubation variaient.

Figure 25. Avec George Carlson (en haut à gauche), nous avons croisé des souris ILnJ qui avaient une longue durée d'incubation du prion avec des souris NZW à courte durée. Toutes les portées de F1 (NZW × ILnJ) de ce croisement avaient de longues durées d'incubation similaires à celles de leur parent ILnJ. Pour déterminer si ces longues durées d'incubation des hybrides F1 étaient dues à l'effet d'un seul gène, nous avons croisé les hybrides F1 avec des souris NZW à courte durée d'incubation. Environ la moitié des portées de ce croisement en retour avaient de courtes durées d'incubation et l'autre de longues durées, résultat compatible avec l'effet majeur d'un seul gène. Chose frappante, quinze souris qui avaient hérité de l'allèle de NZW du gène de la PrP (a/a) de leur parent F1 avaient de courtes durées d'incubation (graphique du haut), alors que cinquante et une souris qui avaient hérité de l'allèle ILnJ (a/b) avaient de longues durées d'incubation (graphique du bas). Plus tard, David Westaway (en haut à droite) a trouvé que les gènes de la PrP des souris NZW et ILnJ codaient pour des protéines différant pour deux acides aminés.

Vers la fin des années 1970, j'avais demandé à l'un de mes postdocs de commander au Laboratoire Jackson une dizaine de souris à l'immunité défaillante pour tenter de déterminer les durées d'incubation de l'agent de la tremblante. Des variations de cette durée entre les lignées consanguines de souris allaient-elles ouvrir un nouvel axe de recherche ? Nous trouvâmes que le temps d'incubation d'une lignée de souris, la NZW (pour New Zealand White) était d'environ 110 jours tandis que pour une autre lignée, appelée ILnJ, il était supérieur à 200 jours[8]. Je n'avais plus besoin désormais des souris VM/Dk d'Alan Dickinson avec leur temps prolongé d'incubation. Nous avions nos propres lignées pour nous attaquer au problème de la durée d'incubation. Avec la souris VM/Dk, Alan Dickinson avait rapporté en 1968 qu'un seul gène contrôlait cette durée d'incubation et que le caractère de longue durée était dominant[9].

Munis de ces lignées de souris aux durées d'incubation variable, nous avons commencé par croiser les souris NZW et ILnJ. Comme les résultats de Dickinson en 1968, toutes les portées de ce premier croisement dit de F1 avaient de longues durées d'incubation. Ce résultat était pourtant incompréhensible pour moi. Les petits de la F1 portaient une copie du gène pour une durée d'incubation courte et une autre d'un gène pour une durée plus longue. Pourquoi la protéine codée par le premier gène ne pouvait-elle pas déclencher une réplication rapide du prion et produire la maladie d'une façon abrégée ? Il allait falloir plus de six nouvelles années pour que George et moi-même puissions élucider le mécanisme par lequel les durées longues d'incubation sont un caractère dominant[10].

Comme la durée d'incubation des souris de la F1 était similaire à celle, longue, du parent ILnJ, nous choisîmes de les croiser avec les souris NZW à courte durée d'incubation. Ce croisement était le meilleur moyen de déterminer si un seul gène pouvait expliquer le phénotype de la durée d'incubation. Le temps moyen d'incubation pour vingt souris NZW était de 113 jours tandis que vingt et une souris ILnJ avaient une durée moyenne d'incubation de 255 jours. Vingt-quatre souris (NZW x ILnJ) F1 succombèrent au bout de 223 jours en moyenne. Pour leur croisement avec les souris NZW, nous eûmes cent trente souris, dont

Interlude
Une stratégie pour des expériences de croisements génétiques

Au milieu des années 1980, George Carlson et moi-même avons commencé à chercher si les différences de durée d'incubation entre les lignées NZW et ILnJ étaient dues à un seul gène. Le premier croisement génétique des souris fut noté (NZW x ILnJ) F1. Le terme de F1 fait référence à la première génération après les parents. Le résultat de la durée d'incubation chez les souris F1 déterminait comment faire le prochain croisement pour décider si cette durée était un trait monogénique. Il y avait trois possibilités. La première était que les souris hybrides F1 aient une durée d'incubation courte semblable à celle chez NZW, auquel cas l'étape suivante aurait été de croiser la F1 avec des souris ILnJ. La deuxième était que les hybrides F1 aient une durée d'incubation similaire à celle chez ILnJ, auquel cas nous devions les croiser avec les souris NZW. Et la dernière possibilité était que la durée d'incubation soit intermédiaire entre les deux parents, auquel cas nous aurions fait un intercroisement entre F1 pour donner une F2. Dans de telles expériences, il était crucial d'utiliser des lignées consanguines de souris où les deux copies du gène étaient identiques.

soixante-quatre avec une durée moyenne d'incubation de 130 jours, et soixante-six avec une durée d'incubation de 195 jours. C'était une excellente preuve qu'un seul gène déterminait la durée d'incubation de la tremblante, comme Dickinson l'avait déjà trouvé.

Alors que les expériences de temps d'incubation avec les souris du deuxième croisement étaient en cours, la sonde du gène de la PrP devint disponible et nous nous sommes demandé s'il existait une différence entre les gènes de la PrP des lignées NZW et ILnJ. Après avoir trouvé une différence nous permettant de suivre les gènes de la PrP issus de NZW et ILnJ dans les deux croisements successifs, nous prélevâmes des fragments de queue de toutes les souris pour analyser leur ADN[11].

Avec la sonde du gène de la PrP, nous avons alors trouvé que toutes les souris en F1 avaient comme attendu une copie du gène de leur parent NZW (désignée sous le nom d'allèle « a ») et une copie du gène de leur parent ILnJ (désignée sous le nom d'allèle « b »). Puis nous avons examiné l'ADN extrait de la queue des souris issues des seconds croisements. Quinze souris ne portaient que l'allèle « a » hérité du parent NZW et toutes ces souris présentaient une faible durée d'incubation (voir graphique du haut à la figure 25). Cinquante et une souris portaient à la fois les allèles « a » et « b », et toutes sauf une eurent une durée d'incubation longue (voir graphique du bas à la figure 25)[12]. Le nombre relativement faible de souris dans le groupe portant uniquement l'allèle « a » était dû à la mort de beaucoup de ces animaux avant que nous ayons commencé à utiliser un fragment de leur queue.

Notre excitation était palpable. En partant d'extraits bruts de cerveau de souris infectées par la tremblante, nous avions isolé une protéine unique qui transmettait la maladie quand elle était inoculée à des souris naïves. Puis, à travers une série difficile d'expériences, nous avions réussi à séquencer un segment de la protéine PrP et à retrouver le gène correspondant. Ensuite, nous avions pu utiliser une sonde du gène de la PrP pour montrer que soit le gène lui-même, soit un autre gène proche déterminait la durée d'incubation de la tremblante chez la souris.

Quelque temps après, David Westaway fit une découverte stupéfiante : la séquence d'acides aminés de la PrP dans les souris ILnJ différait à deux positions de celle des souris NZW à faible durée d'incubation[13] déterminée plus tôt par Bruce Chesebro. Ce résultat étayait fortement l'idée que la PrP elle-même déterminait la durée d'incubation.

Même si nous ne connaissions pas encore le mécanisme par lequel la protéine du prion peut se reproduire et devenir infectieuse, il devenait de plus en plus improbable que l'histoire du prion s'arrête là. Je me sentais de plus en plus sûr que nous n'avions pas interprété de travers nos données. Treize mois plus tard, le groupe d'Édimbourg allait confirmer nos études de liaison génétique en utilisant les souris VM/Dk que Dickinson avait fermement refusé de partager[14]. La tension commençait à se dissiper. Pour un bon moment, le ciel n'allait plus me sembler sur le point s'écrouler.

CHAPITRE 11

Joutes avec la presse

Même si j'avais déjà eu ma part de publicité, et cela largement, je considérais de mon devoir de parler aux journalistes intéressés. Comment le public pouvait-il être informé autrement de notre travail et, plus important encore, de la recherche scientifique en général ? Beaucoup pensent que plus le public est informé à travers les journaux et les magazines grand public, plus il soutiendra la recherche scientifique. Mais cette attitude peut parfois se retourner contre vous[1].

Quelques années avant que l'article de David Perlman sur l'histoire du prion ne paraisse dans le *San Francisco Chronicle*, un journaliste du magazine *Omni* était déjà venu me voir. Il était plein d'enthousiasme pour les expériences de centrifugation méthodique que nous avions entreprises pour résoudre le mystère de l'origine de la tremblante. Lorsque son article parut, j'y étais décrit en termes élogieux comme un « marchand de tapis[2] ». Je fus mortifié ! J'appelai immédiatement le journaliste qui me dit que la métaphore n'était pas de lui mais de la rédactrice en chef qui l'avait insérée au dernier moment. J'appelai alors cette dernière qui m'expliqua que le jour précédent la publication elle avait visité un marché de tapis où un vendeur avait été si gentil qu'elle avait pensé rendre l'enthousiasme du journaliste pour moi et mon travail en me comparant à un marchand de tapis. Quand je lui fis remarquer en quoi le parallèle était peu flatteur, car pour moi l'image de la plupart des marchands de tapis ne vaut guère mieux que celle plus fréquente du marchand de voiture, elle admit que j'avais raison et me pria de l'excuser. J'avais passé des heures à expliquer notre travail au journaliste d'*Omni*, et le résultat avait été une comparaison blessante avec un vendeur mielleux de souk.

En décembre 1986, peu après que George Carlson et moi-même eûmes publié notre étude de liaison génétique dans *Cell*, un article plus diffamant parut dans la revue *Discover*. Écrit par le journaliste scientifique Gary Taubes, il s'intitulait : « Ce jeu s'appelle célébrité, mais est-ce de la science[3] ? » On peut en déduire sa teneur. Taubes avait flairé une bonne histoire. Mon travail avançait bien, et le soutien des NIH et de la Fondation Fairchild était efficace. Mes concurrents avaient de plus en plus de ressentiments. Le train du prion avait quitté la gare, et les chasseurs de virus de tremblante demeuraient sur le quai à crier « virus ! », « virino ! » et « acide nucléique ! » aussi fort qu'ils pouvaient. Ils n'avaient aucune donnée pour étayer leur prédilection, mais leurs cris ne passaient pas inaperçus.

Taubes et les rédacteurs de *Discover* préférèrent évoquer la controverse plutôt que les résultats scientifiques en cours. Apparemment, c'était un peu trop leur demander que d'analyser une série de résultats expérimentaux complexes et d'en faire un article captivant. L'article s'ouvrait par une épigraphe me citant : « "Prion" est un mot terrible. C'est court. C'est facile à prononcer... Ce n'est pas facile d'élaborer un bon terme en biologie. » Une virulente remise en cause de moi et de mon travail s'ensuivait :

> Nommer quelque chose avant de le découvrir est un procédé risqué. Pour commencer, vous devez rédiger votre définition avec le plus grand soin pour qu'elle corresponde à quoi que vous trouviez sur le moment, et si vous le trouvez vraiment... Vous devez espérer qu'en obtenant des résultats ils cadrent avec votre définition, ou du moins que votre définition puisse leur correspondre.

Rapidement, Taubes enchaînait avec l'histoire d'amour de la presse pour le terme « prion » et relevait mon « flair pour les relations publiques ». Il ignorait les réserves que j'avais faites lorsque j'avais introduit le mot quatre ans plus tôt. Sa récitation des connaissances scientifiques à partir des papiers publiés par mes concurrents et moi-même au cours de ces quatre dernières années me laissa penser qu'il ne les avait pas lus attentivement, et même qu'il ne les avait pas vraiment lus. Durant cette période, j'avais rapporté la découverte de la PrP 27-30, sa séquence N-terminale et sa capacité à polymériser en amyloïde. La coloration des plaques d'amyloïde par les anticorps anti-PrP 27-30 était considérée comme une percée en science médicale. Je m'attendais à ce que la communauté des chercheurs sur la tremblante soit emballée par les études de clonage de gène montrant qu'un gène cellulaire code à la fois pour la PrP 27-30 et sa protéine précurseur PrP^{C}. Et j'aurais pensé que tout journaliste scientifique trouverait très convaincantes nos études de liaison génétique, qui montraient que la PrP détermine la durée de l'incubation de la tremblante chez la souris. Je me trompais.

Taubes décrivit l'invention du mot prion comme guère plus qu'une manœuvre de relation publique. Pourtant, aux deux tiers de mon article dans *Science* de 1982, dans un paragraphe intitulé « Les nouvelles propriétés de l'agent de la tremblante », j'avais écrit :

> Le résumé précédent des données expérimentales indique que les propriétés moléculaires de l'agent de la tremblante diffèrent de celles des virus, des viroïdes et des plasmides... Comme les caractéristiques dominantes de l'agent de la tremblante ressemblent à celles d'une protéine, un acronyme est introduit pour souligner ce fait[4].

Avant de présenter l'acronyme et de le définir, j'avançais qu'il était temps de retirer le mot « virus » dans ce contexte, avec ou sans ses divers qualificatifs. Pour moi, il y avait tellement d'éléments allant à l'encontre du fait qu'un virus cause la tremblante qu'il me semblait erroné de continuer à utiliser ce terme. Si les gens n'aimaient pas mon acronyme, ils pouvaient utiliser le mot « agent ». Dans le même paragraphe, j'écrivais : « À la place de termes tels que "virus inconventionnel" ou "agent de type virus inhabituellement lent", le terme de "prion"... est suggéré. Les prions sont de petites particules protéiques infectieuses résistant à la plupart des procédures modifiant les acides nucléiques. »

Je continuais avec plusieurs réserves :

> Le terme « prion » souligne la nécessité d'une protéine pour l'infection. Les connaissances actuelles ne permettent pas d'exclure l'existence d'un petit acide nucléique à l'intérieur de la particule.

> Nos résultats et ceux d'autres suggèrent deux modèles possibles pour l'agent de la tremblante : soit un petit acide nucléique étroitement entouré de protéines, soit une protéine sans acide nucléique, c'est-à-dire une protéine infectieuse. Alors que le premier modèle peut sembler le plus plausible, il n'y a aucune preuve d'un acide nucléique au sein de cet agent. Le second modèle est cohérent avec les données expérimentales, mais il est clairement hérétique. Le scepticisme à l'égard du second modèle est sûrement justifié. Seule la purification de l'agent de la tremblante jusqu'à son homogénéité et la détermination de sa structure chimique permettront de conclure de manière rigoureuse lequel des deux modèles est correct.
>
> Il y a peu d'avantage à vouloir privilégier un modèle par rapport à l'autre. Cependant, plusieurs structures postulées auparavant pour l'agent de la tremblante peuvent maintenant être écartées.

Taubes déclarait toutefois que « [Prusiner] n'a pas clairement avancé ce à quoi il se référait avec son “modèle du prion” […]. Prusiner n'a pas hésité à renommer préventivement le sujet même de sa recherche ainsi que celui de quelques dizaines d'autres scientifiques. Dès lors, il n'étudiait plus la nature des virus lents, son travail portait sur les prions. »

Tout au contraire, dans les trois paragraphes de mon article cité ci-dessus, j'utilisais six fois le mot « modèle ». Dans l'article concluant le passage, je soulignais à nouveau ma prudence :

> Les conséquences de la compréhension de la structure, de la fonction et de la réplication du prion sont importantes. Si les prions ne contiennent pas un génome d'acide nucléique codant pour sa ou ses protéines, d'autres mécanismes de réplication et de transfert d'information doivent être imaginés…
>
> L'importance de la recherche sur le prion pour élucider une large gamme de maladies souligne la nécessité de purifier l'agent de la tremblante jusqu'à homogénéité et d'identifier ensuite ses composantes macromoléculaires. Ce n'est qu'alors que nous pourrons déterminer avec certitude si le prion est dépourvu d'acide nucléique. Il est un fait que les récents progrès dans la recherche sur la tremblante ont transformé un problème intrigant mais inaccessible en une recherche intéressante et fructueuse.

En d'autres termes, j'avais soigneusement déclaré que je ne pouvais distinguer l'hypothèse d'une protéine comme unique composante du prion de celle d'une protéine avec un petit acide nucléique. De plus, dans les années qui suivirent, chaque fois que l'on m'interrogeait sur la possibilité que l'agent de la tremblante s'avère être un virus, j'ai répété que, si l'on découvrait un grand acide nucléique et que l'agent de la tremblante soit un virus, le mot « prion » devrait être abandonné.

Beaucoup de mes collègues pouvaient témoigner de ma circonspection. Pourtant, dans le choix de ses interlocuteurs, Taubes est arrivé à réunir les plus hostiles. Il a cité Paul Bendheim (« Prusiner "a seriné ce mot à tout le monde dans le laboratoire et au monde" »), David Bolton (« Même si l'agent de la tremblante était un virus et que tous les résultats le lui disaient, je parie qu'il ne le verrait jamais ») et Richard Kimberlin (« la biologie de la tremblante nous dit que cette foutue chose a un génome. [...] Essayer de créer un modèle de protéine infectieuse avec laquelle vous pouvez coder une diversité de souches est drôlement difficile. Et Stan Prusiner, le pauvre, ne l'a même jamais fait, ce qui est sage vu que c'est impossible »). La seule citation qui équilibrait un peu son enquête autrement biaisée provenait d'un scientifique non nommé de l'Albert Einstein College of Medicine à New York qui commentait une lettre critique de mon travail parue dans le *New England Journal of Medicine* : « Sa lettre était méchante. C'est typique de ce genre de gens. Ils le haïssent. Ils le voient emporter ce qu'ils ont passé leur vie à essayer de faire, et échoué à faire. »

Inutile de dire que je me sentis trahi par Taubes, avec lequel j'avais passé beaucoup de temps à expliquer mes travaux. Je ne l'avais clairement pas convaincu que notre travail allait probablement ouvrir un nouveau champ en biologie et en médecine, et qu'il y avait peu de chances que l'on revienne dessus. Son texte me décrivait comme un scientifique marginal dont les résultats seraient un jour démentis. Ironie de l'histoire, l'article dénigrait tellement mon travail que beaucoup de scientifiques étrangers au domaine de la tremblante se mirent à le soutenir plus fortement.

Julius Krevans, Walter Burke et Fred Steitz m'apportèrent leur soutien durant cette période difficile. Julius me conseilla d'ignorer ces âneries. « Laisse-moi te raconter une histoire sur une rencontre que j'ai eue une fois avec la presse, me dit-il. Alors que je dirigeai le service médical Johns Hopkins à l'hôpital de la ville de Baltimore, un article est paru dans un journal local sur le taux élevé de décès parmi les personnes âgées qui étaient hospitalisées chez nous. J'étais déconcerté, alors j'ai examiné les taux de décès à travers les États-Unis et j'ai trouvé que le nôtre leur était comparable. J'ai voulu communiquer cette information au journaliste, et j'ai donc demandé à le voir. Quand il est entré dans mon bureau, je lui ai donné une copie de tous les articles d'épidémiologie que j'avais consultés. Le jour suivant, le journal avait un grand article intitulé “Le directeur de l'hôpital de la ville de Baltimore reconnaît un taux élevé de décès chez les patients âgés”. »

Inquiet de la manière dont l'article de *Discover* allait être perçu par le bureau des directeurs de la Fondation Fairchild et conscient du fait qu'ils allaient bientôt en entendre parler, j'envoyai une copie à Walter Burke. « Au moment où tu n'as pas le moral, répondit-il, nous devons poursuivre nos efforts pour te soutenir. S'il y a quelque chose dans cet article, alors le bureau reconsidérera plus tard son soutien. »

Fred Steitz était choqué, de même que Charles Weissmann. Ils envoyèrent chacun une lettre à *Discover* pour protester contre la diffamation de ma personne. Seule la lettre de Weissmann fut publiée[5], peut-être parce qu'il y évoquait la possibilité que mon introduction du mot « prion » fût prématurée :

> J'ai lu votre article avec une immense consternation car son motif n'est pas de traiter un sujet scientifique extrêmement intéressant, à savoir la nature de l'agent de la tremblante, mais de dénigrer Stanley Prusiner.
> Je suis rentré en contact avec Stan Prusiner il y a environ quatre ans pour entamer une collaboration sur le problème de la tremblante, et cette collaboration a pris forme en 1985. Durant ces quatre années, j'ai pu apprécier Stan comme un collaborateur honnête, enthousiaste et loyal, en dépit du fait que nos opinions différaient sur plusieurs points. Je considère son travail sur l'isolement et la caractérisation de la protéine PrP comme hautement méritoire, même si son rôle dans le pouvoir infectieux de la tremblante n'est pas encore établi. Avec tout le respect dû à l'excellent travail de nombreux autres chercheurs, je crois que beaucoup de faits découverts par Stan, pas seulement l'isolement de la PrP mais aussi la distinction entre deux formes de la protéine et la découverte de la relation entre le gène de la PrP et les gènes du temps d'incubation, n'auraient pas été reconnus si tôt sans son travail.
> Les prouesses de Stan ont été possibles en raison à la fois de ses initiatives scientifiques et de son succès pour obtenir des fonds nécessaires au travail

très coûteux chez l'animal à la base du projet sur la tremblante. Je suis d'accord avec l'opinion exprimée dans votre article que la fabrication par Stan du mot prion a induit un grand malaise dans la communauté travaillant sur la tremblante (excepté celle du mouton), mais c'est un reflet négatif de qui, de Stan ou de ses critiques ?

Quoi que l'on pense de l'idée d'un agent de la tremblante dépourvu d'acide nucléique, on doit clairement comprendre que les tentatives de taille, bien qu'elles ne soient pas définitives, de plusieurs groupes (dont le nôtre) ont échoué à trouver un acide nucléique précis dans les préparations purifiées d'agent de la tremblante. Ceux qui croient qu'un acide nucléique, qu'il soit un « virino » ou une autre particule virale encore inconnue avec un haut pouvoir infectieux, est essentiel pour le pouvoir infectieux de la tremblante ont la charge d'en démontrer l'existence. Réciproquement, comme relevé dans votre article, ceux qui déclarent que seule la PrP est l'agent infectieux doivent démontrer que la PrP, synthétisée dans *E. coli* ou *in vitro*, et peut-être modifiée après traduction, peut causer la tremblante chez l'animal.

Stan Prusiner a une personnalité chatoyante et extraordinaire, et l'enthousiasme qui lui a permis de mener cette recherche fastidieuse de la décennie passée l'a conduit à adopter des points de vue prématurés. Il faut toutefois se rappeler que Howard Temin a été vilipendé et ridiculisé par certains de ses collègues pendant des années quand il poursuivait son idée de rétrotranscription pour la réplication du virus tumoral à ARN, notion qui a semblé excentrique à beaucoup d'entre nous, tout comme l'est maintenant celle d'une protéine infectieuse. Mais Temin a finalement eu gain de cause[6].

L'épisode de Taubes m'a incité à adopter pour conduite de ne plus parler à la presse. Il me semblait que la plupart des journalistes scientifiques étaient contents d'entendre les chasseurs de virus de tremblante qui n'avaient pas besoin d'expliquer de nouveaux concepts. Tout le monde a grandi avec le mot « virus ». Même si les détails de ce qui fait d'une particule infectieuse un virus sont vagues pour la plupart des gens, ce terme est familier. Il suffisait juste aux chasseurs de virus de l'évoquer et d'interroger : « N'est-ce pas évident ? Des virus causent la tremblante, le kuru et la MCJ. Chacun sait que l'on trouvera un jour ces virus. » Cela devenait une bataille désespérée, et je réalisai bientôt qu'aucun échange, si long soit-il, avec des journalistes ne pouvait garantir un article favorable. En fait, c'est l'opposé qui était vrai. Plus je discutais avec les médias, plus il y avait de chances que paraisse un article défavorable, car il était toujours facile d'avoir trois ou quatre chasseurs de virus de tremblante pour réfuter mes propos.

La presse, je le savais, avait peu d'influence sur les résultats des recherches. Aucune opinion d'un journaliste ou d'un scientifique ne pouvait modifier la vérité. Dans une société démocratique, l'opinion de chacun sur les questions politiques a la même importance. Si, sur une population de 100 000 personnes, il y a 50 001 votes pour, disons, l'éclairage à la vapeur de sodium, alors la ville devra remplacer son éclairage conventionnel. Mais, en science, les questions ne se décident pas par un vote à la majorité. Elles se règlent plutôt par de soigneuses études si la technologie existe pour permettre une recherche approfondie. En science, conjecture et spéculation ont peu de valeur, à moins qu'elles ne suggèrent des hypothèses vérifiables menant à une meilleure compréhension du problème. Si 99 999 personnes votent que la Terre est plate ou que le Soleil tourne autour d'elle, le seul vote différent gagnera quand l'investigation scientifique aura dévoilé la vérité. J'en conclus donc que le seul moyen pour moi de gagner cette bataille était de produire des données et de laisser les travaux publiés dans des revues scientifiques avec comité de lecture parler d'eux-mêmes. En fait, je n'avais pas d'autre choix.

Les effets de l'article de *Discover* ont perduré. En juin 1987, j'assistais à un petit congrès à la Fondation Ciba à Londres. L'organisateur, Gregory Bock, pensait que la tremblante était due à un virus mais avait intitulé la rencontre avec tact « Les nouveaux agents infectieux et le système nerveux central ». La veille du congrès, alors que je me renseignais pour trouver ma chambre dans le bâtiment de la fondation, Fred Brown, le président de la séance, me rejoint et me dit : « Je voulais vous rencontrer depuis des années, vous êtes un tel roublard ! » Le spectre du « marchand de tapis » resurgit aussitôt devant mes yeux, et je me dis immédiatement que cela allait être juste une autre rencontre désagréable au Royaume-Uni. Mais le matin suivant, après deux heures de présentations et de discussions, Bock me prit dans un coin à la pause et reconnut : « Je réalise maintenant que les virus ne causent pas la tremblante, le kuru et la MCJ.

– J'en suis ravi !, lui répondis-je.

– J'aimerais que vous témoigniez de votre désaccord avec Alan Dickinson au cours de tous les temps de discussion, qui sont un moment crucial de la rencontre », poursuivit Bock.

Il se préoccupait de ces discussions parce qu'elles étaient enregistrées et qu'elles allaient être transcrites et publiées avec les articles soumis par les auteurs. Il me dit qu'il dirait à Brown de faire appel à moi à la fin de chaque discussion. En fin d'après-midi, j'avais exprimé mon désaccord avec Alan Dickinson à une douzaine d'occasions au moins.

Dickinson en eut finalement assez que Fred Brown me donne le dernier mot. « Beaucoup d'affirmations de Stan Prusiner ne sont pas crédibles, beugla-t-il, et sa personnalité est suspecte comme c'est largement évoqué dans un récent article de *Discover.* » Sur ce, Bock bondit de sa chaise et prit le micro de Brown. « Une autre remarque comme celle-ci au sujet de la personnalité de tout participant, annonça-t-il, entraînera l'exclusion de cette rencontre de la personne faisant cette accusation. »

L'atmosphère était aussi tendue que celle des premiers congrès, mais le vent avait maintenant tourné, grâce, peut-être, à l'attaque de *Discover*, et certainement à l'accumulation croissante de données en faveur d'une protéine infectieuse. Malheureusement, je ne fus pas suffisamment confiant ou généreux pour tendre la main à Dickinson. Il a dû en souffrir intérieurement. Son travail était réinterprété à la lumière du concept du prion, cela devait être douloureux pour lui. Il avait été tellement sûr que l'agent de la tremblante contenait un acide nucléique.

Le commentaire de « roublard » de Brown me restait sur le cœur et, l'après-midi du second jour, je saisis une opportunité pour en discuter avec lui. Nous partîmes nous promener dans Portland Square, déambulant devant les vieilles maisons de style victorien, dont beaucoup étaient reconverties en bureau tout en gardant leurs élégantes façades de brique ou de calcaire, et dans le square, planté de chênes et sillonné de chemins asphaltés. Une quantité de plates-bandes luxuriantes et soignées bordaient ces chemins, apportant un contraste rafraîchissant avec la salle de conférences animée où j'étais resté cloîtré au cours des deux derniers jours. Je le remerciai d'avoir été « à la fois correct et aimable à mon égard durant toute la rencontre ».

« Pourquoi n'aurais-je pas dû l'être ?, me dit-il, troublé.

– Eh bien, vous m'avez qualifié de roublard lorsque nous nous sommes rencontrés.

– Qu'y a-t-il de mal à ça ?

– Quand nous, Américains, disons d'une personne qu'elle est roublarde, nous voulons dire qu'elle est manipulatrice, dis-je. Ce n'est pas vraiment un compliment.

– Ce n'est pas vrai en Angleterre, me renseigna-t-il. Au contraire. Je faisais référence à l'habileté que vous avez déployée quand Dickinson et Patricia Merz vous ont attaqué au congrès de Sendai il y a trois ans. Vous étiez le président de la séance, et votre attitude a été admirable. »

Bien sûr, je fus ravi d'entendre cela, mais je reste déconcerté par les différences idiomatiques fallacieuses entre l'anglais britannique et l'anglais américain.

Peu après la rencontre, en fait, Alan Dickinson fut renvoyé de son poste de directeur de l'unité de neuropathogenèse de l'Université d'Édimbourg. La rumeur veut que pendant des années les scientifiques britanniques aient été frustrés par les bravades de Dickinson, après lui avoir souvent répété qu'il devait isoler le gène responsable du contrôle de la durée d'incubation de la tremblante chez la souris. Sa réponse était invariablement : « Vous ne comprenez pas le système expérimental de la tremblante chez la souris. » Il avançait qu'il était le seul à comprendre le détail des expériences avec toutes ses lignées consanguines de souris, inoculées avec différentes souches de l'agent de la tremblante. Un fin observateur de ce conflit arrivait facilement à deux conclusions possibles : Dickinson était soit un génie, soit un excentrique têtu peu versé en biologie moléculaire. Apparemment, notre dernier papier dans *Cell* avec Carlson avait poussé les autorités de financement britanniques à conclure que la seconde possibilité était la bonne, et il leur donna les arguments dont elles avaient besoin pour le licencier. Son successeur fut Richard Kimberlin, qui abandonna son poste six mois plus tard pour devenir un consultant du gouvernement au moment où l'épidémie de la vache folle émergea en Grande-Bretagne. Kimberlin me confia à plusieurs reprises qu'il ne se sentait pas qualifié pour diriger l'unité alors que tant de nouvelles technologies arrivaient pour modifier l'étude de la tremblante.

L'influence de Dickinson allait perdurer jusqu'au siècle suivant. Ses disciples étaient tellement endoctrinés qu'ils ont continué des années après son départ à faire à Édimbourg le prétendu typage de souche, qui utilise plusieurs lignées de souris congéniques pour mesurer la durée d'incubation du prion dans chacune, niant la puissance des souris transgéniques ou génétiquement manipulées qui allait révolutionner la recherche sur la tremblante et d'autres maladies à prion. Tout en méritant beaucoup de reconnaissance pour ses premiers travaux importants, Dickinson avait entravé mes efforts et ceux d'autres à chaque instant. Pourtant, son départ m'attristait. Ses excentricités allaient nous manquer.

CHAPITRE 12

L'élucidation des maladies à prion chez l'homme

Au cours des deux années suivantes, nos découvertes allaient créer un nouveau paradigme des maladies à prion humaines. À partir de nos données et de celles d'autres équipes, nous avons développé une compréhension unique de la manière dont les maladies à prion peuvent se manifester chez les gens sous une forme sporadique, infectieuse ou génétique. Le séquençage des gènes, les souris transgéniques, les études de liaison génétique et l'épidémiologie allaient toutes contribuer à éclaircir le mystère des maladies à prion humaines. Ces études se sont avérées un merveilleux exemple d'interaction entre sciences fondamentale et clinique ainsi que de science biomédicale à son meilleur niveau, utilisant des patients pour démêler des phénomènes biologiques complexes.

La génétique de la maladie du prion humaine est une histoire qui illustre juste la faible capacité qu'ont en général les scientifiques à voir au-delà de leurs données. Elle commence en 1921, avec la description de la MCJ. La plupart des cas se produisent chez des personnes sans antécédents familiaux. En 1930 cependant, le premier cas familial est rapporté chez les Backer, famille d'origine flamande qui vivait dans le nord de l'Allemagne. Paul Backer était décédé en 1922 à l'âge de quarante-quatre ans, et sa sœur Bertha en 1926 à l'âge de quarante-six ans, d'une maladie neurologique à progression lente. Leur mère était aussi décédée à l'âge de cinquante-quatre ans d'une maladie neurologique, comme sept de ses neuf frères et sœurs. La femme de Paul Backer remarqua la perte de mémoire progressive de son mari, une disparition de son intérêt pour les choses et un changement général de sa personnalité six mois avant son hospitalisation pour perte progressive de la mémoire, désorientation, aphasie et difficulté à effectuer des mouvements complexes. Il mourut huit mois après avoir été hospitalisé. L'examen microscopique de coupes de son cerveau montra des vacuoles et une perte étendue de neurones qui menèrent au diagnostic de MCJ. Sa sœur décéda sept mois après avoir présenté une perte de la mémoire, une ataxie et une rigidité. À l'autopsie, son cerveau présentait une atrophie générale et des changements spongiformes qui firent poser le même diagnostic. Le fils de Paul, Max, âgé de quarante-quatre ans, mourut après une maladie progressive de sept mois qui avait commencé par des troubles de la mémoire et des tremblements. Un autre fils mourut aussi à quarante-deux ans d'un trouble neurologique similaire, tout comme à quarante ans l'une des quatre filles de Paul.

Puis, en 1973, Raymond Roos[1], qui travaillait avec Gajdusek et Gibbs, rapporta la transmission d'une MCJ familiale à un chimpanzé, treize mois après lui avoir inoculé un extrait du cerveau d'un homme identifié comme R. C. Ce dernier était mort à trente-cinq ans, trois mois après l'apparition d'une démence progressive, de myoclonie et d'une difficulté à bouger ses bras et ses jambes. Les coupes de son cerveau montrèrent une perte de neurones et des changements spongiformes étendus. Sa mère était décédée à l'âge de trente-sept ans après sept mois d'une maladie avec démence et des problèmes de coordination. Sa grand-mère maternelle était morte à quarante-huit ans d'une maladie neurologique ressemblant à celle de sa fille, et deux tantes maternelles étaient aussi décédées en quelques mois d'une démence à progression rapide.

La forme familiale de MCJ de R. C. était identique, du point de vue clinique et neuropathologique, à la MCJ non familiale, et, plus important encore, elle pouvait être transmise comme elle. La question de savoir comment une maladie pouvait être à la fois transmissible et héritée restait ouverte, avec des explications incluant la propagation d'un « virus » de MCJ parmi les membres de la famille vivant à proximité ou une infection de naissance, moyen de transmission clairement illustré dix ans plus tard par le passage du VIH de la mère infectée à son enfant au cours de la grossesse, de l'accouchement ou de l'allaitement. Une troisième explication était une prédisposition héritée à l'infection par un virus de MCJ ubiquitaire, c'est-à-dire répandu dans le monde entier. Il n'y avait cependant aucun indice pour étayer l'une de ces trois étiologies hypothétiques, et bien sûr aucune donnée pour avancer qu'un virus était en cause.

En 1981, Colin Masters, qui travaillait aussi avec Gibbs et Gajdusek, rapporta la transmission à des singes du syndrome de Gerstmann-Sträussler-Scheinker (SGSS), une maladie familiale rare et toujours fatale avec beaucoup de plaques amyloïdes[2]. Comme pour les victimes de la MCJ, certains patients du SGSS présentent des difficultés à marcher et sont diagnostiqués à tort au début de la maladie comme ayant la sclérose en plaques. La transmission du SGSS confortait la première étude de la MCJ familiale, et les auteurs concluaient que le « virus de la MCJ » causait le SGSS, sans qu'aucune des deux études ne propose ma compréhension du processus de la maladie. Ce n'est qu'après que nous eûmes séquencé la protéine de la tremblante et trouvé le gène de la PrP que je pus commencer à faire des recherches sur les formes héritables de ces deux maladies.

Le SGSS fut décrit pour la première fois en 1936 par Josef Gerstmann, Ernst Sträussler et Isaak Scheinker, qui étaient tous des neuropsychiatres juifs à Vienne[3]. En 1928, Gerstmann rapporta le cas d'une femme, Berta H., âgée de vingt-six ans, ayant des troubles de l'équilibre qui s'aggravèrent progressivement. Il décrivit aussi le changement de son caractère et de son humeur. C'était une femme joyeuse, qui le resta mais devint aussi irritable, intolérante et apathique. Elle avait des problèmes de coordination pour bouger ses bras ou ses jambes et pour parler. Elle n'avait plus de réflexes, mis à part celui de Babinski où le gros orteil remonte quand la plante du pied est grattée avec un objet pointu. Une atteinte des hémisphères cérébraux se traduit souvent par un réflexe de Babinski positif. Berta H. mourut six ans après le début de sa maladie. Son père, son grand-père et son arrière-grand-père étaient décédés d'une maladie similaire, qui avait commencé aux âges respectivement de quarante, trente et quarante ans. Des recherches plus poussées dans la famille au début des années 1990 ont aussi montré que la sœur de l'arrière-grand-père était également morte de cette maladie, de même que deux de ses fils et un petit-fils. La famille englobait maintenant plus de 221 membres sur neuf générations, dont 20 avaient le SGSS, 16 l'avaient eu et 12 présentaient des maladies neurologiques et

Figure 26. En 1987, Bruce Miller (à gauche) m'a montré un patient à l'UCLA qui était en train de succomber à un SGSS. Deux ans plus tard, Karen Hsiao (à droite), avec Tim Crow, Rosalind Ridley, Harry Baker et Jurg Ott, a rapporté qu'une mutation dans le gène de la PrP du patient était génétiquement liée au développement du SGSS.

psychiatriques décrites comme sans rapport avec le SGSS. À l'autopsie, le cerveau de l'un de ces patients, H. M., montra une atrophie extrême et son examen au microscope révéla une perte de neurones sévère, un changement spongiforme étendu et de nombreuses plaques amyloïdes[4].

Ma propre expérience clinique avec le SGSS débuta par une politesse de Bruce Miller qui était alors à l'UCLA (figure 26). Connaissant mon intérêt pour la MCJ et la tremblante, il me décrivit un cas : « C'est un homme blanc de quarante ans qui a commencé à avoir des difficultés à marcher il y a deux ans. Il a une ataxie des membres et du tronc mais il n'est pas dément. Sa sœur aînée a eu quelque chose de similaire il y a environ dix ans, qui fut initialement diagnostiqué comme une sclérose en plaques, mais à l'autopsie le diagnostic de SGSS a été fait pas un neuropathologiste à l'UCLA[5].

– C'est pourquoi tu penses que son frère a aussi un SGSS ?, lui demandai-je.

– Je te le dirai la prochaine fois que je dois le voir dans ma consultation.

– Ce serait super !, lui dis-je. Nous avons besoin d'un peu de sang pour pouvoir isoler l'ADN de ses globules blancs. Je veux savoir s'il porte une mutation dans l'ADN du gène de la PrP qui produit une modification de la séquence d'acides aminés de la protéine prion. »

Nous avons isolé l'ADN du patient à SGSS de Bruce Miller, puis l'avons conservé au congélateur jusqu'à ce que, sept mois plus tard, Karen Hsiao (voir figure 26) vienne travailler dans mon laboratoire. Plus tard, Bruce Miller et moi-même deviendrons de proches collègues quand je l'aurai recruté pour diriger notre programme de démence clinique, maintenant appelé le Centre du vieillissement et de la mémoire de l'UCSF. Le remarquable talent de Bruce pour organiser des programmes cliniques de recherche a conduit à la création d'un programme mondialement connu d'étude des démences fronto-temporales. Après avoir fait sa période de résident en neurologie à l'UCSF, Karen voulait étudier les maladies à prion familiales chez l'homme. Bien que Karen ait été une excellente résidente en neurologie, elle mit dans son travail au laboratoire une intensité et une attention rarement égalées. Elle avait déjà été bien formée à l'art de l'investigation scientifique au cours des études de neuroanatomie effectuées pour sa thèse. Son projet était de cloner le gène de la PrP du patient de Miller et de séquencer au moins dix clones différents, chacun contenant la séquence entière de ce gène. Comme le SGSS est hérité de manière dominante, un seul des deux gènes de la PrP porteur de la mutation fatale suffit chez le patient. Aujourd'hui, une telle étude peut être faite rapidement en utilisant une technique appelée PCR (pour réaction en chaîne de la polymérase), mais à l'époque le séquençage de plusieurs clones était le seul moyen de trouver une mutation dans une maladie héritée de cette manière.

Karen finit par trouver la mutation, qui était le changement d'une seule base dans l'ADN. Au codon 102, la séquence d'ADN CGG était mutée en CTG, ce qui se traduisait par la substitution de l'acide aminé leucine par la proline[6]. Nous fîmes immédiatement l'hypothèse que ce changement de base était à lui seul responsable de la dégénérescence du système nerveux du patient ainsi que de celui de sa sœur. J'incitai cependant à la prudence. D'abord, il fallait nous assurer que cette mutation ne se retrouvait pas dans la population générale, qu'en d'autres termes elle était vraiment spécifique de la famille atteinte de SGSS. Puis, une fois la mutation associée à la maladie, nous allions devoir établir sa signification statistique par une étude de liaison génétique avant de pouvoir publier nos résultats.

Pour effectuer une étude de liaison génétique, nous avions besoin de personnes atteintes de SGSS, et plus particulièrement d'individus issus de grandes familles. Tim Crow et ses collègues, qui travaillaient à l'Institut de psychiatrie à Londres, avaient réuni un grand arbre généalogique de la famille W. où vingt-trois membres étaient touchés sur sept générations. La maladie commence en général de manière insidieuse, les patients ayant du mal à garder leur équilibre et étant oublieux. Comme dans le kuru, leur difficulté à se tenir debout s'aggrave avec le temps en raison de l'ataxie troncale, et ils ont des problèmes avec la coordination des bras et des jambes. La plupart des membres de la famille atteints ont développé une démence progressive. La longueur de la maladie clinique varie de un à dix ans, avec une durée typique de quatre ans. À l'autopsie, le cerveau des patients montrait un changement spongiforme étendu et de nombreuses plaques amyloïdes. Je demandai à Crow de collaborer avec nous et nous découvrîmes bientôt que les patients britanniques du SGSS portaient tous la même mutation que celle du patient de Miller trouvée par Karen.

J'appelai ensuite Jurg Ott, un professeur de génétique statistique à l'Université Columbia et lui demandai de nous aider à déterminer si nous avions un nombre suffisant de patients pour savoir si la mutation était significative. Jurg fit une série de calculs et nous dit que nous n'avions pas assez de données, mais qu'avec les échantillons d'ADN d'environ une douzaine de jeunes membres de la famille en bonne santé nous pouvions déduire qui parmi les parents décédés avait porté la mutation. Heureusement, Tim et ses collègues avaient développé d'excellents rapports avec la famille W., et ils purent obtenir les échantillons requis. Une fois que nous avons eu un score de liaison montrant qu'il y avait plus de 1 000 chances sur une que la mutation trouvée par nous était la cause du SGSS, nous écrivîmes rapidement un article qui fut envoyé à *Nature*[7].

Alors que le papier était soumis au comité de lecture à l'automne 1988, j'étais à Tokyo pour un congrès sur le prion et je repris contact avec mon ami Jun Tateishi. Je l'avais rencontré à Fukuoka, au Japon, en 1978, de retour de mon premier voyage dans les montagnes de Nouvelle-Guinée. C'était un homme svelte et de taille moyenne aux cheveux prématurément gris. Il avait une personnalité réservée et c'était quelqu'un de gentil qui fut toujours clair et correct. Il avait inoculé à des souris un extrait de cerveau d'un patient décédé de SGSS et les extraits du cerveau de ces souris transmettaient la maladie à d'autres souris environ 150 jours après leur injection. J'aimais l'idée d'utiliser les souris pour étudier les maladies à prion humaines, ces animaux étant plus faciles à gérer que des singes. Jun m'envoya un tube contenant du cerveau de souris inoculée avec la souche Fukuoka de SGSS. J'injectai cet extrait dans une douzaine de souris et attendis environ 150 jours qu'elles deviennent malades. Quand j'ai annoncé à mes collaborateurs que le cerveau de ces souris était disponible pour des études, cela provoqua un tollé que je n'aurais jamais anticipé. Plusieurs postdocs et techniciens dirent qu'ils partiraient si je commençais à travailler avec un pathogène humain. J'appris aussi que plusieurs autres membres de la faculté ayant des laboratoires voisins furent très troublés. Avec l'aide de l'un des techniciens, je vins un samedi, sacrifiai ces animaux, les mis chacun dans un tube et immergeai le tout dans l'azote liquide. De temps en temps, Darlene Groth me demandait : « Stan, pouvons-nous jeter ces souris SGSS ? Nous avons besoin d'espace pour la congélation. » Après une décennie, je finis par capituler et lui dis qu'elle pouvait les incinérer.

À la fin du congrès sur le prion de Tokyo en 1988, je m'assis avec Jun au café de l'hôtel. Je lui confiai la découverte de Karen sur la mutation qui cause le SGSS en lui demandant de garder le secret. « Ce que j'aimerais avoir de toi, lui dis-je, ce sont des échantillons de sang de patients japonais de la MCJ ayant une histoire familiale de la maladie. » Jun promit de m'en envoyer, mais, au lieu de ça, je reçus trois semaines plus tard un manuscrit qui décrivait une étude faite à la hâte de son côté sur le SGSS montrant la même mutation dans le gène de la PrP chez onze Japonais avec le SGSS et une autre mutation à un autre endroit dans le gène chez un patient français. Il suggérait de le publier à la suite de notre papier dans *Nature*. Je ne fus pas content. Je l'appelai et lui dis que Karen Hsiao avait travaillé sur le SGSS pendant presque deux ans et qu'elle devait en recevoir le crédit. Quelques jours plus tard, Jun me rendit visite à San Francisco. J'étais encore sous le choc et lorsqu'il entra je lui dis : « Jun, tu ne peux pas faire cela. Ce n'est pas juste. Nous avons travaillé pendant deux ans sur ce projet. Tu y as passé quelques jours, après que je t'ai demandé des échantillons de patients ayant une histoire familiale de maladie à prion.

– Mais nous voulons juste publier notre papier avec le vôtre, dit-il. Cela ne peut que valoriser ton article. »

J'étais énervé. « Jun, si nous n'avions pas fait l'étude de liaison génétique montrant la mutation qui cause le SGSS, et si tu l'avais faite, alors tu aurais raison. Mais c'est l'opposé qui se passe. Nous avons fait tout le travail, et tout ce que vous avez fait est de rapporter la présence de mutations, ce qui n'avait aucun sens avant que l'étude de liaison ne soit faite. »

Parfois, le caractère compétitif de la science pousse les chercheurs, dont moi-même, à être agressifs d'une façon inappropriée. Je dois porter au crédit de Jun qu'il a rapidement saisi mon argument et, bien que déçu, il a retardé la publication de son article de plus de six mois. À la fin de cet échange quelque peu tendu, il me fixa doucement du regard puis ajouta : « Tous ces mots anglais me donnent mal à la tête. »

Trois mois plus tard, avec notre article devant paraître bientôt dans *Nature*, je n'avais pas encore retenu la leçon. J'étais à un congrès à Washington, en train de dîner avec l'un des postdocs de Gajdusek et un responsable des subventions aux NIH, encore étourdi de l'excitation engendrée par les résultats de génétique moléculaire. Au cours du repas, l'utilisation de la génétique moléculaire pour étudier la maladie d'Alzheimer vint sur le tapis et je ne pus me contenir. Je me mis à expliquer nos résultats avec le SGSS. Mes interlocuteurs m'écoutaient intensément.

En l'espace d'une semaine, Gajdusek et son postdoc avaient soumis un article à *Nature* rapportant une mutation du codon 102, mais sans étude de liaison. L'un des auteurs du papier m'a raconté plus tard que *Nature* l'avait retourné sans même l'examiner. Mais notre découverte des mutations pathogéniques du gène de la PrP dans les maladies à prion familiales avait donné un nouvel horizon à la vie scientifique de Gajdusek. Pendant près de vingt-cinq ans, il avait recueilli des échantillons de cerveau de patients atteints de MCJ. Il les avait conservés dans de nombreux congélateurs et maintenant tout ce que ses collaborateurs avaient à faire c'était d'isoler leur ADN et de séquencer leur gène de la PrP. Quand il commença à rapporter de nouvelles mutations, je commençai à m'inquiéter qu'il ne fasse passer au second plan notre découverte. Cela n'arriva pas, car il ne comprenait pas le sens de ces mutations. Il pensait qu'elles pouvaient conférer une susceptibilité à un agent infectieux ubiquitaire, c'est-à-dire au mystérieux virus de la tremblante.

Le temps que nous avions pris pour établir la liaison génétique entre la mutation dans le gène de la PrP et le développement du SGSS avait failli être désastreux pour nous. La technologie de séquençage de l'ADN avait fait de tels progrès dans l'intervalle que d'autres pouvaient répliquer en quelques jours ce qui nous avait demandé des mois. Par la suite, plus de quarante mutations différentes ont été trouvées à l'origine de formes héritées de maladies à prion humaines.

La démonstration d'un lien significatif entre la mutation du gène de la PrP et la maladie neurologique du SGSS modifia ma façon de penser d'une manière que je n'avais pas prévue. Je n'avais jamais imaginé que notre découverte de cette mutation s'avérerait un argument aussi puissant contre le supposé virus de la tremblante. Notre travail montrait clairement que le SGSS et la MCJ familiale étaient des maladies génétiques causées par des mutations. Lorsque les gens mouraient d'une maladie à prion héritée, leur cerveau contenait des prions infectieux. L'explication la plus probable était que le mutant de la PrP^{C} était beaucoup plus facilement converti en un PrP^{Sc} responsable de la maladie que la PrP^{C} normale. Plus tard, nous et d'autres chercheurs avons montré que, si des gens portant des mutations sur la PrP vivent assez longtemps, ils développent tous une maladie à prion.

Nous avions découvert un mécanisme entièrement nouveau de maladie. Nous avions montré qu'une seule pathologie peut avoir une origine à la fois infectieuse et génétique. Nous pouvions aussi expliquer une troisième manifestation de maladie à prion humaine : la forme « sporadique » de la MCJ. Plus de 85 % de tous les cas de MCJ sont sporadiques, c'est-à-dire qu'il n'y a aucun antécédent familial ou d'exposition au prion que ce soit par l'alimentation ou d'autres voies. La MCJ sporadique survient le plus souvent chez des personnes entre cinquante et soixante-quinze ans. Chez des personnes plus âgées, elle est parfois confondue avec la maladie d'Alzheimer. Nous pensions que la forme sporadique de la MCJ résulte d'une conversion de la PrP^{C} en PrP^{Sc}, événement rare (un cas sur un million), spontané et s'autoentretenant. Cette formation spontanée expliquait déjà pourquoi de tels patients se retrouvent sur toute la planète, l'incidence de la MCJ sporadique étant la même dans le monde entier.

Interlude
Trois hypothèses qui pourraient expliquer la formation spontanée de prions PrP^{Sc}

Avant de décrire ces trois hypothèses, je dois introduire certains termes. Quand une mutation se produit dans la région codant pour la protéine d'un gène, une base de l'ADN est changée. Par exemple, quand le codon « CCA » codant pour l'acide aminé proline est changé en « CTA », l'acide aminé leucine est substitué à la proline dans la protéine. En revanche, si « CCA » est changé en « CCG », cela n'entraîne aucun changement d'acide aminé dans la séquence de la protéine car le code génétique est redondant (ou « dégénéré »). Des mutations dans l'ADN qui ne changent pas l'acide aminé sont dites silencieuses.

Parmi les mutations, silencieuses ou pas, il y a celles dites somatiques et celles de la lignée germinale. Ces dernières se sont produites avant la conception et sont transmises à la descendance par le spermatozoïde ou l'ovule. Les mutations somatiques, au contraire, se produisent après la conception dans des cellules de l'organisme, sauf celles de la lignée germinale, et ne sont donc pas transmises aux enfants.

Avec nos résultats sur les formes héritées de maladies à prion, où une mutation de PrP s'est trouvée dans la lignée germinale, le spermatozoïde ou l'ovule, nous pouvions suggérer trois hypothèses pouvant expliquer les cas sporadiques de MCJ, soit plus de 80 % des cas.

- Les mutations dans le gène de la PrP dans des cellules somatiques pouvaient stimuler la conversion de la PrP^{C} en PrP^{Sc}. Une fois que la PrP^{Sc} s'accumulait suite à la mutation, cela stimulait la conversion de la forme sauvage, non mutée, de PrP^{C} en plus de molécules de PrP^{Sc}.
- Le passage de la PrP^{C} à la PrP^{Sc} était un événement aléatoire se produisant une seule fois sur une longue période à cause d'un état métabolique indéterminé, tel que l'accumulation d'un métabolite toxique.
- La formation de petites quantités de PrP^{Sc} pouvait être un processus normal et la PrP^{Sc} pouvait avoir une fonction physiologique. Il n'y avait pas de danger tant que des cellules, notamment les neurones dans le cerveau, étaient capables de dégrader la PrP^{Sc} aussi rapidement qu'elle se formait, mais dès qu'elle commençait à s'accumuler plus vite que son élimination, un processus fatal était déclenché.

Petit à petit, l'opposition au concept du prion se réduisait. Je fus particulièrement content de recevoir un appel de Joe Gibbs à l'automne 1988 me demandant de déjeuner avec lui lors de mon prochain séjour à Washington. Nous nous rencontrâmes au club des officiers du centre médical naval de Bethesda. Gibbs commença par me dire : « Mes quatre jeunes scientifiques étaient chargés de montrer que vos résultats étaient faux. Au lieu de cela, ils les ont tous reproduits.

– C'est une excellente nouvelle. Quand allez-vous publier vos travaux ?

– Bientôt. Nous avons fait tellement d'études que nous avons assez de données pour quatre manuscrits. Est-ce que vous pourriez nous aider à trouver un endroit pour les publier ? »

Comme son groupe avait simplement confirmé mon travail plutôt que trouvé quelque chose de radicalement nouveau, Gibbs se demandait si une revue serait intéressée pour publier leurs travaux.

« Je vais essayer », lui dis-je, peut-être encore plus désireux que lui de voir ce travail important de confirmation publié. Quelques jours plus tard, j'incitai le directeur de *Neurology* à considérer avec bienveillance ces études, et elles furent finalement publiées dans cette revue[8].

Pourtant, les chasseurs de virus de tremblante restaient inébranlables. Peu après notre publication de la mutation de la PrP et de l'étude de liaison génétique, certains d'entre eux dont Richard Kimberlin et Bruce Chesebro commencèrent à argumenter que la PrP était un récepteur pour un virus ubiquitaire. Ils prétendaient que le mutant de la PrP liait le « virus de la tremblante » avec une plus grande affinité, ce qui rendait l'infection plus efficace. Cependant, de nombreuses souches de prions avaient alors été identifiées et les prions de différentes espèces de mammifères avaient des hôtes différents. Alors que le total de ces divers prions ne cessait d'augmenter, il devenait de plus en plus difficile d'expliquer comment les maladies à prion héritées étaient causées par un seul virus. Les partisans du virus de la tremblante devaient postuler l'existence d'une large gamme de virus ubiquitaires de la tremblante, comportant des centaines si ce n'est des milliers de variétés, alors que pas un seul d'entre eux n'avait encore été trouvé ! Le seul moyen de se sortir de cette impasse était d'empiler des hypothèses *ad hoc* les unes après les autres. Parfois, je me sentais désolé pour eux.

Notre travail était encore descriptif. Nous n'avions pas réussi à percer le mécanisme de la multiplication du prion de la tremblante. Avec Michael R. Scott, qui avait rejoint mon groupe en 1986 après une formation complète en biologie moléculaire auprès de Harold Varmus,

Figure 27. Mike Scott a construit les souris transgéniques exprimant la PrP^{C} de hamster.

je décidai que la prochaine étape serait de construire des souris exprimant le gène de la PrP du hamster, ou un transgène, comme on disait (mot dérivé de gène transféré) (figure 27). Les souris portant un transgène sont appelées transgéniques ou souris Tg. Nous savions, par notre travail et celui d'autres, que les prions infectieux ne passent pas de la souris au hamster et réciproquement. Si nous pouvions abolir cette barrière de transmission en exprimant la PrP de hamster dans la souris, nous pourrions faire un progrès substantiel dans la compréhension des prions. De plus, une fois qu'une souris Tg de ce type aurait reçu de la PrP^{Sc} de hamster, nous allions être en mesure de tester le type de prion produit dans leur cerveau chez des souris non transgéniques et des hamsters.

La barrière de transmission des prions entre hamster et souris rappelait la barrière d'espèce décrite par Iain Pattison au début des années 1960. Travaillant à l'Institut de recherche sur les maladies animales à Compton, au Royaume-Uni, Pattison avait étudié le passage de l'agent de la tremblante entre le mouton et le rat, et plus tard entre le rat et la souris. Il avait trouvé qu'au premier passage de l'agent d'une espèce à l'autre le temps d'incubation était prolongé. Au deuxième passage au sein de la même espèce il était raccourci et restait constant aux passages suivants. L'interprétation la plus courante de ces résultats était que le « virus de la tremblante » devait s'adapter. Lorsque ce supposé virus était transmis à une autre espèce, on pensait que quelques « virus » devaient muter puis se multiplier. Comme l'adaptation des virus d'une espèce à l'autre a été bien étudiée et qu'elle est connue pour être due à des mutations dans le génome viral, c'était présenté comme un argument imparable de l'existence du virus de la tremblante.

Mike et moi-même pensions qu'un moyen de tester cet argument de l'adaptation était de construire des souris Tg en insérant dans leur génome le gène de la PrP du hamster, puis de leur injecter la PrP^{Sc} du hamster pour voir combien de temps elles mettraient pour développer les symptômes de la tremblante. Si elles le faisaient dans les délais normaux pour le déclenchement de la maladie, un virus n'était probablement pas en cause.

Construire de telles souris s'est avéré compliqué. J'ai tenté qu'un spécialiste de l'Université de Pennsylvanie nous les fasse, mais il était inondé de demandes pour des projets jugés beaucoup plus susceptibles de réussir. Mike fabriqua un minigène en liant de petits morceaux d'ADN de hamster, mais il trouva rapidement que cette approche était vaine. D'autres avaient déjà rapporté que les minigènes échouaient souvent dans les souris Tg. Alors Mike entreprit d'isoler un grand morceau d'ADN de hamster contenant le gène entier de la PrP et bien plus encore. Monter un service de micro-injection de cet ADN dans des œufs fertilisés de souris posait aussi un autre défi. Nous avions besoin d'un espace isolé de sorte que les mères d'adoption chez lesquelles nous implanterions les œufs contenant l'ADN de hamster ne fassent pas de fausse couche. De plus, cet espace devait être proche de notre laboratoire afin que je puisse superviser le projet. Heureusement, le directeur du service de chirurgie orthopédique voulut bien me prêter de la place, mais il eut un prix à payer. Je dus entendre son opinion sur les neurologues, qui était fort mauvaise. « Vous ne guérirez jamais la MCJ », dit-il. Je me mordis la langue. « J'apprécie vraiment votre geste, lui dis-je. Quelques chaises en plus, ce serait trop aimable. »

En 1989, presque deux ans après, nous eûmes finalement des souris Tg dont le génome contenait la PrP de hamster. Allaient-elles développer rapidement la tremblante après inoculation du prion de hamster, ou montrer un temps d'incubation prolongé, comme les souris non transgéniques inoculées avec la PrP^{Sc} de hamster ? Le gène de la PrP du hamster, pouvait-il, en lui-même, abroger la barrière de transmission ?

Darlene Groth me téléphona pour m'annoncer des résultats très intéressants de cette expérience alors que j'étais en voyage au début de l'été 1989. De retour tard dans la soirée du vendredi, je décidai d'attendre le samedi matin pour examiner les souris Tg. Je pris la voiture pour le vivarium de Berkeley où nos souris, maintenant loin de ce que pouvait imaginer le directeur de la chirurgie orthopédique, étaient hébergées. Après avoir franchi un système de sécurité assez élaboré, je retrouvai les cages des souris Tg que Darlene m'avait décrites. Les animaux, inoculés à peine 70 jours plus tôt avec des prions de tremblante de hamster, montraient tous des signes neurologiques de la tremblante. C'était stupéfiant ! Non seulement le transgène de la PrP de hamster rendait les souris susceptibles au prion du hamster, mais il était capable de provoquer les troubles neurologiques en moitié moins de temps que le prion de la souris. Au lieu d'avoir quelques souris normales présentant la tremblante plus de 500 jours après inoculation, toutes nos souris Tg avaient développé la tremblante en un peu plus de deux mois.

Dès lors, je sus que nous avions finalement résolu le problème de la tremblante. Les résultats montraient qu'un virus n'était pas en cause dans la tremblante, et que le prion était bien réel. Plus important, nous disposions avec nos souris transgéniques d'un outil de recherche totalement inédit. Nous pouvions faire des milliers d'expériences pour définir pratiquement tous les aspects de la biologie du prion. Nos expériences ne seraient plus seulement descriptives. Pour la première fois, nous pouvions aborder les questions du mécanisme, en changeant simplement la séquence des transgènes de la PrP.

Retournant en voiture par le pont de Bay Bridge, j'imaginai toutes les merveilleuses expériences que nous allions pouvoir faire. Nous serions à même d'étudier les prions de différentes espèces, dont celui de l'homme dans la MCJ, avec les souris transgéniques. Un monde entièrement nouveau de la biologie des prions venait de s'ouvrir. Seul un financement insuffisant limitait la vitesse du torrent de nouveautés sur les prions. Alors que je conduisais, trop peu de mes neurones étaient dévolus au trafic et tout d'un coup une voiture pila devant moi. J'écrasai la pédale de frein, mais trop tard. Heureusement, personne ne fut blessé, et la voiture que j'avais percutée n'eut rien. Je repris le volant en biologiste assagi.

Comme plusieurs lignées de souris Tg exprimant la PrP de hamster tombèrent malades après inoculation avec de la PrP^{Sc} de hamster, nous eûmes suffisamment d'information pour que Mike Scott puisse écrire un article[9]. Nous trouvâmes que le cerveau de nos souris transgéniques infectées contenait un milliard de prions de hamster infectieux et, comme prévu, beaucoup de PrP 27-30 de hamster. Steve DeArmond et moi-même fûmes surpris par les grandes plaques amyloïdes dans le cerveau de ces souris. Nos résultats signifiaient que le gène de la PrP module la susceptibilité, le temps d'incubation et la neuropathologie de la maladie à prion, et ils démontraient que les prions infectieux peuvent être programmés par un transgène de la PrP génétiquement manipulé. Alors que beaucoup de chercheurs saluèrent avec enthousiasme notre travail, les chasseurs de virus de la tremblante exprimèrent leur scepticisme habituel. Tout comme ils avaient bataillé pour expliquer les maladies à prion héritées, ils insistaient sur le fait que la PrP était un récepteur du « virus de la tremblante » et que la PrP de hamster rendait les souris susceptibles à ce virus. Mais les données qui émergèrent ensuite de nos nouvelles expériences avec les souris Tg furent encore plus difficiles à expliquer pour eux.

Nos souris Tg exprimaient les PrP de souris et de hamster à la fois. La PrP de la souris était codée par le gène naturel de la PrP qu'ont toutes les souris dans leurs chromosomes, alors que celui du hamster l'était par le transgène que nous avions inséré dans leur génome dès la première cellule de l'organisme. Nous pouvions désormais déterminer quel type de prion allait s'assembler dans le cerveau des souris Tg en réponse à l'injection du prion de la tremblante de souris ou de hamster. Allaient-ils engendrer un ensemble de prions de souris et de hamster ? Ou un prion hybride, et serait-il alors aussi efficace chez le hamster que la souris ? Les souris Tg étaient tuées aux premiers signes de tremblante et leur cerveau utilisé pour des injections chez le hamster ou des souris non transgéniques. Ces expériences visant à savoir quel type de prion de la tremblante était produit dans les souris transgéniques exigeaient plus d'une année.

Le résultat surprenant fut que le prion de la souris stimule spécifiquement la conversion de la PrP^{C} de la souris, la forme bénigne de la protéine du prion, en prion formé de PrP^{Sc} de souris. Réciproquement, le prion de hamster induisait la conversion de la PrP^{C} du hamster en prion de hamster comprenant la PrP^{Sc} de hamster. Nos résultats étaient si tranchés que nous nous sommes demandé si nous n'avions pas fait d'erreur. Sur les deux cent trente et un acides aminés de la protéine prion, seuls onze diffèrent entre la souris et le hamster doré, et l'un au moins de ces onze devait déterminer si un prion de hamster ou de souris était produit dans nos souris Tg[10]. Le processus fondamental de multiplication du prion de la tremblante avait été dévoilé par ce qui paraît maintenant être une série d'expériences relativement simplistes, un processus inédit qui se passait en l'absence d'acide nucléique.

L'examen par Steve DeArmond du cerveau des souris Tg révéla des choses tout aussi remarquables. Il découvrit de nouveaux principes gouvernant le dépôt des plaques amyloïdes. Nous apprîmes que la souche du prion injecté, qu'elle soit de souris ou de hamster, déterminait si la PrP^{Sc} s'accumulait ou pas sous forme de plaques amyloïdes dans le cerveau. Lorsque les souris Tg recevaient un prion de hamster, elles développaient des changements neurologiques similaires à ceux vus chez les hamsters infectés par la tremblante, dont de nombreuses plaques de PrP-amyloïde[11]. Lorsque les souris Tg recevaient un prion de souris, elles présentaient les signes de tremblante observés chez les souris non transgéniques infectées, où les plaques de PrP-amyloïde sont rares, montrant ainsi que la formation des plaques amyloïdes était due à la souche de prion inoculée à nos souris Tg. Le type de prion, et non l'hôte, déterminait le dépôt ou pas d'amyloïde.

Après une longue période de stabilité pour notre animalerie de hamster et de souris, le campus de Berkeley nous informa un jour brutalement qu'elle ne faisait plus partie des futurs plans du vivarium. Ils avaient décidé que notre départ allait accélérer leur demande de financement à l'État de Californie pour la construction d'un vivarium moderne et central. Avec notre départ, ils pourraient montrer que leur nouveau service serait plus petit que la somme de toutes leurs petites unités, et gagner ainsi un petit soutien de la part de groupes opposés à l'expérimentation animale.

Heureusement, Julius Krevans et son vice-président exécutif David Ramsay trouvèrent une magnifique solution à cette nouvelle crise pour les animaux. Ils nous attribuèrent généreusement un bâtiment à l'ancien

Hunter's Point Naval Yard qui avait été utilisé pour des études sur des animaux de laboratoire durant la Seconde Guerre mondiale. Pour la première fois, nous disposions d'un espace adéquat pour établir deux colonies séparées de souris Tg, l'une pour les études de la tremblante, l'autre pour la recherche sur les maladies à prion humaines. Le discernement exceptionnel de David Ramsay pour l'endroit où nous pourrions continuer notre recherche avait fait toute la différence.

Interlude
Les études du SGSS avec les souris transgéniques

Comme le fait d'hériter la mutation sur un gène de la PrP d'un seul parent suffit à causer le SGSS, il devrait être possible de créer un modèle de SGSS chez la souris, c'est-à-dire que les souris Tg exprimant à la fois la PrP normale et le mutant devraient tomber malades comme c'est le cas pour les patients. Karen Hsiao a suivi les traces de Mike Scott et inséré la mutation humaine de la leucine du SGSS dans la PrP de la souris. Et de fait, à l'âge de trois mois, certaines d'entre elles ont présenté les symptômes de la maladie neurologique. Lorsque Steve DeArmond a examiné leur cerveau, il a trouvé des changements caractéristiques de la maladie à prion du SGSS, avec une apparence spongiforme et de nombreuses plaques à prion amyloïde. Nous avions pris la mutation causant le SGSS chez l'homme et recréé la maladie par le changement d'une seule base dans le gène de la PrP de la souris. Lorsque le transgène de cette PrP mutée de la souris a été exprimé chez cet animal, il a provoqué une maladie neurologique identique à celle causée par l'inoculation du prion. Ce résultat était un autre argument irréfutable que les maladies à prion humaines héritées étaient dues à des mutations dans le gène de PrP et non à un virus de la tremblante ubiquitaire tapi un peu partout sur la planète[12].

Mais, là encore, les chasseurs de virus de la tremblante réagirent, prétendant que la PrP mutante était un récepteur qui permettait à un virus ubiquitaire d'infecter nos souris Tg. Il y avait parmi eux mon collaborateur Charles Weissmann. Au cours d'un congrès annuel privé à San Francisco en 1991, Weissmann présenta son idée d'un petit acide nucléique attaché au prion. Il réinventait le virino d'Alan Dickinson des années 1970, mais trop intelligent pour l'appeler virino il le nomma « holoprion ». L'holoprion était fait de l'apoprion, qui était la PrP^{Sc}, et du coprion, qui était un petit ARN. Lorsque le coprion d'ARN était fixé au PrP^{Sc}, il pouvait conférer des propriétés spécifiques aux diverses souches de prion. En l'absence de coprion, l'apoprion était encore infectieux. L'hypothèse de l'holoprion fut publiée dans *Nature*[13] et Weissmann commença à avancer sérieusement son idée dans les congrès. L'ingéniosité des chasseurs de virus était frustrante d'un côté et admirable de l'autre. Ils semblaient contrer chaque étude expérimentale par un autre argument créé *ad hoc*. Leurs objections ne formaient pas un tout cohérent mais une série de petites critiques qui ne tenaient pas compte du caractère convaincant de nos données.

À la fin de 1990, la liste des mutations du gène de la PrP dans le SGSS et la MCJ familiale en comptait plus d'une douzaine. À l'automne de 1991, Pierlugi Gambetti, directeur de la neuropathologie à l'école médicale de Case Western Reserve à Cleveland, m'appela pour me demander quelques anticorps contre la PrP. Gambetti travaillait avec Elio Lugaresi, directeur du département de neurologie de l'Université de Bologne, qui avait décrit six ans plus tôt plusieurs familles italiennes atteintes d'une maladie appelée insomnie familiale fatale ou IFF. Les patients souffraient d'une insomnie progressive et de difficulté, dans la régulation de leur température corporelle, à uriner, et dans les mouvements intestinaux. Beaucoup finissaient par présenter une prononciation pâteuse, des tremblements, une myoclonie et une fatigue sévère. Les patients mouraient en général un an après le début de l'insomnie. L'autopsie de leur cerveau montrait peu de changements, avec une perte de cellules nerveuses dans des parties du thalamus, l'une des grandes structures profondes du cerveau sur laquelle reposent les hémisphères cérébraux. La dégénérescence spongiforme que Gambetti voyait occasionnellement dans le thalamus lui fit se demander s'il ne s'agissait pas de dépôts de PrP^{Sc}. Quand il utilisa nos anticorps, il trouva une coloration intense dans certaines régions du thalamus. Après que lui et Lugaresi furent convaincus que de la PrP^{Sc} s'était déposée dans le cerveau des patients avec IFF, ils utilisèrent la technique de la PCR (réaction de la polymérase en chaîne) et trouvèrent rapidement une mutation au codon 178 du gène de la PrP chez ces patients. Quand leur étude parut, elle élargit le spectre des maladies à prion[14].

L'invention de la PCR a simplifié le séquençage de l'ADN, et la chasse aux mutations dans les maladies héritées de manière dominante s'intensifia chaque fois que le gène responsable de la maladie avait été identifié. Les neurologues et neuropathologistes du monde entier étudiaient plus d'une centaine de familles ayant une maladie à prion. Par exemple, Frank Owen et John Collinge, en utilisant la PCR et en collaboration avec Tim Crow, démontrèrent que le changement du codon 129 de ATG en GTG est un polymorphisme et pas une mutation[15]. Le polymorphisme d'un gène correspond à un variant présent dans la population générale alors qu'une mutation est rare. La séquence ATG de l'ADN code pour la méthionine (M) et GTG pour la valine (V). L'année suivante, Collinge, qui était retourné dans son laboratoire à Londres, rapporta que la plupart des gens ayant une MCJ sporadique étaient homozygotes pour le codon 129, avec sur les deux chromosomes soit M, soit V. Les gens qui sont MM ou VV s'avèrent ainsi prédisposés à la MCJ sporadique tandis que ceux qui sont MV sont moins exposés.

La puissance de la génétique humaine et murine pour étudier les prions s'est avérée extraordinaire. Les souris Tg exprimant des gènes de la PrP étrangers, mutants ou artificiels ont fait progresser la connaissance des prions en permettant de tester de nombreuses hypothèses. Pour la première fois, les études sur le prion n'étaient limitées que par l'intelligence des scientifiques qui posaient les questions.

CHAPITRE 13

Qu'y a-t-il dans une forme ?

Qu'est-ce qui se passe exactement pour qu'une forme inoffensive de prion se transforme en son double diabolique ? C'était la grande question encore sans réponse. Avec les souris transgéniques, nous avions appris que les nouveaux prions étaient produits quand le bon double dansait avec le mauvais. Nous avons fait l'hypothèse que les bons prions devaient se trouver en contact avec les mauvais à la formation de nouveaux prions. Bien que les études du prion par la biologie moléculaire et la génétique eussent créé une légion de supporters, l'utilité de ces approches déclina au début des années 1990 et les recherches sur la structure de la protéine prirent alors un rôle dominant..

Nous avions commencé par rechercher une modification chimique qui puisse distinguer le prion PrP^{Sc} de son précurseur bénin PrP^{C}, en supposant qu'un tel changement puisse suffire à la conversion de l'un en l'autre. Pendant près de six ans, de 1986 à 1992, Neil Stahl, un postdoc exceptionnellement doué, s'attaqua au problème. Il coupa la PrP 27-30 en plusieurs morceaux avec des protéases et mesura la masse de chacun. Si un groupement chimique avait été ajouté à la chaîne d'acides aminés lors de la formation de la PrP^{Sc}, nous aurions dû pouvoir le trouver. Cependant, aucun changement de ce type n'apparut, ce qui commença à nous inquiéter, Neil et moi. Passions-nous à côté de quelque chose ? Nous avions besoin d'un expert en spectrométrie de masse pour mesurer la masse de chaque morceau de PrP^{Sc}, pour voir si elle était due uniquement à son armature d'acides aminés ou comportait des atomes supplémentaires. Lorsque Michael Baldwin vint à l'UCSF en année sabbatique pour travailler avec Al Burlingame, nous eûmes l'homme de la situation. Mike avait monté le service de spectrométrie de masse de l'University College de Londres et possédait les compétences qui nous manquaient.

Neil et Mike cherchèrent un moyen d'expliquer l'existence des deux formes de la protéine prion. Comme la séquence de la PrP 27-30 était la même que celle prédite par le gène de la PrP, nous ne pouvions attribuer le pouvoir infectieux à une différence en acides aminés entre la PrP 27-30 et son précurseur PrP^{C}. J'espérais désormais que Neil et Mike emploieraient la spectrométrie de masse pour trouver un groupement chimique ajouté lors de la conversion de PrP^{C} en PrP^{Sc}. En utilisant nos préparations les plus purifiées de prions, ils ne purent trouver un tel groupement. Pourquoi ne le pouvaient-ils pas ? Négligeaient-ils quelque chose, ou ce groupement existait-il vraiment ? Neil et Mike étaient d'excellents chimistes, aussi avais-je le sentiment qu'il était peu probable qu'ils soient passés à côté de la modification chimique tant recherchée.

Une fois que la chaîne d'acides aminés d'une protéine est assemblée, la protéine est inactive jusqu'à ce qu'elle prenne sa forme active dans l'espace. Les propriétés profondément distinctes de PrP^{C} et PrP^{Sc} pouvaient-elles provenir de différences dans leur forme ? Pendant de nombreuses années, on a pensé que la disposition de la protéine dans l'espace était seulement due à l'ordre des acides aminés dans sa séquence. Au début des années 1960, Christian Anfinsen, qui travaillait aux NIH, avait découvert que la séquence d'acides aminés de la ribonucléase, ou RNase comme on l'appelle souvent, spécifie une forme biologiquement active. Il pouvait déplier (ou dénaturer) la RNase, puis lui faire reprendre sa conformation active et restaurer ainsi son activité enzymatique. J'étais aux NIH au début des années 1970, dans le laboratoire d'Earl Stadtman, et je me souviens de l'excitation qui a entouré les études d'Anfinsen. Ces études, pour lesquelles il reçut le prix Nobel en 1972, menèrent à un point de vue assez dogmatique sur le pliage des protéines, à savoir que la séquence en acides aminés de la protéine déterminait sa disposition dans l'espace. C'est-à-dire que chaque séquence produit une protéine qui se replie en une, et seulement une, conformation biologiquement active.

Figure 28. Ne pouvant trouver une modification chimique capable de discriminer la PrP^{Sc} de la PrP^{C}, Keh-Ming Pan (à gauche) a purifié la PrP^{C} en utilisant des conditions douces pour avoir les meilleures chances de garder la protéine dans sa conformation initiale. L'obtention de la PrP^{C} sous sa forme native a été cruciale pour nous permettre de tester un modèle proposé par Fred Cohen (à droite) qui suggérait que la PrP^{Sc} et la PrP^{C} avaient des structures physiques très différentes.

Quand je parlai à un de mes collègues à l'UCSF de notre incapacité à trouver une différence chimique entre la PrP^{C} et la PrP^{Sc}, il suggéra que Fred Cohen pût nous être utile. Fred avait une formation d'endocrinologue et de biophysicien (figure 28). Il considéra le problème et dit qu'il serait heureux de nous aider même s'il devait faire fi d'une certaine dérision de la part des autres scientifiques de l'UCSF de ruiner ainsi sa carrière en s'aventurant dans la recherche sur le prion.

Les deux principaux motifs structuraux dans les protéines, les hélices alpha et les feuillets bêta, sont très différents. Une hélice alpha se compose d'acides aminés enroulés selon un axe tournant vers la droite. Les feuillets bêta, au contraire, comprennent des séquences aplaties d'acides aminés. La taille et le nombre de ces deux structures secondaires diffèrent beaucoup suivant les protéines.

Comme la PrP^{Sc} se polymérise en amyloïde, qui a un nombre élevé de feuillets bêta, Fred et moi pensions qu'elle devait contenir beaucoup de feuillets bêta. Au cours de l'année qui suivit, trois groupes dont le mien mesurèrent la teneur en feuillets bêta de la PrP 27-30. Byron Caughey et ses collègues, en collaboration avec Bruce Chesebro des Laboratoires des montagnes Rocheuses, furent les premiers à publier des résultats montrant que les fibres amyloïdes de PrP 27-30 étaient bien comme les nombreux autres amyloïdes, avec une part importante de feuillets bêta[1].

Cependant, nous n'avions aucun indice sur la structure de la protéine précurseur PrP^C, aussi la tâche suivante fut-elle de purifier la PrP^C et de déterminer sa structure. Plusieurs mois avant la publication de Caughey, Fred me présenta des modèles informatiques préliminaires. La PrP^C semblait se disposer en une structure composée en grande partie d'hélices alpha, mais avec peu ou pas de feuillets bêta. Je pensai que nous pourrions facilement distinguer les différences entre la forme de PrP^C et PrP^{Sc} si le modèle de Fred de la PrP^C était une représentation correcte de la réalité. Si la PrP^C avait des hélices alpha et peu ou pas de feuillets bêta, l'acquisition d'une structure avec feuillets bêta pouvait être l'événement fondamental dans la formation du prion infectieux.

Nous réfléchissions à toute allure. L'énigme allait-elle se résoudre aussi simplement ? Beaucoup de travail devait être fait, toutefois, avant de savoir dans quelle mesure notre idée était la bonne.

Fred trouva cinq sites potentiels d'hélices alpha dans la PrP^C. Cependant, suivant la manière dont il paramétrait ses programmes de modélisation, certains sites pouvaient aussi former des feuillets bêta. Nous commençâmes alors à construire des modèles des diverses formes que la PrP^C pouvait prendre en se pliant. L'expérience clé restait cependant de purifier la PrP^C dans sa forme native, puis de déterminer sa structure. La comparaison de la structure de la PrP^C avec celle de la PrP^{Sc} n'aurait de sens que si l'une des deux formes de PrP présentait une grosse différence dans la quantité d'hélices alpha ou de feuillets bêta.

Purifier la PrP^C n'était pas une chose facile. Elle est dix fois moins abondante environ que la PrP^{Sc} dans le cerveau, et elle est instable. Récolter la PrP^C en utilisant des anticorps capables de la reconnaître fixés sur des billes semblait une bonne idée. Ces anticorps permettraient de trouver et de fixer la PrP^C parmi des milliers d'autres protéines. Deux problèmes demeuraient cependant. D'abord la PrP^C est une protéine collante à cause d'un lipide complexe qui l'ancre à la surface des neurones, de sorte qu'il fallait un détergent pour l'extraire. Et les détergents ont tendance à perturber la reconnaissance par les anticorps. Ensuite, et plus problématique encore, il fallait imaginer comment décrocher par la suite la PrP^C de l'anticorps sans affecter sa conformation et rendre par là vaine toute étude structurale. En 1990, quand Keh-Ming Pan a rejoint notre laboratoire comme postdoc (voir figure 28), je lui demandai de modifier le protocole de purification de la PrP^C dans l'espoir d'en obtenir de grandes quantités à partir du cerveau de hamsters sains. Keh-Ming réussit à bien améliorer ce protocole mais il devait déplier, ou dénaturer, la PrP^C quand il la décrochait des anticorps. Nous avions besoin de la PrP^C sous sa forme native, et après plusieurs faux départs nous pûmes enfin y arriver.

Interlude
La purification de la PrP^C

La purification de la PrP^C était compliquée en raison de la présence d'un glycolipide attaché à son extrémité. Au cours du travail initial de Neil Stahl pour rechercher des modifications de la PrP^{Sc} qui la distinguent de la PrP^C, il avait trouvé une partie du glycolipide. Ce groupement chimique inhabituel fournit l'indice nécessaire pour révéler que la PrP^C était ancrée à la surface des cellules par un glycolipide. Cela nous indiquait que nous devions utiliser des détergents pour neutraliser l'activité collante de la partie lipidique dans notre protocole de purification.

Durant près de deux ans, nous avons essayé des dizaines de façons de purifier la PrP^C. Finalement, nous avons choisi la technique appelée chromatographie d'affinité par ion métallique immobilisé, ou IMAC, parce que la PrP^C se lie légèrement aux ions de cuivre. Mais faire passer la PrP^C sur une colonne d'IMAC ne suffisait pas encore pour atteindre le niveau de pureté nécessaire. Nous nous sommes alors tournés vers des protéines fixant les sucres, appelées lectines, qui se lient aux deux chaînes glucidiques attachées au PrP^C. Le virologue suédois Erik Lycke avait étudié quelques années plus tôt l'interaction de la PrP 27-30 avec diverses lectines, et son travail nous montrait la meilleure à utiliser. Avec une PrP^C pas encore très pure, nous pouvions la fixer à l'agglutinine de germe de blé accrochée à des billes et rincer pour éliminer les protéines contaminantes. Pour libérer la PrP^C de cette lectine, nous lavions les billes avec le sucre N-acétylglucosamine dans des conditions douces qui ne la dénaturaient pas. Lorsque Keh-Ming a mesuré la quantité de structures en hélices alpha et en feuillets bêta de la protéine purifiée, il a vérifié la prédiction de Fred Cohen que la PrP^C était largement faite d'hélices alpha.

Keh-Ming accumula un nombre remarquable de données. La chaîne d'acides aminés qui se pliait en PrP^{C} créait une protéine formée d'environ 50 % d'hélices alpha et de moins de 5 % de feuillets bêta. Nous n'avions plus besoin d'assimiler la PrP^{C} et la PrP^{Sc} à des boîtes noires. Pour la première fois, le changement structural qui sous-tendait la conversion de la PrP^{C} en PrP^{Sc} était connu[2].

Mis à part l'importance de nos résultats pour la compréhension de la tremblante et des maladies humaines apparentées, cela avait de profondes implications en biologie et en médecine. Pendant plus de deux décennies, le dogme du pliage des protéines issu du travail d'Anfinsen sur la RNase était que la séquence d'acides aminés d'une protéine détermine sa conformation. Maintenant, nous avions la preuve d'une protéine qui existait sous deux conformations distinctes, l'une où elle remplissait un rôle encore inconnu (PrP) et l'autre où elle devenait infectieuse et finissait par tuer son hôte (PrP^{Sc}).

Notre découverte d'une protéine existant sous deux conformations biologiquement actives s'avéra aussi révolutionnaire que la découverte initiale des prions. Tout au long des années 1960, beaucoup d'études avaient montré que de nombreuses enzymes pouvaient adopter plusieurs conformations, mais dans chaque cas une petite substance chimique telle qu'un sucre ou un acide aminé déclenchait le changement de conformation. Classiquement, ce changement modulait positivement ou négativement l'activité catalytique de l'enzyme. Dans le cas du prion, aucune petite molécule de ce genre n'était impliquée dans le passage de la PrP^{C} à la PrP^{Sc}. Au début, beaucoup de chimistes et de biophysiciens restèrent sceptiques devant notre découverte, mais ils finirent par l'accueillir avec enthousiasme. Avec l'amélioration des techniques d'étude de la structure des protéines, les preuves d'autres états conformationnels multiples commencèrent à apparaître pour d'autres protéines. Le dogme qui avait émergé à la suite des élégants travaux d'Anfinsen sur le repliement de la RNase en une conformation active du point de vue enzymatique s'évanouit. La prochaine étape allait être de déterminer la structure tridimensionnelle précise de la PrP^{C} et de la PrP^{Sc}.

Interlude
Plasticité et repliement alternatif des protéines

Il y a une beauté remarquable dans la complexité des protéines et la simplicité de leur fabrication (voir chapitres 2 et 10). Notre ADN porte des instructions sur la manière de créer les protéines. Bien que nous ayons environ 20 000 gènes, nous pouvons créer un nombre beaucoup plus élevé de protéines en réarrangeant des morceaux de gènes au cours de la synthèse de l'ARN messager spécifique d'une protéine. Le cerveau contiendrait ainsi plus de cent mille protéines différentes.

Après assemblage de la chaîne d'acides aminés, elle doit se replier selon une forme particulière avant que la protéine ne devienne active. Parfois, des protéines ont besoin d'une assistance pour prendre la forme correcte et d'autres protéines appelées chaperons interviennent pour cela. D'autre part, les cellules ont des mécanismes pour dégrader les protéines mal repliées. Pour être active, une enzyme, qui est aussi une protéine, doit se replier dans une conformation qui lui permet d'accélérer (ou catalyser) une réaction chimique. Par exemple, chaque membre d'un groupe d'enzymes qui dégrade les sucres doit se replier correctement pour remplir son rôle dans le métabolisme.

Les scientifiques utilisent en général le terme de conformation pour se référer à la forme d'une protéine. Dans les années 1960, des études pionnières avaient démontré qu'une seule conformation permettait à une enzyme d'être hautement active. D'autres études ont rapidement montré que certains métabolites pouvaient modifier la forme des enzymes et altérer de cette manière leur activité. Si un métabolite se lie à un site autre que le site actif de l'enzyme, cela s'appelle une régulation allostérique. Certains effecteurs allostériques augmentent l'activité catalytique de l'enzyme tandis que d'autres la diminuent. Outre cette régulation allostérique, la modification chimique des enzymes devint le domaine d'intenses recherches. On a découvert que les protéines effectuant plusieurs fonctions subissaient une phosphorylation, c'est-à-dire la fixation ou le retrait d'un ou de plusieurs groupes phosphates sur la protéine par des enzymes appelées respectivement protéines kinases ou phosphatases. Parfois, les phosphorylations s'enchaînent l'une après l'autre sur différentes protéines pour former une voie ou cascade de régulation.

Au début des années 1980, le dogme qu'une protéine a une forme biologiquement active définie par sa séquence en acides aminés était fermement établi. Cela dit, il était aussi reconnu que la conformation d'une protéine pouvait changer lorsqu'une petite molécule s'y liait. Nous avons donc recherché une modification chimique unique du type de l'ajout d'un groupement phosphate à la protéine PrP 27-30 comme responsable du pouvoir infectieux du prion, mais nous n'avons pu la mettre en évidence. Si nous avions pu le faire, la production d'un prion artificiel aurait été bien plus facile (voir chapitre 17). Au lieu de cela, nous avons fini par trouver que la protéine normale PrP^{C} se replie dans une conformation riche en feuillets bêta pour former la forme infectieuse. En faisant se replier la PrP^{C} en prion PrP^{Sc}, nous avons appris que la PrP^{Sc} peut alors adopter une foule de structures différentes, dont beaucoup correspondent aux différentes souches du prion. Chaque souche ou variété de prion manifeste des propriétés biologiques distinctes, telles que son temps d'incubation ou la distribution de la neurodégénérescence liée à sa présence (voir chapitres 15 et 17). Nous avons découvert qu'une protéine peut prendre de multiples formes biologiquement actives, et démontré ainsi la remarquable, et inattendue, plasticité des protéines.

Le seul nuage qui assombrissait encore un peu notre compréhension des prions était l'histoire de Charles Weissmann avec ses souris génétiquement inactivées.

En 1990, Weissmann m'avait suggéré que Bruno Oesch, un ancien étudiant à lui qui était devenu l'un de mes postdocs, crée une souris « knock-out » sans le gène de la PrP. Une telle souris est génétiquement manipulée pour que l'un de ses gènes au moins soit inactivé. L'objectif de cette étude était de trouver si une souris qui n'exprimait plus la PrP^{C} pouvait encore être infectée par des prions de tremblante. Et, bien sûr, si cela arrivait, l'idée privilégiée par Weissmann d'une composante faite d'un acide nucléique se trouverait renforcée. Comme l'inactivation de gènes dans des souris Tg était une technique relativement nouvelle à l'époque, je pensais que ce type d'étude pouvait attendre une année au moins. Nos souris Tg nous donnaient déjà presque trop d'informations à traiter. Et, comme j'estimais que Bruno devait développer un nouveau projet sans rapport avec son travail de thèse avec Weissmann, je temporisais sur le sujet.

Quelques semaines plus tard, Weissmann m'appela pour dire qu'il désirait inactiver le gène de la PrP puisqu'il était en train de faire la même chose pour le gène de l'interféron chez la souris. Comme il avait fait relativement peu d'expériences pour identifier un petit acide nucléique dans nos préparations les plus purifiées, mais qu'il recevait néanmoins un financement substantiel du fond des NIH Javits comme centre d'excellence en neuroscience, je l'encourageai à poursuivre l'inactivation du gène de la PrP.

Les méthodes pour créer de telles souris s'améliorant rapidement, Dave Westaway me demandait régulièrement ce qui se passait du côté de Weissmann. Nous pensions tous les deux que les choses allaient bien trop lentement à Zurich, et Dave voulait transférer ce travail à San Francisco, ne serait-ce que pour démontrer une fois pour toutes qu'aucun ARN n'était impliqué dans nos prions. Je résistais à cette idée car nous avions tellement de recherches positives à faire, mais finalement, au printemps 1991, je dis à Weissmann que nous avions le projet de monter un travail parallèle d'inactivation du gène de la PrP. Il protesta, et je fis marche arrière. Dave Westaway n'était pas content, mais je tenais à ma relation avec Weissmann et je voulais me montrer un partenaire fiable à son égard. D'autre part, je me sentais plus à l'aise car mon exil de la communauté des biologistes s'était officiellement achevé avec l'attribution par l'Académie américaine de neurologie du prix Potamkin pour la recherche sur la maladie d'Alzheimer et autres troubles associés. Ce prix était décerné à Boston, et il y avait parmi les présents Frank Westheimer, dont je continuais d'apprécier les conseils avisés.

Au cours de cet automne, les premières souris knock-out pour la PrP naquirent dans le laboratoire de Weissmann, et il sembla qu'elles allaient survivre sans PrP. Peu après, nous nous retrouvâmes Weissmann et moi à Boston pour établir les expériences à faire conjointement avec ces souris à San Francisco et à Zurich. Weissmann, bien sûr, voulait déterminer si ces souris pouvaient être infectées par les prions, mais je n'avais pas le même enthousiasme car j'étais sûr que la PrP était essentielle au pouvoir infectieux du prion. Cela dit, démontrer que des souris sans PrP puissent être infectées par les prions pouvait me forcer à revoir entièrement mes idées, et Chesebro avec ses collègues auraient alors eu raison d'avancer sept ans plus tôt que la PrP 27-30 n'avait rien à voir avec l'infection de la tremblante.

De mon côté, je considérais les souris knock-out pour la PrP comme un complément utile à nombre de nos études parce que la PrP^{C} de la souris ne serait plus un facteur à prendre en compte dans ces animaux. Je pensais que la PrP^{C} naturelle des souris ou des lapins interférait avec la réponse immunitaire aux injections de PrP 27-30 dénaturée. Comme les souris et les lapins étaient immunologiquement tolérants au PrP^{C}, ils avaient du mal à reconnaître la PrP 27-30, même dénaturée, comme une protéine étrangère. L'immunisation de souris sans PrP^{C} allait contourner ce problème de tolérance puisque leur système immunitaire n'avait jamais vu cette protéine. J'espérais ainsi que les souris knock-out nous permettraient de développer une large gamme d'anticorps, notamment ceux qui distingueraient la PrP^{Sc} de la PrP^{C}. De tels anticorps contre la PrP^{Sc} seraient idéals pour un test de diagnostic rapide du prion.

Le jour suivant, Weissmann me présenta à un juriste en propriété intellectuelle de Boston qui venait juste de faire une demande de brevet pour lui concernant les souris knock-out pour la PrP[3]. Les inventeurs étaient Weissmann et ses étudiants. Pas une seule personne de l'UCSF ne figurait dans la liste des auteurs, alors que nos études avaient été soutenues par notre subvention des NIH et que Westaway avait développé une nouvelle procédure pour isoler le clone d'ADN utilisé pour fabriquer les souris knock-out. Sur le moment, je n'ai pas remis en question la validité de cette demande de brevet parce que je ne connaissais pas les questions de propriété intellectuelle et que j'avais confiance en Weissmann pour faire les choses correctement. Peu après, les NIH eux-mêmes ont établi un règlement qui aurait interdit à Weissmann de faire sa demande sans la participation de l'Université de Californie, récipiendaire officiel du fond des NIH qui avait financé la majeure partie du travail de knock-out.

Quand j'ai dit à Weissmann que je supposais que nous allions faire toutes les expériences d'inoculation chez l'animal à San Francisco, où tant d'efforts et d'argent avaient été déployés pour l'entretien et les tests des animaux, il me répondit qu'il voulait faire des injections à Zurich, de sorte qu'il puisse voir les résultats dès qu'ils se présenteraient. Bien que je trouvasse sa réponse un peu étrange, je préférai ne pas trop réfléchir à ses motivations. Il semblait sincère et je conclus que me faire des idées noires à ce propos était un peu parano.

Nous avons aidé Weissmann à établir une colonie animale à Zurich afin qu'il puisse faire les expériences que nous avions prévues ensemble. Puis il ne se passa plus grand-chose. Souvent, Weissmann maudissait les retards subis à cause de la bureaucratie de l'Université de Zurich, et son étudiant me suppliait de ne pas nous presser de notre côté, prétextant que Weissmann voulait voir lui-même apparaître le résultat de ces expériences « de référence ». En réponse aux déboires de Zurich, je ralentis notre élevage de souris knock-out pour la PrP. Nous avions beaucoup d'autres demandes de souris Tg pour nos expériences en cours.

J'avais bien conscience qu'il y avait une petite possibilité que les souris knock-out pour la PrP développent la tremblante. Si cela se présentait, deux explications pouvaient être avancées. Soit la maladie déclarée par les souris n'était pas vraiment la tremblante mais un trouble similaire dû à un agent transmissible contaminant notre inoculat, soit la maladie était bien la tremblante et une autre molécule, encore inconnue, était l'agent infectieux ! Pour prévenir la première possibilité, j'exposai notre inoculat de prion aux rayons UV et à la chaleur pour tuer tout virus. J'étais notamment préoccupé par un virus isolé dans le sud de la Californie chez des souris sauvages près du lac Casitas. Le virus Casitas cause une pathologie spongiforme dans le cerveau qui ressemble par certains aspects à la tremblante. Si la seconde possibilité était la bonne, et que le prion n'ait pas besoin de PrP, alors je considérerais les souris knock-out comme l'hôte parfait pour isoler sa composante essentielle. La PrP^{Sc} ne nous gênerait plus dans notre recherche. Peut-être que cette composante était un acide nucléique, ou même une autre protéine. Si elle existait, je voulais l'isoler.

Au cours du printemps 1992, Weissmann et moi-même publiâmes un article qui décrivait la production de souris knock-out sans gène de la PrP et qui notait que leur comportement et leur durée de vie étaient normaux. Lorsque Steve DeArmond examina leur cerveau, il ne trouva aucune anomalie structurale[4]. Si la perte du gène de la PrP avait créé des problèmes, ils devaient être légers.

En avril, je fus élu à l'Académie nationale des sciences. Je n'étais plus un hors-la-loi, et je reçus quatre récompenses de plus cette année, dont celle des NIH répondant au beau nom de Prix Christophe-Colomb pour la recherche biomédicale.

Les expériences pour tester la résistance des souris knock-out à la tremblante furent finalement lancées à San Francisco et à Zurich à l'automne 1992. Au cours d'un symposium à Paris sur la MCJ, je fus assez troublé d'entendre la version corrigée de Weissmann à l'histoire du prion. Il réduisait à seulement trois une dizaine de preuves que la PrP^{Sc} est une composante essentielle du prion infectieux, à savoir (1) une corrélation entre prion infectieux et PrP^{Sc}, (2) une liaison génétique entre SGSS et mutants du gène de la PrP, et (3) une liaison génétique des gènes de la PrP avec la durée d'incubation chez la souris. Son compte rendu minimisait notre travail et donnait beaucoup d'importance aux expériences avec la souris knock-out. Fin 1992 cependant, nous savions par les expériences menées à San Francisco comme à Zurich que les souris knock-out étaient résistantes à la tremblante. Je sentis de la déception dans la voix de Weissmann lorsqu'il me dit au téléphone : « Stan, tout marche comme tu l'avais dit. »

En janvier 1993, Weissmann fut invité en tant que membre du conseil d'administration de Hoffmann-La Roche à donner une conférence sur le prion à un congrès célébrant le quinzième anniversaire de la fondation de Genentech à San Francisco. J'allai le chercher à l'aéroport car il s'était récemment blessé au ski et se déplaçait avec des béquilles. Lorsque nous arrivâmes à sa chambre d'hôtel, il demanda si je pouvais voir le manuscrit d'un article qu'il avait écrit pour *Cell* sur la résistance des souris knock-out à l'infection par le prion de la tremblante. Pendant ce temps, il sautilla avec ses béquilles jusqu'à la salle de bains. En regardant la première page, je tombai sur la signature de l'article exclusivement zurichoise, exactement comme pour la demande de brevet. Je fus médusé ! Étais-je fou d'être ébahi ? Puis je me dis : « Si Weissmann pense que c'est correct, c'est qu'il doit en être ainsi. »

Lorsque Weissmann revint, il me dit : « Je suis gêné par ce point dans les résultats qui montre que les prions se répliquent dans les souris knock-out. As-tu déjà des résultats d'expériences similaires ?

– Non, lui dis-je. Nous aurons les données dans quelques mois. Pourquoi n'attendons-nous pas les résultats de San Francisco, et comme cela nous pourrons les publier ensemble ?

– Quelqu'un d'autre pourrait nous doubler. Je veux presser les choses », me dit Weissmann.

J'étais en état de choc au sujet des auteurs mais en revenant chez moi en voiture je m'inquiétai d'avoir été trop mesquin ou inutilement agressif. J'avais bien conscience qu'un seul article n'est en général pas important. Ce qui compte, en science, c'est une suite régulière d'articles originaux. Mais il y a des exceptions notables. J'évoquai la situation à mon ami et mentor de longue date Charley Yanofsky, et il me conseilla de couper les ponts avec Weissmann. « Il est clair qu'il cherche à s'approprier ton travail, me dit Charley. Vous n'avez jamais eu de véritable collaboration parce que Weissmann ne s'intéressait pas au problème. Maintenant qu'il est intéressé, il veut tout s'approprier. »

J'eus du mal à accepter le jugement de Yanofsky et presque six semaines s'écoulèrent avant que je n'écrive à Weissmann une lettre exprimant mes préoccupations.

Le 22 mars 1993

Cher Charles,

Quand j'ai lu ton papier sur la résistance des souris Prn-p0/0 à la tremblante, je me suis senti partagé. D'un côté, j'étais reconnaissant pour les références élogieuses à mon travail, mais de l'autre j'étais préoccupé par plusieurs questions… Laisse-moi aussi dire que j'ai énormément apprécié ton soutien enthousiaste de ces dix dernières années et tout ce que tu m'as appris. Mon sentiment sur l'article provient de mon idée que ces expériences avec les souris Prn-p0/0 étaient un projet collaboratif. J'espère que tu peux comprendre combien j'ai été déçu quand j'ai vu que l'article avait une signature exclusivement de Zurich. Bien que j'aie essayé de jouer un rôle limité (mais significatif) dans ces études, j'ai toujours considéré qu'il s'agissait d'une collaboration… Comme je ressentais ton enthousiasme et ta fierté pour ce travail, j'ai essayé de rester impliqué sans trop intervenir. Je pense toutefois que j'ai toujours été impliqué. Nous avons biologiquement testé un certain nombre de vos échantillons codés, je vous ai donné tous les réactifs dont vous aviez besoin, dont des inoculums de prion de la tremblante, l'antisérum anti-PrP et des paires de souris Tg(SHaPrP)81 pour la reproduction, et nous avons mené des études en parallèle en vous donnant des résultats que j'espérais voir inclus dans l'article. Notre financement conjoint par les NIH a aussi payé certaines de ces études.

Charles, je comprends que ton groupe a fait une grosse partie des expériences et que tu penses que c'est un article important pour toi à publier sans moi. Je me sens moins préoccupé par cet article que par le futur de notre collaboration. Il me semble que nous devons définir maintenant des règles pour séparer les projets collaboratifs de ceux qui sont indépendants. J'espère que nous pourrons le faire car j'aimerais sincèrement poursuivre notre fructueuse relation, mais je ne sais pas ce que tu en penses…

J'espère que tu réalises combien il a été dur pour moi d'écrire cette lettre. Je te suis sincèrement reconnaissant pour ton aide généreuse, ton soutien enthousiaste et tes discussions judicieuses de ces dix dernières années, et j'espère du fond du cœur que nous pourrons trouver un arrangement qui nous permettra de continuer notre collaboration à la fois agréable et stimulante…

Cordialement,
Stanley B. Prusiner.

En guise de réponse, il m'appela pour me dire que son laboratoire était vu comme un avant-poste du mien et qu'il devait restaurer sa propre identité.

Que devais-je faire ? Devais-je ignorer son comportement ou couper les liens ? Cet été-là, j'en rediscutai avec Charley qui avait vu Weissmann à l'opéra de Zurich juste quelques semaines plus tôt. Il avait noté que la mention de mon nom avait suscité un air mécontent de la part de Weissmann. Charley m'encouragea à aller plus loin. « Des choses étranges peuvent se produire en science, me dit-il. Tu ne peux te permettre de te reposer sur tes lauriers et laisser quelqu'un d'autre te voler ton travail. »

Je savais que Charley avait raison. Je devais mettre un terme à ma relation professionnelle avec Weissmann. J'avais déjà gaspillé trop d'énergie émotionnelle dans cette situation. Je lui écrivis donc une autre lettre :

Le 8 novembre 1993

Cher Charles,
Si j'avais pu faire plus clairement la part entre mes sentiments d'amitié ainsi que mon admiration pour toi et les « affaires » de la science, j'aurais discuté de cette question avant notre rencontre de janvier 1993 où j'ai vu sans y croire ton ébauche de papier dans *Cell*.
Ayant dit tout cela… Je pense qu'il est temps de mettre de côté l'amitié et de faire de la science. Il me semble qu'à ce stade il n'y a aucun avantage ni pour toi ni pour moi à continuer de collaborer à l'avenir. Tu considères ta collaboration avec moi comme négative au regard de la reconnaissance et du crédit que l'on peut te porter. Je considère notre collaboration comme un problème que je ne sais pas résoudre.
D'un autre côté, je vais espérer que notre accord de ne pas collaborer pour le moment préservera notre amitié et nous permettra de collaborer

dans le futur si une occasion se présente où nous puissions trouver un bénéfice mutuel...
J'espère que tu comprendras ce que je ressens et mon point de vue. Je suis désolé si ce changement dans notre relation présente un problème, mais je suis convaincu qu'il serait peu avisé de continuer dans les conditions actuelles...

Avec mes meilleurs souhaits,
Stanley B. Prusiner.

Ma joie extrême suscitée par les résultats avec les souris knock-out fut complètement balayée par le chagrin de perdre un ami. J'avais aimé interagir avec Weissmann, apprécié son approche talmudique de la science et toujours été ravi d'avoir ses critiques pertinentes. Mais notre amitié était terminée, et elle semblait avoir peu de chances de pouvoir renaître.

CHAPITRE 14

Des batailles de territoire

« Il arrive souvent, concernant les nouvelles inventions, qu'une part du grand public les trouve inutiles et une autre les considère comme étant impossibles. Lorsqu'il devient clair que l'on ne peut plus nier leur possibilité ni leur utilité, la plupart des gens s'accordent à penser que c'était quelque chose d'assez facile à découvrir et qu'ils savaient que c'était important. »

Abraham EDELCRANTZ, *Treatise on Telegraphs* (1796).

Désormais, l'opposition au prion avait complètement disparu parmi mes collègues et notre travail allait commencer à être largement reconnu par le grand public. Il y avait quelques inconvénients à ma nouvelle célébrité. Le moins grave était l'attention que me portait la presse, elle que j'avais réussi à tenir à distance les huit années passées. L'autre, qui me perturbait beaucoup plus, était comment l'incroyable Carleton Gajdusek empiétait, ou peut-être devrais-je dire braconnait, sur mon territoire.

Voyons d'abord la presse. En juin 1994, j'étais à Paris pour une nomination d'un mois au Collège de France, au cours duquel François Jacob avait prévu que je donne une série de huit conférences sur les prions. Sur place, je reçus un appel téléphonique de Jordan Gutterman, professeur au M. D. Anderson Cancer Hospital à Houston, qui, en tant que président du comité de la Fondation Lasker, m'annonça que le prix Albert-Lasker 1994 m'avait été attribué pour la recherche médicale fondamentale.

Fin septembre, je m'envolai pour passer quelques jours à New York avant la cérémonie des récompenses qui s'annonçait comme un événement extraordinaire. Ce prix est prestigieux et consiste en une somme de 25 000 dollars, un éloge, et une statuette gravée de la Victoire ailée de Samothrace symbolisant la conquête sur la mort et la maladie. Je fus particulièrement content d'apprendre que John Clements, un pneumologue pour enfants de l'Institut de recherche cardiovasculaire de l'UCSF, devait recevoir le prix Lasker pour la recherche médicale clinique et que le pionnier de la génétique Maclyn McCarty, l'un des premiers à me soutenir, allait recevoir le prix spécial de la réussite.

La Fondation Lasker m'appela auparavant pour me dire que le *New York Times* voulait faire un article d'une page entière sur ma biographie avec un entretien. « Je m'y refuse absolument », répondis-je. Jordan Gutterman me rappela alors pour me dire que je devais parler au *Times*. Le prix Lasker était un événement médiatique, me dit-il, et il était impensable de refuser. Je lui expliquai que les articles à propos de mon travail et de moi étaient tous négatifs et tellement odieux que je préférais les éviter. Il me supplia d'accepter et je finis par céder. Je stipulai alors que tout entretien devait se focaliser sur la science, et je lui précisai quand j'étais disponible pour le faire. À l'heure convenue, j'arrivai dans le vieux bâtiment du *New York Times* de la 43e Avenue, pris l'ascenseur et rencontrai la journaliste scientifique Gina Kolata. C'était une femme mince aux cheveux foncés et à la personnalité apparemment chaleureuse qui me conduisit au travers de rangées et de rangées de bureaux de journalistes dans le bureau de son directeur qui n'était pas là. La première question qu'elle me posa fut à propos de mon cursus personnel. J'anticipai les problèmes car j'avais déjà été assez clair plus tôt en précisant ne pas vouloir discuter de l'histoire de ma vie. « Je suis ici pour parler de science, pas de moi-même », répliquai-je sèchement.

Après quelques questions pour la forme sur les prions, elle embraya : « Comment répondez-vous à la critique ? », demanda-t-elle. À ce moment-là, je compris que son article allait être polémique, et que, quoi que je dise, elle allait se focaliser sur les objections à notre travail. Je lui dis que nos publications parlaient d'elles-mêmes et qu'elle devait lire nos articles. Ce n'était pas possible, je le savais, de parler ainsi à un journaliste, et j'ai alors tenté de lui résumer nos travaux, mais elle ne parut pas intéressée. L'entretien fut terminé en vingt minutes et je fus content de m'en aller. Cela s'était passé aussi mal que ce que j'avais anticipé.

Ce soir-là, le dîner pour les récipiendaires du prix Lasker, les responsables de la fondation et les membres du jury avait lieu dans un salon privé du second étage du restaurant La Grenouille. Lors de la réception précédant le repas, l'un des jurés, Joseph Golstein, un généticien moléculaire du centre médical Southwestern de l'Université du Texas, me rejoignit ainsi que Mac McCarty pour me féliciter. Lui et Michael Brown avaient remporté le prix Lasker une décennie plus tôt, puis le prix Nobel en 1985 pour leur travail de référence sur le métabolisme du cholestérol qui a mené aux médicaments des statines. Mike Brown avait été deux ans avant moi à la Penn et nous avions travaillé ensemble dans le laboratoire d'Earl Stadtman. Golstein voulait discuter un curieux parallèle entre nos carrières à McCarthy et à moi : « Mac, tu as fourni un effort considérable pour montrer que tes préparations étaient faites d'ADN et dépourvues de protéines, dit-il, Stan, tu as passé ta carrière à montrer que tes préparations étaient faites d'une protéine et dépourvues d'ADN.

– Nous sommes conscients de cette remarquable symétrie depuis un bon moment, dis-je, et nous avons pensé écrire un article à ce sujet. »

Effectivement, Mac et moi-même travaillions de temps en temps sur un tel texte depuis dix ans. Nous avons passé des heures à revoir les expériences de référence qu'il avait menées dans le laboratoire d'Oswald Avery. Nous étions contents de nous retrouver, de sorte que la rédaction du manuscrit ne m'a jamais pesé. Mac dégageait une chaleur humaine spéciale, il est décédé en janvier 2005 à l'âge de quatre-vingt-quatorze ans. Je me suis toujours senti privilégié d'avoir pu passer du temps avec lui. L'article parut dans la revue *Annual Review of Genetics* l'année suivante[1].

La cérémonie du prix Lasker eut lieu le lendemain matin à l'hôtel Pierre, et un bref article décrivant les trois gagnants parut dans le *New York Times*. Il n'y eut pas d'article de Gina Kolata. Peut-être avais-je évité une autre flèche assassine. Avait-elle lu un ou deux de mes articles et réalisé que le travail était solide ? On peut le supposer, elle était assez intelligente pour cela. Après tout, elle travaillait pour le *New York Times* qui était censé recruter la crème des journalistes.

Le mardi suivant à 7 heures du matin, alors que je retournai chez moi à San Francisco, le téléphone sonna. C'était à nouveau Jordan

Gutterman. « Avez-vous vu la rubrique Science dans le *New York Times* ?, me demanda-t-il ?

– Non. Pourquoi cela ?, lui dis-je.

– C'est terrible ! Vous m'aviez averti, mais je ne voulais pas l'entendre. Pour citer Jean Monnet, “vous pouvez penser comprendre quelque chose dans votre tête, mais vous ne la connaissez pas tant qu'elle n'est pas dans vos os”. Eh bien, je le sens maintenant dans mes os. »

Ses os ? Je lui dis que j'étais désolé qu'il soit bouleversé. Je pouvais deviner au ton de sa voix qu'il était inquiet que la Fondation Lasker eût fait une terrible erreur. Voulait-il reprendre le prix ? Je l'avais reçu publiquement, alors s'il le faisait cela allait faire du bruit. Il dit qu'il me rappellerait plus tard. Je m'habillai en vitesse et descendis acheter un exemplaire du *Times*.

Le gros titre, sur le tiers inférieur de la une de la rubrique « Science » du *Times* était : « Virus ou prions : un vieux débat médical fait encore rage ». Sur la gauche, il y avait une photo de moi descendant de l'estrade en tenant ma Victoire ailée. Sur la droite, un sous-titre indiquait : « Le jury Lasker prend parti dans la controverse. » J'interprétai l'article de Gina Kolata comme impliquant que le prix Lasker était une sorte de surprise pour la communauté scientifique, et il disait notamment :

> Pendant plus d'une décennie, Stanley B. Prusiner, un neurologue de l'Université de Californie à San Francisco, et ses collaborateurs se sont faits les promoteurs zélés d'une théorie iconoclaste face au scepticisme et à l'hostilité de nombreux scientifiques. Prusiner dit qu'il existe une classe de protéines inhabituelles, qu'il appelle prions, capables de causer certaines maladies neurodégénératives en induisant chez des protéines normales un changement de conformation qui les rend mortelles[2].

Gutterman, en tant que président du comité des prix, était aussi cité pour avoir dit : « Il est clair que le jury Lasker n'a pas estimé que c'était un sujet controversé. Même si la preuve finale reste à faire, certains chercheurs actuels parmi les plus éminents pensent que c'est on ne peut plus solide. » Puis venait une ligne flatteuse de Phillip Sharp, à la fois prix Lasker et prix Nobel, directeur du département de biologie du MIT, l'Institut de technologie du Massachusetts (« C'est l'un des plus remarquables développements dans les maladies infectieuses que je connaisse »). J'étais décrit comme un « homme génial avec une grosse tignasse de cheveux blancs ondulés et le rire facile » ; suivaient quelques paragraphes où je présentais mes arguments. Puis une bonne moitié de l'article était consacrée à plusieurs de mes critiques, dont Heino Diringer et David Bolton, qui expliquaient pourquoi mon travail sur les prions devait être faux. L'article se terminait par quelques réflexions du post-doc de Gajdusek de l'époque, Robert Rohwer, maintenant directeur de l'unité de neurovirologie moléculaire au Centre médical des Veterans Affairs à Baltimore, cité auparavant pour avoir dit qu'il avait « passé une bonne partie de sa carrière à examiner ces déclarations extravagantes et qu'elles ne se vérifiaient pas ».

> « Mon avis sur tout ce domaine est qu'il sera finalement d'un grand intérêt pour les sociologues et les psychologues de la science », disait-il. « Il y a une sorte d'ennui en virologie. Les gens veulent être divertis par la science. » Et l'hypothèse du prion était, selon lui, « très divertissante ».

Quelques heures plus tard, Gutterman me rappela pour dire qu'il venait de parler à Joseph Golstein et David Baltimore, et qu'ils lui avaient assuré que la Fondation Lasker ne s'était pas trompée. Le prix que j'avais reçu devait plutôt être considéré comme « reflétant le courage de la fondation », disait-il.

Dans quelle mesure cette histoire a-t-elle été en rapport avec mon impatience vis-à-vis de la presse et en particulier avec les questions de Gina Kolata ? On ne le saura probablement jamais, mais je considère cette expérience comme juste un autre exemple de l'intention d'un journaliste de « saisir une controverse ». Il écrivait une belle histoire, du type de celles qui aident à vendre des journaux, de celles que ses directeurs aimaient. Elle et son rédacteur en chef semblaient croire qu'elle avait découvert la vérité sur les prions, alors que le jury Lasker, composé d'éminents scientifiques, avait été roulé dans la farine.

En fait, l'histoire ne s'est pas arrêtée à ce qu'avait raconté Kolata. L'ensemble des chercheurs qui reprenaient en chœur mes expériences dissipait le refrain de ceux qui niaient l'intérêt de mes travaux. Alors que j'étais ravi de voir que le concept de prion commençait à être largement adopté, j'étais irrité d'apprendre que d'autres s'attribuaient la paternité de plusieurs idées issues de mon travail. Soudain, les mêmes virologues qui avaient violemment attaqué mes résultats se rangeaient à mes côtés. Hilary Koprowski, de l'Institut Wistar à Philadelphie, m'envoya une diapo intitulée : « Les quatre étapes de l'adoption d'une nouvelle idée ».

– La première est : « C'est impossible, c'est absurde, ne gaspillez pas votre temps. »
– La deuxième est : « C'est peut-être possible, mais c'est limité et inintéressant. Ce n'est clairement pas important. »
– La troisième est : « C'est vrai, et je vous l'avais dit. J'ai toujours dit que c'était une bonne idée. »
– Et la quatrième est : « J'y ai pensé le premier. »

Alors que je pensai que l'histoire de mes publications sur la découverte de la PrP 27-30 était incontestable, je me trompais. En 1985 déjà, j'avais été stupéfait de lire un chapitre écrit par Gajdusek dans un nouveau manuel de virologie où il affirmait avoir mis au point un enrichissement d'un millier de fois de l'agent de la tremblante et que les protéases réduisaient son pouvoir infectieux[3]. Il écrivait : « Rohwer et Gajdusek ont réussi à faire une purification de mille fois du virus de la tremblante par rapport aux autres protéines quantifiables issues d'une suspension de cerveau. Dans de telles préparations, le virus est sensible à la digestion par la protéinase K et par la trypsine mais n'est pas inactivé par la nucléase. » Cette assertion était accompagnée d'une référence à un article de 1980 qu'ils avaient publié dans les comptes rendus d'un symposium sur la sclérose en plaques tenu à Francfort en Allemagne[4]. C'était semblable à mes résultats, les mêmes qui m'avaient conduit à introduire l'hypothèse du prion dans *Science* en 1982. Comme la référence à Rohwer et Gajdusek de 1980 prédatait mon travail de deux ans, je fus horrifié. Il s'avère que j'avais envoyé un de mes collègues au congrès de Francfort, de sorte que je pus avoir une copie des comptes rendus du symposium. Et, bien sûr, il n'y avait aucune trace du travail que Gajdusek avait mentionné.

Je ne savais pas trop comment répliquer. Lorsque je rendis visite à Erling Norrby en Suède quelques semaines plus tard, je lui montrai le chapitre de Gajdusek. Il suggéra que j'écrive une lettre à Gajdusek pour lui décrire mon désarroi et lui demander une rétraction officielle. J'envoyai ma lettre avec accusé de réception, mais je n'eus pas de réponse. Quelques semaines après, j'appelai Gajdusek pour lui exprimer ma préoccupation. Il répondit en déclarant qu'il avait découvert la PrP.

« Ce n'est tout simplement pas vrai, ai-je protesté. L'histoire de la découverte est clairement documentée par les articles publiés dans des revues respectées et référencées.

– J'ai découvert la protéine, et c'est décrit dans mes cahiers de laboratoire bien avant que tes papiers ne soient parus, me dit-il.

– Les données non publiées dans des cahiers ne constituent pas une découverte scientifique valable », ai-je souligné, mais Gajdusek ne voulait rien entendre. Dans son esprit, un article de 1959 dont il était coauteur qui décrivait les plaques amyloïdes dans le cerveau de patients atteints de kuru suffisait à justifier ses prétentions[5]. Cette interprétation était d'autant plus remarquable quand je considérais la longue période où il avait insisté qu'un virus était la cause de la tremblante, du kuru, et de la MCJ.

« Je vais raccrocher maintenant, lui dis-je. Cette conversation est stérile et je gaspille mon argent. » Après plus de quarante minutes passées au téléphone, je ne pouvais plus supporter de l'entendre.

Mon seul recours était d'écrire au responsable éditorial du manuel pour lui demander une forme de rétractation. Celui-ci, Bernard N. Fields, répondit qu'il était navré à ce sujet mais qu'il ne voulait pas remédier à la situation. Il semblait peu intéressé par mon sort. De plus, il devait penser que ma protestation avait peu de valeur car lui aussi était convaincu qu'un virus causait la tremblante (il finit par changer d'avis et nous devînmes amis deux ans avant qu'il ne décède en 1995 d'un cancer du pancréas). J'envisageai de déposer une plainte formelle avec le directeur des NIH James Wyngaarden, mais j'y renonçai. Gajdusek avait le prix Nobel, et je craignais que ce titre ne lui donne un pouvoir excessif dans le combat que je pourrais mener.

Gajdusek a continué à faire des conférences et à écrire des articles durant la fin des années 1980 et au début des années 1990 en appelant la PrP 27-30 la « protéine amyloïde de la tremblante » qu'il déclarait avoir découverte. Cela me valait fréquemment du courrier et des appels d'amis pour me rapporter ce qui s'était passé. Ils voulaient chaque fois que j'intervienne pour le faire cesser, mais je leur répondais : « Je pense que vous pouvez faire plus que moi pour l'arrêter. Je me suis adressé à lui à plusieurs reprises, mais je n'ai pu le faire changer d'attitude. »

Plus d'une fois, Lee Hood a ressenti mon désarroi. « Tout le monde sait où le travail sur les prions a été fait, me dit-il dit un jour de 1991 dans la voiture alors que nous traversions Pasadena pour aller à son labo du Caltech. Personne qui s'y connaît ne pense que Gajdusek a fait le boulot. La seule personne qui pense que Gajdusek a fait ces découvertes est Gajdusek. »

L'un des moments les plus déstabilisants dans ce combat se produisit au début de 1996 quand Erik Lycke me téléphona de Göteborg. « Les gens de Stockholm [un raccourci pour le comité Nobel] ne savent pas très bien quel a été le rôle de Gajdusek dans la découverte des prions, me dit-il. Gajdusek leur dit qu'il a découvert la PrP, qu'il appelle la “protéine amyloïde de la tremblante”. »

C'était un cauchemar. Je pouvais voir les gros titres : Gajdusek gagne un second Nobel pour sa découverte des prions. « Erik, l'histoire de la découverte est bien documentée dans des revues à comité de lecture.

– Je le sais, je les ai lues. Rends-moi un service s'il te plaît. Écris-moi une lettre relatant la découverte avec les références. »

Même s'il ne me disait pas que la lettre était pour le comité Nobel, il était facile de le deviner. Erik m'avait déjà sélectionné pour le prix Nobel plusieurs fois, et je supposai qu'il était impliqué dans des études en cours pour cela. Lycke et moi étions devenus amis lorsque nous avions visité Israël en 1978. Erik était un excellent scientifique qui s'intéressait à un éventail remarquablement large de sujets, allant de la virologie à la neurochimie. Il fut toujours chaleureux et gentil à mon égard, tout en me soutenant d'une manière incroyable. Lors d'une réunion pour son départ à la retraire à Göteborg en 1992, il me mit dans l'embarras en disant : « Contrairement à la plupart d'entre nous, Stan a vraiment réussi quelque chose. Il a découvert les prions, qui sont une classe entièrement nouvelle de particules infectieuses. »

Mes soucis concernant les tentatives de Gajdusek de reprendre à son crédit mon travail cessèrent peu après quand le FBI l'arrêta en avril 1996 pour agression sexuelle sur mineur. Il fut officiellement accusé d'abus sexuel sur l'un des cinquante-sept enfants de Nouvelle-Guinée et de Micronésie qu'il avait adoptés et ramenés aux États-Unis pour être y éduqués. Après un marchandage de plaidoyer en février 1997, il fut condamné à passer de neuf à douze mois en prison et à cinq ans de liberté conditionnelle non surveillée, à condition qu'il passe cette période à l'étranger. Lorsqu'il fut libéré de prison, ses amis organisèrent une fête à l'aéroport international Dulles où il prit l'avion pour Paris. Six mois plus tard, je le rattrapai à un congrès tenu dans une station de la mer Morte en Israël. Le biophysicien Ephraim Katzir-Katchalski[6] et Albert Taraboulos, l'un de mes anciens postdocs maintenant à la faculté de l'Université hébraïque à Jérusalem, avaient organisé la rencontre. Au cours d'une pause-café, Ephraim me demanda comment m'était venue l'idée du prion.

Tandis que je racontai à Ephraim l'accumulation régulière d'informations qui avait suggéré une protéine infectieuse, Gajdusek, avec un sérieux embonpoint, habillé d'une chemise à carreaux et d'une salopette, apparaissant quelque peu déprimé (on pouvait le comprendre), se joignit à nous. Je l'inclus dans notre conversation en remarquant que beaucoup de personnes, dont lui, avaient apporté des éléments conduisant à l'idée que la tremblante soit due à une protéine.

« Je t'ai dit que l'agent de la tremblante était une protéine quand tu m'as rendu visite en Nouvelle-Guinée en 1978, beugla Gajdusek.

– Je suis désolé, mais je ne me rappelle pas que tu m'aies dit que c'était une protéine, lui dis-je.

– Tout est dans mon journal !

– Je ne me rappelle pas une telle conversation, ai-je répété.

– Si tu pensais que c'était une protéine, lui demanda Ephraim, pourquoi alors l'appelais-tu virus ?

– Je l'appelle encore maintenant un virus, cria Gajdusek, en agitant son doigt au visage d'Ephraim dans un geste de défi.

– Je ne pense pas qu'il me soit utile de dire quoi que ce soit à ce sujet, aussi, je vous laisse en parler », dis-je, pour m'esquiver ensuite le plus poliment possible.

J'ai revu Gajdusek de nombreuses fois les dix années suivantes à l'occasion de divers congrès en Europe, où il a vécu et beaucoup voyagé au cours de son exil auto-imposé après sa sortie de prison. La dernière fois, ce fut à une rencontre en septembre 2007, à la Royal Society à Londres, qui commémorait la fin du kuru. Le dernier cas s'était produit en 2004. Gajdusek parut ravi de me voir et désireux de me dire qu'il était récemment sorti d'un coma qui avait duré 48 jours (Michael Alpers me dit plus tard que le coma de Gajdusek avait été de quarante-huit heures et dû à une insuffisance cardiaque). Un œdème massif des chevilles et un mauvais état cardiaque limitaient beaucoup ses déplacements. Encore en surpoids et avec une de ses chemises à carreaux, il ne pouvait se tenir debout assez longtemps pour faire un court exposé. Clairement sans remords des délits pour lesquels il avait été condamné, il parla longuement du pénis des jeunes garçons, mettant dans l'embarras et le dégoût une grande partie de l'audience. Une douzaine de Fore assistaient au congrès, et ils ont dû apporter un peu de contentement à Gajdusek car leur point de vue sur « Docteur America » n'avait pas changé.

Gajdusek passa une grande partie de la fin de sa vie dans un hôtel à Tromsø en Norvège, non loin du cercle Arctique. Un matin de décembre 2008, à l'âge de quatre-vingt-cinq ans, il fut retrouvé mort dans sa chambre d'hôtel. Il est décédé tristement tout seul, aucun de ses cinquante-sept enfants n'était présent pour les dernières heures de ce qui a été une vie extraordinaire à tout point de vue. On m'a dit que ses cendres seraient enterrées auprès de sa sœur à Bratislava, mais j'ai appris plus tard qu'elles avaient été dispersées dans l'océan Arctique.

CHAPITRE 15

La vache folle et d'autres souches de prion

Le besoin de mieux comprendre la structure moléculaire du prion devint dramatiquement évident la troisième semaine de mars 1996. Le scientifique britannique Robert G. Will et plusieurs de ses collègues de l'unité de surveillance nationale de la maladie de Creutzfeldt-Jakob (NCJDSU) furent soudain sommés de rentrer à Londres lors d'un congrès sur le prion à Paris. Ils avaient écrit un article décrivant dix jeunes patients atteints de la MCJ qui allait être publié dans la revue médicale *The Lancet*, et le gouvernement se sentit obligé de reconnaître que ces patients avaient pu contracter la maladie en mangeant de la viande de bœuf britannique frelatée[1].

Le NCJDSU avait été créé six ans plus tôt pour déceler tout changement d'incidence de la maladie de Creutzfeldt-Jakob dans le sillage de l'épidémie d'ESB (encéphalopathie spongiforme bovine) britannique. Sur les dix patients étudiés par Will et ses collègues, trois étaient des adolescents, et les autres avaient moins de quarante ans. La MCJ apparaît normalement chez des personnes bien plus âgées, sauf pour les rares exceptions de jeunes ayant contracté la maladie à partir d'hormone de croissance humaine extraite de cadavres de personnes déjà malades. L'étude neuropathologique de ces dix patients faite par les scientifiques du NCJDSU avait révélé de grandes quantités de PrP amyloïde entourée d'un halo de dégénérescence spongiforme. On pouvait aussi noter que les jeunes malades à cause de l'hormone de croissance contaminée présentaient des lésions neuropathologiques différentes. Cette MCJ semblait une nouvelle forme de la maladie. Dans leur article du *Lancet*, les auteurs l'appelèrent le « nouveau variant de la MCJ » ou vMCJ.

La crainte du gouvernement britannique que ces nouvelles perturbantes ne s'ébruitent se réalisa le 20 mars au matin avec le gros titre suivant à la une du *Daily Mirror* de Londres : « Officiel : la vache folle peut vous tuer », accompagné de l'annonce que « les humains peuvent attraper la maladie de la vache folle en mangeant du bœuf infecté va reconnaître le gouvernement aujourd'hui ». En page 2, le titre était : « Nous avons déjà mangé 1 000 000 de vaches folles » et il précédait le texte plus long suivant :

> Le gouvernement a lancé une campagne « ne paniquez pas » la nuit dernière...
> L'annonce aujourd'hui du secrétaire à la Santé Stephen Dorrell que les gens peuvent attraper la version humaine en mangeant du bœuf infecté aura un effet dévastateur sur l'industrie alimentaire.
> Une campagne de publicité nationale va démarrer demain pour rassurer les gens que manger de la viande de bœuf n'est pas dangereux.
> Mais certains experts craignent que nous n'ayons déjà consommé plus d'un million d'animaux infectés, et cela alors que la maladie mortelle incurable peut prendre dix ans ou plus à se déclarer, les jours de certaines personnes étant déjà comptés.
> Les ministres ont insisté pendant dix ans qu'il était impossible qu'elle passe de la vache à l'homme.
> Mais M. Dorrell envisage de dire aux députés qu'après un regain de cas humains les scientifiques de Whitehall craignent maintenant qu'elle ne se transmette d'une espèce à l'autre.
> Il va assurer qu'il n'y a pas de lien clair et que les décès dus ici à la forme humaine sont à un niveau similaire aux autres pays européens.
> Mais les médecins ont diagnostiqué 55 nouveaux cas en 1994, 13 de plus que l'année précédente et deux fois plus qu'il y a dix ans.
> Les ventes de pâté, de saucisses, de viande hachée, de rôti de bœuf et d'autres produits devraient chuter suite aux déclarations de M. Dorrell.
> Les écoles de nombreuses régions [...] excluent déjà le bœuf de leur menu et d'autres vont probablement suivre.
> Et d'autres pays pourraient bannir le bœuf britannique pour stopper la propagation de la maladie.

Bien comprendre

L'encéphalopathie spongiforme bovine, ou maladie de la vache folle, avait d'abord été rapportée en Grande-Bretagne dix ans plus tôt. Elle était liée à la préparation de compléments alimentaires faits à partir de carcasses de bétail. La maladie s'était ensuite déclarée dans dix autres pays et avait alors été mise en rapport avec des aliments pour bétail provenant du Royaume-Uni. L'utilisation d'abats dans la fabrication de ces aliments y fut bannie le 14 juin 1988. Un lien entre l'ESB et certains cas de MCJ était suspecté depuis longtemps, mais la première reconnaissance officielle par le gouvernement britannique que ce lien était « probable » et que ces infections avaient précédé l'exclusion des abats n'arriva que dans la foulée de la nouvelle ébruitée par le *Daily Mirror*.

Suite à l'annonce du gouvernement britannique, l'Union européenne imposa un embargo mondial sur toutes les exportations de bovins et de produits à base de bœuf. La presse internationale s'empara de l'affaire, reprenant les cas de vache folle et des jeunes gens décédés à cause de la maladie. Le titre de la couverture du magazine *Time* du 1er avril 1996 qui surmontait la photo d'une vache britannique était : « Cette vache peut-elle vous tuer ? » Deux semaines plus tard, Oprah Winfrey ouvrait son émission quotidienne de l'après-midi avec une déclaration apocalyptique :

> La maladie de la vache folle. C'est un mystère médical qui sème la panique de l'autre côté de l'Atlantique. En Angleterre, dix morts troublantes de jeunes gens pourraient être liées à une maladie du cerveau rare et fatale chez les bovins. Les animaux touchés tremblent et se tordent comme des chiens fous avant ce qui doit être une mort atroce et inévitable. Chez les êtres humains, démence et paralysie précèdent la mort. Les scientifiques supposent que le bétail contracte la maladie en se nourrissant de morceaux de moutons infectés par une autre maladie, une pratique officiellement bannie d'Angleterre… Cela pourrait-il arriver ici ?

Et elle poursuivit : « Cela m'a refroidie d'un coup de prendre un autre hamburger ! »

La décision d'Oprah de ne pas manger un hamburger de plus poussa l'association des éleveurs de bovins américaine à lui réclamer 10,3 millions de dollars de dommages et intérêts, affirmant que ses remarques avaient forcé des prix de la viande de bœuf déjà en baisse à atteindre un plus bas depuis dix ans une semaine après son émission. Le jury finit par rendre un jugement en faveur d'Oprah. « La liberté de parole est non seulement vivante, mais elle fait bouger les choses », dit Oprah aux journalistes. Et d'ajouter : « Je ne mange toujours pas de hamburger. »

La première question, bien sûr, était de savoir si la nouvelle variante de la maladie provenait vraiment de bœuf contaminé par le prion. Dans ce cas, combien de cas allait-on avoir ? Et hormis la Grande-Bretagne, où la maladie pouvait-elle encore apparaître ? Les réponses à ces questions étaient d'un vague frustrant, mais cela devint plus alarmant après l'article du 20 mars 1996 du *Daily Mirror* où des chercheurs d'Oxford et du Laboratoire vétérinaire central de Weybridge, dans le Surrey étaient cités, déclarant que près d'un million de bovins britanniques avaient pu être infectés par le prion de l'ESB, la plupart étant déjà entrés dans la chaîne alimentaire humaine. C'était six fois plus que les cent soixante et un mille bovins qui avaient été diagnostiqués avec l'ESB au cours de la décennie passée. Après avoir terminé leur analyse des hypothèses, Roy Anderson et ses collègues publièrent dans *Nature*[2] leur estimation du million de bovins avec ESB.

Gerald Wells et ses collègues du Laboratoire vétérinaire central furent les premiers à décrire dans un article de 1987[3] la dégénérescence spongiforme dans le tronc cérébral de bovins britanniques mourants. Comme les changements microscopiques qu'ils avaient observés étaient similaires à ceux de la tremblante, certains vétérinaires appelèrent d'abord la maladie la « tremblante bovine », mais dans leur article Wells et ses collègues la nommèrent « encéphalopathie spongiforme bovine ». Ce fut la presse, toujours à l'affût d'une formule facile à retenir, qui trouva l'expression « maladie de la vache folle ». Les changements neuropathologiques que Wells avait trouvés dans le cerveau des animaux suggéraient que l'ESB était une maladie à prion, mais il fallut attendre une année de plus avant qu'une étude ne fût publiée montrant que la PrP^{Sc} était effectivement présente dans le tronc cérébral des bovins malades[4].

En mai 1988, le ministre de l'Agriculture, de la Pêche et de l'Alimentation John MacGregor désigna un comité pour étudier l'ESB et faire des recommandations au gouvernement britannique sur la manière de la contenir (figure 29). Le comité était connu sous le nom de Southwood Working Party d'après le nom de son président, le zoologue d'Oxford Richard Southwood[5]. Le comité, avec l'aide d'énormes données fournies par Wilesmith sur la localisation de chaque bovin britannique malade, conclut que le bétail s'infectait avec le prion de la tremblante contenu dans les suppléments alimentaires, de la farine animale issue de bétail mort, et que ces produits ne devaient plus servir à nourrir les bovins. Seulement la moitié d'un animal d'élevage était dévolue à la consommation humaine, le reste était traité dans des usines pour fabriquer des produits riches en protéines ou en graisses, ces dernières étant ensuite utilisées dans les cosmétiques, les savons et, le plus inquiétant, dans l'alimentation pour bébés. Les produits riches en protéine servaient pour l'essentiel à faire des farines animales pour l'alimentation du bétail. Le 3 février 1989, le comité annonça ses recommandations (« Et nous avions raison », m'a fait remarquer John Walton plus tard). Elles étaient que le bétail présentant des signes de l'ESB devait être détruit et tenu à l'écart de la filière de l'alimentation humaine, que les farines animales et autres suppléments alimentaires fabriqués à partir de ruminants ne devaient plus être donnés au bétail, que le lait d'animaux ayant des signes cliniques devait être détruit, que les abats de ruminant, dont le cerveau, la moelle épinière et les tissus lymphoïdes, devaient être exclus de la nourriture pour bébés, de même que les produits issus de bovins des médicaments tels que les vaccins. Leur seule erreur de jugement fut de préciser que « le risque de transmission de l'ESB à l'homme paraît éloigné ».

Avant même que ces recommandations ne soient rendues publiques, le ministre de l'Agriculture MacGregor avait eu des discussions avec le comité et pris des mesures immédiates. En août 1988, il ordonna l'abattage de tout bétail présentant des signes de la maladie nerveuse. MacGregor était pris en tenaille entre son souci pour la sécurité alimentaire et le besoin de protéger de la ruine les agriculteurs britanniques. Sa réaction était-elle exagérée, coûtant alors plusieurs millions de livres sterling au Royaume-Uni ? Si au contraire il ne faisait rien, ne mettait-il pas la sécurité alimentaire britannique en danger ?

La répartition géographique de l'ESB était troublante. Selon les registres de John Wilesmith, la maladie était bien plus présente dans le sud de l'Angleterre qu'au nord du Royaume-Uni. Une nouvelle souche

Figure 29. Le ministre de l'Agriculture britannique John MacGregor est généralement crédité d'avoir maîtrisé la propagation du prion de la vache folle par une série d'interdictions alimentaires particulièrement bien inspirées.

virulente du prion de la tremblante était-elle apparue au Sud qui avait contaminé les farines animales ? Plus troublant encore, alors que la tremblante était endémique chez les moutons britanniques depuis des siècles, pourquoi le bétail présentait-il juste maintenant une maladie lui ressemblant ? Pendant ce temps, le nombre d'animaux infectés augmentait de mois en mois. Le 18 juillet 1989, l'Union européenne déclara un embargo sur les bovins britanniques nés avant juillet 1988 et les animaux nés de vaches infectées ou suspectées de l'être. La maladie de la vache folle fut un sujet constant dans les actualités et devint rapidement un désastre à la fois économique et politique. Les pertes subies par les éleveurs, les abattoirs, les équarrisseurs et les bouchers du pays furent impressionnantes. Le bétail d'Écosse était considéré comme sain et le bœuf écossais ou importé était vendu plus cher dans les boucheries et les restaurants ailleurs en Grande-Bretagne. Dans les avions qui arrivaient ou partaient du pays, l'origine non britannique du bœuf était clairement indiquée sur le menu. Tout le monde vivait avec l'arrière-pensée inquiétante que le prion de l'ESB pouvait peut-être se transmettre à l'homme et finir par causer la MCJ.

Suite à de nouveaux conseils du comité Southwood et des autorités de l'agriculture, MacGregor fit paraître en juin 1989 un bannissement des abats de bovins, qui évitait que du cerveau, de la moelle épinière ou du tissu lymphoïde intègrent la chaîne de l'alimentation humaine, ce qui élargissait une première directive qui ne concernait que les aliments pour bébés. Dans un remaniement de routine à mi-mandat de son cabinet ministériel, la Premier ministre Margaret Thatcher nomma MacGregor ministre de l'Éducation et de la Science et son adjoint, John Gummer, ministre de l'Agriculture. L'une des tâches de Gummer fut d'assurer au public que le bœuf britannique pouvait être consommé sans risque. Lors d'une fête régionale du mois de mai suivant, la presse l'entoura et le poussa à se faire photographier avec sa fille de quatre ans Cordelia en train de manger des hamburgers, ce qui fut moqué par certains comme étant de l'« alimentation forcée ».

En 1991, les recherches épidémiologiques de Wilesmith finirent par découvrir l'explication de l'épidémie d'ESB, à savoir le cannibalisme industriel[6]. Dans les années 1970, différents événements se conjuguèrent pour modifier le procédé d'équarrissage dans de nombreux endroits du pays. L'embargo pétrolier des pays arabes de 1973-1974 avait entraîné une augmentation drastique du coût de l'énergie nécessaire au chauffage des cuves d'équarrissage. Les réparations et l'augmentation du tarif de l'assurance après l'explosion à Flixborough d'une usine chimique en 1974 s'étaient traduites par un prix accru des solvants organiques. Au même moment, les gens se détournaient de l'utilisation du lard dans la cuisine et commençaient à le remplacer par des huiles végétales. L'accumulation des stocks de graisse animale fit chuter leur prix. Alors que toutes ces forces économiques exigeaient des changements dans l'industrie de l'équarrissage, le gouvernement britannique se désintéressa du secteur dans son programme de dérégulation de l'économie. Pour s'adapter au changement économique, les équarrisseurs décidèrent de réduire la température du procédé de fabrication des farines animales et d'omettre les solvants organiques. Le résultat fut que, lorsque les abats étaient cuits, toute la graisse ne flottait pas à la surface de la cuve, et la fraction des protéines en avait encore. Les granulés de farine animale étant fabriqués à partir de cette fraction, ils contenaient désormais 14 % de graisse au lieu de 1 %. De plus, les équarrisseurs devaient auparavant rajouter de la graisse à la farine pour la rendre appétissante aux animaux alors qu'ils produisaient maintenant un produit directement consommable. Cette réduction des coûts était une solution intelligente aux changements économiques qu'ils rencontraient. Personne ne vit venir le désastre.

La proportion de farine animale traitée aux solvants organiques tomba d'au moins 70 % dans le milieu des années 1970 à environ 10 % au début des années 1980. On pense que ce changement est intervenu au même moment que la première transmission de prion aux bovins. La baisse d'incidence de l'ESB du Sud vers le Nord est corrélée avec l'utilisation des solvants. En Écosse, on continua à utiliser ces produits et l'incidence de la maladie y fut sept fois moins élevée que dans le sud de l'Angleterre.

L'origine des prions de l'ESB demeure peu claire. Une première hypothèse serait qu'ils sont apparus spontanément dans le bétail, comme les cas sporadiques de MCJ chez les gens, la seconde hypothèse étant qu'ils proviendraient du mouton. De rares cas d'ESB en Amérique du Nord et au Japon ces dix dernières années, notamment ceux chez des animaux jeunes, viennent conforter la première hypothèse. La nature endémique de la tremblante chez les moutons britanniques depuis près de trois siècles fait pencher pour la seconde hypothèse. Quoi qu'il en soit, près de dix ans se sont écoulés avant que les prions ayant survécu au nouveau procédé d'équarrissage ne produisent les premiers signes de la maladie chez le bétail. Quand le petit nombre initial de prions bovins ou ovins a stimulé la conversion de la PrP^{C} bovine en PrP^{Sc} bovine, les prions ont commencé à se multiplier en grand nombre. Comme le bétail était le plus souvent abattu à l'âge de deux ans, il ne manifestait jamais des signes de troubles neurologiques, mais beaucoup d'individus ont pu avoir le prion bovin dans leur cerveau et d'autres tissus à leur décès. Seules les vaches laitières, qui vivent plus de trois ans, ont manifesté la maladie, présentant d'abord une crainte excessive puis ayant des difficultés à marcher. De plus, elles avaient souvent une réponse de sursaut exagérée à des sons forts ou à d'autres stimulus (cette réponse exagérée ressemble à la myoclonie de sursaut chez les patients de la MCJ, souvent provoquée par un bruit élevé). Tout comme le cannibalisme rituel avait engendré le kuru, le cannibalisme industriel avait créé la maladie de la vache folle. L'équarrissage répété d'abats infectés par le prion s'avère avoir sélectionné une souche de prion bovin qui est pathogène pour l'homme.

Depuis l'annonce du premier cas humain de la maladie en 1996, plus de deux cents adolescents ou jeunes adultes ont développé la variante de la MCJ. La plupart des cas ont été en Grande-Bretagne, mais certains ont aussi été observés dans dix autres pays, dont les États-Unis. Depuis 2005 toutefois, moins de six cas de variante de la MCJ sont rapportés chaque année dans le pays. Il est probable que les mesures instaurées par John MacGregor et ses collègues au début de la crise de l'ESB ont sauvé des milliers de vies. S'il y a peu de motifs de se réjouir au sujet de l'ESB, les bannissements alimentaires et des abats de la fin des années 1980 semblent avoir joué un rôle clé pour juguler la propagation du prion à la fois chez le bétail et chez l'homme.

En quête d'un châtiment

Au même moment où le prion bovin causait une épidémie dans les cheptels et infectait les gens, le prion humain présent dans de l'hormone de croissance humaine frelatée commençait à provoquer une MCJ chez des jeunes gens qui avaient été traités pour leur petite taille des années auparavant. L'histoire commence en 1921, quand Herbert Evans et Joseph Long, de l'Université de Californie à Berkeley, rapportent l'activité stimulante pour la croissance d'extraits du lobe antérieur de l'hypophyse de rat. Vingt ans plus tard, quand les techniques de purification des protéines furent mises au point, Evans et Choh Hao Li ont été en mesure de purifier l'hormone de croissance à partir d'hypophyses de bovins. Cependant, les tentatives de l'utiliser pour limiter le nanisme chez des enfants échouèrent parce que la séquence en acides aminés des hormones bovine et humaine n'est pas la même. Vers la fin des années 1950, le laboratoire de Li et deux autres équipes annoncèrent avoir isolé l'hormone de croissance d'hypophyses prélevées sur des cadavres, et cette hormone fut finalement utilisée pour traiter des enfants atteints de nanisme et d'autres troubles du fonctionnement hypophysaire, dont la simple inaptitude à atteindre une taille normale.

Avec l'augmentation de l'utilisation de l'hormone durant les années 1960 et 1970, l'extraction d'hypophyses de cadavres devint de plus en plus importante. Aux États-Unis seulement, quelque dix mille enfants furent traités avec cette hormone entre 1963 et 1985, date où une hormone de croissance humaine de biosynthèse fut produite et la pratique de récolter l'hormone sur les cadavres, interdite. Ces personnes devinrent des adultes de taille normale, mais une petite fraction d'entre eux déclara une MCJ. Plus de deux cents cas de MCJ chez des enfants ayant reçu l'hormone de croissance cadavérique ont été répertoriés dans le monde.

Lorsque les premiers articles sur la transmission de la MCJ de l'homme au singe furent publiés en 1968, les endocrinologues ne sonnèrent pas l'alarme. On peut supposer que la faible occurrence de la maladie (rappelez-vous que la MCJ sporadique touche environ une personne sur un million) et la nature assez vague de l'agent infectieux en cause contribuèrent à ce que chercheurs et médecins ignorent un problème potentiel. En outre, il n'y avait à l'époque aucune alternative de traitement pour l'insuffisance hypophysaire.

Bien que plusieurs scientifiques, dont Alan Dickinson et Carleton Gajdusek, aient soulevé la possibilité à la fin des années 1970 et au début des années 1980 que des protéines extraites du cerveau humain puissent être contaminées par l'agent de la MCJ, aucune expérience ne fut conduite pour tester cette hypothèse. Même après l'introduction du concept de prion en 1982, l'idée de protéine infectieuse resta controversée pendant encore dix ans, ce qui poussa les gens dans le domaine à reconnaître leur ignorance pour évaluer un éventuel problème. Il n'était pas rare d'entendre des médecins comme des scientifiques dire : « Si les gens dans le domaine du prion ne peuvent s'entendre sur la nature infectieuse de l'agent infectieux, comment peut-on s'attendre à ce que nous prenions des décisions pertinentes ? »

Le 30 mai 2002, le ministre de la Santé français nomma un comité international pour enquêter sur le nombre élevé de cas de MCJ chez les jeunes gens qui avaient été traités à l'hormone de croissance extraite d'hypophyses humaines. Mon ami Henry Baron présidait ce comité, dont j'étais aussi membre. Durant l'automne, nous nous réunîmes deux fois à Paris pour discuter de la raison pour laquelle la fréquence de MCJ chez ces personnes était tellement plus élevée qu'au Royaume-Uni ou aux États-Unis. Le comité conclut que la principale cause de MCJ chez les personnes traitées résidait dans la collecte des hypophyses chez des patients hospitalisés dans les services de neurologie, de neurochirurgie et de psychiatrie. Cette population plus âgée et neurologiquement atteinte était considérée comme beaucoup plus à risque d'avoir une MCJ. En d'autres termes, ce groupe de patients pouvait avoir développé du prion de MCJ à un taux bien plus élevé que dans la population générale. Le comité ne put identifier une faute quelconque dans la pratique de purification de l'hormone effectuée par Fernand Dray, le médecin qui était responsable de cette préparation à partir de grands lots d'hypophyses dans un laboratoire de l'Institut Pasteur. Aucune des pratiques de purification ne pouvait *a priori* concentrer le prion de manière préférentielle.

En mars 2008, Henry Baron et Alice Dautry, la directrice générale de l'Institut Pasteur de l'époque, me demandèrent de venir témoigner au Palais de justice de Paris en faveur de Fernand Dray qui, à l'âge de quatre-vingt-cinq ans, était poursuivi pour son extraction d'hormone de croissance à partir d'hypophyses de cadavres dans les années 1980. Mis à part Dray, il y avait six autres accusés, trois de l'Association France-Hypophyse qui recueillaient les hypophyses des cadavres, et trois de la Pharmacie centrale qui dissolvaient dans l'eau la poudre lyophilisée contenant l'hormone et la répartissaient dans des échantillons à distribuer aux pédiatres. Près de 1 700 enfants et jeunes adultes français étaient estimés à risque d'avoir contracté la MCJ par le traitement, et 125 étaient déjà décédés de la maladie.

Ma sympathie allait vers Dray et ses coaccusés. Personne n'aurait pu anticiper un tel scénario. D'un autre côté, les parents étaient, de manière justifiée, éperdus de douleur. Ils avaient donné leur accord, et parfois fait la demande pour le traitement de leur enfant. Beaucoup, maintenant, devaient sans aucun doute se sentir coupables de cette décision, et ils pouvaient se sentir un peu soulagés de ne pas être les seuls à porter une telle responsabilité.

Au cours de mon témoignage, on me demanda à plusieurs reprises si ma découverte du prion avait eu une quelconque influence sur la notion de sécurité pour l'hormone de croissance : « N'était-il pas bien établi, avant votre travail, que la MCJ est une maladie transmissible ?

– Oui, mais la nature de l'agent de la MCJ transmissible était inconnue, ai-je répondu. Les informations sur l'agent de la MCJ étaient limitées car il fallait faire des mesures chez les singes. Le temps d'incubation chez ces primates est d'environ un an et demi à deux ans, et on connaissait donc peu de choses sur les propriétés physiques de l'agent de la MCJ.

– Mais elle était quand même transmissible ?

– Vous avez raison, ai-je dit, mais je pense que vous avez du mal à comprendre combien nos connaissances étaient limitées à l'époque. Bien que Gibbs, Gajdusek et Latarjet eussent publié en 1978 un article sur l'extrême résistance des agents de la MCJ et du kuru à l'inactivation par les rayons X, l'interprétation de leurs résultats n'était pas claire[7]. Pendant une autre décennie, Gibbs et Gajdusek ont continué à parler et à écrire sur le virus de la MCJ. De plus, ce n'est qu'en 1985 que nous avons publié un article démontrant que le prion causait la MCJ[8]. »

Après que ma réponse fut traduite en français, je repris : « Il est important de réaliser qu'une protéine purifiée, l'insuline, avait déjà été injectée pendant des décennies à des milliers de personnes avant que les endocrinologues ne commencent à traiter les nains avec l'hormone de croissance. Correctement préparée, l'insuline est dépourvue de bactéries, de virus et de champignons comme les levures. C'est pourquoi son injection n'entraîne pas d'abcès ou de maladies infectieuses. Et c'est la même chose pour une hormone de croissance correctement préparée. À ma connaissance, l'hormone de croissance préparée par Fernand Dray était similaire aux autres préparations de protéines hormonales, en ce sens qu'elle ne provoquait pas d'abcès ou d'autres maladies aiguës. »

Près de la fin de mon témoignage, je dis à la cour que je n'avais jamais pensé que des préparations d'hormone de croissance puissent être contaminées par du prion. Même en étant neurologue et en travaillant sur la tremblante chaque jour depuis 1974, je ne pouvais me rappeler avoir imaginé une seule fois la possibilité que l'hormone de croissance donnée aux enfants puisse causer la MCJ. Je présentai mes excuses aux parents des enfants décédés pour ce manque de perspicacité. Les scientifiques ne sont pas bons pour prédire le futur, et c'était encore une fois une leçon d'humilité pour nous.

Je garde espoir que mon incapacité à prévoir la contamination par le prion des préparations d'hormone de croissance cadavérique donnera une vue plus réaliste de ce qu'il est raisonnable d'attendre des scientifiques. J'ai passé la décennie précédant le premier rapport d'une MCJ causée par l'hormone de croissance à voir des patients ayant des maladies neurologiques et à purifier l'agent de la tremblante.

La tragédie de la MCJ induite par l'hormone de croissance était en quelque sorte amplifiée par la salle du tribunal parisien. Les fantômes des cent vingt-cinq jeunes victimes semblaient hanter ce lieu majestueux. L'angoisse des parents, qui avaient consenti à l'administration quotidienne de l'hormone, et l'avaient même encouragée, était palpable. Bien que je mesurasse l'ampleur de la tragédie, je ne pouvais comprendre comment un juge ou un jury pût exiger de Dray et de ses six coaccusés d'avoir été capables de prédire l'avenir. Comment les magistrats pouvaient-ils demander à quelqu'un de discerner un désastre à l'horizon alors qu'il n'y avait jamais eu de précédents ? Le procès était un cauchemar kafkaïen. Heureusement, le 14 janvier 2009, le tribunal a reconnu les sept accusés libres de toutes charges.

Quinze mois après qu'ils ont été déclarés innocents, Henry Baron et Alice Dautry m'ont demandé de revenir à Paris pour témoigner encore une fois en faveur de Fernand Dray. Les familles des jeunes victimes françaises de la MCJ étaient encore avides d'un châtiment et avaient tout tenté pour cela. Elles avaient réussi à réunir de nouvelles charges contre Dray et Élisabeth Mugnier, une pédiatre qui recueillait les hypophyses et suivait les traitements. Dray et Mugnier étaient maintenant jugés pour homicide involontaire, et ils pouvaient à ce titre écoper d'une peine allant jusqu'à trois ans de prison. Un troisième coaccusé décéda au cours de ce nouveau procès. En octobre 2010, je fus donc rappelé au Palais de justice de Paris où je témoignai trois heures d'affilée. Tout comme je l'avais fait deux ans plus tôt, je dis que ni Dray ni ses collègues n'auraient pu prévoir l'infection par les prions de la MCJ de receveurs de l'hormone de croissance. Je n'avais bien sûr jamais imaginé la possibilité que des préparations d'hormone de croissance humaine issues d'hypophyses humaines hébergent le prion avant la publication en 1985 de l'article sur une MCJ chez un homme de vingt ans de San Jose, en Californie, qui avait reçu l'hormone de croissance humaine pendant treize ans[9]. C'est Bruce Berg et Tom Koch, deux neurologues pour enfants à l'UCSF, qui avaient diagnostiqué chez lui la MCJ et Steve DeArmond qui avait effectué l'autopsie. Les coupes histologiques avaient révélé une large présence de vacuoles dans tout le cortex cérébral, les ganglions de la base et le cervelet.

Le 5 mai 2011, la cour leva à nouveau toutes les charges qui pesaient contre Dray et Mugnier et exclut toute nouvelle poursuite des familles pour des dommages et intérêts. Le verdict énonçait que Dray « ne pouvait être blâmé de n'avoir eu aucune intuition d'un risque de contamination qu'aucun professionnel n'aurait pu avoir décelé à l'époque ». Maintenant âgé de quatre-vingt-neuf ans, trop malade et trop fragile pour venir au tribunal, Dray pouvait pour la première fois en vingt ans cesser d'être inquiété pour un crime qu'il n'avait pas commis. Les attaques légales perpétrées contre cet homme innocent par des parents pleins de remords furent une tragique injustice.

Variations de forme

Malgré l'acceptation presque universelle du concept de prion au milieu des années 1990, un aspect important de sa biologie restait à expliquer. Les différentes variantes dans les prions étaient appelées « souches », terme réservé à des populations distinctes d'un organisme particulier, que ce soit un virus, une bactérie ou une souris. Dans tous les cas, ce sont des changements dans le génome qui distinguent une souche d'une autre. Étant convaincu que le prion était dépourvu de génome, c'est-à-dire d'acide nucléique, j'ai lutté pendant plusieurs années pour développer une hypothèse qui pourrait expliquer l'existence de « souches » du prion.

Des souches présumées de prion furent décrites initialement par Iain Pattison, qui avait trouvé que des chèvres inoculées avec deux variétés différentes de la tremblante présentaient des symptômes différents. L'une causait un grattement intense du cou, suivi d'un dysfonctionnement progressif du système nerveux avec une grande variété de signes neurologiques. L'autre ne provoquait aucun grattement mais un dysfonctionnement progressif du système nerveux, certaines chèvres devenant hyperexcitables, d'autres placides et dociles[10].

Je pensais que la PrP^{C} et la PrP^{Sc} avaient la même structure chimique. Nous avions dépensé beaucoup d'efforts pour trouver une différence entre les deux et n'en avions trouvé aucune. Alors comment pouvait-on expliquer une telle diversité parmi les prions ? On me posait souvent la question après mes conférences. Ma réponse était toujours « Je ne sais comment l'expliquer. Je sais bien que ce n'est pas une réponse satisfaisante. Nous avons besoin de comprendre comment les propriétés biologiques spécifiques d'une souche de prion sont inscrites dans quelque chose d'autre que l'ARN ou l'ADN. »

Alors que je préparais en 1991 un article sur les avancées dans la biologie des prions pour la revue *Science*, je sus que je devais aborder la question des souches. Pendant de nombreuses années, je l'avais délibérément ignorée. Mon objectif était de déterminer la structure d'une seule souche avant d'essayer de comprendre les attributs qui la distinguaient des autres. Mais, maintenant, je sentais que je devais avancer au moins une hypothèse. Comme il était devenu fort probable que le prion ne se composât que de molécules de PrP^{Sc}, je suggérai que chaque souche représente une forme différente de PrP^{Sc}[11]. Ce n'était néanmoins qu'une pure hypothèse, et je ne savais pas comment réunir les données qui allaient renforcer ou faire exclure cette idée.

La première percée dans la résolution de ce mystère est venue de Dick Marsh (voir figure 8). Il isola deux souches de prion du vison par la transmission répétée des prions chez le hamster. Une souche qu'il appela « Hyper » s'illustrait chez l'animal par une sensibilité augmentée au toucher, un manque de coordination prononcé et une ataxie troncale. Il appela l'autre souche « Drowsy* » pour souligner le comportement léthargique des hamsters. Je pris connaissance de ces deux souches quand Marsh présenta ses travaux à un congrès mémorable sur l'ESB à Bruxelles en novembre 1990.

Marsh parla d'une épidémie d'encéphalopathie du vison transmissible (EVT) dans un élevage à Stetsonville, dans le Wisconsin[12]. L'événement avait intrigué car les précédentes apparitions d'EVT avaient toutes pu être attribuées à une alimentation à base de carcasses de mouton, qui devaient être infectées par le prion de la tremblante. Mais, soulignait-il, « il n'y avait aucun mouton à une centaine de kilomètres à la ronde de l'élevage, alors quelle pouvait être la source de l'agent de l'EVT ? ».

Je m'attendais à ce que Marsh nous dise que le « virus de la tremblante » uniquitaire était la cause de l'infection. Au lieu de cela, il expliqua que les éleveurs se procuraient des carcasses de vaches auprès des fermes laitières environnantes pour nourrir leur vison. « L'épidémie d'EVT, dit Marsh, était probablement due à un cas sporadique d'ESB qui démarre avec la formation spontanée de PrP^{Sc}. C'est ce que l'on

* En français : « Somnolente » (*NdT*).

pense qui arrive dans la MCJ sporadique. » J'étais content d'entendre que Dick était devenu un converti. Il avait fait le cheminement des virus aux viroïdes et jusqu'au prion. Il poursuivit : « L'hypothèse du virus de la tremblante est incompatible avec mes résultats, qui se sont expliqués facilement par le concept de prion. »

Je ne pus attendre de demander à Dick ce qui l'avait fait changer d'avis. Pour être sûr de comprendre son revirement, je l'interrogeai à la fin de sa présentation : « Donc tu penses que la tremblante et l'ESB peuvent surgir spontanément chez l'animal quand la PrP^{C} se replie en PrP^{Sc} ? »

« Oui, c'est le seul moyen d'expliquer l'épidémie de Stetsonville, répondit-il. Il n'y avait aucun mouton dans un rayon de plus de 100 kilomètres de l'élevage lorsqu'elle est apparue, donc elle ne peut être due à un virus. Il s'agit d'une région laitière et il y a beaucoup de vieilles vaches.

– Penses-tu que l'épidémie de Stetsonville élimine la possibilité d'un réservoir viral chez le mouton qui causerait périodiquement la tremblante et parfois l'ESB chez le bétail ?, demandai-je tout ému.

– Je pense qu'il est difficile de réconcilier l'EVT de Stetsonville avec l'hypothèse d'un virus. Tes idées sur le prion donnent la meilleure explication, notamment si l'on considère la MCJ sporadique qui survient dans le monde entier, répondit-il. Et regardez l'ESB. La forme infectieuse de la maladie à prion a décimé plus de quinze mille animaux rien que cette année, sur un cheptel bovin britannique de dix millions. »

Marsh et son étudiant Richard Bessen poursuivirent l'étude des propriétés des souches Hyper et Drowsy du prion. Ils trouvèrent que la souche Hyper cause la maladie chez le hamster 65 jours environ après inoculation, et la souche Drowsy, environ 170 jours après[13]. La souche Hyper était similaire à la souche de hamster que Marsh et Kimberlin avaient isolée vingt ans plus tôt en termes de durée d'incubation, de changements neuropathologiques et de caractéristiques moléculaires. La souche Drowsy, cependant, s'avérait différente de toutes les autres souches déjà étudiées. Elle présentait peu de résistance à la digestion par les protéases et son comportement à la centrifugation différait de celui des autres prions. Alors que la souche Hyper et d'autres formaient de gros agrégats qui sédimentaient rapidement, la souche Drowsy ne formait pas de complexes très compacts, ce qui se traduisait par des agrégats de protéines de plusieurs tailles.

La durée de 170 jours d'incubation de la souche Drowsy chez le hamster était semblable à celle d'une souche isolée en premier par Richard Kimberlin et connue sous le nom de 139H. Pourtant, la PrP^{Sc} de la souche 139H était très résistante à la digestion par les protéases. Cette donnée signifiait que les différences de susceptibilité au traitement à la protéase de PrP^{Sc} étaient indépendantes de la durée d'incubation, le trait le plus distinctif des souches de prion. Cela ne venait pas renforcer mon hypothèse que les souches de prion correspondent à différentes conformations de PrP^{Sc}. La comparaison de Drowsy et 139H suggérait au contraire un mécanisme complètement différent.

Ce qui se produisit ensuite est un pur exemple de sérendipité. Pierlugi Gambetti m'envoya des échantillons de tissu cérébral de victimes italiennes d'insomnie familiale fatale, et Ruth Gabizon de l'hôpital de l'université d'Hadassah à Jérusalem m'envoya de son côté ceux de Juifs libyens décédés d'une MCJ familiale. Glenn Telling, un postdoc aimable, discret et remarquable, injecta ces échantillons dans des souris Tg « humanisées », c'est-à-dire des souris exprimant un gène de la PrP avec une partie humaine et une autre de souris (figure 30). Nous avons trouvé que le prion des patients italiens causait le dépôt de PrP^{Sc} uniquement dans le thalamus, comme Gambetti et Lugaresi l'avaient déjà décrit chez leurs patients (voir chapitre 12). Au contraire, le prion des patients atteints de la MCJ familiale provoquait un dépôt général de PrP^{Sc} dans le cerveau des souris Tg, comme déjà trouvé dans le cerveau des Juifs libyens par Gabizon. L'insomnie familiale fatale et la MCJ familiale étaient dues à des mutations différentes dans le gène de la PrP de leurs patients respectifs.

La percée se produisit quand Telling envoya des échantillons des cerveaux humains et de souris Tg à Gambetti pour analyse. Celui-ci convertit d'abord la PrP^{Sc} en PrP 27-30 par une digestion à la protéase, puis retira les chaînes de sucres attachées à la PrP 27-30. Il mesura, par des gels d'électrophorèse en SDS, la taille de la PrP dans les échantillons de cerveau de patients atteints d'insomnie familiale fatale et de souris Tg inoculées avec ces mêmes extraits. Il obtint alors une taille de 19 kDa (voir chapitre 8). Lorsqu'il répéta la même expérience avec des extraits de

Figure 30. Sous la direction de Glenn Telling (ci-dessus), et en collaboration avec Pierlugi Gambetti, Elio Lugaresi et Ruth Gabizon, nous avons montré que la souche de prion dans l'inoculat de cerveau humain déterminait la taille de la PrP 27-30 dans le cerveau des souris Tg.

cerveau de patients atteints de la MCJ, il trouva une taille de 21 kDa. Il était clair que l'inoculum déterminait la taille de la PrP 27-30, en fixant les régions de la PrP^{Sc} accessibles à la digestion par la protéase[14]. La forme globale de la protéine dictait les segments de la chaîne d'acides aminés susceptibles d'être clivés par les protéases. Dans les patients avec ces maladies à prion héritées, différentes mutations avaient engendré des formes distinctes de PrP^{Sc}, mais le gène de la PrP chez la souris Tg n'avait pas muté. C'était plutôt la forme du PrP^{Sc} de l'inoculum humain qui avait été imposée au PrP^{C} de la souris, agissant comme une matrice pour produire les nouveaux PrP^{Sc}. Nous détenions maintenant une preuve sans équivoque que les propriétés de chaque souche étaient contenues dans la forme de la PrP^{Sc}. Cependant, le mécanisme d'action de cette matrice reste obscur, comme le langage moléculaire qui détermine le temps d'incubation et le type de dépôt de la PrP^{Sc} dans le cerveau.

Une autre source d'information est venue d'une étude conduite par un brillant postdoc en neurologie, James Mastrianni, sur un patient américain atteint d'insomnie familiale fatale qu'il avait eu l'occasion d'examiner à l'UCSF. Quand le patient fut décédé, Steve DeArmond préleva le cerveau et trouva des lésions dans le thalamus similaires à celles rapportées par Lugaresi et Gambetti chez les patients italiens. Jim séquença le gène de la PrP du patient mais ne trouva pas la mutation attendue au codon 178 pour cette maladie. Il s'agissait apparemment d'un cas spontané d'insomnie fatale.

« Comment allons-nous appeler cette maladie-là ?, dis-je en pensant tout haut.

– Une insomnie fatale sporadique !, répliqua Jim.

– Si c'est le bon nom, repris-je, alors Gambetti et Lugaresi devraient inverser l'ordre de "fatal" et "familial". Ils ont défini l'IFF comme une insomnie familiale fatale, pas une insomnie fatale familiale. »

Mais la découverte de Jim ne s'est pas arrêtée là bien sûr. Quand il a mesuré la taille de la PrP 27-30, il a trouvé qu'elle était de 19 kDa. Cela signifiait que la PrP^{C} du patient s'était spontanément repliée en PrP^{Sc} avec une forme causant l'IFF plutôt que de l'avoir héritée. Et lorsqu'il a transmis le prion du patient décédé à des cerveaux de souris Tg, il a retrouvé la même taille pour la PrP 27-30 chez la souris[15]. La découverte de Jim montrait que le caractère de l'insomnie fatale, ou phénotype dans le langage des généticiens, est contenu dans la forme du PrP^{Sc}, et cela indépendamment de sa séquence en acides aminés. La mutation du PrP au codon 178 trouvée chez les patients de l'IFF n'était pas requise pour le développement de l'insomnie fatale. Il était simplement suffisant que la PrP prenne la conformation du PrP^{Sc} déterminant le phénotype de l'insomnie.

D'autres éléments vinrent renforcer cette interprétation lorsque nous avons examiné d'autres souches de prions. Même s'il était difficile de le croire, l'information biologique semblait bien portée par la forme de la PrP^{Sc}, qui dicte à la fois la durée d'incubation et le type de neuropathologie. Au lieu de juste deux conformations biologiquement actives d'une seule protéine, la PrP^{C} et la PrP^{Sc}, nous en trouvions plusieurs. Il était clair que la PrP^{Sc} pouvait adopter une foule de formes différentes. Cette remarquable plasticité était surprenante mais offrait une explication à l'existence des diverses « souches ». Le dernier vrai argument contre le prion, à savoir l'existence de différentes « souches » de prions, ne posait plus de problème conceptuel. Et les scientifiques n'avaient plus besoin non plus d'invoquer un acide nucléique pour expliquer cette diversité.

Alors que ces études étaient en cours, Ana Serban, une associée de recherche consciencieuse et passionnée, effectuait une série d'expériences conçues par Jim Cleaver, un professeur de rabiologie imaginatif.

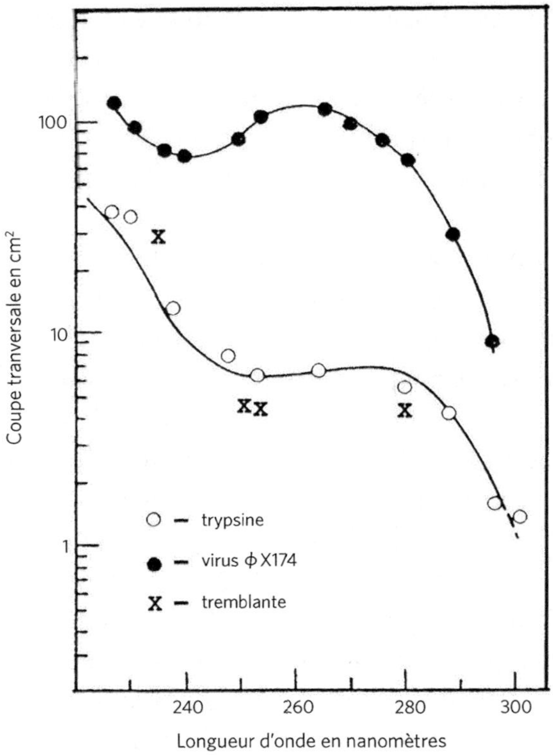

Figure 31. Au cours d'une visite au laboratoire national de Brookhaven à Long Island, Richard Setlow m'a montré des données surprenantes qu'il avait publiées en 1957. Il s'agit d'un graphique présentant le profil d'inactivation différent de deux protéines, les enzymes aldolase et trypsine, sous l'effet de diverses longueurs d'onde de la lumière ultraviolette. Puis il m'a montré que les résultats de cette expérience pour l'agent de la tremblante obtenus en 1970 par Tikvah Alper et Raymond Latarjet correspondaient précisément au profil de la trypsine.

Elle a irradié deux souches de prions avec des doses croissantes d'ultraviolets. Les deux se sont avérées aussi résistantes à l'inactivation, indication supplémentaire que la différence entre elles n'était pas due à un acide nucléique. En se basant sur cette résistance des prions, Cleaver a calculé que l'acide nucléique qu'ils étaient censés contenir ne faisait pas plus de cinq bases de long[16]. Comme trois bases sont nécessaires pour coder un acide aminé, l'hypothétique génome d'un prion ne pouvait coder qu'un seul acide aminé. Les petites protéines contiennent plus d'une centaine d'acides aminés, et les plus grosses ont jusqu'à plusieurs milliers d'acides aminés.

Un nouveau tournant dans la recherche de cet acide nucléique mythique est apparu à l'automne 1996 quand j'ai rendu visite à Richard

Setlow, le directeur associé de Life Sciences au laboratoire national de Brookhaven à Long Island, et un expert renommé des maladies génétiques et de la réparation d'ADN. Il m'a montré un résultat surprenant qu'il avait obtenu en 1957. C'était un graphique montrant le spectre d'inactivation par différentes longueurs d'onde de la lumière ultraviolette de deux protéines, deux enzymes appelées l'aldolase et la trypsine (figure 31)[17]. Puis il me montra ce qui se passait lorsqu'il le superposait avec les données publiées en 1970 par Tikvah Alper et Raymond Latarjet (voir figure 6). Leurs données pour « l'agent de la tremblante » recoupaient précisément la courbe de la trypsine. La superposition était presque parfaite.

« Ouahou !, me suis-je exclamé. Je reste sans voix ! J'ai passé des années, ou au moins d'innombrables heures, à essayer de comprendre leurs résultats et vous aviez la réponse dans un article paru treize ans plus tôt que le leur. Pourquoi Alper et Latarjet n'ont-ils pas utilisé vos résultats ? Ils ont dû en avoir pris connaissance, et les oublier par la suite. Si j'avais été assez fort pour trouver votre article, j'aurais su que l'agent de la tremblante est une protéine et le problème aurait été résolu. Et l'histoire était terminée !

– Eh bien, c'est une manière de voir les choses, mais vous deviez encore faire toutes les études de chimie des protéines, de biologie moléculaire et de génétique que vous avez menées, dit Setlow. Sans ces études, personne n'aurait cru à l'existence du prion. »

Interlude
La clé pour interpréter la courbe d'inactivation de la trypsine

Les protéines absorbent au maximum la lumière ultraviolette à 280 nanomètres de longueur d'onde en raison de leurs acides aminés aromatiques tels que la tyrosine et le tryptophane, et ont un minimum d'absorption à 260 nanomètres. Mais ce spectre d'absorption ne correspond pas toujours à leur profil d'inactivation. Quand une protéine a des résidus de cystéine, les spectres d'absorption et d'inactivation ne sont pas les mêmes. C'est le cas de la trypsine et du prion. Lorsque les photons à 260 nanomètres frappent les résidus de cystéine, ils abîment plus la protéine que lorsqu'ils rencontrent des acides aminés aromatiques comme la tyrosine ou le tryptophane. Tous les prions de mammifères présentent deux cystéines dans leur séquence.

Dans l'avion qui me ramenait en Californie, je réfléchis à ce que j'avais appris de Setlow. Si j'avais su ses résultats avec la trypsine, compris les effets de la cystéine dans les études avec la lumière ultraviolette, compris aussi la différence entre les spectres d'absorption et d'inactivation, mes recherches sur l'agent de la tremblante auraient-elles progressé plus rapidement ? Je me rendis compte qu'il avait probablement raison, en ce sens que le gros du travail aurait néanmoins dû être fait.

Ce que nous savions alors était que les prions sont des protéines infectieuses et que les propriétés des diverses souches sont liées à leurs différentes conformations. Cela semblait un résultat tout à fait satisfaisant, mais nous ne comprenons toujours pas le langage des prions. Plus tard, nous apprendrons que des conformations moins stables de la PrP^{Sc} déterminent en général des durées d'incubation plus courtes. Ces résultats ont dû attendre la possibilité pour nous de créer des prions synthétiques à partir de PrP produites par des bactéries en utilisant la technologie de l'ADN recombinant[18]. Malgré ces avancées, nous avons été jusqu'à présent incapables d'élucider comment les souches de prion dictent les divers types de neuropathologie.

CHAPITRE 16

Stockholm

Le concept de protéines infectieuses étant reconnu, de plus en plus de personnes, du monde de la recherche et d'ailleurs, commencèrent à se demander s'il allait y avoir (et quand) un prix Nobel pour ce travail. Je ne savais jamais comment me comporter face à de tels commentaires. Je les considérais comme des discussions gratuites, vu la mauvaise presse que j'avais suscitée. Les mêmes personnes qui avaient pris de haut le concept de prion commençaient à réaliser que leur mépris n'avait fait que mieux faire ressortir les succès de mes collègues et de moi-même. D'autres cependant ne se rendaient pas encore à l'évidence et leur scepticisme permanent polissait mon image de scientifique rebelle et téméraire. Avec un peu plus d'opprobre, j'allais pouvoir passer pour un visionnaire !

Après mon obtention du prix Lasker en septembre 1994, on commença à fréquemment parler d'un prix Nobel pour la découverte du prion. Alors que beaucoup de lauréats du prix Lasker avaient reçu par la suite le prix Nobel, je ne pouvais me rappeler aucun exemple de quelqu'un ayant reçu les deux prix la même année[1]. Avec l'annonce en octobre 1994 de l'attribution du prix Nobel de physiologie ou de médecine à Alfred Gilman de l'Université du Texas et à Martin Rodbell de l'Institute national des sciences de la santé environnementale pour leur découverte des protéines G qui permettent aux cellules de communiquer entre elles, mon seul regret fut que je n'aurais pas une place permanente de parking à l'UCSF. Trouver une place pour garer ma voiture me faisait perdre presque un quart d'heure chaque matin, et encore dix minutes le soir. Cela faisait vingt-cinq minutes que j'aurais pu passer avec ma famille ou à lire un bon livre. Au printemps suivant, quand je rencontrai Gilman au congrès annuel de l'Académie nationale des sciences, il me raconta le coup de téléphone au milieu de la nuit lui annonçant son Nobel.

« Un jour, tu recevras un appel comme celui-là, me dit-il.

– Cela arrive aux autres, pas à moi. »

Gilman éclata de rire. « J'en avais tellement marre des gens qui disaient : "Un jour tu recevras le prix Nobel." Je peux te dire que la meilleure chose quand on remporte le prix Nobel, c'est que personne ne te dira jamais plus : "Un jour, tu recevras le prix Nobel." »

Quelques mois plus tard, les dieux m'allouèrent une place de parking. Alors que je déjeunais avec l'un des vice-présidents de l'UCSF, il me tendit une lettre de Joseph B. Martin qui venait de succéder au président Julius Krevans parti à la retraite. À l'occasion du quinzième anniversaire des prix Lasker, Martin avait décidé d'accorder une place de parking gratuite à tous les anciens du prix à l'UCSF. Je pensai que c'était bien, mais me mis tout de suite à réfléchir au moyen de la transformer en une place personnelle. Devais-je attendre un jour, deux jours, une semaine, avant d'aborder le sujet ? En fait, je n'attendis pas dix minutes. « C'est bien gentil, dis-je au vice-président, mais y a-t-il un moyen pour que je continue à payer le parking et que ce privilège devienne d'avoir une place attitrée ? » Un emplacement attribué était prévu, me dit-il. Je fus alors aux anges !

Les automnes de 1995 puis 1996 passèrent sans que j'eusse d'appel de Stockholm, mais je n'étais pas déçu car je n'avais plus que trois minutes de marche entre ma place de parking et le laboratoire. Même si je devais supporter des réflexions du style : « Un jour tu recevras le prix Nobel », j'avais appris à les ignorer. Il le fallait. Le problème était que chaque année où je n'avais pas d'appel de Stockholm, cela sous-entendait qu'il y avait un problème avec moi, quelque chose qui me faisait terriblement défaut. Je commençais à imaginer passer trente ou quarante ans à attendre le prix Nobel et ne jamais le recevoir. Je comprends que ce n'est pas une préoccupation exceptionnelle chez les scientifiques ayant atteint un certain niveau de réussite.

Je savais que plusieurs groupes m'avaient sélectionné, mais apparemment en vain. Je n'allais pas trouver mieux, et notre découverte des prions avait eu lieu au début des années 1980. En plus, les médias n'avaient pas perdu l'envie de m'attaquer. À l'automne 1997 parut un livre intitulé *Festins mortels* de Richard Rhodes. Celui-ci m'avait appelé presque un an plus tôt pour solliciter un entretien, ce que j'avais refusé malgré sa réputation d'avoir fait des livres assez bien reçus sur la fabrication des bombes atomique et à hydrogène. Comme d'habitude, je pensais qu'il ne pouvait rien sortir de bon d'une discussion avec les journalistes. Lorsque le nouveau livre de Rhodes fut publié, près de 80 % de son contenu étaient consacrés au travail de Carleton Gajdusek dans les montagnes de Nouvelle-Guinée, et environ 5 % à me dénigrer comme un personnage de second ordre.

En septembre 1997, je pris l'avion pour Buenos Aires afin de donner trois conférences au seizième Congrès international de neurologie et une autre à l'Université de Buenos Aires. Le jour suivant ma première intervention, la lettre d'actualité quotidienne du congrès avait mis ma photo en première page avec pour légende : « Stanley Prusiner, futur prix Nobel, donne une conférence. » Même en Amérique du Sud, je ne pouvais y échapper. La prophétie de Gilman continuait de me hanter.

En quittant Buenos Aires, je m'envolai pour Stockholm où Rudolf Riegler, un biophysicien de l'Institut Karolinska, avait organisé un symposium sur les prions sous les auspices de l'Académie des sciences suédoise. Le jour suivant, je rencontrai à déjeuner Riegler et deux collègues, Hans Jornvall et Arne Holmgren. Les trois scientifiques suédois étudiaient chacun la structure des protéines, mais avec une technique différente, Jornvall par cristallographie aux rayons X, Holmgren par spectroscopie à résonance magnétique nucléaire, et Riegler par spectroscopie de fluorescence. Je fus impressionné par leur connaissance des prions. Ils étaient tout à fait au courant de la littérature et mieux informés que nombre de chercheurs travaillant dans le domaine.

Le mardi matin, une grande foule s'assembla à l'Académie suédoise, dont mon ami Erling Norrby était désormais le secrétaire exécutif. Quelques minutes avant le début de la séance, Riegler se tourna vers moi et me dit : « Vous serez le premier orateur. Je vous donne cinquante minutes pour votre conférence et les autres en auront quarante. » Voyant ma surprise, il expliqua : « Vous avez clairement initié le travail sur le prion, donc vous devez avoir un peu plus de temps. » L'aimable consigne de Riegler me mit à l'aise, et cette occasion de faire une présentation plus claire, plus détaillée et plus posée, me permit de donner l'une de mes meilleures conférences.

Quand j'eus fini, mon collaborateur d'autrefois Charles Weissmann monta sur le podium. Aux deux tiers environ de son exposé, il revint sur le travail commun que nous avions publié cinq ans plus tôt. Il décrivit l'élimination du gène de la PrP pour ne trouver que des souris tout à fait normales mis à part quelques légers défauts dans le cycle de veille et de sommeil. Il fit l'hypothèse que, si la PrP n'était pas exprimée durant toute la vie de ces souris, c'est qu'elles devaient s'adapter à son absence. Pour la tester, il suggérait d'utiliser un système mis au point par Herman Bujard à Heidelberg, où un gène artificiel de la PrP pouvait être introduit dans une souris dont le gène de la PrP avait déjà été éliminé. Cette souris allait exprimer la PrP, mais on pouvait éteindre son expression chez l'animal adulte en lui donnant un antibiotique dans sa nourriture, la doxycycline. Dans ce scénario, l'arrêt brutal de l'expression de PrP pouvait produire un trouble reconnaissable. Weissmann n'avait cependant aucune donnée. Il avait passé près de la moitié de sa conférence à disserter sur une future expérience.

Lorsque Weissmann eut fini, la séance des questions sur nos exposés fut ouverte. Comme la plupart d'entre elles portaient sur le mien, Weissmann se rassit après quelques minutes et je répondis aux questions restantes tout en me demandant quoi faire. Plus de trois ans en arrière, j'avais demandé à Herman Bujard de nous aider à produire une souris avec un gène de la PrP inductible par la doxycycline. Zeev Meiner, un jeune neurologue de l'hôpital universitaire Hadassah à Jérusalem, avait commencé ce travail à l'UCSF en tant que postdoc. Lorsqu'il était retourné en Israël, Patrick Tremblay, un postdoc de l'Institut Max-Planck de Göttingen en Allemagne, avait pris la suite du travail. Nous avions déjà terminé l'expérience que Weissmann proposait dans son exposé, et elle s'était montrée sans intérêt pour comprendre la fonction du PrP normal[2]. Devais-je dévoiler nos résultats publiquement ou en privé ? La manière la plus convenable était de garder l'information pour moi et de la donner à Weissmann à la pause, mais je décidai qu'il me fallait décrire nos résultats publiquement ici et à ce moment-là. D'une part, l'idée était un fiasco, et, d'autre part, si je révélais nos résultats plus tard, des gens peu au courant du calendrier de ce genre d'études pouvaient penser que j'avais simplement appliqué la merveilleuse idée de Weissmann. Je me tournai donc vers lui, et lui dis en le regardant : « Charles, je veux te dire le résultat de l'expérience que tu as envisagée à la fin de ton exposé. Nous avons produit des souris avec un gène de la PrP inductible et nous les avons nourries avec de la doxycycline lorsqu'elles sont devenues adultes pour supprimer brusquement l'expression de la PrP. Après deux mois de doxycycline, nous n'avons vu aucun signe de maladie. La répression soudaine de l'expression du gène de la PrP chez la souris adulte ne nous a donné aucun indice sur la fonction de cette protéine. »

Weissmann semblait abasourdi. À la pause, il me dit : « Je pense que tu appelles cela dégommer en beauté le concurrent.

– Ta présentation ne m'a pas laissé le choix », ai-je répliqué. Bien que je me sentisse désolé pour lui, cela ne me faisait absolument rien de raconter nos efforts pour élucider la fonction de la PrP.

Quand le programme de la journée reprit, Detlev Riesner rapporta des études que nous avions faites ensemble durant notre longue quête d'un acide nucléique dans des préparations de prion, et nos études sur le pliement et le repliement de la PrP 27-30.

Puis ce fut au tour de Kurt Wüthrich, de l'École polytechnique fédérale de Zurich (ETH), de parler de son travail avec la résonance magnétique nucléaire sur la structure des protéines (qui allait lui valoir un prix Nobel cinq ans plus tard). Comme nous avions achevé presque six mois plus tôt la première phase de nos propres travaux de résonance magnétique nucléaire, je me sentis bien plus à l'aise quand il fit son exposé que si nous n'avions pas eu nos propres données structurelles. Wüthrich commença par présenter l'une des trois hypothèses avancées par le mathématicien britannique John S. Griffith dans une brève lettre envoyée à la revue *Nature* en 1967[3]. À partir des résultats obtenus par Tikvah Alper, Griffith avait eu la prescience de suggérer que l'agent de la tremblante était une protéine qui adopte une conformation anormale. J'aurais été surpris à l'époque si une seule personne avait pris cette idée au sérieux. Le travail de Chris Anfinsen, qui montrait que la séquence en acides aminés de la RNase spécifie une seule conformation biologiquement active, restait le dogme dominant. Quand je lus pour la première fois l'article de Griffith, cinq ans après sa publication, je me demandai s'il avait jamais entendu parler des études de référence d'Anfinsen. J'ai supposé qu'il ne connaissait pas la littérature sur le repliement des protéines et considéré ses réflexions comme sans grande importance. Griffith avait intégré son hypothèse conformationnelle entre deux autres postulats, l'un qui proposait que l'agent de la tremblante était une protéine codée par un gène cellulaire et exprimée seulement au cours de l'infection, l'autre que cet agent était comme un anticorps capable à la fois de réagir avec lui-même et de stimuler sa propre production.

Au bout d'une vingtaine de minutes de son exposé, Wüthrich manifesta son goût du conflit. Il montra à l'écran une diapo du modèle tridimensionnel de la PrP^{C} que Fred Cohen et moi-même avions proposé, mais barré d'un énorme « X » noir. Des réactions de stupeur se firent entendre des quatre coins de l'auditorium devant cette expression de franche hostilité. Visiblement très énervé, Wüthrich beugla : « Le modèle de Fred Cohen est faux ! » Sa présentation finie, nous allâmes déjeuner et je lui demandai sa diapo avec l'idée de pouvoir un jour la publier ou la reproduire. Il refusa habilement de me la donner, mais dit qu'il serait content de m'expliquer comment la refaire à partir de notre modèle publié et d'un ruban adhésif noir, ce que je fis.

Avant de revenir en Californie, je pris l'avion pour Düsseldorf avec Detlev Riesner (voir figure 24). Après avoir passé plusieurs heures à travailler ensemble sur un manuscrit, nous allâmes dîner et avons alors discuté de ce qui s'était passé ces derniers jours.

« Que penses-tu de tes chances pour un prix Nobel ?, m'a-t-il demandé avec une certaine circonspection.

– Je n'en sais rien. » Quelques secondes après, je lui dis à voix basse, ne voulant pas être entendu par d'autres : « Je pense que mes chances sont de cinquante-cinquante, si je me fie à l'extraordinaire connaissance des prions dont Riegler, Jornvall et Holmgren ont fait preuve au cours du repas précédant le symposium, mais ne le répète pas. »

L'appel téléphonique

L'annonce du prix devait être faite dans moins de deux semaines. De retour au pays, je m'envolai pour Washington le dimanche matin, le 5 octobre, sur l'ordre de la Food and Drug Administration pour participer le jour suivant à une rencontre d'un comité d'experts sur l'encéphalopathie spongiforme. Après être arrivé au Holiday Inn de Bethesda, je finis par m'endormir vers minuit. À 5 h 05, je fus réveillé par un appel de Nils Ringertz, secrétaire de l'assemblée du Nobel médical de l'Institut Karolinska qui m'informa qu'ils venaient de voter pour me donner le prix Nobel 1997 de physiologie ou de médecine. Malgré tous mes espoirs passés, malgré le congrès encourageant de Stockholm, j'étais époustouflé.

« Je veux que vous sachiez, poursuivit Ringertz, que l'assemblée du Nobel a voté pour n'accorder le prix qu'à vous seul. »

Là, j'étais sonné. Sans tenir compte de mon silence, Ringertz me dit que le prix m'était conféré pour « la découverte des prions, un nouveau principe biologique d'infection ». Il me demanda si j'étais d'accord avec cette formulation. Il me vint soudain à l'esprit que « maladie » serait un meilleur terme qu'« infection », parce que les prions non seulement infectent mais produisent aussi des maladies génétiques sporadiques. Je décidai aussi vite que l'idée m'était venue de la laisser tomber. Ils avaient passé plus de temps à la formulation que moi. De plus, qu'allaient-ils penser si je commençais à discuter ? Ils avaient encore le temps de changer d'avis !

« Parfois, continua Ringertz dans le vide, quand j'ai appelé, des gens ont pensé que ce n'était pas moi. Vous souvenez-vous de m'avoir rencontré ?

– Oui, nous avons dîné ensemble à l'Erik's Restaurant dans la vieille ville de Stockholm en novembre 1996, ai-je répondu.

– C'est vrai, dit-il. J'espère que vous pourrez vous organiser afin que vous et votre famille puissiez venir à Stockholm début décembre pour la cérémonie des prix Nobel.

– Je suis sûr que nous pourrons le faire. »

Je le remerciai et raccrochai. Bien sûr que ma femme Sandy et nos deux filles, Helen et Leah, trouveraient le moyen de programmer un voyage à Stockholm. Je restai assis tout étourdi une dizaine de minutes jusqu'à ce que Sandy m'appelle. Elle l'avait appris cinq minutes avant moi, car Ringertz avait bien sûr appelé d'abord chez moi. Après avoir discuté avec elle, j'essayai de me rendormir. Ringertz m'avait demandé de ne rien dire à personne pendant vingt-cinq minutes, le temps qu'il l'annonce à la presse. Je dis qu'il n'y avait pas de problème.

À 5 h 30, je regardai CNN pour avoir confirmation que l'appel de la nuit était bien réel, pour être sûr que ce n'était pas un canular. Mais il n'y avait aucune nouvelle de Stockholm, juste l'annonce de la dernière catastrophe et des dernières cotations de la Bourse. Ce n'est qu'alors que j'ai commencé à sérieusement penser que tout cela pouvait être une farce. Lorsque Ringertz avait demandé si je me souvenais de lui, j'aurais dû lui demander où nous nous étions rencontrés au lieu de rappeler que nous avions dîné ensemble chez Erik. Puis 6 heures, 6 h 30, toujours pas de nouvelles de Stockholm. Que se passait-il ? À 7 heures, je décidai d'allumer la radio et c'est alors que j'entendis une belle voix de baryton annoncer : « Un Américain, Stanley Prusiner, a remporté le prix Nobel de physiologie ou de médecine. » Ouf !

Lors de la conférence de presse annonçant le prix à Stockholm, Ralf Pettersson, le vice président du comité Nobel à l'Institut Karolinska, déclara : « Durant toutes les années 1980, le prion a été un sujet très controversé. Cela a pris du temps pour qu'il soit accepté… Nous avons maintenant une base théorique pour concevoir de nouveaux médicaments qui empêcheront la transformation en une forme pathologique de la protéine. Cela aidera la recherche à comprendre les démences dans d'autres maladies, comme celle d'Alzheimer, qui ont beaucoup de traits communs. » Après l'annonce, je fus envahi d'émotions, de joie bien sûr, accompagnées d'un épuisement inexplicable. Et, presque tout de suite, des amis sur toute la planète m'appelèrent. Parmi les centaines de courriers et de mails, il y avait de magnifiques lettres de lauréats du Nobel, dont l'un me disait que le prix serait accompagné de la « fête de ma vie », ce qui m'intrigua mais se vérifia par la suite. À ma grande joie, j'allais découvrir que les Suédois avaient atteint la perfection pour célébrer les grandes réalisations intellectuelles.

La conférence de presse

Le mercredi 3 décembre 1997, j'arrivai à Stockholm et le jour suivant je me retrouvai face à une légion de journalistes sceptiques. La Fondation Nobel avait organisé la conférence dans un bâtiment appelé le Forum Nobel sur le site quelque peu terne de l'Institut Karolinska. La neige recouvrait en grande partie les pelouses et des congères bordaient les rues et les chemins. Une façade de brique rouge, interrompue par quelques fenêtres de bois blanc, donnait un aspect plutôt anodin au Forum Nobel. Contrastant avec cela, l'intérieur était chaleureux et le décor, presque de fête. Au rez-de-chaussée du bâtiment il y avait un magnifique auditorium solennel, tandis qu'aux étages supérieurs se trouvait la précieuse documentation des délibérations depuis le premier prix Nobel de physiologie ou de médecine de 1901.

En pénétrant à 9 heures ce matin-là dans l'auditorium, je ressentis le souffle glacial d'un vent arctique. Je devinai d'une certaine manière que cela n'allait pas être une célébration de la science. Cela allait plutôt être une autre mise au pilori de Stan Prusiner. Comment un scientifique pouvait-il se tromper à ce point ? Encore plus dérangeant, comme l'assemblée Nobel du Karolinska pouvait-elle faire une erreur aussi énorme ?

Le jour précédent, le principal journal de Stockholm, le *Svenska Dagbladet*, publiait un article faisant état des doutes subsistant sur l'existence des prions. Et si la découverte de Stan Prusiner n'était pas réelle ? Peut-être qu'avec plus de temps et de travail un ADN ou un ARN central serait trouvé, preuve que les prions sont bien des virus. Dans ce cas, l'assemblée du Nobel avait pris une décision prématurée, commis une terrible erreur. Pourquoi ne pouvait-elle pas attendre quelques années de plus ?

Alors que débutait la conférence de presse, je sentis une tension me gagner le bas du ventre. Mon estomac commença à me faire mal. Qu'est-ce qui ne va pas avec ces gens ? Pourquoi ne lisent-ils pas mes articles pour comprendre que les données sont solides ? Pourquoi ne reconnaissent-ils pas que d'autres ont reproduit, de manière indépendante, nombre de mes résultats essentiels ? Où ont-ils la tête ?

Je commençai en expliquant comment j'en étais venu au problème de ce qui cause une démence à progression rapide chez les personnes ayant la cinquantaine ou la soixantaine. La maladie que j'évoquai s'appelait la maladie de Creutzfeldt-Jakob, souvent abrégée en MCJ. Puis je leur racontai la maladie similaire observée chez le mouton appelée tremblante qui pouvait être étudiée chez des rongeurs en laboratoire. J'expliquai que le passage de la souris au hamster, avec de nouvelles méthodes de mesure, avait accéléré mon travail presque huit fois. Et que c'était ce changement dans mes procédures de travail qui avait conduit à la découverte des prions.

Ces descriptions étaient bien jolies, mais la presse était surtout intéressée de savoir s'il y avait une chance, même faible, que le prion puisse réellement exister au lieu de n'être que le fruit de mon imagination. Elle semblait incapable d'envisager la possibilité qu'aucun virus ne cause la tremblante. Après tout, les virus sont de minuscules agents infectieux, bien plus petits que les bactéries, et connus depuis plus de cent ans. Pourquoi pas un virus, spécial, inhabituel, mais un virus tout de même ? Quelle était cette absurdité de protéine infectieuse, ou prion comme je l'appelai, qui serait responsable de maladies considérées comme virales ?

Tout en essayant de masquer mon impatience, j'expliquai que je pensai initialement que des virus causaient le kuru, la MCJ et la tremblante, mais qu'après des années de recherche d'un supposé virus j'avais été amené à penser à autre chose. Je récitai comment j'avais enrichi en pouvoir infectieux pour la tremblante des fractions de cerveau, et retiré plus de 99 % de leurs impuretés. Cette procédure avait révélé les propriétés inhabituelles de l'agent de la tremblante alors que les indices en faveur d'un virus s'étaient inexorablement estompés.

Certains journalistes insistèrent sur le fait que je devais avoir commis une terrible erreur. Ni mes résultats ni mon interprétation ne pouvaient être corrects. Je devais simplement m'être trompé, toute personne raisonnable savait que les prions étaient une chose impossible. Tout indiquait qu'il s'agissait d'un virus. Comment l'assemblée du Nobel pouvait-elle être aussi négligente et aussi irresponsable pour m'attribuer le prix Nobel de médecine de 1997 ? Et, pour couronner le tout, elle allait même jusqu'à m'attribuer tout le prix. J'étais le seul récipiendaire.

Je me tenais donc là, me demandant si la presse voulait que je m'empale sur une épée de culpabilité et de chagrin pour l'action désinvolte d'un groupe de cinquante professeurs qui avaient été élus à l'assemblée Nobel par leurs pairs. L'assemblée avait été chargée de garder le terrain sacré, consacré, des réussites scientifiques pendant près d'un siècle, mais cette fois-ci elle avait clairement échoué ! Son histoire des succès passés à reconnaître les réalisations exceptionnelles des scientifiques dans le monde entier était maintenant ternie à jamais. Sa décision inconsidérée était bien plus qu'une tache, c'était une gaffe monumentale.

Après un interrogatoire de deux heures, Niels Ringertz, le secrétaire du comité Nobel, déclara que la conférence de presse était close. Le comité Nobel, consistant en une demi-douzaine de professeurs du Karolinska, avait recommandé à l'assemblée que je sois le seul récipiendaire du Nobel 1997. Une fois que les journalistes furent sortis, Ringertz s'excusa de m'avoir soumis à un questionnement aussi intense d'un large groupe de journalistes sceptiques. Je lui répondis que je n'étais pas un néophyte au pays des détracteurs du prion, et je relatai ma démarche de refuser de parler à la presse depuis plus de dix ans.

Le triomphe de la science expérimentale

C'était le moment de saluer le triomphe de la science expérimentale à faire reculer les frontières de notre ignorance et le moment, aussi, de rappeler tout ce que l'expérience de mon travail à Stockholm avec Olle Lindberg trente ans plus tôt avait signifié pour moi. C'était un moment particulier pour ma famille et mes amis qui s'étaient réunis à Stockholm. Mis à part Sandy et nos deux filles, mon père et mon frère avaient aussi fait le voyage. Beaucoup d'amis et de soutiens avaient également fait le déplacement, dont Oded et Henia Abramsky, Hank et Annik Baron, Walters et Connie Burke, George et Fran Carlson, Fred et Carolyn Cohen, Steve et Bernadette DeArmond, Bob Fishman, Ruth et Alberto Gabizon, Don et Audrey Gilden, Darlene et Don Groth, Steve Hauser, Julie et Patsy Krevans, Mac et Marj McCarty, Barbro et Barney Osher, Detlev et Hannalore Riesner, Fred Seitz, Albert et Anat Taraboulos, et Charley et Edna Yanofsky. C'était aussi le moment de revoir nombre de mes amis et collègues suédois, dont certains rencontrés pour la première fois alors que j'étais un étudiant en médecine travaillant sur la graisse brune. En faisaient partie Barbara Cannon, Gustav Dallner, Lars Ernster, Tomas Hökfelt, Krister Kristensson, Olle Lindberg, Erik Lycke, et Erling et Margaretta Norrby.

Avec l'annonce du prix, je pensais que la controverse sur les prions était finalement terminée. J'étais naïf. Richard Rhodes (toujours dépité peut-être de mon refus de le voir quand il écrivait son texte sur Gajdusek ?) publia encore un article dans le *New Yorker*. Intitulé « La science pathologique » et sous-titré « Stanley Prusiner reçoit le prix Nobel pour sa théorie révolutionnaire sur la maladie de la vache folle. Mais s'il se trompait ? », il prédisait que le virus que nous avions loupé serait bientôt trouvé et affirmait que les Suédois avaient fait une terrible erreur :

La contribution de Prusiner à la science médicale a été sensationnelle. En 1982, il postula l'existence d'un nouveau type d'agent infectieux, unique dans la nature, pour expliquer les caractéristiques inhabituelles d'un groupe d'encéphalopathies spongiformes transmissibles (EST) rares, des maladies qui tuent en endommageant le cerveau par des amas de protéines déchets et de minuscules trous. Dans la décennie qui a suivi, alors qu'il travaillait à prouver sa théorie, une nouvelle EST a émergé dans une épidémie qui a paniqué des millions de personnes. La [...] dissémination en Angleterre de l'encéphalopathie spongiforme bovine (ESB) connue sous le nom de maladie de la vache folle, s'est traduite par l'abattage de près de deux millions d'animaux. Alors que de jeunes gens [...] commençaient à mourir aussi [d'une nouvelle variante de la maladie de Creutzfeldt-Jakob], probablement infectés en mangeant de la viande contaminée, la peur a surgi qu'une épidémie similaire n'apparaisse chez l'être humain. Ce climat d'urgence a focalisé l'attention du public et des scientifiques sur la théorie controversée de Prusiner que l'agent infectieux de l'EST n'est pas un virus ou une bactérie mais une protéine dépourvue des acides nucléiques d'ADN ou d'ARN. Selon le terme inventé par Prusiner, les maladies étaient dues à un « prion », une « particule infectieuse protéique ».

[...] Malgré l'insistance de Prusiner à dire que l'énigme a été résolue, le dernier mot sur le rôle du prion dans la cause de ces maladies n'a pas encore été écrit. En fait, en attribuant le prix à Prusiner cette année, les cinquante-trois scientifiques du Karolinska formant l'assemblée du Nobel médical ont explicitement pris parti dans le débat en cours, un débat qui pourrait avoir de profondes conséquences pour la recherche future... Le neurologue du Karolinska Lars Edstrom a dédaigné les sceptiques lorsqu'il s'est exprimé dans le *New York Times* pour annoncer le prix. « Il y a encore des gens qui ne pensent pas qu'une protéine puisse causer ces maladies, mais nous le pensons. Selon nous, cela ne fait aucun doute. »

Le ton de ce soutien choque de nombreux chercheurs dans le domaine, dont la neuropathologiste Laura Manuelidis... Bien que certains de ses collègues concèdent plus de choses à Prusiner, selon elle seulement quatre des quatorze principaux laboratoires travaillant sur l'EST [...] adhèrent à la théorie du prion [...]. Lors d'une conférence en 1995 à Paris, Manuelidis a dit aux chercheurs de l'EST que, malgré tout le bruit fait autour du prion, presque tout dans l'EST désignait un « virus lent » (ainsi appelé en raison de ses longues périodes d'incubation), la

> PrP jouant le rôle de gardien à une certaine étape du cycle de vie de l'organisme…
> Dans leur ensemble, les expériences de Prusiner démontrent au moins que la PrP est cruciale pour l'infection à EST. Cependant, si la protéine est la seule responsable de l'EST, m'ont dit des personnes de différents laboratoires, alors il devrait être possible de synthétiser la PrP *in vitro* et de provoquer une infection. C'est le Saint-Graal de la recherche sur le prion. Mais cela a déjà été tenté, sans succès jusqu'à présent. Prusiner pense néanmoins qu'avec plus de recherche ce n'est qu'une affaire de temps… Le travail de Prusiner, avec toute l'énergie et l'ambition qu'il a déployées, pourrait cependant s'avérer être un exemple de ce que le chimiste et prix Nobel Irving Langmuir a appelé une fois la « science pathologique » […] des « découvertes » scientifiques sensationnelles qui se révèlent fausses, non par fraude mais par une simple autotromperie[4].

Et Gary Taubes, bien sûr, y allait de son commentaire tout aussi acide dans un article intitulé « Gaz Nobel » qui commençait ainsi :

> Sûr, Stanley Prusiner mérite un prix, pour sa persistance, et non pour ses prions. Personne n'a dit que le Comité Nobel était infaillible. Il a bien donné en 1973 le Nobel de la paix à Henry Kissinger. Mais les gens à Stockholm sont d'habitude prudents dans leur choix… S'il s'avère que les virus sont bien la cause des maladies [de la vache folle et de Creutzfeldt-Jakob], alors Prusiner aura remporté le prix pour la découverte de quelque chose de spectaculairement faux.
> La bonne science, pas juste la science du calibre du prix Nobel, dépend d'hypothèses et de tests, et ensuite de la démonstration rigoureuse que l'interprétation privilégiée des données était la seule possible. En d'autres termes, des résultats remarquables exigent des preuves remarquables. Dans le cas du prix de Prusiner, le Comité Nobel s'est décidé sur l'enthousiasme et l'étroitesse d'esprit[5].

Taubes revint sur le tapis de manière inattendue au printemps suivant lors d'une conférence organisée par la Fondation Nobel dans un vieux monastère situé sur un archipel à l'est de Stockholm. Nous étions à la pause déjeuner quand J. Craig Venter vint me trouver et me dit : « J'ai une histoire amusante pour toi. Gary Taubes est venu dans mon bureau il y a quelques mois et il a essayé de me convaincre de le laisser écrire ma biographie. Je lui ai dit : "N'avez-vous pas écrit un texte terrible sur mon ami Stan Prusiner il y a quelques années ?" Taubes a paru gêné pendant trente secondes environ, puis il a eu un grand sourire et il a dit : "Mon article a fait que Stan Prusiner a obtenu le prix Nobel." »

J'ai éclaté de rire. « C'est la définition d'un canular, ai-je dit.

– Je lui ai dit que l'article de *Discover* sur toi était vraiment terrible, a poursuivi Venter, et je lui ai demandé de m'en envoyer une copie ainsi que tous ses articles et livres sur des scientifiques avant de décider si je l'aidais à écrire ma biographie. »

Taubes n'a jamais répondu à la requête de Venter, et celui-ci a fini par rédiger son autobiographie[6].

La célébration

Le lendemain soir lors d'un petit dîner offert par le Comité Nobel, j'eus l'opportunité de rencontrer tous les scientifiques qui m'avaient défendu et leur épouse. Une vingtaine de personnes assistaient au repas qui se tenait dans une pièce décorée avec goût du Grand Hôtel où tous les lauréats et leur famille demeuraient. Les tables et les murs étaient recouverts d'un tissu aux diverses nuances d'or. Gösta Gahrton, professeur du département de médecine de l'Institut Karolinska et président du comité Nobel, me prit à part et dit : « Nous aimons des prix comme celui-là, où le chemin de la découverte est si clair que nous pouvons l'attribuer à une seule personne. Nous savons tout des nombreux obstacles que vous avez rencontrés sur cette voie, et nous espérons que la stature que vous conférera le prix Nobel vous aidera dans vos problèmes de financement. Nous sommes au courant des difficultés que vous avez eues pour trouver un soutien adéquat pour votre recherche. Votre persévérance a été remarquable. »

Au quatrième jour à Stockholm, le 10 décembre, date anniversaire de la mort d'Alfred Nobel, les lauréats et leur épouse se réunirent l'après-midi dans le hall du Grand Hôtel. De là, nous fûmes conduits au Concert Hall par un cortège de limousines noires Volvo. J'étais de plus en plus excité. Comment cela pouvait-il m'arriver ?

Dans le Concert Hall, qui était plein, mes collègues lauréats et moi-même prîmes place sur scène avec les membres des académies suédoises. Après que les lauréats de physique et de chimie eurent reçu leur prix, ce fut mon tour. Le roi Carl Gustaf demanda à Ralf Pettersson de venir sur la scène et de me présenter. Pettersson commença ainsi :

> Vos Majestés, Votre Altesse Royale, Mesdames et Messieurs,
> Cette année, le prix Nobel de physiologie ou de médecine a été décerné à Stanley B. Prusiner pour sa découverte des prions, un nouveau principe biologique d'infection. Qu'est-ce que le prion ? C'est une petite protéine infectieuse capable de causer des maladies similaires à la démence fatales chez l'homme et l'animal. On sait depuis environ un siècle que les maladies infectieuses peuvent être causées par des bactéries, des virus, des champignons ou des parasites. Tous ces agents infectieux ont un génome, le matériel héréditaire à la base de leur réplication. La capacité à se répliquer est essentielle pour la manifestation des maladies qu'ils causent. L'aspect le plus remarquable des prions est qu'ils peuvent se répliquer sans posséder de génome. Ils n'ont pas de matériel héréditaire. Jusqu'à ce que les prions soient découverts, on considérait la duplication sans génome comme impossible. Cette découverte était inattendue et a provoqué une controverse [...].
> [...] Prusiner a entrepris de purifier l'agent infectieux, et après dix ans de dur labeur il a obtenu une préparation pure de cet agent. À sa grande surprise, il a trouvé que l'agent ne consistait qu'en une seule protéine qu'il a appelée « prion », terme dérivé de « particule infectieuse protéique ». Chose étrange, il a trouvé que cette protéine était présente en quantités égales dans le cerveau des personnes malades et en bonne santé. Cela était troublant, et il a été en général conclu que Prusiner devait être arrivé à une fausse conclusion. Comment une protéine pouvait-elle causer une maladie tout en étant présente à la fois dans les cerveaux malades et sains ? La réponse à cette question est venue lorsque Prusiner a montré que la protéine prion des cerveaux malades avait une conformation tridimensionnelle complètement différente. Cela a amené Prusiner à proposer une hypothèse sur la manière dont une protéine normale pouvait devenir l'agent causal d'une maladie en changeant de conformation... Mais comment une protéine pouvait-elle se répliquer sans génome ? Stanley Prusiner a suggéré que la protéine toxique pouvait se répliquer en forçant la version normale à adopter sa conformation dans un processus de type réaction en chaîne...
> L'hypothèse que les prions puissent se répliquer sans génome et causer une maladie violait toutes les conceptions conventionnelles. Elle fut sévèrement critiquée au cours des années 1980. Pendant plus de dix

ans, Stanley Prusiner a mené un combat inégal contre une opposition qui dominait largement. La recherche des années 1990 a néanmoins largement conforté la justesse de l'hypothèse des prions avancée par Prusiner. Le mystère qui se cachait derrière la tremblante, le kuru et la maladie de la vache folle a fini par être résolu. De plus, la découverte des prions a ouvert de nouvelles voies pour mieux comprendre la pathogenèse d'autres démences plus courantes comme la maladie d'Alzheimer. Stanley Prusiner, votre découverte des prions a établi un nouveau concept d'infection et ouvert un domaine très intéressant de la recherche médicale. Au nom de l'assemblée Nobel de l'Institut Karolinska, je souhaite vous présenter mes félicitations les plus chaleureuses et je vous demande maintenant de vous avancer pour recevoir le prix Nobel des mains de Sa Majesté le Roi.

Le discours de Pettersson, qui était en suédois, me parut interminable. Je devenais de plus en plus nerveux, même si, comme les autres lauréats, je n'avais pas à parler au cours de la cérémonie. Chose inexplicable, je m'inquiétai à l'idée d'aller au centre de la scène pour serrer la main au roi. Il me tendrait alors un magnifique certificat dans un dossier de cuir rouge gravé d'or et une petite boîte de cuir rouge contenant une médaille d'or gravée du profil d'Alfred Nobel. Et si je trébuchais ? Et si je laissais tomber la médaille au moment de serrer la main du roi ? Ou si j'oubliai la séquence de m'incliner devant le roi, puis vers la reine à ma gauche et enfin vers le public sur ma droite ? Mon cerveau était rempli de *mishegas* * alors qu'il devait être seulement rempli de *mazeltof* ** et de joie. Lorsque Pettersson m'appela, je me levai avec l'estomac noué et m'avançai vers le roi qui semblait d'un calme surnaturel. Je réussis à lui serrer la main (figure 32) et à tenir le certificat et la médaille tout en me courbant vers lui, la reine et l'audience dans le bon ordre, puis je retournai à ma place avec un immense soulagement.

Après la remise des certificats et des médailles, le cortège des Volvo nous amena au City Hall où le banquet du Nobel allait débuter. Malheureusement, le City Hall ne pouvait contenir toutes les personnes qui avaient assisté à la cérémonie, de sorte que seuls quelques amis et soutiens, sur les cinquante-cinq qui avaient fait le déplacement à

* Folie en yiddish (*NdT*).
** Félicitations en yiddish (*NdT*).

Figure 32. Réception de la médaille et du certificat du Nobel des mains du roi Carl XVI Gustaf de Suède.

Stockholm, purent profiter du banquet officiel. Les tickets pour la cérémonie et le banquet étaient difficiles à obtenir. Les demandes des amis s'accompagnaient toujours de l'idée implicite que « si tu es assez malin pour remporter un prix Nobel, tu peux bien avoir un ticket de plus ». La loyauté, le désir de répondre et la magnanimité inspirée par ma bonne fortune alimentaient mes demandes obstinées de tickets qui parurent excessives à certains (« Stan est encore en train d'abuser ! »). Le paradoxe était que, lorsque j'étais à Stockholm en 1967, la Fondation Nobel n'arrivait pas à écouler ses tickets. Elle devait recruter des étudiants en médecine du Karolinska et leur procurer des costumes de location. Et maintenant la cérémonie avec le banquet était devenue l'une des attractions les plus courues de l'hiver dans toute la Scandinavie.

Pour trente-trois amis sans ticket, je louai une petite salle de bal au Grand Hôtel avec un énorme écran TV retransmettant l'événement. Puis ils furent servis lors d'un banquet annexe dont le menu était une réplique moderne du premier banquet Nobel de 1901 (le premier prix Nobel fut attribué cette nuit-là à Wilhelm Roentgen pour sa découverte des rayons X). Il y avait des hors-d'œuvre suivis d'un filet de barbue dans une sauce au vin blanc servi avec des crevettes et des moules. Puis un deuxième plat de filet de bœuf avec sauce aux truffes, foie gras et asperges, et un troisième plat de gélinotte avec salade, accompagnée d'une sauce blanche et d'une gelée noire de groseille. Le bien nommé dessert Succès Grand Hôtel était une crème glacée avec des biscuits et des petits-fours. Les vins servis en 1901 étaient un niersteiner 1897, un château abbé-gorsse 1881, et un champagne crème de bouzy. Ils durent être remplacés à regret par des vins plus récents, un mâcon blanc villages 1996, un bourgogne château laroche-bel-air cuvée Grand Hôtel 1976 et un Lenz Moser brut. Je rêvais d'être aux deux endroits à la fois, le City Hall et le Grand Hôtel. Beaucoup des invités au repas annexe avaient contribué d'une manière importante aux travaux pour lesquels j'étais honoré.

Pendant ce temps, le banquet au City Hall commençait par une procession de serveurs expérimentés amenant des assiettes couvertes. Ils arrivaient d'un grand escalier de pierre sur deux étages puis, d'une manière très impressionnante, portaient mille trois cents plats d'un même mouvement. Le premier plat consistait en une galette d'artichauts de Jérusalem accompagnée de saumon fumé Lanskrona et de homard.

Le deuxième, d'une poitrine de pigeonneau sauvage et d'un ragoût de cèpes de Bordeaux avec pommes de terre et compote d'oignons dans une sauce douce-amère de vinaigre et de framboises. Les vins associés à ces mets délicats étaient un champagne Pommery 1991, un brut millésimé crozes-hermitage domaine de Thalabert 1990, et un Paul Jaboulet Aîné château Pajzos 1993. Avec l'arrivée du dessert (un parfait de glace à la fleur de sureau et un sorbet à la fraise) vint une autre tâche anxiogène, la petite allocution du banquet. Pour préparer la mienne, j'avais lu plusieurs discours de précédents lauréats, les plus éloquents étant ceux de William Faulkner, de Richard Feynman et de Saul Bellow, mais ils n'avaient fait que me faire douter de moi. Après une tirade tout à fait respectable de l'Italien Dario Fo, le comédien, directeur de théâtre, et auteur satyrique qui « rivalisait avec les bouffons du Moyen Âge pour fustiger les autorités et rétablir la dignité des opprimés[7] », ce fut mon tour. En montant sur l'estrade, mon anxiété augmenta d'un coup mais je réussis néanmoins à faire bonne figure. J'espérais ne pas avoir besoin de mes notes, que j'avais modifiées pour la énième fois au cours du banquet, mais ce ne fut pas le cas.

Roi Carl Gustaf, Reine Silvia, honorables invités,
L'attribution ce soir des prix Nobel et ce banquet distingué sont une belle célébration de la science et de la culture. Ils honorent la vision, le courage et la sagesse d'Alfred Nobel, lui-même un remarquable scientifique. Et ils honorent l'engagement peu courant du peuple suédois à exaucer les vœux éclairés d'Alfred Nobel. Les prix Nobel sont vraiment devenus des références importantes dans l'histoire de la science.
Mais les prix Nobel sont bien plus que des récompenses à des universitaires, ils célèbrent aussi la civilisation, l'humanité et ce qui rend les êtres humains uniques, c'est-à-dire leur intellect, d'où jaillit leur créativité...
Les gens me demandent souvent pourquoi j'ai persisté à faire de la recherche sur un sujet aussi controversé. Je réponds fréquemment en leur disant qu'il n'y a que très peu de scientifiques ayant le privilège d'étudier des sujets si nouveaux et si différents que seul un petit nombre de personnes peut saisir au début la signification de leurs découvertes. Je fais partie de ces scientifiques vraiment chanceux qui ont eu l'opportunité exceptionnelle de travailler sur un tel problème, celui des prions. Nos résultats étaient tellement nouveaux que mes collègues et moi-même avons eu beaucoup de mal à convaincre les autres scientifiques de la

véracité de ce que nous avions trouvé et à communiquer au grand public l'importance de ce travail qui semblait si ésotérique ! Plus les données évidentes s'accumulaient, plus il y avait de scientifiques convaincus. Mais ce furent l'épidémie de la « vache folle » en Grande-Bretagne et la transmission probable du prion bovin à l'homme causant une pathologie fatale du cerveau appelée maladie de Creutzfeldt-Jakob qui ont fait connaître les prions au grand public. Les principes de la biologie du prion restent néanmoins si nouveaux que certains scientifiques et la plupart des gens, y compris la presse, ont encore des difficultés considérables à saisir ses concepts les plus fondamentaux.

… Les résultats ont beau être nouveaux et révolutionnaires, l'accumulation des preuves fait que même les universitaires dubitatifs finissent par être convaincus mis à part les quelques-uns qui resteront toujours réfractaires. En fait, l'histoire des prions est vraiment une odyssée qui nous a amenés de l'hérésie à l'orthodoxie.

Finalement, nous célébrons à l'occasion de ces prix Nobel le triomphe de la science sur les préjugés. Les merveilleux outils de la science moderne ont permis à mes collègues et à moi-même de démontrer que les prions existent et qu'ils sont à l'origine d'un principe entièrement nouveau d'infection.

Tack så mycket !

CHAPITRE 17

Le troisième jugement de Paris

Dans les années 1860, quelques peintres pleins d'imagination et pour la plupart français ont commencé une révolution dans leurs ateliers à Paris. Ces impressionnistes, comme ils furent appelés plus tard, ont fait l'objet de jugements acérés et d'une dérision ignare de la part du milieu artistique établi. L'impressionnisme allait, d'une manière profonde et définitive, changer l'art et les artistes. En 1874, les impressionnistes firent leur première exposition à Paris avant de conquérir le reste du monde.

Un siècle et deux ans plus tard, un deuxième jugement de Paris allait être rendu par un groupe d'œnologues français qui classèrent un cabernet et un chardonnay de Californie au premier rang, avant des vins français largement célébrés. Ce couronnement surprenant des vins de Californie allait changer à jamais la viticulture mondiale.

Fin février 2012, Yves Christen de la Fondation Ipsen et Mathias Jucker de l'Université de Tübingen organisèrent un colloque à Paris au sujet d'une remarquable convergence de découvertes que j'aime appeler le troisième jugement de Paris[1]. Au cours des quatre décennies précédentes, il y avait eu de nombreuses rencontres à Paris sur la nature des agents infectieux causant la MCJ, la tremblante, et plus tard la maladie de la vache folle, mais celle de la Fondation Ipsen allait s'avérer unique. Trente ans après l'introduction du concept de prion, une douzaine de scientifiques se réunissaient à Paris pour présenter leurs découvertes sur des protéines à l'origine de maladies neurodégénératives très diverses.

Ces maladies partagent trois caractéristiques majeures qui les distinguent de la plupart des autres. D'abord, plus de 80 % des cas sont sporadiques, les autres étant hérités. Le terme « sporadique » renvoie à l'incidence imprévisible de ces cas, qui peuvent survenir sans corrélation avec un facteur de risque particulier, l'âge mis à part. Outre la MCJ, les maladies d'Alzheimer, de Parkinson, les démences fronto-temporales, la sclérose latérale amyotrophique (ou maladie de Charcot) sont sporadiques, ce qui n'est pas le cas de la maladie de Huntington, toujours héritée. Ensuite, ces maladies commencent de façon sournoise et progressent lentement au fil des mois, des années ou même des décennies, ce qui fait qu'elles dépendent de l'âge. Ce dernier est donc le plus grand facteur de risque pour ces maladies qui se manifestent rarement avant quarante ans et sont dites à révélation tardive. Parfois, une telle maladie cessera de progresser, comme dans le cas de la maladie de Charcot de Stephen Hawking, elle est alors qualifiée de forme fruste (incomplète). Enfin, une maladie neurodégénérative donnée commence dans une région spécifique du système nerveux et se dissémine ensuite selon un profil particulier responsable d'habitude de la progression de la maladie.

Une neurodégénérescence héritable à révélation tardive

Le cas des maladies neurodégénératives héritées apporte un éclairage particulier sur la pathogenèse de toutes ces maladies. Presque toutes les maladies neurodégénératives familiales sont des troubles autosomiques dominants, c'est-à-dire que la mutation dans l'ADN d'un seul parent suffit à causer la maladie dans la descendance et que le gène mutant peut se trouver sur n'importe quel chromosome à l'exception des chromosomes sexuels X et Y. Bien que les protéines mutantes soient exprimées au début du développement embryonnaire, la plupart des maladies neurodégénératives sont à révélation tardive, y compris la MCJ familiale. Cela suggère qu'un événement doit se produire avec l'âge qui rend pathogène la protéine mutante spécifique de la maladie. Je propose que cet événement corresponde au repliement de la protéine mutante dans un état de prion, ce qui déclenche la réplication d'autres prions (figure 33)[2].

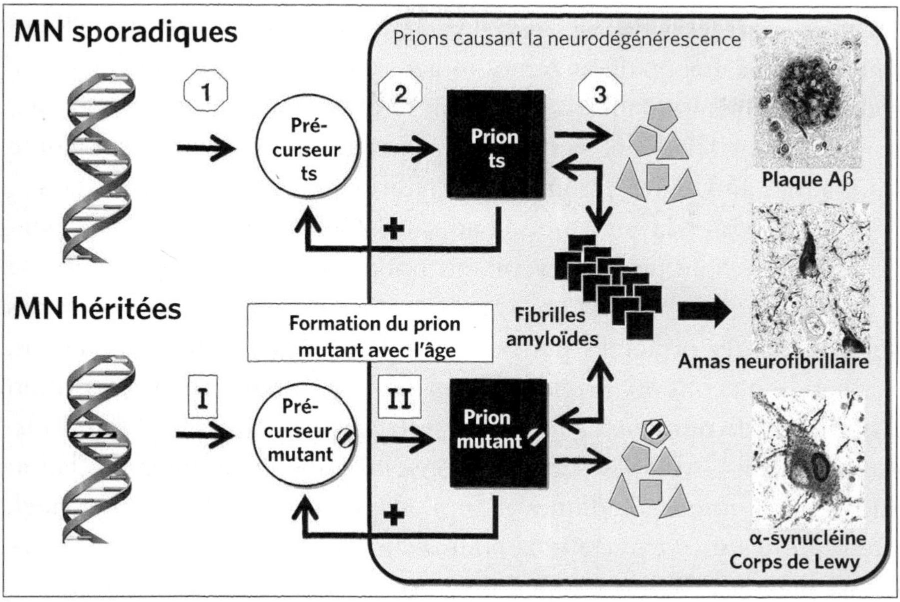

Figure 33. La neurodégénérescence causée par les prions. Dans la forme sporadique de la maladie neurodégénérative (MN), le prion de type sauvage (ts) se multiplie par des cycles s'autopropageant de modifications post-traductionnelles où la protéine précurseur (cercle du haut) est convertie en forme prion (carré du haut) dont la structure est en général riche en feuillets bêta. Les petits polygones représentent les produits de clivage consécutifs à sa dégradation. Selon la protéine, les fibrilles s'agrègent en plaques amyloïdes de peptide Aβ dans la maladie d'Alzheimer, en amas neurofibrillaires dans la maladie d'Alzheimer ou les démences fronto-temporales, ou en corps de Lewy dans la maladie de Parkinson ou la démence à corps de Lewy. Les cibles pour le développement de médicaments (octogones) sont : (1) de faire baisser la teneur en protéine précurseur, (2) d'inhiber la formation de prion ou (3) d'augmenter l'élimination du prion. Les MN héritées à révélation tardive s'expliquent par deux événements distincts : le premier (flèche I) est la synthèse d'une protéine précurseur mutée (cercle du bas) et le second la formation avec l'âge (flèche II) de prion mutant (carré du bas). La barre avec des lignes en diagonale dans l'hélice d'ADN représente la mutation d'une paire de base dans le gène du prion, et le petit cercle avec une ligne diagonale traduit la modification d'acide aminé dans la protéine de prion qui lui correspond.

Contrairement aux cas hérités, la plupart des patients atteints d'une maladie neurodégénérative ont des prions de type sauvage, c'est-à-dire non muté. Dans ces cas sporadiques, le prion se forme spontanément. Alors qu'une mutation rend une protéine précurseur plus susceptible d'être transformée en prion, le même processus peut se produire, bien que beaucoup moins souvent, avec une protéine précurseur non mutante. Par exemple, chaque personne ayant un gène de la PrP mutant développera une MCJ familiale si elle vit assez longtemps, mais seulement une sur un million avec la PrP sauvage déclarera une MCJ sporadique. Point important, beaucoup de protéines mutantes à l'origine des maladies neurodégénératives héritables à révélation tardive sont les mêmes protéines trouvées dans les dépôts amyloïdes caractérisant ces maladies comme les plaques amyloïdes, les amas neurofibrillaires ou les corps de Lewy[3].

Pour explorer la piste que chaque protéine à l'origine d'une neurodégénérescence puisse devenir un prion, des cellules en cultures et des souris Tg (transgéniques) ont été utilisées pour déterminer si des agrégats de ces protéines pouvaient s'autopropager. Dans chaque cas, des conditions ont pu être identifiées qui permettent l'autopropagation d'isoformes de prion agrégées. Les résultats de ces études sont frappants. Ils renforcent l'hypothèse que l'étiologie du prion explique la révélation tardive des formes sporadiques et familiales de la neurodégénérescence[4]. Bien que d'autres explications pour les formes tardives aient été avancées, elles sont étayées par peu d'arguments tangibles[5]. Le seul facteur de risque génétique bien établi pour la forme sporadique de la maladie d'Alzheimer est ainsi l'allèle ε4 de l'apolipoprotéine E[6].

La maladie de Huntington et d'autres troubles produits par des mutations similaires représentent un groupe plus compliqué de pathologies neurodégénératives. Dans ces maladies, les gènes mutants portent une expansion des trois bases d'ADN répétées CAG, ce triplet codant pour l'acide aminé glutamine. La taille de l'expansion de CAG dans le gène de la huntingtine est inversement corrélée avec l'âge où la maladie se déclare. En d'autres termes, plus votre expansion de CAG est longue, plus vous aurez la maladie jeune. Comme les autres mutations d'ADN à l'origine d'une neurodégénérescence héritée, les expansions de CAG sont des mutations germinales, c'est-à-dire présentes dans l'ADN du spermatozoïde ou de l'ovule. Le gène de la huntingtine a tout au plus trente-six répétitions de CAG. L'addition de quatre répétitions pour arriver à quarante entraîne l'apparition de la maladie vers l'âge de soixante ans. L'ajout de huit CAG de plus pour donner quarante-huit répétitions avance cet âge d'environ trente ans[7].

Mais il nous faut encore expliquer le délai entre la conception de l'embryon et l'apparition des symptômes, que ce soit à l'âge de trente ou soixante ans. Comme la protéine mutante de la huntingtine est exprimée précocement, d'autres événements doivent rendre compte du déclenchement du trouble neurologique qui finit par se produire.

Ron Kopito de l'Université de Stanford a réduit ses recherches à l'étude d'une répétition de polyglutamines dans un fragment de la protéine. Il a trouvé une formation spontanée d'agrégats qui s'autopropageaient dans les cellules en culture. En d'autres termes, c'étaient des prions[8]. Cette découverte suggère bien que la protéine mutante de huntingtine finit par devenir un prion et que son accumulation est responsable du dysfonctionnement du système nerveux dans la maladie de Huntington.

La formation de prions de novo

Je propose que les protéines précurseurs se transforment en prions par un processus aléatoire, ce qui le plus souvent n'aboutit à rien car les petites quantités de prions produites sont ensuite éliminées par des voies de contrôle qualité des protéines. Ce n'est que lorsque des quantités suffisantes se forment qu'un seuil est atteint où le processus va s'autoentretenir. Dans ces conditions, la propagation du prion échappe à tout contrôle et finit par entraîner des troubles du fonctionnement nerveux. Une autre possibilité est qu'une mutation somatique, c'est-à-dire qui se produit dans une cellule non germinale, soit responsable d'une génération spontanée de prion. Dans de telles circonstances, la mutation dans la protéine précurseur de prion facilite son repliement en prion, qui commence alors l'autopropagation. Quand assez de prions se sont accumulés pour s'autoperpétuer, ils commencent à se propager d'une cellule à une autre. Il n'est pas déraisonnable de penser que la plupart des prions nouvellement formés n'arrivent jamais à atteindre un nombre suffisant pour lancer une réplication soutenue, et qu'ils sont finalement éliminés.

Dans le cerveau, qui se compose de milliards de cellules, il doit y avoir une force poussant à la pathogenèse de la maladie du prion à travers tout cet organe. Il paraît peu probable qu'un ralentissement avec l'âge des voies de dégradation des protéines, ou carrément leur arrêt, puisse être l'événement à l'origine de la neurodégénérescence, bien que cela fût pendant longtemps l'hypothèse privilégiée pour expliquer la pathogenèse de la maladie d'Alzheimer. J'avance plutôt que, même si l'inhibition de la dégradation des protéines liée à l'âge intervient, un processus actif engage et maintient la dissémination des

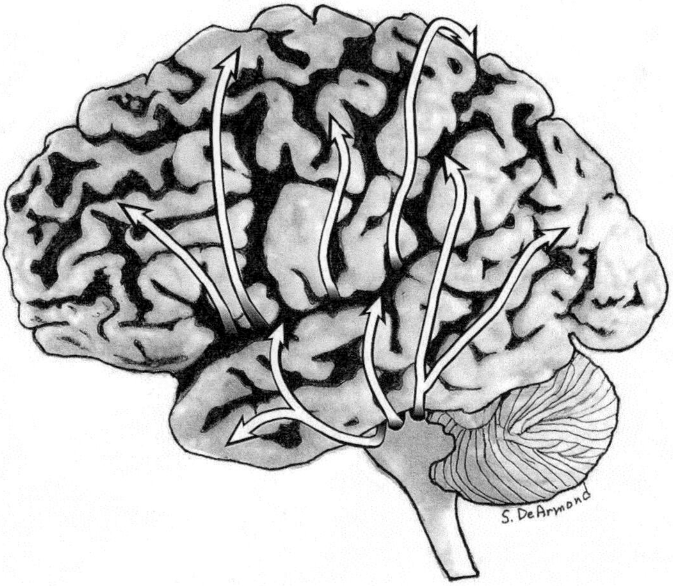

Figure 34. La dissémination des plaques d'Aβ et des amas neurofibrillaires dans le cerveau des patients atteints de la maladie d'Alzheimer.

prions d'un neurone à l'autre. Dans les années 1990, Heiko Braak, maintenant à l'Université d'Ulm, a commencé à rapporter ses études sur la propagation des prions dans le système nerveux de patients décédés de la maladie d'Alzheimer ou de Parkinson. Il a décrit la progression des plaques amyloïdes de peptide Aβ le long des voies neuronales et aussi observé la migration de la protéine tau sous forme d'amas de neurofibrilles (figure 34)[9]. Des études récentes ont permis d'observer la progression des prions de protéine tau avec l'imagerie par résonance magnétique nucléaire, qui peut mesurer l'altération des circuits du cerveau[10]. Braak a aussi rapporté la progression des corps de Lewy contenant le prion de l'alpha-synucléine, qui débute dans l'intestin puis remonte jusqu'au cerveau. Bien avant les études de référence de Braak, Bill Hadlow et d'autres avaient décrit la migration de l'agent de la tremblante le long des voies neuronales chez le mouton et la chèvre, partant de l'intestin et progressant ensuite jusqu'au cerveau. Des études avec des souris Tg ont aussi montré la propagation d'agrégats de tau le long des voies nerveuses[11].

Les prions de la levure offrent une perspective importante pour mieux comprendre les prions de peptide Aβ, de tau et d'alpha-synucléine. Reed

Wickner, un homme réfléchi, passionné et avisé qui travaille aux NIH, a découvert des prions fongiques au cours de ses travaux sur la levure. Son éclairage a été inestimable pour définir le spectre toujours plus grand des prions de mammifères[12]. Les prions de levure ne sont pas infectieux au sens d'être libérés dans le milieu de culture et d'infecter d'autres cellules de levure, mais ils se transmettent de cellule mère en cellule fille, et se multiplient ainsi rapidement. Un segment de la plupart des prions de levure est riche en glutamine et en asparagine, et ce motif d'acides aminés s'est avéré utile pour identifier de nouvelles protéines prions chez les mammifères. Plus important encore, les prions de levure offrent un modèle pour expliquer la propagation de cellules à cellules de certains prions de mammifères dont ceux de l'Aβ, de tau et de l'alpha-synucléine, qui restent probablement à l'intérieur des neurones et passent de l'un à l'autre *via* leurs points de contact que sont les synapses.

L'enthousiasme initial pour la transmission de deux cas familiaux d'Alzheimer à des singes par Gajdusek et Gibbs est retombé quand leurs résultats n'ont pu être reproduits. Avec le recul, il s'avère que leurs échantillons positifs de départ provenaient probablement de cas de MCJ pris pour des maladies d'Alzheimer. Leur hypothèse était correcte, mais pas les outils pour la tester. Partant de la découverte par George Glenner du peptide Aβ, Harry Baker et Rosalind Ridley, deux de mes collaborateurs dans l'histoire de la maladie à prion PrP humain héritée (voir chapitre 12) qui travaillaient à l'Université de Cambridge, ont injecté à des ouistitis des homogénats de cerveau de patients décédés de la maladie d'Alzheimer[13]. Après plus de trois ans et demi, les singes ont développé des plaques amyloïdes et des dépôts périvasculaires d'Aβ. Le travail de Baker et Ridley a montré que les prions d'Aβ présents dans les homogénats des malades se multipliaient dans le cerveau des ouistitis et se répandaient d'une région à l'autre, *a priori* le long des axes nerveux. Comme chez les humains, des taux croissants de prions dans une région du cerveau du singe étaient ce qui induisait la dissémination vers d'autres régions. La propagation des prions d'Aβ fut plus facile à suivre lorsque des modèles de la maladie devinrent disponibles chez le rongeur.

Au congrès de Paris, Mathias Jucker et Lary Walker présentèrent leur modèle de souris Tg pour mesurer les prions Aβ (figure 35). Ils rapportèrent la transmission de prions du cerveau de souris Tg qui

Figure 35. Lary Walker (à gauche) et Mathias Jucker étudient le prion causant la maladie d'Alzheimer.

Figure 36. Mes collaborateurs, de gauche à droite Jan Stöhr, Kurt Giles et Joel Watts, étudient les prions à l'origine de la MCJ, de la maladie d'Alzheimer, de Parkinson et des démences fronto-temporales.

accumulaient de grandes quantités de plaques amyloïdes de peptide Aβ, ainsi que du cerveau de personnes décédées de la maladie d'Alzheimer. Alors que les études initiales étaient réalisées en injectant dans le cerveau des souris Tg des homogénats bruts contenant des prions Aβ, des études plus poussées ont montré que l'injection dans le ventre des souris marchait aussi[14].

Avec Erdem Tamgüney, un postdoctorant dynamique et avisé, je me suis d'abord demandé si des souris Tg capables d'émettre de la lumière comme des lucioles pourraient faciliter l'étude du prion de la tremblante. Nous avons commencé par mesurer la lumière traversant le crâne de ces souris au cours de la réplication du prion dans le cerveau. La technique fut efficace et nous permit de détecter la réplication du prion de la tremblante deux mois avant les premiers signes de troubles neurologiques[15]. Pour la transmissibilité du prion d'Alzheimer, j'ai travaillé en étroite collaboration avec Kurt Giles, un membre doué et consciencieux de la faculté de l'UCSF, ainsi qu'avec deux postdoctorants talentueux et inventifs, Jan Stöhr et Joel Watts (figure 36). Nous nous sommes demandé si la mesure de la lumière émise du cerveau pouvait aussi servir de marqueur dans les modèles de souris Tg pour la maladie d'Alzheimer[16].

Interlude
L'imagerie par bioluminescence des souris transgéniques

L'émission biochimique de lumière appelée bioluminescence se produit chez les lucioles quand l'enzyme dite luciférase provoque la dégradation de la substance chimique luciférine. Le crâne de la souris est suffisamment fin pour que la lumière venant du cerveau puisse être facilement mesurée chez les animaux vivants. Pour en tirer profit dans nos études de prions chez la souris, nous avons obtenu des souris Tg exprimant la luciférase sous le contrôle de la séquence de régulation du gène codant pour la protéine acide fibrillaire de la glie, ou GFAP. Le gène de la GFAP est activé en réponse à de nombreuses lésions différentes du cerveau. Pour déterminer si l'imagerie par bioluminescence pouvait servir à étudier la progression de la tremblante, nous avons injecté des prions PrP^{Sc} dans ces souris Tg. Cela nous a permis d'observer une augmentation soutenue de la bioluminescence des cerveaux après deux mois au lieu d'avoir à attendre quatre mois pour voir les premiers troubles neurologiques[17].

J'ai voulu savoir si l'imagerie par bioluminescence pouvait être utilisée dans le cas des prions à l'origine d'autres maladies neurodégénératives comme les maladies d'Alzheimer, de Parkinson et les DFT. Nous avons commencé par croiser des souris exprimant la luciférase avec celles de modèles de ces maladies. Cela nous a permis de suivre la progression de la neurodégénérescence dans les animaux vivants. Le point clé était de trouver des souris Tg exprimant une protéine mutante causant une dégénérescence spontanée chez la souris âgée. Le calendrier de ces expériences devait être assez précis pour que nous puissions injecter les jeunes souris et démontrer que l'accélération de la maladie était due au prion injecté. Une fois que les souris exprimant les deux gènes pour la luciférase et pour une protéine mutante spécifique de la maladie sont devenues disponibles, nous avons pu leur inoculer des homogénats préparés à partir du cerveau de patients décédés de ces maladies, ou de souris Tg plus âgées montrant une neurodégénérescence spontanée. Nous mesurions les temps d'incubation en déterminant le temps écoulé entre l'inoculation et une augmentation soutenue de la lumière émise par le cerveau. L'injection d'homogénats de patients atteints de la maladie d'Alzheimer ou de souris Tg, ainsi que de fibrilles amyloïdes d'Aβ synthétique raccourcissait le temps d'incubation mesuré par la bioluminescence[18]. Les homogénats de cerveau de souris Tg âgées exprimant une alpha-synucléine humaine mutante induisaient une augmentation de la luminescence une fois injectés à des souris exprimant la luciférase et l'alpha-synucléine humaine mutante[19]. Des résultats semblables ont été obtenus avec des homogénats de cerveau de patients décédés d'atrophie multisystématisée injectés aux souris.

En suivant les traces de Jucker et Walker, nous avons effectué une série de croisements génétiques pour produire des souris doublement transgéniques, pouvant à la fois répliquer le prion de l'Aβ et émettre un signal lumineux lorsqu'il se multiplie. Nous pûmes détecter des changements dans le cerveau de ces souris inoculées avec des échantillons très enrichis en peptide Aβ. Mais, comme dans nos études précédentes avec le prion de la tremblante[20], nous voulions être sûrs que l'Aβ, et pas quelque chose d'autre dans l'échantillon, était bien responsable du signal lumineux mesuré. Pour ce faire, nous avons obtenu des peptides Aβ synthétisés par une machine à partir d'acides aminés, en l'absence de toute cellule. Pouvaient-ils induire à eux seuls la maladie dans nos souris doublement transgéniques ? Je présentai au congrès de Paris le résultat de ces expériences. Le peptide Aβ synthétique avait bien transmis la neurodégénérescence à nos souris[21].

Pour ces études, la production des souris doublement transgéniques a été compliquée et nous a pris plusieurs années de travail. Alors que ces études étaient en cours, des chercheurs d'autres laboratoires ont présenté des preuves de l'existence de prion dans les maladies d'Alzheimer, de Parkinson et dans les démences fronto-temporales en utilisant soit des souris, soit des cellules en culture. Bien que leurs données apportent des arguments convaincants de la responsabilité des prions dans ces maladies neurodégénératives chez l'homme, j'avais quand même besoin de mes propres résultats pour en être persuadé. Je craignais d'être trop pressé d'accepter les conclusions des autres, leurs résultats étayant des conjectures que j'avais faites près de trois décennies plus tôt (voir chapitre 9). J'appréhendais aussi que des artefacts généraux aient pu les conduire à une interprétation erronée de leurs expériences. Notre technique avec émission de lumière, appelée imagerie par bioluminescence, apportait un moyen nouveau et indépendant, et elle me rassura sur le fait que les prions étaient bien en cause dans la pathogenèse de nombreuses maladies neurodégénératives différentes.

Au congrès de Paris, Michel Goedert de l'Université de Cambridge décrivit la transmission d'un prion tau mutant produit dans une souris Tg à une souris exprimant la protéine tau humaine[22]. Après environ un an, les souris inoculées montrèrent des agrégats de tau dans leur cerveau. Les résultats de Goedert étaient complémentaires de ceux de Marc Diamond à l'Université Washington de Saint Louis où il avait trouvé qu'un segment de la protéine tau pouvait s'agréger et s'introduire dans les cellules où il induisait la formation de prion tau, une étude menée alors qu'il était encore professeur assistant de neurologie à l'UCSF[23].

Interlude
Les prions PrP synthétiques

Mon groupe travaille sur la production d'un prion PrP de synthèse depuis le début des années 1990. Après tout, c'était le moyen le plus convaincant de montrer que le prion PrP n'est formé que de la PrP^{Sc} et ne recèle aucune autre composante comme un petit morceau d'ADN ou d'ARN. Le premier travail intéressant avec un prion PrP synthétique a été dû à Kiyotoshi Kaneko, un postdoctorant discret et réfléchi, quand il a utilisé un peptide synthétique de la PrP de cinquante-cinq acides aminés contenant la mutation P102L du syndrome GSS, peptide que nous avons produit en enchaînant chaque acide aminé l'un après l'autre[24]. Kaneko a mélangé le peptide de la PrP à de l'acétonitrile, ce qui lui a fait prendre une structure riche en feuillets bêta, puis l'a injecté à une souris Tg modèle de SGSS que Karen Hsiao avait créée (voir chapitre 12). Un an plus tard environ, les souris sont tombées malades. Les souris témoins n'ayant rien reçu ont été en bonne santé six mois de plus. Des détracteurs de l'étude ont avancé que la maladie apparue chez les animaux témoins signifiait que le peptide n'était pas un prion mais simplement un accélérateur de la maladie. De tels arguments ont persisté pendant plus de dix ans[25]. Mais nous avons montré, par des passages en série d'une souris à l'autre, que le cerveau des souris inoculées contenait une « entité » transmissible, c'est-à-dire un prion[26].

Suivant en partie l'exemple de Jonathan Weissman, un talentueux professeur de l'UCSF qui travaille sur les prions chez la levure, nous avons fait fabriquer de la PrP par des bactéries, puis nous l'avons assemblée en fibrilles amyloïdes. Ilia Baskakov, un postdoctorant très dynamique qui travaillait avec Fred Cohen et moi, a commencé des expériences où il fabriquait ces fibrilles et les injectait dans des souris. Les animaux restèrent en forme pendant plus de 250 jours, aussi, nous en avons conclu que l'expérience était négative et avons publié ce résultat[27]. Alors que je croyais que nous en avions fini avec cette expérience, Giuseppe Legname, un professeur assistant enthousiaste qui travaillait avec moi, me signala du nouveau un an plus tard à ce sujet. Environ 600 jours après l'inoculation, les souris présentaient des signes de troubles neurologiques et leur cerveau, les marques de la tremblante[28]. Lorsque Legname examina la stabilité d'une douzaine de souches de prion chez la souris, dont un isolat d'un prion synthétique, nous trouvâmes que les souches les plus stables, celles qui résistaient à la dénaturation, produisaient des durées d'incubation plus longues que les moins stables[29].

Armé de ce résultat, David Colby, un postdoctorant doué, a produit des prions synthétiques dans des conditions créant de la PrP hautement résistante à la dénaturation, assez résistante ou pas du tout. Les préparations stables donnaient de longues durées d'incubation et les plus labiles, des durées bien plus courtes[30]. Bien que ces recherches développent nos connaissances issues des travaux antérieurs, elles étaient très coûteuses à cause des longues durées d'incubation. Des études plus récentes, où les souris Tg expriment une forme mutante de la PrP dépourvue d'ancrage à la membrane par un glycolipide, ont montré que ces animaux sont mieux adaptés pour détecter les prions synthétiques[31]. Une autre approche pour réduire le temps d'incubation est d'utiliser des souris Tg exprimant la PrP du campagnol[32].

Beaucoup de concepts appris lors de la création des prions de la PrP synthétique s'avèrent applicables au travail sur les prions qui causent les maladies d'Alzheimer, de Parkinson et les démences fronto-temporales[33].

Une nouvelle interface entre psychiatrie et neurologie

Beaucoup de démences fronto-temporales (DFT) à l'interface entre psychiatrie et neurologie sont appelées des tauopathies. La plupart des patients avec DFT ont une forme sporadique de la maladie, et lorsque le gène de tau est séquencé il ne présente aucune mutation. Cependant, de telles mutations se retrouvent souvent chez les patients ayant une forme familiale de DFT[34]. L'examen *post mortem* du cerveau de ces patients ne montre aucune plaque d'amyloïde Aβ, preuve que les mutations du gène tau ne causent pas la maladie d'Alzheimer.

Les psychiatres voient les patients avec DFT pendant des années avant de les adresser aux neurologues avec un diagnostic de maladie d'Alzheimer. Les lésions dues à tau dans les lobes frontaux peuvent produire une désinhibition caractérisée par des changements de comportement comprenant de l'apathie, des interactions sociales inadaptées, une dépression, une insomnie et des fonctions exécutives diminuées[35]. Les symptômes plus tardifs incluent une difficulté à trouver ses mots, la consommation de drogue, l'alcoolisme, et parfois le suicide.

De nombreux amas neurofibrillaires remplis de tau ont été retrouvés dans les lobes frontaux d'athlètes de sport de contact, dont certains s'étaient suicidés. Bien que le premier joueur de football américain ayant présenté une tauopathie ait joué en tant que professionnel pendant six saisons et soit mort à l'âge de cinquante ans[36], des tauopathies ont aussi été retrouvées chez des élèves du secondaire ou des étudiants jouant à ce sport[37]. En 2011, une tauopathie a aussi été décelée chez un Marine de vingt-sept ans qui avait subi plusieurs traumatismes crâniens au cours d'explosions de bombes sur des routes en Irak. Après son diagnostic de trouble de stress post-traumatique, il a été légitimement réformé. Il a ensuite divorcé, puis il est tombé dans l'alcoolisme. Huit mois après avoir été réformé, il s'est pendu et une autopsie a révélé la présence de nombreux amas neurofibrillaires dans ses lobes frontaux[38]. Quatre autres soldats victimes de trouble du stress post-traumatique suite à l'explosion d'engins explosifs improvisés avaient à l'autopsie dans leurs lobes frontaux des ensembles distincts d'amas neurofibrillaires[39]. L'un s'est tué d'une balle, l'autre est mort d'une overdose d'analgésiques, le troisième d'une rupture d'anévrisme, et le quatrième d'une hémorragie cérébrale.

L'étude des démences fronto-temporales post-traumatiques est difficile car les symptômes cliniques peuvent apparaître des décennies après que le sujet a vécu un traumatisme crânien. Le nombre de soldats souffrant d'un trouble du stress post-traumatique qui ont une DFT n'est pas connu, comme le nombre d'épisodes de traumatismes crâniens nécessaires pour induire une DFT[40]. Il semble probable que ce nombre varie d'une personne à l'autre et dépende aussi du type et de l'importance du traumatisme. Le gouvernement américain rapporte un suicide par jour chez son personnel militaire en activité et vingt-deux chez les vétérans[41]. À l'heure actuelle, nous ne savons pas combien de protéines tau ils ont dans leurs lobes frontaux. Il est crucial d'élucider le mécanisme par lequel un traumatisme crânien provoque la conversion de tau normal en prion.

Alors que les maladies précédentes sont en général appelées des tauopathies primaires, la plus courante est la tauopathie secondaire de la maladie d'Alzheimer. Il semble que l'événement initial dans la maladie soit la formation de prions d'Aβ en nombre suffisant pour déclencher l'autopropagation. Beaucoup d'études expérimentales ont suggéré que les prions Aβ stimulent la transformation du tau normal en prion[42]. D'autres exemples de tauopathies secondaires incluent la rage, la maladie de Parkinson postencéphalitique, et celle de Niemann-Pick C. Comme dans la forme familiale d'Alzheimer, sept prions mutants humains différents de la MCJ induisent de grandes quantités d'amas neurofibrillaires[43].

Comprendre la transition structurale de tau qui survient dans les cas sporadiques et hérités de DFT sera crucial pour développer des médicaments et un diagnostic moléculaire efficaces. Nous savons que tau s'enrichit en feuillets bêta quand la protéine se replie en prion, et que ces prions s'assemblent alors en longues fibrilles qui se regroupent en amas, mais nous ignorons l'information structurale précise nécessaire à la conception de médicaments. Il nous faut aussi apprendre comment les traumatismes crâniens, les prions d'Aβ et de PrP^{Sc} (ainsi que les lipides complexes et le virus de la rage) peuvent provoquer le repliement de la protéine tau en prion.

D'une manière inattendue, on découvre de plus en plus de causes aux DFT. Mis à part tau, il a été montré qu'au moins six autres protéines causent des DFT, dont les protéines TDP43 et FUS, qui forment probablement des prions.

Interlude
Élargir le spectre des démences fronto-temporales (DFT)

Les DFT incluent une paralysie supranucléaire progressive, une dégénérescence cortico-basale, la maladie de Pick et la maladie des grains argyrophiles, chacune étant causée par une souche différente de prion tau qui produit des lésions dans des circuits neuronaux différents[44]. La paralysie supranucléaire progressive a été initialement appelée syndrome de Steele-Richardson-Olszewski, ce qui correspondait à une description clinico-pathologique du trouble[45].

Alors que la conversion de tau en un prion est une cause fréquente de DFT, au moins six autres protéines peuvent aussi provoquer des démences de ce type, qui présentent parfois des signes de maladie de Parkinson[46]. Ces protéines sont C9orf72, TDP43, FUS, la progranuline, la protéine contenant la vasoline et la protéine 2B du corps multivésiculaire chargé. Certains patients avec DFT développent aussi une maladie de Charcot.

En combinant études génétiques et recherches neuropathologiques, les scientifiques médicaux ont pu disséquer les causes autrefois mystérieuses de ces maladies. L'étude de formes familiales de DFT a désigné chaque fois un seul gène dont la mutation se traduisait par une protéine aberrante. Lorsque cette protéine est identifiée, on peut utiliser des anticorps pour examiner le cerveau des membres décédés de cette famille et d'autres familles atteintes d'une DFT, et y déceler les dépôts qu'elle peut y former. Cette approche a révélé l'accumulation des protéines TDP43 et FUS dans le cerveau de cas familiaux de DFT ayant des mutations dans leurs gènes. Ce sont toutes deux des protéines se liant à l'ARN, riches en résidus d'asparagine et de glutamine comme les protéines de la levure qui forment des prions[47]. La formation de prions de TDP43 ou de FUS créerait un second événement qui expliquerait l'apparition tardive de ces DFT héritées. Dans le cas de TDP43 néanmoins, malgré des données très convaincantes suggérant la formation de prion, la présence de dépôts de TDP43 dans un large éventail de maladies neurologiques laisse penser que nous ne comprenons pas encore tout à son sujet. De plus, des formes sporadiques de DFT, souvent avec maladie de Charcot, présentent des dépôts de TDP43 sans que les patients aient de mutation dans son gène. Différents mécanismes pathogéniques reviennent dans les DFT dues à des mutations dans les gènes de la progranuline et C9orf72. On pense qu'une mutation dans ces gènes se traduit par un défaut de la protéine correspondante. Chez des patients âgés ayant une déficience en progranuline, les dépôts de TDP43 deviennent abondants dans le cerveau mais on ignore si le prion TDP43 se forme en réponse à cette déficience[48]. Une expansion de répétitions de l'hexanucléotide GGGGCC dans le gène C9orf72 est la mutation pathogénique la plus courante dans les familles ayant une DFT autosomique dominante et/ou la maladie de Charcot[49]. Des patients avec une mutation dans le gène *C9orf72* produisent une protéine aberrante formée de seulement quatre acides aminés qui s'agrège pour donner des corps d'inclusion dans le cytoplasme des neurones[50]. Cette découverte est un clin d'œil pour moi. À l'époque où je considérais toutes les possibilités de protéines infectieuses, j'avais imaginé que les prions puissent être des protéines composées de petites unités répétées de quelques acides aminés, comme c'est le cas pour des antibiotiques formés de polypeptides non ribosomiques. Cette idée fut écartée lorsque nous avons trouvé que la PrP contenait les vingt acides aminés (voir chapitre 10). Il reste à déterminer si cette protéine inhabituelle, codée en amont de la région codante du gène C9orf72, devient un prion avant de s'agréger dans les neurones.

La maladie de Parkinson et les prions de la synucléine

Lors du colloque Ipsen à Paris, Patrick Brundin, de l'Université de Lund en Suède, rapporta des études sur des corps de Lewy[51] retrouvés dans des neurones fœtaux dix ans après avoir été greffés à des malades de Parkinson[52], ce qui suggérait qu'une protéine majeure des corps de Lewy avait pu se transformer en prion. Au même moment où Brundin publiait ses résultats chez des patients européens, Warren Olanow et Jeff Kordower rapportaient des données similaires chez des parkinsoniens américains[53]. Les corps de Lewy sont un trait caractéristique de la maladie de Parkinson, leur surface présentant des fibrilles d'alpha-synucléine (figure 37). Dans des études antérieures, on avait trouvé des cas familiaux de la maladie dus à une mutation dans le gène de l'alpha-synucléine, découverte qui a ensuite permis de trouver que les corps de Lewy sont entourés de fibrilles de la protéine (voir figure 33)[54]. Globalement, ces résultats sur les corps de Lewy présents dans les greffes fœtales suggéraient que les prions de l'alpha-synucléine étaient passés des neurones des patients dans ceux du greffon, y induisant alors un changement structural de son alpha-synucléine[55]. Une fois établi, ce processus s'autopropageait, comme pour tous les prions. Dans des études antérieures, Braak avait décrit la progression d'alpha-synucléines agrégées de l'intestin au cerveau, ce qui laissait penser qu'au moins certains prions de l'alpha-synucléine pouvaient se former dans l'intestin, soit spontanément, soit après exposition à une agression de l'environnement[56].

L'accumulation d'alpha-synucléine se retrouve dans la maladie de Parkinson mais aussi dans la démence à corps de Lewy et dans l'atrophie multisystématisée (appelée autrefois syndrome de Shy-Drager d'après mon professeur de neurologie à la Penn, Milton Shy). Dans ces cas, on retrouve aussi les symptômes de la maladie de Parkinson. Dans la démence à corps de Lewy, de grandes fluctuations de l'attention et de l'éveil prédominent, avec aussi des hallucinations visuelles. L'atrophie multisystématisée se marque surtout par des signes de dysfonctionnement du système nerveux autonome, avec notamment une hypotension orthostatique qui se traduit par des vertiges ou des évanouissements

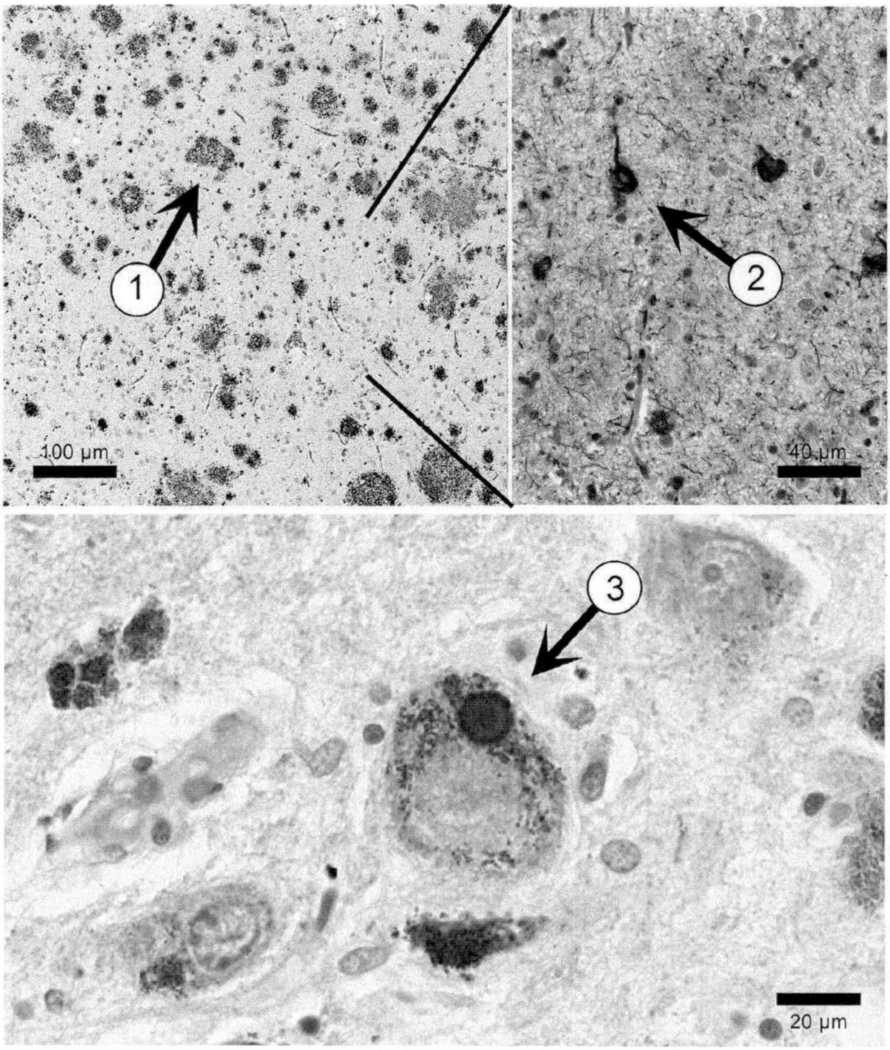

Figure 37. Dépôts de prions dans le cerveau de personnes décédées des maladies d'Alzheimer et de Parkinson. Dans le premier cas, les peptides Aβ ont formé des fibrilles amyloïdes qui se sont agrégées en plaques (1). Ces prions d'Aβ ont aussi stimulé le passage de la protéine tau à sa forme prion qui polymérise en fibrilles se condensant en filaments et en amas neurofibrillaires (2). Les lignes indiquent les aires approximatives d'où la microphoto de droite a été prise. Dans le second cas, la protéine de synucléine change de forme et, après être devenue prion, elle se polymérise en fibrilles. Les fibrilles d'alpha-synucléine entourent la surface des corps de Lewy (3).

en se levant, une incontinence urinaire, l'impuissance, la constipation et une dérégulation de la température corporelle due à une hypohydrose (sudation déficiente). Alors que les agrégats d'alpha-synucléine se forment dans les neurones pour donner les corps de Lewy dans la démence de ce nom, dans l'atrophie multisystématisée ils se retrouvent au sein des oligodendrocytes, cellules élaborant une gaine d'isolant électrique appelée myéline qui facilite la propagation de l'influx nerveux dans les neurones.

Un autre participant au congrès de Paris, Virginia Lee, de l'Université de Pennsylvanie, a exposé son travail sur le prion de l'alpha-synucléine dans des souris Tg et des cellules en culture. Dix ans plus tôt, elle avait créé des souris Tg exprimant une synucléine humaine mutante, ce qui induisait une maladie neurologique au bout d'environ 400 jours. Lorsque le cerveau des souris malades était homogénéisé et injecté à des souris à peine sevrées dans son laboratoire ou celui de Thierry Baron à Lyon[57], ces souris tombaient malades au bout d'environ 200 jours. Cette neurodégénérescence accélérée dans les souris Tg inoculées démontrait qu'il y avait bien des prions de l'alpha-synucléine dans l'inoculat préparé à partir de souris non injectées[58]. Lee décrivit aussi ses études sur l'agrégation de l'alpha-synucléine dans les cellules en culture. Elle et ses collègues ont rapporté par la suite la transmission de prions de l'alpha-synucléine synthétique dans des souris normales, comme l'a également fait Masato Hasegawa du Tokyo Metropolitan Institute of Medical Science[59].

De manière inattendue, Joel Watts, Kurt Giles, Lefkos Middleton de l'Imperial College à Londres et moi-même avons trouvé que des homogénats issus de cerveaux de patients décédés d'atrophie multisystématisée causaient moins de 100 jours après leur inoculation un dysfonctionnement neurologique progressif chez les souris Tg exprimant l'alpha-synucléine humaine mutante[60]. Nous en avons conclu que le cerveau des patients décédés d'atrophie multisystématisée contenait des souches agressives de prions de l'alpha-synucléine. En fait, ces prions sont les premiers prions humains trouvés en près d'un demi-siècle qui tuent des animaux de laboratoire. Il faut remonter à la fin des années 1960 pour avoir, avec la transmission expérimentale du kuru et de la MCJ aux singes, la première description de prions humains tuant leur hôte expérimental (voir chapitre 5).

Plus de la moitié des personnes ayant la maladie de Parkinson présentent une démence vers la fin de leur vie. L'autopsie de leur cerveau montre qu'il contient de nombreux corps de Lewy et souvent des plaques amyloïdes de peptide Aβ et des amas neurofibrillaires. Départager la contribution relative de l'alpha-synucléine, de l'Aβ et de la protéine tau dans la démence de ces patients exigera probablement des progrès majeurs en neuro-imagerie. En utilisant des souris ou des rats doublement transgéniques, il pourrait être possible de déterminer si les prions d'alpha-synucléine induisent la formation d'Aβ et de prions de tau ou *vice versa*.

D'autres présentations à Paris incluaient des recherches sur un prion causant la maladie de Charcot. Anne Bertolotti, de l'Université de Cambridge, a exposé ses travaux sur la dismutase de superoxyde 1, une enzyme présente dans virtuellement toutes les cellules et qui agit comme un antioxydant. Elle et d'autres ont trouvé que les agrégats de mutants de cette enzyme s'autopropageaient et étaient donc des prions[61]. Plus de soixante mutations différentes dans le gène de cette enzyme ont été identifiées comme causant des maladies de Charcot familiale.

Le congrès de Paris se termina sur la conférence très intéressante d'Eric Kandel de l'Université Columbia à New York, où il a décrit ses études sur un prion qui semble contrôler une expression génétique localisée dans la mémoire à long terme[62]. En plus de ce prion de la mémoire, deux autres protéines de mammifère ont été trouvées qui forment des prions sans causer de maladie. Comme le prion de la mémoire, ils semblent remplir des fonctions cellulaires importantes, et les trois contiennent des domaines riches en glutamine comme les prions de levure[63].

Une remarquable convergence

La convergence des études démontrant la responsabilité des prions dans la pathogenèse des maladies neurodégénératives les plus courantes a profondément changé notre manière de les appréhender[64]. Beaucoup de mystères s'expliquent maintenant avec le concept du prion. En général, les prions neurotoxiques sont des oligomères (ou de petits amas de quelques prions), et non de gros agrégats de fibrilles amyloïdes comme les plaques, les amas neurofibrillaires ou les corps de Lewy (figure 37)[65]. Par exemple, les plaques amyloïdes de la PrP ne sont pas un trait obligé de la MCJ[66]. De plus, les plaques de peptide Aβ ne sont pas en corrélation avec la sévérité de la démence, alors que les taux de prions d'Aβ oligomérique sont en rapport avec les déficits cognitifs. Il n'est pas surprenant qu'une augmentation de la bioluminescence et que les changements de comportements précèdent l'apparition de plaques d'Aβ dans les souris Tg[67]. Des études sur des neurones en culture ont montré le passage d'oligomères d'Aβ d'une cellule à une autre[68].

Plus important encore, des stratégies pour mettre au point des méthodes de diagnostic moléculaire et des thérapies efficaces pour ces troubles insaisissables pourraient émerger de nos connaissances sur les prions. Un diagnostic précoce demanderait une identification des prions bien avant l'apparition des premiers symptômes. Des traitements efficaces exigeront probablement un cocktail de médicaments pour faire baisser la protéine précurseur, interférer avec sa conversion en prion, ou augmenter son élimination[69].

D'un point de vue plus personnel, je dois admettre une certaine satisfaction en observant qu'une découverte effectuée au début des années 1980[70] reste toujours d'actualité trente ans plus tard. Le fait de trouver que les prions de la PrP^{Sc} s'assemblent en fibrilles amyloïdes et présentent les caractéristiques ultrastructurales et les propriétés tinctoriales de l'amyloïde suggérait que beaucoup d'autres troubles neurodégénératifs, mis à part la tremblante et la MCJ, étaient probablement dus à des prions. Mais il a fallu le talent, l'imagination et le dur labeur de centaines de scientifiques pour créer les outils qui ont permis d'aboutir à notre compréhension actuelle de la neurodégénérescence[71].

Le poète grec Archiloque écrivait : « Le renard sait beaucoup de choses, mais le hérisson sait une seule grosse chose. » Cette dichotomie a été développée dans l'un des essais les plus connus d'Isaiah Berlin, où il fait remarquer que le hérisson voit le monde à travers le prisme d'une seule idée tandis que le renard agit dans un large éventail de circonstances sans réduire le monde à un seul contexte[72]. Une vision « à la hérisson » de la neurodégénérescence a longtemps été négligée, mais les renards semblent perdre du terrain maintenant. Il est rare qu'une seule idée triomphe en science, et que de même nous ayons accès à un seul concept unificateur. Il a fallu plus d'un quart de siècle pour que le concept de prion émerge du brouillard causé par tant d'observations déconcertantes. Mais nous en sommes maintenant arrivés à un point où le poids de la preuve fait basculer en faveur de ceux qui avancent que des maladies aussi courantes que celles d'Alzheimer ou de Parkinson sont bien dues aux prions.

ÉPILOGUE

La recherche de thérapies

« Il faut donner de l'espoir aux gens. Leur dire qu'ils peuvent faire quelque chose pour prévenir la maladie d'Alzheimer. Pourquoi ne peuvent-ils pas prendre des vitamines ou faire des exercices mentaux qui les aideront à éviter la démence ? » J'avais à peine fini de parler à l'Institut Aspen que mon hôte et ami Kenneth Adelman me reprochait d'avoir des manières trop arrêtées. « Stan, tu dois leur donner une raison de croire que l'Alzheimer n'est pas une cause désespérée ; autrement ils ne verront pas l'intérêt de soutenir ta recherche. »

Je dis à Ken que je pensais que la science biomédicale allait finir par trouver des médicaments efficaces, mais qu'il était fallacieux de dire aux gens que changer leur alimentation, faire des mots-croisés ou apprendre une langue étrangère allait les protéger de la maladie d'Alzheimer alors qu'il n'y avait aucune preuve concluante de cela. Je lui expliquai ensuite que déformer ma compréhension des choses pour la conformer au désir des gens était dangereux. Si vous dites quelque chose assez souvent, vous pouvez finir par le croire. Pour un scientifique, le trait le plus important est d'être honnête avec lui-même.

Dans un monde où la vérité tend à être de plus en plus malmenée, les scientifiques ont de plus en plus de difficultés à enseigner à leurs étudiants que la vérité la plus importante se trouve en eux. Trop souvent, les scientifiques sont tentés d'interpréter leurs données de manière qu'elles étayent leur hypothèse favorite et ont du mal à accepter une conclusion qui peut leur sembler décevante[1].

Ken n'était pas non plus à l'aise avec le fait que je dise aux gens qu'il n'y a pas de médicament unique pour arrêter ou même ralentir une maladie neurodégénérative. Mais je devais être honnête. Alors que l'Aricept et ses copies génèrent des revenus d'environ 3 milliards de dollars par an, de tels médicaments ne retardent pas l'inexorable progression de la maladie d'Alzheimer. Toutefois, j'insistai au cours de mon exposé pour dire que je croyais fermement qu'on découvrirait un jour des médicaments efficaces, et même un moyen de prévenir l'Alzheimer, et que de telles recherches me paraissaient plausibles. La mise au point de nouveaux médicaments est une science bien développée qui mérite un soutien conséquent.

En 1994, à l'âge de quatre-vingt-trois ans et cinq ans après avoir quitté la présidence, le président des États-Unis Ronald Reagan fut diagnostiqué comme ayant une maladie d'Alzheimer. On ne sait pas à quand remontaient ses premiers troubles de la mémoire. La mère de Reagan était décédée de la maladie d'Alzheimer à l'âge de soixante-dix-neuf ans. Peu après avoir appris sa maladie, Reagan écrivit une lettre courageuse au peuple américain :

> On m'a récemment dit que j'étais l'un de ces millions d'Américains qui seront affligés de la maladie d'Alzheimer...
> Actuellement, je me sens très bien. J'ai l'intention de vivre les dernières années que Dieu me donne sur cette Terre en faisant les choses que j'ai toujours faites. Je continuerai à partager le voyage de ma vie avec ma bien-aimée Nancy et ma famille. J'envisage de profiter des grands espaces et de rester en contact avec mes amis et soutiens.
> Malheureusement, avec les progrès de la maladie, la famille porte souvent un poids élevé. J'espère seulement que d'une certaine manière je pourrai épargner à Nancy cette douloureuse expérience. Lorsque le temps arrivera, j'ai confiance qu'avec votre aide elle pourra l'affronter avec foi et courage.
> En terminant, laissez-moi vous remercier, vous le peuple américain, de m'avoir donné le grand honneur de me permettre de vous servir en tant que président...
> Je commence maintenant le voyage qui va me mener au crépuscule de ma vie. Je sais que pour l'Amérique il y aura toujours une nouvelle aube de lumière.

Ronald Reagan et sa famille ont souffert pendant dix ans l'aggravation progressive de sa démence. En 2004, il est décédé de la maladie d'Alzheimer à l'âge de quatre-vingt-treize ans. Il est décevant que le nom de Reagan ne soit pas associé à un traitement de sa maladie. Sa famille et ses amis auraient pu demander une « guerre contre l'Alzheimer » s'ils l'avaient voulu. Je reste écœuré par le fait que Nancy Reagan n'ait pu monter une offensive contre la maladie d'Alzheimer, d'autant plus qu'elle était issue d'une famille tellement bien dotée en experts de la neurologie. Son père Loyal Davis et son frère Richard étaient tout deux professeurs de neurochirurgie. Loyal à l'Université Northwestern, où il a été directeur du département de chirurgie pendant trente et un an, et Richard à l'Université de Pennsylvanie (il y était déjà lorsque j'y ai commencé mes études de médecine). Pour être honnête, Nancy Reagan a défendu la recherche sur les cellules souches, dont elle pensait qu'elles pouvaient conduire à un traitement de la maladie d'Alzheimer.

Imaginez un pays étranger qui attaque notre pays et tue cinq cent mille Américains. Nous engagerions des centaines de millions de dollars pour vaincre cet ennemi. Chaque année pourtant, cinq cent mille Américains sont touchés par la maladie d'Alzheimer et nous continuons à n'allouer que 1,5 % du budget des Instituts nationaux de la santé (NIH) à la recherche sur cette maladie. La recherche sur le cancer consomme à elle seule plus de 22 % de ce budget.

Aligner les chiffres sur la maladie d'Alzheimer

Les chiffres économiques n'ont aucun sens au sujet de la maladie d'Alzheimer. Nous dépensons chaque année près de 200 milliards de dollars pour nous occuper des patients, somme colossale qui inclut la perte de productivité des malades et des aidants[2]. De plus, les victimes de la maladie occupent la moitié de tous les lits de médicalisation à domicile en Amérique. Et pourtant nous ne consacrons que 0,5 milliard de dollars à la recherche, de sorte que nous dépensons quatre cents fois plus pour les soins que pour la recherche destinée à arrêter ce fléau. Cela n'a aucun sens.

Les chiffres de la maladie d'Alzheimer ne sont pas moins irrationnels que ceux de son économie. Actuellement, 5,3 millions d'Américains souffrent de la maladie et cinq cent mille nouveaux cas sont diagnostiqués chaque année. La maladie rivalise avec le diabète comme sixième ou septième cause de décès aux États-Unis selon les statistiques des certificats de décès des Centres de contrôle des maladies (CDC), avec environ soixante-dix mille décès par an. Mais cela ne veut rien dire quand on sait qu'il y a un demi-million de nouveaux cas par an. La réponse se trouve dans le fait que tous les cas de démence ne sont pas rapportés sur les certificats de décès. Selon plusieurs études sur les diagnostics cliniques de démence faits chez les patients en vie, la maladie d'Alzheimer n'est pas déclarée dans environ 75 % des certificats de décès[3]. J'ai confirmé ce fait en demandant aux CDC de faire le compte des décès pour les vingt maladies avec démences. Leur nombre n'était que de cent quatre mille.

Il me sembla que si aussi peu de gens décédaient de la maladie d'Alzheimer aux États-Unis, le nombre de personnes avec démence en vie devait augmenter rapidement. Lorsque j'ai réuni un groupe de neuroépidémiologistes comprenant David Bennett du Rush Medical College, Kenneth Langa de l'Université du Michigan et Kristine Yaffe de l'UCSF, ils ont trouvé qu'environ un demi-million de personnes mouraient annuellement de la maladie d'Alzheimer, laquelle raccourcissait la vie de plusieurs années comparée à la vie des personnes normales sur le plan cognitif[4]. Ces résultats montrent que la maladie d'Alzheimer est l'une des trois maladies les plus mortelles d'Amérique, les deux autres étant les maladies cardiaques et le cancer.

Avec Sandra Day O'Connor (dont le mari est décédé de la maladie d'Alzheimer) et le gérontologue Ken Dychtwald, j'ai signé une tribune en octobre 2010 dans le *New York Times* sur le nombre rapidement croissant de gens ayant la maladie d'Alzheimer[5]. En réponse, Kathleen Hart de Longview, dans le Texas, a répondu ceci :

> En tant que femme atteinte de la maladie d'Alzheimer, j'ai lu votre article avec intérêt et l'ai apprécié. Il faut augmenter la prise de conscience à l'égard de ceux d'entre nous qui sont diagnostiqués avec une maladie d'Alzheimer à un jeune âge – j'ai cinquante-trois ans – et le sort de ceux d'entre nous qui, pour une raison ou une autre, n'ont personne comme aidant quand cela devient nécessaire. Je pense qu'il est facile d'oublier (sans jeu de mots) ceux d'entre nous qui ont la maladie, car

> notre souffrance est « invisible ». Aucun de mes voisins ne me voit aller à l'hôpital pour un traitement quelconque, par exemple, non parce que tout va bien pour moi, comme ils le pensent, mais parce qu'il n'y a aucun traitement pour ce que j'ai. Personne, à l'épicerie où je vais, ne me voit en chaise roulante, ou porter une béquille, ce qui leur fait penser que je vais bien alors que pendant ce temps, en raison de la détérioration de mon cerveau, j'ai du mal à prendre une décision sur le type de céréales à acheter. Plus tard dans la maladie, je serai aussi « invisible », parce que confinée dans une maison de soins.

Plus jeune que la plupart des personnes qui descendent progressivement dans l'obscurité de l'Alzheimer, Hart a pu exprimer sa solitude, ses craintes, et ses difficultés à affronter la maladie. Elle avait à peu près le même âge qu'Auguste Deter, la première patiente d'Alois Alzheimer. En 1901, quand il examine Mme Deter à son admission dans un asile mental de la ville à Francfort-sur-le-Main, il trouve une femme agitée et désorientée qui a du mal à trouver ses mots. Elle était confuse, anxieuse, et réticente à coopérer avec le personnel. Elle présentait des difficultés pour lire et écrire. Alzheimer fut impressionné par son défaut de mémoire. Lorsqu'on lui présentait un objet, elle était incapable de se le rappeler après un bref instant. De plus, elle ne pouvait écrire une courte phrase à la dictée, alors qu'elle y arrivait si les mots lui étaient dits les uns après les autres. L'examen neurologique montra que sa démarche, ses pupilles et d'autres fonctions motrices de ses extrémités étaient normales. Au cours de son hospitalisation, elle devint de plus en plus apathique, passant beaucoup de temps en position fœtale dans son lit, et elle était incontinente. Quand elle mourut cinq ans plus tard, son cerveau fut prélevé pour autopsie. Alzheimer vit qu'il s'était réduit. Après avoir préparé des coupes et les avoir colorées à l'argent, il trouva de nombreuses plaques et amas au microscope.

Pendant près de soixante-quinze ans, la maladie d'Alzheimer fut classée comme une démence présénile, affligeant les personnes de moins de soixante ans. La démence, décrite par Alzheimer en 1906, était considérée comme distincte de la prétendue démence sénile, ou sénilité pour faire court, qui devint de plus en plus courante avec l'allongement de la vie. Même si la majorité des personnes âgées avaient une mémoire et un intellect bien conservés, la démence sénile était considérée comme une conséquence inévitable du vieillissement. Au milieu des années 1970, des scientifiques médecins ont commencé à proposer que les plaques et amas dans le cerveau des patients atteints de « démence sénile » étaient identiques à ceux trouvés dans la maladie d'Alzheimer, et que nous devrions qualifier tous les patients présentant ces changements pathologiques de cas d'Alzheimer indépendamment de leur âge (voir figure 37)[6]. La sénilité, en d'autres termes, n'était pas une conséquence « normale » du vieillissement. Les plaques et amas rapportés en premier lieu par Alois Alzheimer restèrent énigmatiques jusqu'au milieu des années 1980, quand les principaux éléments protéiques de ces structures furent identifiés[7].

Au cours des deux derniers siècles, l'espérance de vie des Américains a triplé, passant d'environ trente-cinq ans du temps des colonies à plus de soixante-quinze ans actuellement. Au cours du dernier siècle, des découvertes remarquables se sont succédé pour contribuer à ce triplement. Les antibiotiques et les antiviraux ont soigné un nombre incalculable de maladies, des vaccins ont éliminé la polio, la rougeole, les oreillons, tandis que des médicaments contre l'hypertension et des anticoagulants ont prévenu des attaques cardiaques et cérébrales, et que la chimiothérapie avec la radiothérapie a soigné de nombreux cancers. Avec de nouveaux procédés de diagnostic et des interventions thérapeutiques innovantes, l'espérance de vie des Américains pourrait atteindre cent ans au milieu de ce siècle[8].

Et pourtant… la moitié de tous les Américains soufre d'un trouble du système nerveux à un moment de leur vie. Ces maladies, que ce soit la schizophrénie, la dépression, l'attaque cérébrale, les maladies d'Alzheimer et de Parkinson, les tumeurs au cerveau, les méningites, l'épilepsie, la migraine, la surdité, les troubles de la vue, l'autisme ou les traumatismes crâniens, sont souvent chroniques et handicapantes. Nous avons des médicaments pour réduire les symptômes de certaines d'entre elles, mais leur action fait rarement cesser le processus pathogène sous-jacent. Par exemple, le tremblement et la rigidité de la maladie de Parkinson peuvent être traités avec la L-dopa au début de la maladie, mais la destruction des neurones se poursuit au même rythme en coulisse[9]. Plus d'un million et demi d'Américains souffrent des ravages de cette maladie.

La prévalence des maladies d'Alzheimer et de Parkinson est d'environ sept millions de cas aux États-Unis, et ces deux affections augmentent spectaculairement avec l'âge. Si nous élevons l'espérance de vie des Américains sans nous attaquer à ce fléau, nous aurons, en fait, créé une nation de gens déments et rigides. La maladie d'Alzheimer est rare avant soixante ans, mais afflige près d'une personne sur vingt à l'âge de soixante-dix ans, et une sur trois à quatre-vingt-cinq, de sorte que, si vous échappez au cancer, à une maladie cardiaque et à un accident vasculaire cérébral et vivez jusqu'à l'âge de quatre-vingt-cinq ans, vous avez 35 % de risques de développer la maladie d'Alzheimer[10]. Ce sont des chiffres terribles. Même une modeste augmentation de l'espérance de vie au cours des prochains quarante ans va tripler le nombre de personnes ayant la maladie d'Alzheimer aux États-Unis, et cela signifie d'énormes dépenses pour leurs soins ainsi que des souffrances silencieuses pour les patients et leur famille.

Alors que nous pouvons évaluer le nombre et l'âge des patients, nous ne pouvons mesurer la peur et le désespoir que vivent les malades d'Alzheimer quand ils perdent régulièrement leurs capacités intellectuelles au début de leur maladie. Et nous ne pouvons quantifier les souffrances subies par les conjoints, les enfants et les amis proches de ces victimes, impuissants à ralentir la détérioration d'une personne bien-aimée. Ils voient et attendent, sans aucun moyen pour changer le cours de cette maladie redoutée.

La nouvelle psychiatrie

Et qu'en est-il des personnes plus jeunes qui présentent une neurodégénérescence ? Allons-nous ignorer les militaires qui défendent notre liberté et les athlètes qui nous divertissent tellement dans notre vie ? Est-ce que leurs parents vont rester inactifs et laisser leurs enfants souffrir des cruelles maladies neuropsychiatriques dues à l'accumulation de prions de tau ? Comme les victimes de l'Alzheimer, les anciens militaires et athlètes souffrant des ravages des DFT post-traumatiques sont incapables d'exiger une recherche sur le moyen de guérir leur maladie.

À présent, des centaines de milliers de vétérans américains sont diagnostiqués avec un trouble du stress post-traumatique. Plus de huit cent mille de la guerre du Viet-Nam et trois cent mille des guerres d'Irak et d'Afghanistan. Nombre de combattants et de vétérans qui se sont suicidés ont aussi reçu un tel diagnostic. Le terme « trouble du stress post-traumatique » recouvre un ensemble de problèmes comportementaux comprenant l'anxiété sévère, des cauchemars, l'apathie, l'hypervigilance, la dépression, l'insomnie, et des fonctions exécutives réduites. Certains patients deviennent socialement inadaptés et reclus. D'autres dépendants de drogues ou de l'alcool. Beaucoup de patients voient la gravité de leurs symptômes augmenter avec le temps, et parfois une détérioration progressive de leurs fonctions cérébrales.

Le nombre de vétérans souffrant de trouble du stress post-traumatique avec une forme de DFT traumatique est inconnu. Des études sur les combattants américains avancent que de faibles chocs augmentent significativement la probabilité de développer un trouble du stress post-traumatique[11]. Le nombre de militaires avec ce trouble dont les prions de tau prolifèrent dans le cerveau suite à un traumatisme crânien reste à déterminer. De nouveaux procédés d'imagerie pouvant détecter ces prions devront être mis au point pour répondre à ce genre de question.

Mettre en œuvre la révolution des prions

Il est temps de lancer un plan de recherche audacieux pour sonder le fonctionnement intime du cerveau. Nous avons la connaissance suffisante pour nous lancer dans un voyage sans précédent dans les neurosciences et pouvoir ainsi commencer à comprendre ce qui fait l'essence même de notre humanité. Un tel programme de recherche scientifique doit avoir la même priorité nationale que celle que nous avons donnée à deux remarquables projets d'ingénierie, la construction de la bombe atomique et l'envoi d'hommes sur la Lune.

J'ai confiance qu'avec la recherche nécessaire les scientifiques pourront découvrir dans un futur pas trop distant comment nous pensons, comment nous nous souvenons, nous rêvons, raisonnons, imaginons et nous adaptons. Ils déchiffreront aussi les bases moléculaires de la conscience, ce qui mènera à une meilleure compréhension de sentiments aussi complexes que le bonheur, le bien-être, la joie, le mécontentement, la dépression, la colère et la tristesse. Élucider la chimie de l'apprentissage et de la mémoire conduira à la découverte de nouvelles cibles de médicaments pour de nombreux maux du système nerveux.

Si les pays développés y consacrent assez de ressources, je peux imaginer le moment où les gens ne souffriront plus des ravages des maladies d'Alzheimer, de Parkinson ou des DFT. La seule question qui se pose est de savoir combien de gens vont encore mourir de ces maladies avant que des traitements efficaces n'apparaissent. Les délais vont continuer de dépendre en grande partie de la taille de l'effort scientifique. Malheureusement, les patients déments ne peuvent être leurs propres avocats. Et, d'après mon expérience, peu de conjoints ou d'enfants de victimes de la maladie d'Alzheimer deviennent de solides avocats ou de généreux donateurs pour les programmes de recherche sur les maladies neurodégénératives. Alors que la médecine moderne accroît la durée de vie des gens dans le monde entier, le nombre de personnes âgées ayant une maladie neurodégénérative ne fera qu'augmenter. Il me semble que développer des moyens de prévention significatifs et des traitements efficaces pour les maladies d'Alzheimer et de Parkinson devrait faire partie de nos premières priorités nationales.

La révolution du prion, qui comprend maintenant les maladies d'Alzheimer, de Parkinson, de Huntington, de Charcot et les DFT, a offert un nouvel éclairage sur les causes de ces maladies destructrices liées à l'âge[12]. Cet éclairage offre de nouvelles perspectives de progrès pour la compréhension et la recherche concernant ces maladies neurodégénératives. Autrefois si mystérieuses, leur mécanisme qui porte atteinte au fonctionnement du cerveau commence à être élucidé.

Les études portant sur des médicaments pour les maladies d'Alzheimer, de Parkinson et de Creutzfeldt-Jakob ont été trop peu nombreuses. On ne peut s'empêcher de conclure que notre pays a ignoré ces maladies dévastatrices de la personne âgée, comme en témoigne le budget des NIH. Pour mener les guerres au cancer et aux maladies cardiaques, des myriades de gens se sont mobilisés et des centaines de médicaments s'annoncent prometteurs. Pour les maladies neurodégénératives, les effectifs restent clairsemés et les étagères de médicaments sont toujours vides.

Glossaire

Acide aminé : acide organique contenant un substituant amine ou plus. Vingt acides aminés se retrouvent dans les protéines.

Acide désoxyribonucléique (ADN) : substance dont sont faits les gènes. L'ADN est un acide nucléique consistant en molécules de désoxyribose estérifiées entre elles avec des groupements phosphate entre les groupes hydroxyles 3' et 5'. Les nucléotides purines d'adénosine (A) et de guanosine (G) et pyrimidine de cytosine (C) et thymidine (T) y sont attachés. L'ADN peut être ouvert aux extrémités ou circulaire, à simple ou à double brin.

Acide nucléique : terme général pour l'acide ribonucléique (ARN) et désoxyribonucléique (ADN), les deux étant une chaîne non ramifiée de nucléotides où le groupement phosphore en 5' est estérifié avec le groupement hydroxyle en 3' du nucléotide voisin.

Acide ribonucléique (ARN) : chaîne de nucléotides où le groupe phosphore en 5' de chacun est estérifié avec le groupe hydroxyle en 3' du nucléotide voisin. L'ARN se trouve dans le noyau et le cytoplasme de toutes les cellules. L'ARN messager contient les instructions pour l'assemblage des acides aminés en protéine.

Acide ribonucléique messager (ARNm) : molécule d'acide ribonucléique codant une suite linéaire d'instructions pour l'assemblage d'une protéine. L'ARNm est transcrit d'une matrice d'ADN appelé gène. Ce processus est parfois évoqué sous le nom de dogme central de la biologie moléculaire.

Allèle : l'une des formes présentées par un gène.

Alzheimer (maladie d') : trouble neurodégénératif progressif le plus courant, caractérisé par une mémoire à court terme défaillante, de la confusion, une désorientation visuo-spatiale, des problèmes de langue progressant de l'anomie jusqu'à l'aphasie, des difficultés à calculer, et une détérioration du jugement. Plus tard, une perturbation de la mémoire à long terme, des délires et des hallucinations peuvent apparaître. La MA représente plus de 70 % des cas de démence. Elle débute en général après soixante-dix ans, et le décès se produit entre cinq et dix ans après le diagnostic. Du point de vue neuropathologique, les plaques amyloïdes se composent de fibrilles de peptide Aβ et les amas neurofibrillaires de filaments appariés en hélice de prions de tau.

Amas neurofibrillaires : inclusions cytoplasmiques dans les neurones constituées de filaments de prions de tau.

Amyloïde : fibrilles de protéines identifiées par leurs propriétés structurale, ultrastructurale et tinctoriale. Le dépôt d'amyloïde est une caractéristique de la plupart des maladies neurodégénératives. Certaines protéines formant les amyloïdes peuvent se transformer en prions et causer une neurodégénérescence.

Amyloïde bêta (Aβ) : le peptide Aβ est formé d'une quarantaine d'acides aminés. Il est clivé d'une protéine bien plus longue appelée la protéine précurseur de l'amyloïde (PPA) par les sécrétases β et γ. L'Aβ peut former des prions et causer la maladie d'Alzheimer.

Anticorps : immunoglobuline (Ig), qui est une grande protéine en forme de Y produite par les lymphocytes B et qui est utilisée par le système immunitaire pour identifier et neutraliser les substances étrangères telles que les bactéries et les virus. L'anticorps reconnaît une partie unique de la cible étrangère appelée antigène. Les scientifiques se servent souvent de la spécificité des anticorps pour détecter et quantifier des protéines individuelles.

Ataxie : signe neurologique consistant en un manque de coordination volontaire des mouvements musculaires comme la marche. Elle est souvent due à des lésions dans le cervelet, structure qui coordonne les mouvements. Les lésions dans le centre du cervelet ou vermis se traduisent par une ataxie troncale (aussi appelée titubation) ainsi que par des tremblements de la tête, alors que les lésions dans les hémisphères produisent une ataxie des membres.

Ataxie spino-cérébelleuse (ASC) : trouble dominant autosomique caractérisé par des difficultés dans la marche progressant lentement ainsi qu'une ataxie troncale et des membres se manifestant par une perte progressive de la coordination des extrémités. Il y a souvent des difficultés d'élocution, des mouvements anormaux des yeux et une atrophie du cervelet. Six différentes ASC sont causées par des expansions de polyglutamine dans des protéines appelées ataxines.

Atrophie dentato-rubro-pallido-luysienne (ADRPL) : démence progressive dominante autosomique avec des mouvements choréiformes involontaires et une ataxie. Une expansion de polyglutamine dans la protéine atrophine-1 (ATN1) cause l'ADRPL, et plus l'expansion est longue, plus la maladie débute tôt. Le nom si long de ce trouble vient de changements neurodégénératifs situés dans le gyrus denté, le noyau rouge, le globus pallidus et le noyau sous-thalamique aussi appelé « corps de Luys ».

Atrophie multisystématisée (AMS) : neurodégénérescence causée par des prions d'alpha-synucléine. Un dysfonctionnement du système autonome, un parkinsonisme et une ataxie en sont des caractéristiques. Les corps d'inclusion cytoplasmique formés d'alpha-synucléine sont répandus mais se trouvent initialement dans le cytoplasme des oligodendrocytes, cellules nerveuses spécialisées dans la production de myéline. L'atrophie olivo-ponto-cérébelleuse, le syndrome de Shy-Drager et la dégénérescence striato-nigrale seraient des variantes de l'AMS.

Atrophie musculaire spino-bulbaire ou maladie de Kennedy : maladie du motoneurone débutant chez l'adulte et liée au chromosome X caractérisée par une faiblesse, progressant lentement, des muscles des extrémités et bulbaires. Il s'agit du premier trouble montré comme étant dû à une expansion de polyglutamine. Cette mutation du récepteur aux androgènes cause chez les garçons une gynécomastie et une faiblesse musculaire due à un mauvais fonctionnement des neurones moteurs.

Autosomique : type de transmission d'un trait génétique codé par un gène situé sur un chromosome autre que les chromosomes sexuels X et Y.

Bâtonnets amyloïdes de la PrP : particules en forme de bâtonnet formées de la PrP 27-30 qui sont identiques à d'autres amyloïdes par l'aspect et les propriétés tinctoriales. Les bâtonnets amyloïdes de PrP ont un haut pouvoir infectieux. Aussi appelés bâtonnets de prions.

Cervelet : consiste en deux hémisphères latéraux contenant des milliards de neurones réunis par une partie centrale étroite, le vermis. Il est légèrement plus petit que le poing et imbriqué dans la fosse postérieure, juste au-dessus de la nuque.

Chorée : trouble du mouvement involontaire. Elle se caractérise par des mouvements brefs, irréguliers, qui ne sont ni répétitifs ni rythmiques. Les mouvements choréiformes passent d'un muscle à un autre. Les mouvements ressemblant à une danse se produisent souvent avec l'athétose qui ajoute des mouvements de torsion et de tortillement. Lorsque les deux ont lieu, on parle de choréoathétose.

Clone : colonie de cellules issues d'une seule cellule par reproduction asexuée, ayant toutes le même patrimoine génétique, ou ensemble homogène de molécules d'ADN produites par la technique de l'ADN recombinant.

Codon : groupe de trois nucléotides consécutifs dans un brin d'ADN ou d'ARN qui fournit l'information génétique codant un acide aminé spécifique.

Commotion cérébrale : lésion du cerveau traumatique altérant son fonctionnement. La plupart des commotions sont légères et se traduisent par des maux de tête, une difficulté à se concentrer, ainsi qu'une perturbation de la mémoire, du jugement, de l'équilibre et de la coordination. Certaines commotions cérébrales s'accompagnent d'une perte de conscience.

Conformation : forme d'une protéine. Les patterns de liaisons hydrogène déterminent la structure secondaire – c'est-à-dire les hélices alpha et les feuillets bêta – d'une protéine. La structure tertiaire ou conformation d'une protéine se développe quand la protéine prend sa forme active. Ce qui conduit à la prise de forme est l'enfouissement des résidus hydrophobes qui leur évite d'être en contact avec l'eau.

Creutzfeldt-Jakob (maladie de, ou MCJ) : maladie à prion humaine causée par l'accumulation de PrP^{Sc} humaine. La MCJ peut se manifester comme un trouble génétique (MCJ familiale), infectieux (MCJ iatrogène ou variante de la MCJ), ou spontané (MCJ sporadique). Environ 85 % des cas sont sporadiques, 10 à 15 % hérités et moins de 1 % infectieux. L'incidence culmine entre cinquante-cinq et soixante-cinq ans, et la maladie est rare avant trente ans. Les patients présentent en général une démence progressive et une myoclonie multifocale. Les tests de diagnostic avant décès les plus efficaces utilisent l'EEG, qui montre des ondes aiguës triphasiques au cours de la maladie et l'imagerie par résonance magnétique des images pondérées en diffusion, qui montre des hyperintensités de matière grise. La survie moyenne est de moins d'un an après le début des symptômes.

Creutzfeldt-Jakob (variante de la maladie de, ou vMCJ) : maladie à prion chez le jeune adulte qui a été exposé aux prions de l'ESB en Europe ou dans d'autres pays à haut risque. Les plaques florides sont la marque distinctive de la vMCJ. De telles plaques sont entourées de grosses vacuoles. La plupart des cas de vMCJ sont survenus chez de jeunes adultes. Le seul facteur de risque pour la vMCJ était la consommation de hamburgers en Grande-Bretagne plus de deux fois par semaine.

Creutzfeldt-Jakob familiale (maladie de, ou MCJf) : maladie à prion humaine dominante autosomique due à une mutation dans le gène PRNP qui aboutit à la substitution d'un acide aminé ou à l'insertion d'une répétition de huit acides aminés additionnels. Un exemple de MCJf est causé par une mutation induisant une substitution de la lysine par l'acide glutamique au codon 200.

Creutzfeldt-Jakob iatrogénique (maladie de) : forme de la maladie transmise accidentellement lors d'une procédure médicale comme la transplantation de dure-mère ou d'un autre tissu contaminé par un prion, l'injection d'hormone de croissance contaminée fabriquée à partir d'extraits hypophysaires, ou l'utilisation de matériel ou d'instruments chirurgicaux mal décontaminés.

Creutzfeldt-Jakob sporadique (maladie de) : forme la plus courante de MCJ. Elle se produit dans le monde à un taux d'environ un cas par million. La plupart des cas se trouvent chez des adultes âgés.

Culot : fraction retrouvée au fond d'un tube après décantation par gravité ou sous l'effet de la force centrifuge.

Dégénérescence cortico-basale : neurodégénérescence causée par les prions de tau. Du point de vue clinique, les patients présentent un parkinsonisme, le syndrome de la main étrangère, une apraxie révélée par l'inaptitude à mimer des mouvements et une aphasie par la difficulté à commencer à dire des mots. Du point de vue neuropathologique, on observe des inclusions de tau dans les astrocytes.

Démence : perte des fonctions cognitives et intellectuelles sans défaillance de la perception ou de la conscience. La plupart des démences sont progressives et dues aux prions de Aβ qui produisent la maladie d'Alzheimer.

Démences fronto-temporales (DFT) : groupe de maladies neurodégénératives progressives qui affectent les lobes temporaux et frontaux du cerveau, détruisant graduellement la capacité à se comporter de manière appropriée, à éprouver de l'empathie pour les autres, à apprendre, à raisonner, à faire des jugements, à communiquer et à planifier des activités. Chez les personnes de moins de soixante ans, la DFT est la deuxième cause la plus fréquente de démence après la maladie d'Alzheimer. Les hommes sont plus souvent touchés que les femmes. Du point de vue pathologique, les DFT se classent en fonction des dépôts de protéines identifiés par immunomarquage des protéines tau, TDP43 et FUS. Il est probable que ces trois protéines deviennent des prions. Dans les DFT dues au prion tau, les sous-types incluent la maladie de Pick, la dégénérescence cortico-basale (DCB), la paralysie supranucléaire progressive (PSP), la démence fronto-temporale avec parkinsonisme lié à des mutations de tau (DFTP-17), la tauopathie multisystème sporadique et la maladie à grains argyrophiles.

Dénaturation : processus par lequel l'état natif de la protéine ou de l'acide nucléique est altéré et qui produit généralement une réduction de son activité biologique. Lorsque la chaleur et/ou des produits chimiques déplient les enzymes, leur activité catalytique est abaissée. Ce processus de dépliement est appelé dénaturation.

Diéthylpyrocarbonate (DEPC) : substance chimique qui réagit avec les protéines ou les acides nucléiques. Le DEPC donne un groupe éthoxyformyl qui provoque l'inactivation de la protéine ou de l'acide nucléique. L'hydroxylamine enlève ce groupe aux protéines mais pas aux acides nucléiques.

Dodécylsulfate de sodium (SDS) : détergent utilisé pour dénaturer les protéines en cassant les interactions hydrophobes. Le SDS sert dans l'analyse par électrophorèse de macromolécules comme les protéines.

Durée d'incubation : temps écoulé entre l'exposition par inoculation à un pathogène et la détection de la maladie. Une maladie se manifeste par des symptômes ou signes cliniques, mais des techniques non invasives comme l'imagerie par bioluminescence sont aussi utilisées.

Électrophorèse : mouvement de particules dans un champ électrique vers un pôle électrique (l'anode ou la cathode). Technique utilisée pour séparer et purifier des biomolécules.

Encéphalopathie du vison transmissible (EVT) : maladie à prion présente chez le vison.

Encéphalopathie spongiforme bovine (ESB) : maladie à prion du bétail causée par l'accumulation de la PrP^{Sc} bovine. L'ESB a été signalée pour la première fois en 1986 en Grande-Bretagne. Elle se caractérise cliniquement par un comportement craintif, une hyperesthésie, une ataxie et, histologiquement, par des changements spongiformes dans la matière grise du tronc cérébral. Comme pour la tremblante du mouton et la maladie de Creutzfeldt-Jakob chez l'homme, la PrP^{Sc} s'accumule dans le cerveau et entraîne son dysfonctionnement. Des cas d'ESB ont été rapportés en Autriche, au Royaume-Uni, au Canada, en République tchèque, en France, en Allemagne, en Irlande, en Israël, en Italie, au Japon, en Pologne, au Portugal, en Espagne, en Suisse et aux États-Unis.

Encéphalopathie spongiforme transmissible (EST) : terme général pour la neurodégénérescence causée par les prions de PrP^{Sc}. Il est antérieur à « maladie à prion » et ambigu au sujet de l'étiologie et de la neuropathologie, car l'EST met l'accent sur la forme infectieuse de la maladie à prion et ignore les formes génétiques et sporadiques bien plus courantes. De plus, les changements spongiformes dans le système nerveux central des mammifères ayant des prions de PrP^{Sc} peuvent être très divers, avec parfois très peu de vacuoles visibles.

Encéphalopathie traumatique chronique (ETC) : maladie neurodégénérative progressive qui survient suite à des lésions traumatiques au cerveau. L'ETC est une forme post-traumatique de démence fronto-temporale dans laquelle la protéine tau est convertie en prion. Les prions de tau se polymérisent en fragments qui se condensent en amas neurofibrillaires.

Enzyme : protéine qui agit comme catalyseur pour induire un changement chimique dans certaines substances alors qu'elle reste elle-même inchangée dans le processus. Les enzymes se composent d'une ou de plusieurs chaînes d'acides aminés et sont actives lorsqu'elles se trouvent dans une conformation particulière.

Épitope : site sur une molécule auquel se fixe un anticorps spécifique. Sur les protéines, un épitope est formé de six à huit acides aminés.

Étiologie : cause des maladies.

Étude de liaison génétique : évaluation de la relation entre deux locus sur un même chromosome pour déterminer s'ils sont suffisamment proches pour que leurs allèles respectifs ne soient pas hérités de manière indépendante par la descendance.

Feuillet bêta : élément structural d'une protéine où les plis bêta adjacents se trouvent aplatis dans une orientation parallèle ou antiparallèle l'un vis-à-vis de l'autre. Les régions à feuillet bêta des protéines sont étendues et stabilisées par des liaisons hydrogène entre les groupes NH et CO de l'axe des différentes chaînes polypeptidiques ou de régions qui s'y rattachent.

Fibrilles associées à la tremblante (SAF) : fibrilles de composition inconnue présentes dans les homogénats de tissu préparés à partir d'animaux ayant la tremblante ou de patients décédés de MCJ. Les SAF sont composées de deux ou quatre filaments qui ont de 12 à 16 nanomètres de diamètre et sont étroits de 4 à 6 nanomètres tous les 40 à 60 nanomètres, bien que certains présentent une périodicité de 80 à 110 nanomètres. Les SAF sont distinctes de l'amyloïde par leur ultrastructure et leurs propriétés tinctoriales.

Filaments appariés en hélice : filaments appariés formés de prions de tau. Les filaments individuels ont 10 nanomètres de diamètre et font un tour complet tous les 160 nanomètres. Ils ont les propriétés tinctoriales de l'amyloïde et se réunissent pour former les amas neurofibrillaires.

Génome : ensemble de tous les chromosomes issus d'un parent.

Gerstmann-Sträussler-Scheinker (syndrome de, ou SGSS) : maladie à prion humaine dominante autosomique causée par une mutation ponctuelle dans le gène *PRNP* qui se traduit par l'accumulation de PrP^{Sc}. La plupart des patients atteints du SGSS – si ce n'est tous – ont des plaques amyloïdes de PrP. Plusieurs mutations ponctuelles peuvent provoquer le SGSS, dont la substitution de la leucine à la proline à la position 102, de la valine à l'alanine à la position 117 et de la sérine à la phénylalanine à la position 198. Bien que les caractéristiques cliniques semblent souvent déterminées par chaque type de mutation, il y a de nombreuses exceptions. En général, le SGSS a une évolution clinique plus lente comparée à la MCJ et qui peut prendre plusieurs années.

Glycolipide : substance soluble dans les graisses liée à un ou plusieurs glucides.

Glycoprotéine : protéine sur laquelle un ou plusieurs glucides sont attachés de manière covalente. En général, des chaînes complexes de glucides sont fixées aux glycoprotéines.

Gradient de sucrose : technique utilisée pour séparer les macromolécules ou des particules plus grosses en se basant sur leur différence de taille et/ou de densité. Des concentrations de plus en plus faibles de sucrose sont déposées dans un tube de centrifugation et l'échantillon à analyser est mis au sommet du tube. Lors de la centrifugation, les particules traversent le gradient en fonction de leur taille et de leur densité.

Grains argyrophiles (maladie à) : neurodégénérescence à révélation tardive due aux prions de tau. Elle partage des traits cliniques avec la maladie d'Alzheimer et les démences fronto-temporales, à savoir une baisse de la mémoire à court terme, une difficulté à trouver ses mots, à lire et à écrire, des problèmes d'orientation, des troubles du comportement comme le changement de personnalité, des troubles émotionnels et un mauvais caractère. Les grains colorés par l'argent (« argyrophiles ») ou les corps formés principalement de tau enroulés dans le cytoplasme des neurones se retrouvent dans l'amygdale, l'hippocampe et le cortex entorhinal.

Haplo-insuffisance : se produit lorsqu'une seule copie d'un gène étant fonctionnelle et l'autre inactivée par une mutation, la production de la copie fonctionnelle ne suffit pas à maintenir l'état normal, ce qui conduit à la maladie. Elle est responsable de certains troubles dominants autosomiques.

Hélice alpha : élément structural des protéines où la colonne de polypeptide fait une hélice tournant sur la droite et forme un cylindre approximatif ayant une périodicité de 3,6 acides aminés par tour. Dans cette conformation de la chaîne polypeptidique, les tours successifs sont maintenus ensemble par des liaisons hydrogène.

HET-s : protéine impliquée dans la mort cellulaire programmée lors d'incompatibilité d'hétérokaryon chez le champignon filamenteux *Podospora* *anserina*. Lors de la mort cellulaire, cette protéine se transforme en prion [Het-s].

Homogénat : tissu broyé en une pâte dans laquelle la structure cellulaire est détruite. Un homogénat à 10 % est préparé en diluant dix fois le tissu dans une solution saline. L'homogénat est une suspension de nombreuses composantes cellulaires.

Hormone de croissance humaine : protéine de 191 acides aminés sécrétée par l'hypophyse antérieure et qui stimule la croissance. Cette hormone, lorsqu'elle est utilisée chez l'homme, est produite en utilisant la technologie de l'ADN recombinant.

Huntingtine : protéine de 3 144 acides aminés contenant moins de 36 résidus de glutamine dans sa partie N-terminale. L'expansion des segments de polyglutamine est responsable de la maladie de Huntington.

Huntington (maladie de) : maladie neurodégénérative dominante autosomique causée par des prions d'huntingtine mutée. Les patients présentent des mouvements de torsion involontaire appelés chorée ainsi qu'une démence progressive et des problèmes de comportement. Ils manifestent souvent de l'anxiété, de la dépression et des fonctions exécutives diminuées, dont la planification et le lancement d'actions appropriées. Cette maladie ne devient manifeste que vers le milieu de la vie adulte, mais aussi chez l'enfant quand la région des répétitions de polyglutamine est très étendue. Par anticipation génétique, la maladie peut se développer plus tôt au fil des générations. La prévalence mondiale est de 5 à 10 patients pour 100 000. Du point de vue neuropathologique, on observe une atrophie des noyaux caudés et du putamen, ainsi que des inclusions nucléaires contenant l'huntingtine.

Hydroxylamine : dérivé partiellement oxydé de l'ammoniac qui réagit avec les groupes carbonés pour produire des oximes. Il s'agit d'un produit chimique mutagène qui cause une désamination des résidus cytosine dans l'ADN.

Imagerie par bioluminescence : technique utilisée pour visualiser des organes où la luciférase est produite en réponse à un stimulus spécifique. La luciférase catalyse l'oxydation de la luciférine, ce qui induit une émission de lumière visible.

Insomnie fatale : maladie à prion humaine due à la dégénérescence sélective des noyaux dorso-médians du thalamus, ce qui provoque un sommeil réduit. Deux formes sporadiques et génétiques de l'insomnie fatale ont été décrites. La forme héritée, dite insomnie familiale fatale, est causée par une mutation dans le gène *PRNP* qui se traduit par la substitution d'une asparagine par un acide aspartique à la position 178. Une méthionine à la position polymorphique 129 est aussi requise pour le phénotype de l'insomnie fatale. Une valine en position 129 évite le phénotype de l'insomnie fatale mais stimule la neurodégénérescence avec des signes cliniques typiques de la MCJf.

Interféron (IFN) : glycoprotéine produite par les cellules de l'hôte en réponse à un pathogène tel qu'un virus ou une bactérie. Les IFN déclenchent des défenses protectrices du système immunitaire en se liant à des récepteurs spécifiques sur les membranes des cellules et sont donc des cytokines.

Kuru : maladie à prion progressive et fatale caractérisée par une ataxie, des tremblements, un manque de coordination, puis la mort. Les lésions pathologiques dans le cerveau incluent une perte de neurones, une astrocytose, un changement spongiforme, de nombreuses plaques amyloïdes apparaissant d'abord dans le cervelet. Les prions de PrP^{Sc} causent le kuru, qui était confiné aux Fore et autres tribus voisines sur les Hautes-Terres de Nouvelle-Guinée. Les prions du kuru étaient transmis par ingestion lors d'un cannibalisme rituel.

Lectine : protéine liant de manière très spécifique un glucide donné qui peut faire partie d'un sucre fixé sur une protéine. Les lectines sont des outils utiles dans la purification des protéines.

Lésion du cerveau traumatique : lésion intracrânienne induite quand une force extérieure endommage le cerveau. Les lésions du cerveau traumatiques peuvent être légères, modérées ou sévères, la durée de la perte de connaissance étant un facteur clé de classement de la sévérité.

Lewy (corps de) : inclusions dans les neurones qui contiennent de l'alpha-synucléine assemblée en fibrilles. Les corps de Lewy sont la marque pathologique de la maladie de Parkinson. Des mutations dans le gène de l'alpha-synucléine (*SCNA*) causent la maladie de Parkinson familiale. Un doublement ou un triplement de ce gène augmentent le taux d'alpha-synucléine et conduisent aussi à la maladie.

Lewy (démence à corps de) : causée par des prions d'alpha-synucléine, elle se manifeste par une cognition fluctuante avec de grandes variations de l'attention et de la vivacité, par des hallucinations visuelles récurrentes et des caractéristiques motrices de la maladie de Parkinson. Les symptômes d'un trouble du comportement du sommeil paradoxal sont courants. Les corps de Lewy se trouvent dans les neurones à dopamine mais aussi dans tout le cortex cérébral. Une atrophie du cerveau accompagne la dégénérescence du cortex cérébral.

Lipide : large groupe de molécules naturelles comprenant les graisses, les cires et les stérols. Les lipides peuvent être définis comme de petites molécules soit hydrophobes, soit amphiphiles. La nature amphiphile de certains lipides leur permet de former en milieu aqueux des structures telles que des vésicules, des liposomes ou des membranes.

Macromolécule : molécule de grande taille créée par la polymérisation de petites sous-unités. Les acides nucléiques et les protéines sont des macromolécules formées respectivement de chaînes de nucléotides et de chaînes d'acides aminés jouant le rôle de briques élémentaires ou monomères.

Maladie débilitante chronique (MDC) : neurodégénérescence causée par le prion de la PrP^{Sc} chez le cerf et l'élan. Contrairement à la plupart des autres maladies à prion, la MDC est très transmissible entre cervidés.

Maladie neurodégénérative (MN) : détérioration progressive du système nerveux due à un métabolisme ou à un traitement anormal des protéines. Elle cause un dysfonctionnement neuronal et finalement le décès.

Microscope électronique : instrument où des faisceaux d'électrons avec des longueurs d'onde des milliers de fois plus courtes que la lumière visible sont utilisés pour permettre une résolution et un grossissement bien plus grands. Dans cette technique, les électrons sont transmis à travers une fine coupe de spécimen fixé et maintenu dans le vide.

Microscope optique : microscope utilisant la lumière visible et un système de lentilles pour grossir des objets très petits.

Mutation : altération de l'ADN.

Mutation germinale : altération de l'ADN qui survient avant la conception. Les mutations germinales se produisent dans l'ovocyte ou le spermatozoïde et sont donc transmises à la descendance.

Mutation somatique : altération de l'ADN qui se produit après la conception. Elle peut avoir lieu dans n'importe quelle cellule du corps mis à part les cellules germinales (ovocyte et spermatozoïde) et n'est donc pas transmise à la descendance.

Myoclonie : contraction brève et involontaire d'un muscle ou d'un groupe de muscles. Les crises de myoclonie peuvent se produire de façon isolée ou en série. Elles surviennent à l'endormissement et n'indiquent pas un processus pathologique. En revanche, la myoclonie à d'autres moments se produit dans une large gamme de troubles du système nerveux.

Nanomètre (nm) : unité de longueur correspondant à un milliardième de mètre (10^{-9}).

Nucléase : enzyme catalysant l'hydrolyse des acides nucléiques en nucléotides ou en oligonucléotides par clivage des liaisons phosphodiester.

Oligodendrocyte : cellule spécialisée du cerveau qui produit la gaine de myéline entourant les axones des neurones. Cette gaine agit comme isolant pour éviter des courts-circuits d'impulsions électriques et pour accélérer la transmission des signaux le long des axones des neurones.

Paire de base (pb) : deux composés sur les brins complémentaires opposés de l'ADN ou de certains types d'ARN en contact *via* des liaisons hydrogène. Dans l'ADN, l'adénine (A) s'apparie avec la thymine (T) et la guanine (G) avec la cytosine (C). Dans l'ARN, l'uracile (U) remplace la thymine.

Paralysie supranucléaire progressive : neurodégénérescence causée par des prions de tau. La majorité des patients présentent des troubles de l'équilibre, des changements de personnalité, des mouvements ralentis et un regard vertical perturbé. Puis la démence devient prédominante, avec une désinhibition et des fonctions d'exécution diminuées, ainsi qu'une mauvaise élocution et des difficultés à avaler. Du point de vue neuropathologique, on observe des inclusions de filaments droits de tau au sein des astrocytes. Appelée initialement syndrome de Steele-Richardson-Olszewski.

Parkinson (maladie de, ou MD) : maladie neurodégénérative causée par des prions d'alpha-synucléine qui s'assemblent en filaments réunis en corps de Lewy et en fils. Les prions d'alpha-synucléine causent le dysfonctionnement des neurones à dopamine dans la substance noire du cerveau moyen, produisant le tremblement d'émiettement au repos, une rigidité (avec phénomène de « roue dentée »), des mouvements ralentis, des difficultés à marcher et un visage en masque. Des problèmes cognitifs et comportementaux peuvent survenir, la démence se produisant souvent aux stades avancés de la maladie. La MP est plus courante chez les personnes âgées, la plupart des cas se déclarant après cinquante ans.

Pathogenèse : mécanisme par lequel la maladie est causée.

Peptide : court segment d'acides aminés reliés par des liens peptidiques. Les peptides se distinguent des protéines par leur taille, plus courte, et contiennent en général moins de cinquante acides aminés. Le plus petit peptide est un dipeptide formé de deux acides aminés, aussi appelés résidus, reliés par une seule liaison peptidique.

Pick (corps de) : inclusions dans le cytoplasme des neurones qui contiennent des agrégats de prions de tau.

Pick (maladie de) : maladie neurodégénérative rare causant une destruction progressive des cellules nerveuses du cerveau. Ses symptômes incluent l'aphasie, avec une parole de plus en plus réduite, et une démence progressive. Les corps de Pick remplis de prions de tau se trouvent au sein des neurones.

Plaque d'amyloïde : ensemble de fibrilles d'amyloïde dans l'espace extracellulaire du cerveau. Dans la maladie d'Alzheimer, ces plaques sont formées de fibrilles d'Aβ et dans la maladie de Creutzfeldt-Jakob, de fibrilles de la PrP^{Sc}.

Polymère : grande molécule (macromolécule) formée de la répétition d'une unité structurale, le monomère. Ces unités sont reliées entre elles par des liaisons chimiques covalentes.

Polymorphisme : présentation d'un élément sous plusieurs formes différentes, en particulier lorsque plusieurs acides aminés sont possibles pour une position d'une séquence protéique donnée. L'expression de la méthionine ou de la valine à la position 129 de la PrP humaine est un polymorphisme.

Prion : protéine infectieuse. Les protéines normales se replient en une structure alternative appelée prion, et ce processus peut s'autopropager. La plupart des prions ont une structure riche en feuillets bêta. Certains prions participent aux processus cellulaires normaux tandis que d'autres jouent un rôle important dans la pathogenèse d'une maladie.

Prion (maladie à) : trouble causé par un prion. Une telle maladie se manifeste sous une forme génétique, infectieuse ou sporadique.

Prnp : gène codant pour la protéine du prion (PrP) situé sur le chromosome 2 chez la souris. *PRNP* contrôle la durée d'incubation comme les gènes de durée d'incubation *SINC* et *PRNI*.

PRNP : gène codant pour la protéine du prion humaine, situé près de l'extrémité du bras court du chromosome 20.

Protéase : enzyme qui catalyse l'hydrolyse des liaisons peptidiques des protéines.

Protéinase K (PK) : enzyme (protéase) qui catalyse l'hydrolyse des protéines. Elle est obtenue à partir du champignon *Tritirachium album*, qui tire son carbone et son azote de la kératine, d'où vient la lettre K.

Protéine : molécule consistant en une longue chaîne d'acides aminés liés de façon covalente. Les enzymes, les anticorps, les cytokines et certaines hormones sont des exemples de protéines. La séquence d'acides aminés des protéines est codée par les gènes. Trois paires de bases d'ADN codent pour un acide aminé.

Protéine du prion (PrP) : protéine d'environ 250 acides aminés codée par un gène chromosomique chez les mammifères et les oiseaux. La forme normale, cellulaire (PrP^{C}) est convertie en une forme responsable de la maladie (PrP^{Sc}) par un processus encore non défini dans lequel la PrP subit un profond changement de conformation.

PrP 27-30 : fragment d'environ 140 acides aminés de la PrP^{Sc} tronquée après digestion à la protéinase K. Le nombre correspond à la fourchette de masse moléculaire en kilodaltons de ce fragment de PrP. La PrP 27-30 garde un pouvoir infectieux et se polymérise en amyloïde.

PrP^{C} : isoforme cellulaire normale de la protéine prion. La PrP^{C} a trois hélices alpha et deux feuillets bêta très courts. La PrP^{C} est dégradée par les protéases.

PrP^{Sc} : forme alternative de la protéine prion qui constitue l'unique composante des particules de prion PrP infectieuses. Cette protéine est la seule macromolécule identifiable dans les préparations purifiées de prions. La PrP^{Sc} est très riche en feuillets bêta. Une digestion partielle de la PrP^{Sc} donne une version tronquée de la protéine, la PrP 27-30. Les lettres « Sc » viennent du début du mot *scrapie*, qui signifie « tremblante » en anglais, mais sont maintenant utilisées pour indiquer toute isoforme de la PrP causant une maladie.

Rapport de particule/infection (P/I) : nombre de particules infectieuses d'un pathogène dans une seule unité infectieuse. Dans les cas les plus efficaces d'infection, ce rapport approche l'unité.

Réactif : substance ajoutée à une solution d'une autre substance pour qu'elle participe à une réaction chimique.

Réaction de la polymérase en chaîne (PCR) : méthode enzymatique pour la copie répétée des deux brins d'ADN d'une séquence donnée. Cette technique est largement utilisée pour amplifier de minuscules quantités d'ADN et produire des quantités suffisantes pour des études de laboratoire comme le séquençage.

Sauvage (type) : qualifie un organisme ne portant pas la mutation étudiée et présentant l'apparence naturelle de cet organisme caractéristique des membres de son espèce.

Séquence d'acides aminés : l'assemblage en une chaîne des acides aminés s'appelle une protéine. La séquence est spécifiée par l'ordre des bases dans l'ARN messager en fonction du code génétique. La séquence d'une protéine est aussi appelée structure primaire.

Shy-Drager (syndrome de) : forme d'atrophie multisystématisée.

Sonde génétique : morceau d'ADN utilisé pour localiser un gène particulier sur un chromosome ou pour mesurer l'expression de ce gène.

Souche : population distincte au sein d'un pathogène ayant des manifestations caractéristiques. Des souches de virus, de bactéries ou de champignons peuvent différer de juste une seule paire de base d'ADN qui provoque la substitution d'un acide aminé par un autre dans une protéine du pathogène. Les vaccins contre la polio confèrent une immunité contre trois souches différentes de poliovirus.

Souche de prion : type de prion avec des caractéristiques cliniques et/ou de la répartition des lésions. L'information biologique portée par une souche particulière de prion se trouve dans la conformation de la protéine. Pour le prion de la PrP^{Sc}, diverses souches diffèrent par la durée d'incubation de la maladie, la distribution de la PrP^{Sc} dans le cerveau et le profil des lésions neuropathologiques. Diverses souches du prion de tau sont responsables de tauopathies primaires différentes, dont la paralysie supranucléaire progressive, la dégénérescence cortico-basale, la maladie de Pick, la variante comportementale de la démence fronto-temporale et la maladie à grains argyrophiles.

Souris knock-out : souris génétiquement manipulée chez lesquelles un des gènes a été inactivé en le remplaçant ou en l'interrompant par un fragment d'ADN artificiel. Un procédé comparable a été utilisé pour rendre des rats déficients pour un gène donné.

Spectrométrie de masse (SM) : technique d'analyse qui mesure le rapport entre la masse et la charge de particules chargées. Elle est utilisée pour déterminer la masse de particules et leur composition en éléments. Elle sert aussi à élucider la structure chimique de molécules telles que les peptides. La SM agit en ionisant des substances chimiques pour générer des molécules ou des fragments de molécules chargés et mesurer ensuite le rapport de leur masse sur leur charge.

Spectroscopie à résonance magnétique nucléaire : technique de détermination des propriétés physiques et chimiques des atomes contenus dans une molécule donnée. La résonance magnétique nucléaire apporte des informations détaillées sur la structure, la dynamique, l'état de réaction et l'environnement chimique des molécules.

Sporadique (maladie) : maladie survenant au hasard sans cause génétique, infectieuse ou autre identifiable. Les formes les plus courantes de maladies neurodégénératives sporadiques semblent se produire de façon spontanée par un processus aléatoire ou stochastique. Une explication possible serait la génération de prions au sein de la voie d'élimination des protéines où une protéine précurseur de prion adopte une forme riche en feuillets bêta, devient résistante à la dégradation et commence une autopropagation. Un autre scénario implique des mutations somatiques qui abaissent le seuil de possibilité pour une protéine donnée de se transformer en prion. Une fois que les mutations somatiques ont produit un nombre suffisant de prions pour lancer un processus d'autopropagation, l'infection à prion peut suivre.

Substance chimique : substance consistant en deux éléments ou plus, et ayant une structure unique d'atomes dans un rapport fixe. Ses composantes sont maintenues ensemble par des liaisons chimiques dans une disposition spatiale définie.

Surnageant : fraction trouvée au sommet d'un tube après l'action de la gravité ou d'une force centrifuge.

Tau (protéine) : protéine associée aux microtubules qui peut se transformer en prion et s'accumuler dans les neurones sous forme d'amas neurofibrillaires ou de corps de Pick.

Tauopathie : maladie neurodégénérative causée par un prion de tau. Les tauopathies primaires comprennent les formes sporadiques et héritées des démences fronto-temporales (DFT), dont la paralysie supranucléaire progressive, la dégénérescence cortico-basale, la maladie de Pick, la variante comportementale de la DFT, et la maladie à grains argyrophiles. Les tauopathies secondaires incluent les maladies d'Alzheimer et de Parkinson postencéphalitique, ainsi que la rage, la maladie de Niemann-Pick de type C et certaines formes familiales des maladies de Creutzfeldt-Jakob et de Gerstmann-Sträussler-Scheinker. La *dementia pugilistica* et l'encéphalopathie traumatique chronique sont aussi des tauopathies secondaires.

Titration : détermination de la concentration d'un pathogène infectieux par des dilutions en série jusqu'à atteindre la dernière dilution où le test est positif. Cette valeur est appelée titre.

Titration au point limite : méthode pour déterminer le pouvoir infectieux d'un échantillon par un test biologique utilisant une série de dilution de l'inoculum. Le point limite est la dilution à partir de laquelle l'inoculum n'est plus infectieux.

Titre : concentration de particules infectieuses déterminée par la dilution maximale pour laquelle la préparation est encore infectieuse.

Transgène : gène d'un organisme qui a été transféré et s'est intégré dans l'ADN d'un autre organisme d'une autre espèce de sorte qu'il y est exprimé. Les chercheurs étudiant la transmission du prion utilisent des transgènes pour apporter des caractéristiques moléculaires non naturelles à des animaux de laboratoire et contourner la barrière d'espèce. Par exemple, la transmission de prions de hamster à des souris transgéniques exprimant la PrP de hamster permet de s'affranchir de la barrière d'espèce. Lorsque le gène natif de la PrP est inactivé chez la souris exprimant la PrP du hamster, la durée d'incubation pour le prion du hamster diminue. Chez les souris transgéniques exprimant la PrP humaine, l'inactivation du gène de la PrP est nécessaire pour la transmission des prions humains.

Transgénique (Tg) : se dit d'un organisme où de l'ADN étranger a été introduit dans les cellules germinales par injection dans le noyau de la cellule primordiale.

Tremblante : maladie à prion transmissible chez le mouton et la chèvre qui se manifeste par des démangeaisons, des anomalies de la marche et provoque toujours la mort.

Tremblement d'action : augmente lorsqu'une extrémité approche un point ou un objet dans un mouvement guidé par la vue. Un tremblement d'action est normalement perpendiculaire à la direction du mouvement. Il résulte d'un dysfonctionnement du cervelet, en particulier sur le même côté que le tremblement dans l'hémisphère latéral qui contrôle les mouvements guidés par la vue. Aussi appelé tremblement cérébelleux.

Trouble dominant : la mutation d'une seule forme du gène suffit pour que la personne soit affligée d'une maladie dominante autosomique. Chaque personne atteinte a un parent touché. La probabilité qu'un enfant hérite du gène muté est de 1 sur 2 (ou 50 %). Lorsque les deux copies d'un gène présentes dans le génome doivent être mutées pour que la maladie apparaisse, le trouble est dit récessif.

Trouble du stress post-traumatique (TSPT) : trouble anxieux sévère qui peut se développer après un traumatisme psychologique ou une lésion traumatique infligée au cerveau. Les symptômes du TSPT incluent des souvenirs intrusifs ou des cauchemars, l'évitement des stimulus associés au traumatisme, l'insomnie, la colère et l'hypervigilance. De tels symptômes persistent plus d'un mois et perturbent de façon significative les activités sociales et quotidiennes. Certains cas peuvent s'aggraver et conduire à la dépression, à l'apathie, à des difficultés à trouver ses mots. L'abus d'alcool ou de drogues est courant chez ces patients qui peuvent parfois se suicider.

Unité infectieuse : plus petit nombre de particules du pathogène capable de commencer une infection dans une cellule ou un organisme.

Vache folle (maladie de la) : nom courant pour l'encéphalopathie spongiforme bovine (ESB).

Vacuole : minuscule espace dans le cerveau rempli de liquide aqueux et qui accompagne souvent la neurodégénérescence. Certaines souches de prions de la PrP^{Sc} stimulent la formation de vacuoles, d'autres non.

Virion : particule virale complète qui est structurellement intacte et infectieuse.

Viroïde : pathogène infectieux de plante plus petit qu'un virus et consistant en un ARN circulaire à simple brin, sans protéine associée. Sa réplication ne dépend pas d'un virus auxiliaire mais emprunte des enzymes de la cellule hôte. Le poids moléculaire des viroïdes est de 75 à 100 kDa.

Virus : pathogène infectieux capable de passer à travers les fines membranes qui retiennent la plupart des bactéries, invisible au microscope optique, sans métabolisme indépendant, et incapable de croître ou de se répliquer hors de cellules vivantes. Les particules virales contiennent un génome d'ADN ou d'ARN qui dirige la synthèse de nouveaux virus. Une coque de protéines, ou capside, protège l'acide nucléique viral. Les virus ont des tailles allant de 15 nanomètres à plusieurs centaines de nanomètres.

Virus de la mosaïque du tabac (VMT) : virus cylindrique qui infecte les plantes, notamment le tabac et d'autres membres de la famille des solanées. Une coque protéique entoure l'ARN viral situé au centre de la particule virale.

Virus lent : virus causant une maladie précédée d'une longue période d'incubation de plusieurs mois à plusieurs années. Le VIH est un virus lent qui cause le sida. De nombreuses années peuvent s'écouler entre l'infection initiale par le VIH et l'apparition de l'immunodéficience.

Notes

Préface

1. T. S. Kuhn, *La Structure des révolutions scientifiques* (Flammarion, 1983) ; C. M. Christensen, *The Innovator's Dilemma : When New Technologies Cause Great Firms to Fail* (Harvard Business School Press, Boston, 1997).
2. N. Bilton, « Disruptions : Innovation isn't easy, especially midstream », *New York Times*, 15 avril 2012.
3. S. B. Prusiner, « Novel proteinaceous infectious particles cause scrapie », *Science*, 216 : 136-144 (1982).
4. S. B. Prusiner, « A unifying role for prions in neurodegenerative diseases », *Science*, 336 : 1511-1513 (2012).

Introduction

1. G. M. Shy et G. A. Drager, « A neurological syndrome associated with orthostatic hypotension : A clinical-pathologic study », *Arch. Neurol.*, 2 : 511-527 (1960).
2. W. K. Engel, « A further fond farewell to Shy et Drager », *Ann. Intern. Med.*, 126 : 334 (1997) ; I. J. Schatz, « Farewell to the "Shy-Drager syndrome" », *Ann. Intern. Med.*, 125 : 74-75 (1996).
3. T. C. Chamberlin, « The method of multiple working hypotheses », *Science* [Old Series], 15 : 92-97 (1890).

CHAPITRE 1

Devenir grand

1. S. Prusiner et S. K. Wolfson Jr., « Hypothermic protection against cerebral edema of ischemia », *Arch. Neurol.*, 19 : 623-627 (1968).
2. B. Black-Schaffer, S. Prusiner et H. Esparza, « Tolerance of the vestibular apparatus of the hypothermic hamster to 840G acceleration », *Aerospace Med.*, 36 : 123-126 (1965).
3. S. Prusiner, J. R. Williamson, B. Chance et B. M. Paddle, « Pyridine nucleotide changes during thermogenesis in brown fat tissue *in vivo* », *Arch. Biochem. Biophys.*, 123 : 368-377 (1968).

CHAPITRE 2

Le début d'une odyssée

1. C. J. Gibbs Jr., D. C. Gajdusek, D. M. Asher, M. P. Alpers, E. Beck, P. M. Daniel et W. B. Matthews, « Creutzfeldt-Jakob disease (spongiform encephalopathy) : Transmission to the chimpanzee », *Science*, 161 : 388-389 (1968).
2. D. C. Gajdusek, C. J. Gibbs Jr. et M. Alpers, « Experimental transmission of a kuru-like syndrome to chimpanzees », *Nature*, 209 : 794-796 (1966).
3. Voir notamment T. Alper, W. A. Cramp, D. A. Haig et M. C. Clarke, « Does the agent of scrapie replicate without nucleic acid ? », *Nature*, 214 : 764-766 (1967).
4. Carl Sagan, un astronome qui s'est toujours intéressé aux molécules chimiques prébiotiques et à l'origine de la vie sur Terre, m'écrivit pour me demander si je pensais que l'agent de la tremblante aurait pu arriver chez nous de l'espace, dans ou à la surface d'une météorite. Il se demandait si l'extrême résistance aux radiations découverte par Alper avait pu le protéger au cours de son long voyage. Je lui ai répondu que j'avais quelques doutes à ce sujet, mais que nous devions purifier l'agent de la tremblante et déterminer sa composition avant que je puisse répondre à sa question stimulante.
5. University of California, San Francisco, « Interviews with Robert A. Fishman, M.D. : Building Neurology, Teaching, Research, and Patient Care », dans l'UCSF Oral History Program, Department of the History of Health Sciences (Regents of the University of California, San Francisco, 1998).

CHAPITRE 3

Une pléthore de théories

1. R. L. Chandler, « Encephalopathy in mice produced by inoculation with scrapie brain material », *The Lancet*, 1, n° 719 : 1378-1379 (1961).
2. T. Alper, D. A. Haig et M. C. Clarke, « The exceptionally small size of the scrapie agent », *Biochem. Biophys. Res. Commun.*, 22 : 278-284 (1966).
3. R. Latarjet, B. Muel, D. A. Haig, M. C. Clarke et T. Alper, « Inactivation of the scrapie agent by near monochromatic ultraviolet light », *Nature*, 227 : 1341-1343 (1970).
4. J. S. Griffith, « Nature of the scrapie agent : Self-replication and scrapie », *Nature*, 215 : 1043-1044 (1967).
5. D. C. Gajdusek, « Unconventional viruses and the origin and disappearance of kuru », *Science*, 197 : 943-960 (1977).
6. I. H. Pattison, « Fifty years with scrapie : A personal reminiscence », *Vet. Rec.*, 123 : 661-666 (1988).
7. W. J. Hadlow, « Scrapie and kuru », *The Lancet*, 2, n° 289-290 (1959).
8. Quand je lui ai demandé plus tard pourquoi il ne s'était pas engagé lui-même dans un tel projet (après tout, il avait aussi été formé en neuropathologie humaine et était qualifié, en tant que vétérinaire, pour faire les expériences réalisées par la suite chez le chimpanzé par Gibbs et Gajdusek), Hadlow a haussé les épaules et déclaré qu'il était plus intéressant pour lui de retourner dans le Montana étudier la tremblante que continuer avec le kuru.

CHAPITRE 4

La course de la tremblante

1. S. B. Prusiner, « An approach to the isolation of biological particles using sedimentation analysis », *J. Biol. Chem.*, 253 : 916-921 (1978).
2. S. B. Prusiner, W. J. Hadlow, C. M. Eklund et R. E. Race, « Sedimentation properties of the scrapie agent », *Proc. Natl. Acad. Sci. USA*, 74 : 4656-4660 (1977).
3. M. A. Chatigny, K. Ishimaru, S. Dunn, J. A. Eagleson et S. B. Prusiner, « Evaluation of a class III biological safety cabinet for enclosure of an ultracentrifuge », *Appl. Environ. Microbiol.*, 38 : 934-939 (1979).
4. G. D. Hunter, *Scrapie and Mad Cow Disease : The Smallest andt Most Lethal Living Thing* (Vantage, New York, 1993), 1-115 ; G. D. Hunter, « The enigma of the scrapie agent : Biochemical approaches and the involvement of membranes and nucleic acids », dans S. B. Prusiner et W. J. Hadlow (éd.), *Slow Transmissible Diseases of the Nervous System*, vol. 2, (Academic Press, New York, 1979), 365-385.
5. G. D. Hunter, R. H. Kimberlin, G. C. Millson et R. A. Gibbons, « An experimental examination of the scrapie agent in cell membrane mixtures. I. Stability and physicochemical properties of the scrapie agent », *J. Comp. Pathol.*, 81 : 23-32 (1971) ; G. C. Millson, G. D. Hunter et R. H. Kimberlin, « An experimental examination of the scrapie agent in cell membrane mixtures. II. The association of scrapie infectivity with membrane fractions », *J. Comp. Pathol.* 81 : 255-265 (1971) ; R. H. Kimberlin, G. C. Millson et G. D. Hunter, « An experimental examination of the scrapie agent in cell membrane mixtures. III. Studies of the operational size », *J. Comp. Pathol.*, 81 : 383-391 (1971).
6. R. G. Rohwer et D. C. Gajdusek, « Scrapie-virus or viroid : The case for a virus », dans A. Boese (éd.), *Search for the Cause of Multiple Sclerosis and Other Chronic Diseases of the Central Nervous System* (Verlag Chemie, Weinheim, 1980), 333-355.
7. H. J. Cho, A. S. Grieg, C. R. Corp, R. H. Kimberlin, R. L. Chandler et G. C. Millson, « Virus-like particles from both control and scrapie-affected mouse brain », *Nature*, 267 : 459-460 (1977).
8. J. F. David-Ferreira, K. L. David-Ferreira, C. J. Gibbs Jr. et J. A. Morris, « Scrapie in mice : Ultrastructural observations in the cere bral cortex », *Proc. Soc. Exp. Biol. Med.*, 127 : 313-320 (1968).
9. J. R. Baringer et S. B. Prusiner, « Experimental scrapie in mice : Ultrastructural observations », *Ann. Neurol.*, 4 : 205-211 (1978).
10. A. G. Dickinson et G. W. Outram, « An assessment of the ge ne tics of scrapie in sheep and mice », dans S. B. Prusiner et W. J. Hadlow (éd.), *Slow Transmissible Diseases of the Nervous System* (Academic Press, New York, 1979), vol. 1 : 367-386.
11. R. H. Kimberlin, « Scrapie agent : Prions or virinos ? », *Nature*, 297 : 107-108 (1982).
12. R. F. Marsh, T. G. Malone, J. S. Semancik, W. D. Lancaster et R. P. Hanson, « Evidence for an essential DNA component in the scrapie agent », *Nature*, 275 : 146-147 (1978).
13. S. B. Prusiner, M. P. McKinley, D. F. Groth, K. A. Bowman, N. I. Mock, S. P. Cochran et F. R. Masiarz, « Scrapie agent contains a hydrophobic protein », *Proc. Natl. Acad. Sci. USA*, 78 : 6675-6679 (1981).

CHAPITRE 5

Docteur America et les cannibales tremblants

1. V. Zigas et D. C. Gajdusek, « Kuru : Clinical study of a new syndrome resembling *paralysis agitans* in natives of the Eastern Highlands of Australian New Guinea », *Med. J. Australia*, 44 : 745-754 (1957).
2. M. P. Alpers, « Kuru : Implications of its transmissibility for the interpretation of its changing epidemiological pattern », dans O. T. Bailey et D. E. Smith (éd.), *The Central Nervous System : Some Experimental Models of Neurological Diseases* (Williams et Wilkins, Baltimore, 1968), 234-251.
3. R. Glasse, « Cannibalism in the kuru region of New Guinea », *Trans. N.Y. Acad. Sci.* [Series 2], 29 : 748-754 (1967).
4. Voir notamment S. Lindenbaum, « Cannibalism, kuru, and anthropology », *Folia Neuropathol.*, 47 : 138-144 (2009).
5. C. J. Gibbs Jr., H. L. Amyx, A. Bacote, C. L. Masters et D. C. Gajdusek, « Oral transmission of kuru, Creutzfeldt-Jakob disease and scrapie to nonhuman primates », *J. Infect. Dis.*, 142 : 205-208 (1980).
6. A. Jakob, « Uber eigenartige Erkrankungen des Zentralnervensystems mit bemerkenswertem anatomischem Befunde (Spastische Pseudosklerose-Encephalomyelopathie mit disseminierten Degenerationsherden) », *Z. Gesamte Neurol. Psychiatr.*, 64 : 147-228 (1921).
7. H. G. Creutzfeldt, « Uber eine eigenartige herdformige Erkrankung des Zentralnervensystems », *Z. Gesamte Neurol. Psychiatr.*, 57 : 1-18 (1920).
8. C. J. Gibbs Jr., « Spongiform encephalopathies-slow, latent, and temperate virus infections-in retrospect », dans S. B. Prusiner, J. Collinge, J. Powell et B. Anderton (éd.), *Prion Diseases of Humans and Animals* (Ellis Horwood, London, 1992), 53-62.
9. R. W. Hornabrook, « Kuru-a subacute cerebellar degeneration : The natural history and clinical features », *Brain*, 91 : 53-74 (1968).
10. *The Genius and the Boys*, documentaire de B. Lindquist (auteur et rélisateur), production Storyville (producteur exécutif J. Kellagher), Londres : BBC Four, 2009.

CHAPITRE 6

La bataille pour un poste

1. R. H. Kimberlin et R. F. Marsh, « Comparison of scrapie et transmissible mink encephalopathy in hamsters. I. Biochemical studies of brain during development of disease », *J. Infect. Dis.*, 131 : 97-103 (1975) ; R. F. Marsh et R. H. Kimberlin, « Comparison of scrapie and transmissible mink encephalopathy in hamsters. II. Clinical signs, pathology et pathogenesis », *J. Infect. Dis.*, 131 : 104-110 (1975).
2. Université de Californie, San Francisco, « Interviews with Robert A. Fishman, M.D. : Building Neurology, Teaching, Research, and Patient Care », dans l'UCSF Oral History Program, Department of the History of Health Sciences (Regents of the University of California, San Francisco, 1998).

CHAPITRE 7

Qu'y a-t-il dans un nom ?

1. Pour certains, cette technique de purification inhabituelle paraissait aussi folle que l'idée d'une protéine infectieuse. Mais, parmi tous les scientifiques travaillant dans le domaine, j'étais probablement celui qui avait le plus d'expérience dans la purification des protéines. Dans le laboratoire d'Earl Stadtman aux NIH, j'avais appris comment purifier les protéines présentes en faible quantité. Si je n'avais aucune expérience dans l'isolement des virus, je n'en ai finalement pas eu besoin. Que l'agent de la tremblante s'avère être une protéine fut un autre coup de chance.
2. S. B. Prusiner, « Novel proteinaceous infectious particles cause scrapie », *Science*, 216 : 136-144 (1982).
3. R. H. Kimberlin, « Scrapie agent : Prions or virinos ? », *Nature*, 297 : 107-108 (1982).
4. C. J. Gibbs Jr., D. C. Gajdusek et R. Latarjet, « Unusual resistance to ionizing radiation of the viruses of kuru, Creutzfeldt-Jakob disease, and scrapie », *Proc. Nat. Acad. Sci. USA*, 75 : 6268-6270 (1978).
5. R. T. Johnson, « The novel nature of scrapie », *Trends Neurosci.*, 5 : 413-415 (1982).
6. T. O. Diener, M. P. McKinley et S. B. Prusiner, « Viroids and prions », *Proc. Nat. Acad. Sci. USA*, 79 : 5220-5224 (1982).
7. O. T. Avery, C. M. MacLeod et M. McCarty, « Studies on the chemical nature of the substance inducing transformation of pneumococcal types. Induction of transformation by a deoxyribonucleic acid fraction isolated from pneumococcus type III », *J. Exp. Med.*, 79 : 137-157 (1944).

CHAPITRE 8

Perdu dans le brouillard du Pacifique

1. D. C. Bolton, M. P. McKinley et S. B. Prusiner, « Identification of a protein that purifies with the scrapie prion », *Science*, 218 : 1309-1311 (1982).
2. S. B. Prusiner, D. C. Bolton, D. F. Groth, K. A. Bowman, S. P. Cochran et M. P. McKinley, « Further purification and characterization of scrapie prions », *Biochemistry*, 21 : 6942-6950 (1982).
3. M. P. McKinley, D. C. Bolton et S. B. Prusiner, « A protease resistant protein is a structural component of the scrapie prion », *Cell*, 35 : 57-62 (1983).
4. Plusieurs années avant que je ne travaille dans ce domaine, Hilary Koprowski, de l'institut Wistar à Philadelphie, avait cherché en vain l'activation du système de l'interféron dans des souris inoculées avec l'agent de la tremblante ; M. Katz et H. Koprowski, « Failure to demonstrate a relationship between scrapie and production of interferon in mice », *Nature*, 219 : 639-640 (1968).
5. L. K. Altman, « The doctor's world : The mystery of Balanchine's death is solved », *New York Times*, 8 mai 1984.

CHAPITRE 9

L'histoire de l'amyloïde

1. S. B. Prusiner, D. C. Bolton, D. F. Groth, K. A. Bowman, S. P. Cochran et M. P. McKinley, « Further purification and characterization of scrapie prions », *Biochemistry*, 21 : 6942-6950 (1982).
2. A. S. Cohen, T. Shirahama et M. Skinner, « Electron microscopy of amyloid », dans J. R. Harris (éd.), *The Electron Microscopy of Proteins* (Academic Press, New York, 1982), vol. 3, 165-206.
3. P. Divry, « Étude histochimique des plaques séniles », *J. belge neurol. Psychiatrie*, 27 : 643-654 (1927) ; I. Klatzo, D. C. Gajdusek et V. Zigas, « Pathology of kuru », *Lab. Invest.*, 8 : 799-847 (1959).
4. S. B. Prusiner, M. P. McKinley, K. A. Bowman, D. C. Bolton, P. E. Bendheim, D. F. Groth et G. G. Glenner, « Scrapie prions aggregate to form amyloid-like birefringent rods », *Cell*, 35 : 349-358 (1983).
5. L. K. Altman, « Substance tied to Alzheimer's in Coast study », *New York Times*, 7 décembre 1983.
6. G. Taubes, « The name of the game is fame. But is it science ? », *Discover*, 7 : 28-52 (1986).
7. G. G. Glenner et C. W. Wong, « Alzheimer's disease : Initial report of the purification and characterization of a novel cerebrovascular amyloid protein », *Biochem. Biophys. Res. Commun.* 120 : 885-890 (1984).
8. S. B. Prusiner, « Some speculations about prions, amyloid et Alzheimer's disease », *N. Engl. J. Med.*, 310 : 661-663 (1984).
9. P. E. Bendheim, R. A. Barry, S. J. DeArmond, D. P. Stites et S. B. Prusiner, « Antibodies to a scrapie prion protein », *Nature*, 310 : 418-421 (1984).
10. S. J. DeArmond, H. A. Kretzschmar, M. P. McKinley et S. B. Prusiner, « Molecular pathology of prion diseases », dans S. B. Prusiner et M. P. McKinley (éd.), *Prions : Novel Infectious Pathogens Causing Scrapie and Creutzfeldt-Jakob Disease* (Academic Press, Orlando, Fla., 1987), 387-414.
11. S. J. DeArmond, M. P. McKinley, R. A. Barry, M. B. Braunfeld, J. R. McColloch et S. B. Prusiner, « Identification of prion amyloid filaments in scrapie-infected brain », *Cell*, 41 : 221-235 (1985).
12. P. A. Merz, H. M. Wisniewski, R. A. Somerville, S. A. Bobin, C. L. Masters et K. Iqbal, « Ultrastructural morphology of amyloid fibrils from neuritic and amyloid plaques », *Acta Neuropathol. (Berl.)*, 60 : 113-124 (1983).
13. H. Diringer, H. Gelderblom, H. Hilmert, M. Ozel, C. Edelbluth et R. H. Kimberlin, « Scrapie infectivity, fibrils and low molecular weight protein », *Nature*, 306 : 476-478 (1983).
14. P. A. Merz, R. G. Rohwer, R. Kascsak, H. M. Wisniewski, R. A. Somerville, C. J. Gibbs Jr. et D. C. Gajdusek, « Infection-specific particle from the unconventional slow virus diseases », *Science*, 225 : 437-440 (1984).
15. Heino Diringer n'était pas seul. Gajdusek allait écrire quelques années plus tard (D. C. Gajdusek, « Subacute spongiform encephalopathies : Transmissible cerebral amyloidoses caused by unconventional viruses », dans B. N. Fields, D. M. Knipe, R. M. Chanock, M. S. Hirsch, J. L. Melnick, T. P. Monath et B. Roizman [éd.], *Virology* [Raven, New York, 1990], 2de éd., 2289-324) : « Dans les amyloïdoses du cerveau transmissibles dues aux virus non conventionnels, le processus apparaît activé par un virus qui déclenche

autour de lui le changement structural de la protéine précurseur normale en sous-unité amyloïde ayant une configuration en feuillets bêta insoluble et résistante aux protéases. Les assemblages en oligomères de ces sous-unités forment probablement eux-mêmes des fibrilles polymérisées en SAF et en plaques amyloïdes dans ces maladies. Ces microfibrilles se condensent par cristallisation dans les structures amyloïdes que nous pouvons voir au microscope. » Comme Diringer, il persista à penser que des virus atypiques causant la tremblante, la MCJ et le kuru stimulaient la formation de la PrP 27-30 qui se polymérisait ensuite en fibrilles amyloïdes.

CHAPITRE 10

Trouver le gène

1. S. B. Prusiner, « Novel proteinaceous infectious particles cause scrapie », *Science*, 216 : 136-144 (1982).
2. A. Koglin et C. T. Walsh, « Structural insights into nonribosomal peptide enzymatic assembly lines », *Nat. Prod. Rep.*, 26 : 987-1000 (2009).
3. S. B. Prusiner, D. F. Groth, D. C. Bolton, S. B. Kent et L. E. Hood, « Purification and structural studies of a major scrapie prion protein », *Cell*, 38 : 127-134 (1984).
4. Au cours du congrès dans le Montana, Heino Diringer lut un extrait de l'un de mes articles récemment publiés dans *Biochemistry* et déclara que j'avais dit que l'agent de la tremblante n'était formé que d'une protéine. Je n'avais pas écrit cela et plusieurs membres de l'audience indiquèrent à Diringer qu'il avait mal interprété mon anglais. Cet épisode m'a ouvert les yeux sur l'importance que peut avoir chaque mot dans un manuscrit scientifique.
5. Peu après notre rencontre, j'appris qu'Erling était intervenu dans la décision de donner le prix Nobel de physiologie ou de médecine de 1976 à Baruch Bloomberg et Carleton Gajdusek, et je lui ai demandé pourquoi Bill Hadlow et Joe Gibbs, ou Michael Alpers et Gibbs, ou Alpers et Hadlow, n'avaient pas partagé le prix avec Gajdusek. Erling a délicatement coupé court. Il ne pouvait rien dévoiler des discussions jusqu'en 2026, quand les textes des délibérations pour le prix de 1976 deviendront accessibles au public. Je ne sais toujours pas si Hadlow ou Alpers ou Gibbs ont pu être sélectionnés et pourquoi il a été décidé d'accorder la moitié du prix à Gajdusek et l'autre moitié à quelqu'un d'un autre domaine (celui du virus de l'hépatite B).
6. B. Oesch, D. Westaway, M. Walchli, M. P. McKinley, S. B. H. Kent, R. Aebersold, R. A. Barry, P. Tempst, D. B. Teplow, L. E. Hood, S. B. Prusiner et C. Weissmann, « A cellular gene encodes scrapie PrP 27-30 protein », *Cell*, 40 : 735-746 (1985).
7. B. Chesebro, R. Race, K. Wehrly, J. Nishio, M. Bloom, D. Lechner, S. Bergstrom, K. Robbins, L. Mayer, J. M. Keith, C. Garon et A. Haase, « Identification of scrapie prion protein-specific mRNA in scrapie-infected and uninfected brain », *Nature*, 315 : 331-333 (1985).
8. D. T. Kingsbury, K. C. Kasper, D. P. Stites, J. D. Watson, R. N. Hogan et S. B. Prusiner, « Genetic control of scrapie and Creutzfeldt-Jakob disease in mice », *J. Immunol.*, 131 : 491-496 (1983).
9. A. G. Dickinson, V. M. H. Meikle et H. Fraser, « Identification of a gene which controls the incubation period of some strains of scrapie agent in mice », *J. Comp. Pathol.*, 78 : 293-299 (1968).
10. Nous avons finalement su que dans les souris I/LnJ les prions se multipliaient beaucoup plus lentement que dans les souris NZW en raison de la différence des deux

acides aminés entre les prions que David Westaway avait trouvée dans la séquence de leur protéine précursor PrP[C]. Cette production plus lente de nouveaux prions se traduisait par une durée d'incubation plus longue.

11. Suite à une suggestion du virologue de Berkeley David Kingsbury. G. A. Carlson, « Prions and prejudice : From *Sinc* to systems with Stan », dans G. Legname et D. Riesner (éd.), *Prion Research of Stan Prusiner and His Colleagues* (Dusseldorf University Press, Dusseldorf, 2013), 47-61.
12. G. A. Carlson, D. T. Kingsbury, P. A. Goodman, S. Coleman, S. T. Marshall, S. DeArmond, D. Westaway et S. B. Prusiner, « Linkage of prion protein and scrapie incubation time genes », *Cell*, 46 : 503-511 (1986).
13. D. Westaway, P. A. Goodman, C. A. Mirenda, M. P. McKinley, G. A. Carlson et S. B. Prusiner, « Distinct prion proteins in short and long scrapie incubation period mice », *Cell*, 51 : 651-662 (1987).
14. N. Hunter, J. Hope, I. McConnell et A. G. Dickinson, « Linkage of the scrapie-associated fibril protein (PrP) gene and *Sinc* using congenic mice and restriction fragment length polymorphism analysis », *J. Gen. Virol.*, 68 : 2711-2716 (1987).

CHAPITRE 11

Joutes avec la presse

1. Malgré le compte rendu qui suit de mes difficultés avec la presse, je veux mentionner que tous les articles écrits sur mon travail par David Perlman du *San Francisco Chronicle* pendant près de trente ans ont été honnêtes, précis et impartiaux. Il en est de même pour Larry Altman et Sandra Blakeslee du *New York Times*.
2. F. Peterson et J. Kesselman-Turkel, « Agent X », *Omni*, 4 : 96-100 (1981).
3. G. Taubes, « The name of the game is fame. But is it science ? », *Discover*, 7 : 28-52 (1986).
4. S. B. Prusiner, « Novel proteinaceous infectious particles cause scrapie », *Science*, 216 : 136-144 (1982).
5. C. Weissmann, « Prusiner and prions », *Discover*, 8 : 102 (1987).
6. Howard Temin a proposé l'idée des provirus pour expliquer comment les virus tumoraux à ARN semblaient disparaître après être entrés dans les cellules pour réapparaître plus tard. Beaucoup de gens ont pensé que son interprétation était une grossière erreur. Tout a changé quand, par ailleurs, David Baltimore et Temin ont identifié une enzyme qui copie l'ARN en ADN. L'enzyme, appelée transcriptase inverse, créait une copie d'ADN à partir du génome du virus à ARN et cette copie d'ADN était le provirus dont Temin avait fait l'hypothèse des années auparavant. En 1975, Baltimore et Temin reçurent le prix Nobel pour leur travail.

CHAPITRE 12

L'élucidation des maladies à prion chez l'homme

1. R. Roos, D. C. Gajdusek et C. J. Gibbs Jr., « The clinical characteristics of transmissible Creutzfeldt-Jakob disease », *Brain*, 96 : 1-20 (1973).
2. C. L. Masters, D. C. Gajdusek et C. J. Gibbs Jr., « Creutzfeldt-Jakob disease virus isolations from the Gerstmann-Straussler syndrome », *Brain*, 104 : 559-588 (1981).

3. J. Gerstmann, E. Straussler et I. Scheinker, « Uber eine eigenartige hereditar-familiare Erkrankung des Zentralnervensystems zugleich ein Beitrag zur frage des vorzeitigen lokalen Alterns », Z. *Neurol.*, 154 : 736-762 (1936). Quand Hitler a annexé l'Autriche, en mars 1938, les postes de tous les universitaires juifs furent supprimés. Gertsmann et Scheinker quittèrent l'Autriche et s'installèrent aux États-Unis. Ernst Sträussler décida de rester à Vienne car il était marié à une femme catholique et ils avaient un fils élevé dans cette religion. Selon les lois raciales de Nuremberg sur les mariages mixtes, Sträussler était classé comme « privilégié ». Bien qu'il ne pût plus travailler, il percevait une allocation, n'était pas forcé de porter l'étoile jaune et ne fut pas envoyé dans un camp de la mort. Après la guerre, il travailla comme psychiatre pour effectuer des autopsies et vécut à Vienne jusqu'à sa mort en 1959. Josef Gertsmann a eu une belle carrière de psychiatre et de neurologue à Washington, puis à New York. Il est mort en 1969 à quatre-vingt-deux ans. Isaak Scheinker a travaillé comme neuropathologue, d'abord à l'Université de Cincinnati, puis à New York et il est décédé d'une crise cardiaque à l'âge de cinquante-deux ans. Aucun des trois n'a malheureusement vécu assez longtemps pour voir les répercussions que leurs études cliniques ont eues sur le développement d'un nouveau paradigme de maladie.
4. J. A. Hainfellner, S. Brantner-Inthaler, L. Cervenakova, P. Brown, T. Kitamoto, J. Tateishi, H. Diringer, P. P. Liberski, H. Regele, M. Feucht, N. Mayr, P. Wessely, K. Summer, F. Seitelberger et H. Budka, « The original Gerstmann-Straussler-Scheinker family of Austria : Divergent clinicopathological phenotypes but constant PrP genotype », *Brain Pathol.*, 5 : 201-211 (1995).
5. Le neuropathologue de l'UCLA était le docteur Harry Vinters.
6. Tous les codons sont formés de trois bases parmi quatre (A, T, G et C) et dictent l'acide aminé à ajouter à la séquence, le numéro du codon renvoyant à la position de l'acide aminé.
7. K. Hsiao, H. F. Baker, T. J. Crow, M. Poulter, F. Owen, J. D. Terwilliger, D. Westaway, J. Ott et S. B. Prusiner, « Linkage of a prion protein missense variant to Gerstmann-Straussler syndrome », *Nature*, 338 : 342-345 (1989).
8. J. Safar, M. Ceroni, P. Piccardo, P. P. Liberski, M. Miyazaki, D. C. Gajdusek et C. J. Gibbs Jr., « Subcellular distribution and physicochemical properties of scrapie-associated precursor protein and relationship with scrapie agent », *Neurology*, 40 : 503-508 (1990) ; M. Ceroni, P. Piccardo, J. Safar, D. C. Gajdusek et C. J. Gibbs, Jr., « Scrapie infectivity and prion protein are distributed in the same pH range in agarose isoelectric focusing », *Neurology*, 40 : 508-513 (1990) ; J. Safar, M. Ceroni, P. Piccardo, D. C. Gajdusek et C. J. Gibbs Jr., « Scrapie-associated precursor proteins : Antigenic relationship between species and immunocytochemical localization in normal, scrapie, and Creutzfeldt-Jakob disease brains », *Neurology*, 40 : 513-517 (1990) ; P. Piccardo, J. Safar, M. Ceroni, D. C. Gajdusek et C. J. Gibbs Jr., « Immunohistochemical localization of prion protein in spongiform encephalopathies and normal brain tissue », *Neurology*, 40 : 518-522 (1990).
9. M. Scott, D. Foster, C. Mirenda, D. Serban, F. Coufal, M. Walchli, M. Torchia, D. Groth, G. Carlson, S. J. DeArmond, D. Westaway et S. B. Prusiner, « Transgenic mice expressing hamster prion protein produce species specific scrapie infectivity and amyloid plaques », *Cell*, 59 : 847-857 (1989).
10. Plus tard, Mike Scott a réussi à réduire de onze à cinq le nombre d'acides aminés possibles contrôlant le processus de réplication du prion en produisant des souris qui exprimaient un transgène de la PrP mi-hamster mi-souris.
11. M. Scott, D. Foster, C. Mirenda, D. Serban, F. Coufal, M. Walchli, M. Torchia, D. Groth, G. Carlson, S. J. DeArmond, D. Westaway et S. B. Prusiner, « Transgenic

mice expressing hamster prion protein produce species specific scrapie infectivity and amyloid plaques », *Cell*, 59 : 847-857 (1989).
12. K. K. Hsiao, M. Scott, D. Foster, D. F. Groth, S. J. DeArmond et S. B. Prusiner, « Spontaneous neurodegeneration in transgenic mice with mutant prion protein », *Science*, 250 : 1587-1590 (1990).
13. C. Weissmann, « A unified theory of prion propagation », *Nature*, 352 : 679-683 (1991).
14. R. Medori, H.-J. Tritschler, A. LeBlanc, F. Villare, V. Manetto, H. Y. Chen, R. Xue, S. Leal, P. Montagna, P. Cortelli, P. Tinuper, P. Avoni, M. Mochi, A. Baruzzi, J. J. Hauw, J. Ott, E. Lugaresi, L. Autilio-Gambetti et P. Gambetti, « Fatal familial insomnia, a prion disease with a mutation at codon 178 of the prion protein gene », *N. Engl. J. Med.*, 326 : 444-449 (1992).
15. F. Owen, M. Poulter, J. Collinge et T. J. Crow, « Codon 129 changes in the prion protein gene in Caucasians », *Am. J. Hum. Genet.*, 46 : 1215-1216 (1990).

CHAPITRE 13
Qu'y a-t-il dans une forme ?

1. B. W. Caughey, A. Dong, K. S. Bhat, D. Ernst, S. F. Hayes et W. S. Caughey, « Secondary structure analysis of the scrapie-associated protein PrP 27-30 in water by infrared spectroscopy », *Biochemistry*, 30 : 7672-7680 (1991).
2. K.-M. Pan, N. Stahl et S. B. Prusiner, « Purification and properties of the cellular prion protein from Syrian hamster brain », *Protein Sci.*, 1 : 1343-1352 (1992) ; K.-M. Pan, M. Baldwin, J. Nguyen, M. Gasset, A. Serban, D. Groth, I. Mehlhorn, Z. Huang, R. J. Fletterick, F. E. Cohen et S. B. Prusiner, « Conversion of α-helices into β-sheets features in the formation of the scrapie prion proteins », *Proc. Natl. Acad. Sci. USA*, 90 : 10962-10966 (1993).
3. C. Weissmann, H. Bueler, M. Aguet, M. Fischer et A. Sailer, « Transgenic animals lacking prion proteins », United States, #5, 698, 763 (1997).
4. H. Bueler, M. Fisher, Y. Lang, H. Bluethmann, H.-P. Lipp, S. J. DeArmond, S. B. Prusiner, M. Aguet et C. Weissmann, « Normal development and behaviour of mice lacking the neuronal cell-surface PrP protein », *Nature*, 356 : 577-582 (1992).

CHAPITRE 14
Des batailles de territoire

1. S. B. Prusiner et M. McCarty, « Discovering DNA encodes heredity and prions are infectious proteins », *Annu. Rev. Genet.*, 40 : 25-45 (2006).
2. G. Kolata, « Viruses or prions : An old medical debate still rages », *New York Times*, 4 octobre 1994.
3. D. C. Gajdusek, « Unconventional viruses causing subacute spongiform encephalopathies », dans B. N. Fields, D. M. Knipe, R. M. Chanock, J. L. Melnick, B. Roizman et R. E. Shope (éd.), *Virology* (Raven, New York, 1985), 1519-1557. Mon premier souvenir du problème avec Gajdusek remonte à 1982, lorsqu'il a donné les prestigieuses conférences Hitchcock à l'UC Berkeley. Un après-midi, Robley Williams me téléphona. « Stan, dit-il, est-ce que tu as déjà rencontré un homme qui n'a jamais besoin d'oxygène ? J'ai eu Carleton Gajdusek dans mon bureau pendant deux heures et il n'a fait qu'expirer. Il ne s'est pas arrêté une seule fois pour reprendre sa

respiration. » Gajdusek lui avait fait une dissertation sur mon travail, affirmant que c'était le sien et l'avait, selon Robley, pour une bonne part mal interprété.

4. R. G. Rohwer et D. C. Gajdusek, « Scrapie-virus or viroid : The case for a virus », dans A. Boese (éd.), *Search for the Cause of Multiple Sclerosis and Other Chronic Diseases of the Central Nervous System* (Verlag Chemie, Weinheim, 1980), 333-355.
5. I. Klatzo, D. C. Gajdusek et V. Zigas, « Pathology of kuru », *Lab. Invest.*, 8 : 799-847 (1959).
6. Ephraim était aussi un héros israélien. En travaillant dans la Haganah (organisation clandestine de défense israélienne), Ephraim et son frère aîné Aharon ont mis au point des explosifs qui ont été utilisés pendant la guerre d'indépendance en 1948. Plus tard, il a été le directeur scientifique du ministère de la Défense israélien. Homme modeste, Ephraim est devenu un homme public quand la Premier ministre Golda Meir lui a demandé de se présenter aux élections pour la présidence d'Israël à l'automne 1973. Le premier choix de Golda Meir, son frère Aharon, avait été tué par des terroristes japonais qui avaient mitraillé des passagers venant récupérer leurs bagages à l'aéroport de Lod de Tel-Aviv le 30 mai 1972.

CHAPITRE 15
La vache folle et d'autres souches de prion

1. R. G. Will, J. W. Ironside, M. Zeidler, S. N. Cousens, K. Estibeiro, A. Alperovitch, S. Poser, M. Pocchiari, A. Hofman et P. G. Smith, « A new variant of Creutzfeldt-Jakob disease in the UK », *The Lancet*, 347 : 921-925 (1996).
2. R. M. Anderson, C. A. Donnelly, N. M. Ferguson, M. E. J. Wool house, C. J. Watt, H. J. Udy, S. MaWhinney, S. P. Dunstan, T. R. E. Southwood, J. W. Wilesmith, J. B. M. Ryan, L. J. Hoinville, J. E. Hillerton, A. R. Austin et G. A. H. Wells, « Transmission dynamics and epidemiology of BSE in British cattle », *Nature*, 382 : 779-788 (1996).
3. G. A. H. Wells, A. C. Scott, C. T. Johnson, R. F. Gunning, R. D. Hancock, M. Jeffrey, M. Dawson et R. Bradley, « A novel progressive spongiform encephalopathy in cattle », *Vet. Rec.*, 121 : 419-420 (1987).
4. J. Hope, L. J. D. Reekie, N. Hunter, G. Multhaup, K. Beyreuther, H. White, A. C. Scott, M. J. Stack, M. Dawson et G. A. H. Wells, « Fibrils from brains of cows with new cattle disease contain scrapie-associated protein », *Nature*, 336 : 390-392 (1988).
5. Les trois autres membres étaient John Walton, neurologue de l'Université de Newcastle, Anthony Epstein, virologue retraité de l'Université de Bristol, et William Martin, vétérinaire scientifique et directeur du Moredun Institute of Animal Diseases à Édimbourg. (Certains représentants de l'agriculture pensaient que Richard Kimberlin devait faire partie du comité, mais d'autres estimèrent que son rejet des prions le discréditait ; finalement, on eut souvent recours à lui en tant que consultant.)
6. J. W. Wilesmith, J. B. M. Ryan et M. J. Atkinson, « Bovine spongiform encephalopathy : Epidemiologic studies on the origin », *Vet. Rec.*, 128 : 199-203 (1991).
7. C. J. Gibbs Jr., D. C. Gajdusek et R. Latarjet, « Unusual resistance to ionizing radiation of the viruses of kuru, Creutzfeld-Jakob disease et scrapie », *Proc. Nat. Acad. Sci.*, 75 : 6268-6270 (1978).
8. J. M. Bockman, D. T. Kingsbury, M. P. McKinley, P. E. Bendheim et S. B. Prusiner, « Creutzfeldt-Jakob disease prion proteins in human brains », *N. Engl. J. Med.*, 312 : 73-78 (1985).

9. T. K. Koch, B. O. Berg, S. J. DeArmond et R. F. Gravina, « Creutzfeldt-Jakob disease in a young adult with idiopathic hypopituitarism. Possible relation to the administration of cadaveric human growth hormone », *N. Engl. J. Med.*, 313 : 731-733 (1985).
10. I. H. Pattison et G. C. Millson, « Scrapie produced experimentally in goats with special reference to the clinical syndrome », *J. Comp. Pathol.*, 71 : 101-108 (1961).
11. S. B. Prusiner, « Molecular biology of prion diseases », *Science* [New Series], 252 : 1515-1522 (1991).
12. R. F. Marsh, R. A. Bessen, S. Lehmann et G. R. Hartsough, « Epidemiological et experimental studies on a new incident of transmissible mink encephalopathy », *J. Gen. Virol.*, 72 : 589-594 (1991).
13. R. A. Bessen et R. F. Marsh, « Identification of two biologically distinct strains of transmissible mink encephalopathy in hamsters », *J. Gen. Virol.*, 73 : 329-334 (1992).
14. G. C. Telling, P. Parchi, S. J. DeArmond, P. Cortelli, P. Montagna, R. Gabizon, J. Mastrianni, E. Lugaresi, P. Gambetti et S. B. Prusiner, « Evidence for the conformation of the pathologic isoform of the prion protein enciphering and propagating prion diversity », *Science*, 274 : 2079-2082 (1996).
15. J. A. Mastrianni, R. Nixon, R. Layzer, G. C. Telling, D. Han, S. J. DeArmond et S. B. Prusiner, « Prion protein conformation in a patient with sporadic fatal insomnia », *N. Engl. J. Med.*, 340 : 1630-1638 (1999).
16. J. G. Safar, S. J. DeArmond, K. Kociuba, C. Deering, S. Didorenko, E. Bouzamondo-Bernstein, S. B. Prusiner et P. Tremblay, « Prion clearance in bigenic mice », *J. Gen. Virol.*, 86 : 2913-2923 (2005).
17. R. Setlow et B. Doyle, « The action of monochromatic ultraviolet light on proteins », *Biochim. Biophys. Acta*, 24 : 27-41 (1957) ; R. B. Setlow, « Shedding light on proteins, nucleic acids, cells, humans, and fish », *Mutat. Res.*, 511 : 1-14 (2002).
18. D. W. Colby et S. B. Prusiner, « *De novo* generation of prions », *Nat. Rev. Microbiol.*, 9 : 771-777 (2011).

CHAPITRE 16
Stockholm

1. En 2013, Tom Südhof a reçu à la fois le prix Lasker et le prix Nobel ; le seul autre exemple a été Marshall Nirenberg en 1968.
2. P. Tremblay, Z. Meiner, M. Galou, C. Heinrich, C. Petromilli, T. Lisse, J. Cayetano, M. Torchia, W. Mobley, H. Bujard, S. J. DeArmond et S. B. Prusiner, « Doxycyline control of prion protein transgene expression modulates prion disease in mice », *Proc. Natl. Acad. Sci. USA*, 95 : 12580-12585 (1998).
3. J. S. Griffith, « Nature of the scrapie agent : Self-replication and scrapie », *Nature*, 215 : 1043-1044 (1967).
4. R. Rhodes, « Pathological science », *New Yorker*, 1er décembre 1997, 54-59.
5. G. Taubes, « Nobel gas », *Slate*, 11 octobre 1997, http ://www.slate.com/articles/news_and_politics/hey_wait_a_minute/1997/10/nobel_gas.html.
6. J. C. Venter, *A Life Decoded : My Genome : My Life* (Penguin, New York, 2007).
7. D. Fo, « Against jesters who defame and insult (Les Prix Nobel Lecture) », dans T. Frangsmyr (éd.), *Les Prix Nobel* (Almqvist et Wiksell International, Stockholm, 1997), 381-406.

CHAPITRE 17

Le troisième jugement de Paris

1. M. Jucker et Y. Christen (éd.), *Proteopathic Seeds and Neurodegenerative Diseases* (Springer-Verlag, Heidelberg, 2013).
2. S. B. Prusiner, « Scrapie prions », *Annu. Rev. Microbiol.*, 43 : 345-374 (1989) ; S. B. Prusiner, « A unifying role for prions in neurodegenerative diseases », *Science*, 336 : 1511-1513 (2012) ; S. B. Prusiner, « Biology and gene tics of prions causing neurodegeneration », *Annu. Rev. Genet.*, 47 : 601-623 (2013).
3. S. B. Prusiner, « Shattuck Lecture-Neurodegenerative diseases and prions », *N. Engl. J. Med.*, 344 : 1516-1526 (2001).
4. S. B. Prusiner, « Biology and genetics of prions causing neurodegeneration », *Annu. Rev. Genet.*, 47 : 601-623 (2013).
5. Parmi les suggestions faites pour expliquer la neurodégénérescence à révélation tardive, il y a des mutations de l'ADN mitochondrial dues à l'âge, des modifications de l'ADN, des lipides, et/ou des protéines par le métabolisme oxydant, un dysfonctionnement des protéasomes et/ou des lysosomes, une immunité innée altérée, des toxines exogènes comme l'alcool ou la drogue, un état concomitant comme l'athérosclérose, des mutations somatiques, des différences entre ARN et ADN, un dysfonctionnement des chaperons et une haplo-insuffisance. [S. B. Prusiner, « Biology and genetics of prions causing neurodegeneration », *Annu. Rev. Genet.*, 47 : 601-623 (2013).]
6. R. W. Mahley, K. H. Weisgraber et Y. Huang, « Apolipoprotein E4 : A causative factor and therapeutic target in neuropathology, including Alzheimer's disease », *Proc. Natl. Acad. Sci. USA*, 103 : 5644-5651 (2006).
7. J. M. Lee, E. M. Ramos, J. H. Lee, T. Gillis, J. S. Mysore, M. R. Hayden, S. C. Warby, P. Morrison, M. Nance, C. A. Ross, R. L. Margolis, F. Squitieri, S. Orobello, S. Di Donato, E. Gomez-Tortosa, C. Ayuso, O. Suchowersky, R. J. Trent, E. McCusker, A. Novelletto, M. Frontali, R. Jones, T. Ashizawa, S. Frank, M. H. Saint-Hilaire, S. M. Hersch, H. D. Rosas, D. Lucente, M. B. Harrison, A. Zanko, R. K. Abramson, K. Marder, J. Sequeiros, J. S. Paulsen, G. B. Landwehrmeyer, R. H. Myers, M. E. Macdonald et J. F. Gusella, « CAG repeat expansion in Huntington disease determines age at onset in a fully dominant fashion », *Neurology*, 78 : 690-695 (2012).
8. P. H. Ren, J. E. Lauckner, I. Kachirskaia, J. E. Heuser, R. Melki et R. R. Kopito, « Cytoplasmic penetration and persistent infection of mammalian cells by polyglutamine aggregates », *Nat. Cell Biol.*, 11 : 219-225 (2009).
9. H. Braak, E. Braak, D. Yilmazer, R. A. de Vos, E. N. Jansen et J. Bohl, « Pattern of brain destruction in Parkinson's and Alzheimer's diseases », *J. Neural Transm.*, 103 : 455-590 (1996).
10. W. W. Seeley, R. K. Crawford, J. Zhou, B. L. Miller et M. D. Greicius, « Neurodegenerative diseases target large-scale human brain networks », *Neuron*, 62 : 42-52 (2009).
11. A. de Calignon, M. Polydoro, M. Suarez-Calvet, C. William, D. H. Adamowicz, K. J. Kopeikina, R. Pitstick, N. Sahara, K. H. Ashe, G. A. Carlson, T. L. Spires-Jones et B. T. Hyman, « Propagation of tau pathology in a model of early Alzheimer's disease », *Neuron*, 73 : 685-697 (2012) ; L. Liu, V. Drouet, J. W. Wu, M. P. Witter, S. A. Small, C. Clelland et K. Duff, « Trans-synaptic spread of tau pathology *in vivo* », *PLoS ONE*, 7 : e31302 (2012).

12. R. B. Wickner, « [URE3] as an altered URE2 protein : Evidence for a prion analog in *Saccharomyces cerevisiae* », *Science*, 264 : 566-569 (1994).
13. R. M. Ridley, H. F. Baker, C. P. Windle et R. M. Cummings, « Very long term studies of the seeding of beta-amyloidosis in primates », *J. Neural Transm.*, 113 : 1243-1251 (2006).
14. M. Meyer-Luehmann, J. Coomaraswamy, T. Bolmont, S. Kaeser, C. Schaefer, E. Kilger, A. Neuenschwander, D. Abramowski, P. Frey, A. L. Jaton, J. M. Vigouret, P. Paganetti, D. M. Walsh, P. M. Mathews, J. Ghiso, M. Staufenbiel, L. C. Walker et M. Jucker, « Exogenous induction of cerebral beta-amyloidogenesis is governed by agent and host », *Science*, 313 : 1781-1784 (2006) ; Y. S. Eisele, T. Bolmont, M. Heikenwalder, F. Langer, L. H. Jacobson, Z. X. Yan, K. Roth, A. Aguzzi, M. Staufenbiel, L. C. Walker et M. Jucker, « Induction of cerebral β-amyloidosis : Intracerebral versus systemic Aβ inoculation », *Proc. Natl. Acad. Sci. USA*, 106 : 12926-12931 (2009) ; R. F. Rosen, J. J. Fritz, J. Dooyema, A. F. Cintron, T. Hamaguchi, J. J. Lah, H. Levine 3rd, M. Jucker et L. C. Walker, « Exogenous seeding of cerebral beta-amyloid deposition in betaAPP-transgenic rats », *J. Neurochem.*, 120 : 660-666 (2012) ; R. Morales, C. Duran-Aniotz, J. Castilla, L. D. Estrada et C. Soto, « *De novo* induction of amyloid-β deposition *in vivo* », *Mol. Psychiatry*, 1347-1353 (2012).
15. G. Tamgüney, K. P. Francis, K. Giles, A. Lemus, S. J. DeArmond et S. B. Prusiner, « Measuring prions by bioluminescence imaging », *Proc. Natl. Acad. Sci. USA*, 106 : 15002-15006 (2009).
16. J. C. Watts, K. Giles, S. K. Grillo, A. Lemus, S. J. DeArmond et S. B. Prusiner, « Bioluminescence imaging of Abeta deposition in bigenic mouse models of Alzheimer's disease », *Proc. Natl. Acad. Sci. USA*, 108 : 2528-2533 (2011).
17. G. Tamguney, K. P. Francis, K. Giles, A. Lemus, S. J. DeArmond et S. B. Prusiner, « Measuring prions by bioluminescence imaging », *Proc. Natl. Acad. Sci. USA*, 106 : 15002-15006 (2009).
18. J. C. Watts, K. Giles, S. K. Grillo, A. Lemus, S. J. DeArmond et S. B. Prusiner, « Bioluminescence imaging of Abeta deposition in bigenic mouse models of Alzheimer's disease », *Proc. Natl. Acad. Sci. USA*, 108 : 2528-2533 (2011) ; J. Stöhr, J. C. Watts, Z. L. Mensinger, A. Oehler, S. K. Grillo, S. J. DeArmond, S. B.Prusiner et K. Giles, « Purified and synthetic Alzheimer's amyloid beta (Aβ) prions », *Proc. Natl. Acad. Sci. USA*, 109 : 11025-11030 (2012).
19. J. C. Watts, K. Giles, A. Oehler, L. T. Middleton, D. T. Dexter, S. M. Gentleman, S. J. DeArmond et S. B. Prusiner, « Transmission of multiple systems atrophy prions to transgenic mice », *Proc. Natl. Acad. Sci. USA*, 110 : 19555-19560 (2013).
20. D. W. Colby, K. Giles, G. Legname, H. Wille, I. V. Baskakov, S. J. DeArmond et S. B. Prusiner, « Design and construction of diverse mammalian prior strains », *Proc. Natl. Acad. Sci. USA*, 106 : 20417-20422 (2009).
21. J. Stöhr, J. C. Watts, Z. L. Mensinger, A. Oehler, S. K. Grillo, S. J. DeArmond, S. B. Prusiner et K. Giles, « Purified and synthetic Alzheimer's amyloid beta (Aβ) prions », *Proc. Natl. Acad. Sci. USA*, 109 : 11025-11030 (2012).
22. F. Clavaguera, T. Bolmont, R. A. Crowther, D. Abramowski, S. Frank, A. Probst, G. Fraser, A. K. Stalder, M. Beibel, M. Staufenbiel, M. Jucker, M. Goedert et M. Tolnay, « Transmission and spreading of tauopathy in transgenic mouse brain », *Nat. Cell Biol.*, 11 : 909-913 (2009).
23. B. Frost, R. L. Jacks et M. I. Diamond, « Propagation of tau misfolding from the outside to the inside of a cell », *J. Biol. Chem.*, 284 : 12845-12852 (2009) ; J. L. Guo et V. M.-Y. Lee, « Seeding of normal tau by pathological tau conformers drives pathogenesis of Alzheimer-like tangles », *J. Biol. Chem.*, 286 : 15317-15331 (2011).

24. K. Kaneko, H. L. Ball, H. Wille, H. Zhang, S. Groth, M. Torchia, P. Tremblay. J. Safar. S. B. Prusiner, S. J. DeArmond, M. A. Baldwin et F. E. Cohen, « A synthetic peptide initiates Gerstmann-Sträussler-Scheinker (SGSS) disease in transgenic mice », *J. Mol. Biol.*, 295 : 997-1007 (2000).
25. K. E. Nazor, F. Kuhn, T. Seward, M. Green, D. Zwald, M. Purro, J. Schmidt, K. Biffiger, A. M. Power, B. Oesch, A. J. Raeber et G. C. Telling, « Immunodetection of disease-associated mutant PrP, which accelerates disease in SGSS transgenic mice », *EMBO J.*, 24 : 2472-2480 (2005).
26. P. Tremblay, H. L. Ball, K. Kaneko, D. Groth, R. S. Hedge, F. E. Cohen, S. J. DeArmond, S. B. Prusiner et J. G. Safar, « Mutant PrP^{Sc} conformers induced by a synthetic peptide and several prion strains », *J. Virol.*, 78 : 2088-2099 (2004).
27. I. V. Baskakov, G. Legname, M. A. Baldwin, S. B. Prusiner et F. E. Cohen, « Pathway complexity of prion protein assembly into amyloid », *J. Biol. Chem.*, 277 : 21140-21148 (2002).
28. G. Legname, I. V. Baskakov, H.-O. B. Nguyen, D. Riesner, F. E. Cohen, S. J. DeArmond et S. B. Prusiner, « Strain-specified characteristics of mouse synthetic prions », *Proc. Natl. Acad. Sci. USA*, 102 : 2168-2173 (2005).
29. G. Legname, H.-O. B. Nguyen, D. Peretz, F. E. Cohen, S. J. DeArmond et S. B. Prusiner, « Continuum of prion protein structures enciphers a multitude of prion isolate-specified phenotypes », *Proc. Natl. Acad. Sci. USA*, 103 : 19105-19110 (2006).
30. D. W. Colby, K. Giles, G. Legname, H. Wille, I. V. Baskakov, S. J. DeArmond et S. B. Prusiner, « Design and construction of diverse mammalian prior strains », *Proc. Natl. Acad. Sci. USA*, 106 : 20417-20422 (2009).
31. J. Stöhr, J. C. Watts, G. L. Legname, A. Oehler, A. Lemus, H.-O. Nguyen, J. Sussman, H. Wille, S. J. DeArmond, S. B. Prusiner et K. Giles, « Spontaneous generation of anchorless prions in transgenic mice », *Proc. Natl. Acad. Sci. USA*, 108 : 21223-21228 (2011).
32. J. C. Watts, K. Giles, J. Stöhr, A. Oehler, S. Bhardwaj, K. S. Grillo, S. Patel, J. S. J. DeArmond et S. B. Prusiner, « Spontaneous generation of rapidly transmissible prions in transgenic mice expressing wild-type bank vole prion protein », *Proc. Natl. Acad. Sci. USA*, 109 : 3498-3503 (2012).
33. J. Stöhr, J. C. Watts, Z. L. Mensinger, A. Oehler, S. K. Grillo, S. J. DeArmond, S. B. Prusiner et K. Giles, « Purified and synthetic Alzheimer's amyloid beta (Aβ) prions », *Proc. Natl. Acad. Sci. USA*, 109 : 11025-11030 (2012).
34. M. Hutton, C. L. Lendon, P. Rizzu, M. Baker, S. Froelich, H. Houlden, S. Pickering-Brown, S. Chakraverty, A. Isaacs, A. Grover, J. Hackett, J. Adamson, S. Lincoln, D. Dickson, P. Davies, R. C. Petersen, M. Stevens, E. de Graaff , E. Wauters, J. van Baren, M. Hillebrand, M. Joosse, J. M. Kwon, P. Nowotny, L. K. Che, J. Norton, J. C. Morris, L. A. Reed, J. Trojanowski, H. Basun, L. Lannfelt, M. Neystat, S. Fahn, F. Dark, T. Tannenberg, P. R. Dodd, N. Hayward, J. B. J. Kwok, P. R. Schofield, A. Andreadis, J. Snowden, D. Craufurd, D. Neary, F. Owen, B. A. Oostra, J. Hardy, A. Goate, J. van Swieten, D. Mann, T. Lynch et P. Heutink, « Association of missense and 5'-splice-site mutations in tau with the inherited dementia FTDP-17 », *Nature*, 393 : 702-705 (1998).
35. K. Rascovsky, J. R. Hodges, D. Knopman, M. F. Mendez, J. H. Kramer, J. Neuhaus, J. C. van Swieten, H. Seelaar, E. G. Dopper, C. U. Onyike, A. E. Hillis, K. A. Josephs, B. F. Boeve, A. Kertesz, W. W. Seeley, K. P. Rankin, J. K. Johnson, M. L. Gorno-Tempini, H. Rosen, C. E. Prioleau-Latham, A. Lee, C. M. Kipps, P. Lillo, O. Piguet, J. D. Rohrer, M. N. Rossor, J. D. Warren, N. C. Fox, D. Galasko, D. P. Salmon, S. E. Black, M. Mesulam, S. Weintraub, B. C. Dickerson, J. Diehl-Schmid,

F. Pasquier, V. Deramecourt, F. Lebert, Y. Pijnenburg, T. W. Chow, F. Manes, J. Grafman, S. F. Cappa, M. Freedman, M. Grossman et B. L. Miller, « Sensitivity of revised diagnostic criteria for the behavioural variant of frontotemporal dementia », *Brain*, 134 : 2456-2477 (2011).
36. B. I. Omalu, S. T. DeKosky, R. L. Minster, M. I. Kamboh, R. L. Hamilton et C. H. Wecht, « Chronic traumatic encephalopathy in a National Football League player », *Neurosurgery*, 57 : 128-134 (2005) ; L. N. Hazrati, M. C. Tartaglia, P. Diamandis, K. D. Davis, R. E. Green, R. Wennberg, J. C. Wong, L. Ezerins et C. H. Tator, « Absence of chronic traumatic encephalopathy in retired football players with multiple concussions and neurological symptomatology », *Front. Hum. Neurosci.*, 7 : 222 (2013).
37. A. C. McKee, R. C. Cantu, C. J. Nowinski, E. T. Hedley-Whyte, B. E. Gavett, A. E. Budson, V. E. Santini, H. S. Lee, C. A. Kubilus et R. A. Stern, « Chronic traumatic encephalopathy in athletes : Progressive tauopathy after repetitive head injury », *J. Neuropathol. Exp. Neurol.*, 68 : 709-735 (2009).
38. B. Omalu, J. L. Hammers, J. Bailes, R. L. Hamilton, M. I. Kamboh, G. Webster et R. P. Fitzsimmons, « Chronic traumatic encephalopathy in an Iraqi war veteran with posttraumatic stress disorder who committed suicide », *Neurosurg. Focus*, 31 : E3 (2011).
39. A. C. McKee, T. D. Stein, C. J. Nowinski, R. A. Stern, D. H. Daneshvar, V. E. Alvarez, H. S. Lee, G. Hall, S. M. Wojtowicz, C. M. Baugh, D. O. Riley, C. A. Kubilus, K. A. Cormier, M. A. Jacobs, B. R. Martin, C. R. Abraham, T. Ikezu, R. R. Reichard, B. L. Wolozin, A. E. Budson, L. E. Goldstein, N. W. Kowall et R. C. Cantu, « The spectrum of disease in chronic traumatic encephalopathy », *Brain*, 136 : 43-64 (2013).
40. C. W. Hoge, D. McGurk, J. L. Thomas, A. L. Cox, C. C. Engel et C. A. Castro, « Mild traumatic brain injury in U.S. soldiers returning from Iraq », *N. Engl. J. Med.*, 358 : 453-463 (2008).
41. M. Haiken, « Suicide rate among vets and active duty military jumps-now 22 a day », *Forbes*, 5 février 2013.
42. H. Braak et E. Braak, « Staging of Alzheimer's disease-related neurofibrillary changes », *Neurobiol. Aging*, 16 : 271-284 (1995) ; M. P. Lambert, A. K. Barlow, B. A. Chromy, C. Edwards, R. Freed, M. Liosatos, T. E. Morgan, I. Rozovsky, B. Trommer, K. L. Viola, P. Wals, C. Zhang, C. E. Finch, G. A. Krafft et W. L. Klein, « Diffusible, nonfibrillar ligands derived from A 1-42 are potent central nervous system neurotoxins », *Proc. Natl. Acad. Sci. USA*, 95 : 6448-6453 (1998) ; M. Rapoport, H. N. Dawson, L. I. Binder, M. P. Vitek et A. Ferreira, « Tau is essential to beta-amyloid-induced neurotoxicity », *Proc. Natl. Acad. Sci. USA*, 99 : 6364-6369 (2002).
43. K. Hsiao, S. Dlouhy, M. R. Farlow, C. Cass, M. Da Costa, M. Conneally, M. E. Hodes, B. Ghetti et S. B. Prusiner, « Mutant prion proteins in Gerstmann-Straussler-Scheinker disease with neurofibrillary tangles », *Nat. Genet.*, 1 : 68-71 (1992) ; S. Mead, S. Gandhi, J. Beck, D. Caine, D. Gallujipali, C. Carswell, H. Hyare, S. Joiner, H. Ayling, T. Lashley, J. M. Linehan, H. Al-Doujaily, B. Sharps, T. Revesz, M. K. Sandberg, M. M. Reilly, M. Koltzenburg, A. Forbes, P. Rudge, S. Brandner, J. D. Warren, J. D. Wadsworth, N. W. Wood, J. L. Holton et J. Collinge, « A novel prion disease associated with diarrhea and autonomic neuropathy », *N. Engl. J. Med.*, 369 : 1904-1914 (2013).
44. W. W. Seeley, R. K. Crawford, J. Zhou, B. L. Miller et M. D. Greicius, « Neurodegenerative diseases target large-scale human brain networks », *Neuron*, 62 : 42-52 (2009).

45. J. C. Steele, J. C. Richardson et J. Olszewski, « Progressive supranuclear palsy : A heterogeneous degeneration involving the brain stem, basal ganglia and cerebellum with vertical gaze and pseudobulbar palsy, nuchal dystonia and dementia », *Arch. Neurol.*, 10 : 333-359 (1964).
46. R. Rademakers, M. Neumann et I. R. Mackenzie, « Advances in understanding the molecular basis of frontotemporal dementia », *Nat. Rev. Neurol.*, 8 : 423-434 (2012).
47. O. D. King, A. D. Gitler et J. Shorter, « The tip of the iceberg : RNA-binding proteins with prion-like domains in neurodegenerative disease », *Brain Res.*, 1462 : 61-80 (2012).
48. R. Rademakers, M. Baker, J. Gass, J. Adamson, E. D. Huey, P. Momeni, S. Spina, G. Coppola, A. M. Karydas, H. Stewart, N. Johnson, G. Y. Hsiung, B. Kelley, K. Kuntz, E. Steinbart, E. M. Wood, C. E. Yu, K. Josephs, E. Sorenson, K. B. Womack, S. Weintraub, S. M. Pickering- Brown, P. R. Schofi eld, W. S. Brooks, V. M. Van Deerlin, J. Snowden, C. M. Clark, A. Kertesz, K. Boylan, B. Ghetti, D. Neary, G. D. Schellenberg, T. G. Beach, M. Mesulam, D. Mann, J. Grafman, I. R. Mackenzie, H. Feldman, T. Bird, R. Petersen, D. Knopman, B. Boeve, D. H. Geschwind, B. Miller, Z. Wszolek, C. Lippa, E. H. Bigio, D. Dickson, N. Graff- Radford et M. Hutton, « Phenotypic variability associated with progranulin haploinsufficiency in patients with the common 1477C → T (Arg493X) mutation : An international initiative », *The Lancet Neurol.*, 6 : 857-868 (2007).
49. E. Majounie, A. E. Renton, K. Mok, E. G. Dopper, A. Waite, S. Rollinson, A. Chio, G. Restagno, N. Nicolaou, J. Simon- Sanchez, J. C. van Swieten, Y. Abramzon, J. O. Johnson, M. Sendtner, R. Pamphlett, R. W. Orrell, S. Mead, K. C. Sidle, H. Houlden, J. D. Rohrer, K. E. Morrison, H. Pall, K. Talbot, O. Ansorge, D. G. Hernandez, S. Arepalli, M. Sabatelli, G. Mora, M. Corbo, F. Giannini, A. Calvo, E. Englund, G. Borghero, G. L. Floris, A. M. Remes, H. Laaksovirta, L. McCluskey, J. Q. Trojanowski, V. M. Van Deerlin, G. D. Schellenberg, M. A. Nalls, V. E. Drory, C. S. Lu, T. H. Yeh, H. Ishiura, Y. Takahashi, S. Tsuji, I. Le Ber, A. Brice, C. Drepper, N. Williams, J. Kirby, P. Shaw, J. Hardy, P. J. Tienari, P. Heutink, H. R. Morris, S. Pickering-Brown et B. J. Traynor, « Frequency of the *C9orf72* hexanucleotide repeat expansion in patients with amyotrophic lateral sclerosis and frontotemporal dementia : A cross-sectional study », *The Lancet Neurol.*, 11 : 323-330 (2012).
50. K. Mori, S. M. Weng, T. Arzberger, S. May, K. Rentzsch, E. Kremmer, B. Schmid, H. A. Kretzschmar, M. Cruts, C. Van Broeckhoven, C. Haass, and D. Edbauer, « The *C9orf72* GGGGCC repeat is translated into aggregating dipeptide-repeat proteins in FTLD/ALS », *Science*, 339 : 1335-1338 (2013).
51. Les corps de Lewy ont été décrits en premier en 1912 par le neurologue Frederic Lewy après examen du cerveau de vingt-cinq patients qui étaient décédés de la maladie de Parkinson. À l'époque, Lewy dirigeait le laboratoire de neuropsychiatrie sous la direction d'Alois Alzheimer à l'école de médecine de l'Université de Breslau. En 1932, Lewy fut nommé directeur de la clinique et de l'institut de recherche en neurologie à Berlin, mais il fut renvoyé par les nazis le 1er juillet 1933. Après un court séjour en Angleterre, il a émigré aux États-Unis et obtenu un emploi dans le département de neurochirurgie de l'Université de Pennsylvanie, où il a travaillé jusqu'à sa mort en 1950 à l'âge de soixante-cinq ans ; B. Holdorff, « Friedrich Heinrich Lewy (1885-1950) and his work », *J. Hist. Neurosci.*, 11 : 19-28 (2002).
52. J. Y. Li, E. Englund, J. L. Holton, D. Soulet, P. Hagell, A. J. Lees, T. Lashley, N. P. Quinn, S. Rehncrona, A. Bjorklund, H. Widner, T. Revesz, O. Lindvall et P. Brundin, « Lewy bodies in grafted neurons in subjects with Parkinson's disease suggest host-to-graft disease propagation », *Nat. Med.*, 14 : 501-503 (2008).

53. J. H. Kordower, Y. Chu, R. A. Hauser, T. B. Freeman et C. W. Olanow, « Lewy body-like pathology in long-term embryonic nigral transplants in Parkinson's disease », *Nat. Med.*, 14 : 504-506 (2008).
54. M. H. Polymeropoulos, C. Lavedan, E. Leroy, S. E. Ide, A. Dehejia, A. Dutra, B. Pike, H. Root, J. Rubenstein, R. Boyer, E. S. Stenroos, S. Chandrasekharappa, A. Athanassiadou, T. Papapetropoulos, W. G. Johnson, A. M. Lazzarini, R. C. Duvoisin, G. Di Iorio, L. I. Golbe et R. L. Nussbaum, « Mutation in the α-synuclein gene identified in families with Parkinson's disease », *Science*, 276 : 2045-2047 (1997) ; M. G. Spillantini, M. L. Schmidt, V. M.-Y. Lee, J. Q. Trojanowski, R. Jakes et M. Goedert, « α-Synuclein in Lewy bodies », *Nature*, 388 : 839-840 (1997).
55. C. W. Olanow et S. B. Prusiner, « Is Parkinson's disease a prion disorder ? », *Proc. Natl. Acad. Sci. USA*, 106 : 12571-12572 (2009).
56. H. Braak, K. Del Tredici, U. Rub, R. A. de Vos, E. N. Jansen Steur et E. Braak, « Staging of brain pathology related to sporadic Parkinson's disease », *Neurobiol. Aging*, 24 : 197-211 (2003).
57. A.-L. Mougenot, S. Nicot, A. Bencsik, E. Morignat, J. Verchere, L. Lakhdar, S. Legastelois et T. Baron, « Prion-like acceleration of a synucleinopathy in a transgenic mouse model », *Neurobiol. Aging*, 33 : 2225-2228 (2012).
58. L. A. Volpicelli-Daley, K. C. Luk, T. P. Patel, S. A. Tanik, D. M. Riddle, A. Stieber, D. F. Meaney, J. Q. Trojanowski et V. M. Lee, « Exogenous alpha-synuclein fibrils induce Lewy body pathology leading to synaptic dysfunction and neuron death », *Neuron*, 72 : 57-71 (2011) ; K. C. Luk, V. M. Kehm, B. Zhang, P. O'Brien, J. Q. Trojanowski et V. M Y. Lee, « Intracerebral inoculation of pathological α-synuclein initiates a rapidly progressive neurodegenerative α-synucleinopathy in mice », *J. Exp. Med.*, 209 : 975-986 (2012).
59. K. C. Luk, V. Kehm, J. Carroll, B. Zhang, P. O'Brien, J. Q. Trojanowski et V. M. Lee, « Pathological alpha-synuclein transmission initiates Parkinsonlike neurodegeneration in nontransgenic mice », *Science*, 338 : 949-953 (2012) ; M. Masuda-Suzukake, T. Nonaka, M. Hosokawa, T. Oikawa, T. Arai, H. Akiyama, D. M. Mann et M. Hasegawa, « Prion-like spreading of pathological alphasynuclein in brain », *Brain*, 136 : 1128-1138 (2013).
60. J. C. Watts, K. Giles, A. Oehler, L. T. Middleton, D. T. Dexter, S. M. Gentleman, S. J. DeArmond et S. B. Prusiner, « Transmission of multiple system atrophy prions to transgenic mice », *Proc. Natl. Acad. Sci. USA*, 110 : 19555-19560 (2013).
61. C. Munch, J. O'Brien et A. Bertolotti, « Prion-like propagation of mutant superoxide dismutase-1 misfolding in neuronal cells », *Proc. Natl. Acad. Sci. USA*, 108 : 3548-3553 (2011) ; L. I. Grad, W. C. Guest, A. Yanai, E. Pokrishevsky, M. A. O'Neill, E. Gibbs, V. Semenchenko, M. Yousefi, D. S. Wishart, S. S. Plotkin et N. R. Cashman, « Intermolecular transmission of superoxide dismutase 1 misfolding in living cells », *Proc. Natl. Acad. Sci. USA*, 108 : 16398-16403 (2011).
62. K. Si, Y. B. Choi, E. White-Grindley, A. Majumdar et E. R. Kandel, « Aplysia CPEB can form prion-like multimers in sensory neurons that contribute to long-term facilitation », *Cell*, 140 : 421-435 (2010).
63. N. Gilks, N. Kedersha, M. Ayodele, L. Shen, G. Stoecklin, L. M. Dember et P. Anderson, « Stress granule assembly is mediated by prion-like aggregation of TIA-1 », *Mol. Biol. Cell.*, 15 : 5383-5398 (2004) ; F. Hou, L. Sun, H. Zheng, B. Skaug, Q. X. Jiang et Z. J. Chen, « MAVS forms functional prionlike aggregates to activate and propagate antiviral innate immune response », *Cell*, 146 : 448-461 (2011).

64. M. Jucker et L. C. Walker, « Self-propagation of pathogenic protein aggregates in neurodegenerative diseases », *Nature*, 501 : 45-51 (2013) ; S. B. Prusiner, « Biology and genetics of prions causing neurodegeneration », *Annu. Rev. Genet.*, 47 : 601-623 (2013).
65. S. B. Prusiner, M. Scott, D. Foster, K.-M. Pan, D. Groth, C. Mirenda, M. Torchia, S.-L. Yang, D. Serban, G. A. Carlson, P. C. Hoppe, D. Westaway et S. J. DeArmond, « Transgenetic studies implicate interactions between homologous PrP isoforms in scrapie prion replication », *Cell*, 63 : 673-686 (1990).
66. L. F. Lue, Y. M. Kuo, A. E. Roher, L. Brachova, Y. Shen, L. Sue, T. Beach, J. H. Kurth, R. E. Rydel et J. Rogers, « Soluble amyloid beta peptide concentration as a predictor of synaptic change in Alzheimer's disease », *Am. J. Pathol.*, 155 : 853-862 (1999) ; C. A. McLean, R. A. Cherny, F. W. Fraser, S. J. Fuller, M. J. Smith, K. Beyreuther, A. I. Bush et C. L. Masters, « Soluble pool of Abeta amyloid as a determinant of severity of neurodegeneration in Alzheimer's disease », *Ann. Neurol.*, 46 : 860-866 (1999).
67. W. Zhang, J. Hao, R. Liu, Z. Zhang, G. Lei, C. Su, J. Miao et Z. Li, « Soluble Abeta levels correlate with cognitive deficits in the 12-month-old APPswe/PS1dE9 mouse model of Alzheimer's disease », *Behav. Brain Res.*, 222 : 342-350 (2011) ; J. Stöhr, J. C. Watts, Z. L. Mensinger, A. Oehler, S. K. Grillo, S. J. DeArmond, S. B.Prusiner et K. Giles, « Purified and synthetic Alzheimer's amyloid beta (Aβ) prions », *Proc. Natl. Acad. Sci. USA*, 109 : 11025-11030 (2012).
68. S. Nath, L. Agholme, F. R. Kurudenkandy, B. Granseth, J. Marcusson et M. Hallbeck, « Spreading of neurodegenerative pathology *via* neuron-to neuron transmission of beta-amyloid », *J. Neurosci.*, 32 : 8767-8777 (2012).
69. Y. Kawasaki, K. Kawagoe, C. J. Chen, K. Teruya, Y. Sakasegawa et K. Doh-ura, « Orally administered amyloidophilic compound is effective in prolonging the incubation periods of animals cerebrally infected with prion diseases in a prion strain-dependent manner », *J. Virol.*, 81 : 12889-12898 (2007) ; D. Lu, K. Giles, Z. Li, S. Rao, E. Dolghih, J. R. Gever, M. Geva, M. Elepano, A. Oehler, C. Bryant, A. R. Renslo, M. P. Jacobson, S. J. DeArmond, B. M. Silber et S. B. Prusiner, « Biaryl amides and hydrazones as therapeutics for prion disease in transgenic mice », *J. Pharmcol. Exp. Therap.*, 347 : 325-338 (2013) ; D. B. Berry, D. Lu, M. Geva, J. C. Watts, S. Bhardwaj, A. Oehler, A. R. Renslo, S. J. DeArmond, S. B. Prusiner et K. Giles, « Drug resistance confounding prion therapeutics », *Proc. Natl. Acad. Sci. USA*, 110 : E4160-69 (2013).
70. S. B. Prusiner, M. P. McKinley, K. A. Bowman, D. C. Bolton, P. E. Bendheim, D. F. Groth et G. G. Glenner, « Scrapie prions aggregate to form amyloid-like birefringent rods », *Cell*, 35 : 349-358 (1983) ; S. B. Prusiner, « Some speculations about prions, amyloid et Alzheimer's disease », *N. Engl. J. Med.*, 310 : 661-663 (1984).
71. S. B. Prusiner, « Shattuck Lecture-Neurodegenerative diseases and prions », *N. Engl. J. Med.*, 344 : 1516-1526 (2001) ; S. B. Prusiner, « A unifying role for prions in neurodegenerative diseases », *Science*, 336 : 1511-1513 (2012) ; S. B. Prusiner, « Biology and genetics of prions causing neurodegeneration », *Annu. Rev. Genet.*, 47 : 601-623 (2013).
72. I. Berlin, *The Hedgehog and the Fox : An Essay on Tolstoy's View of History* (Weidenfeld et Nicolson, London, 1953).

ÉPILOGUE
La recherche de thérapies

1. T. C. Chamberlin, « The method of multiple working hypotheses », *Science* [Old Series], 15 : 92-97 (1890).
2. M. D. Hurd, P. Martorell, A. Delavande, K. J. Mullen et K. M. Langa, « Monetary costs of dementia in the United States », *N. Engl. J. Med.*, 368 : 1326-1334 (2013).
3. M. Wachterman, D. K. Kiely et S. L. Mitchell, « Reporting dementia on the death certificates of nursing home residents dying with end-stage dementia », *JAMA*, 300 : 2608-2610 (2008).
4. B. D. James, S. E. Leurgans, L. E. Hebert, P. A. Scherr, K. Yaffe et D. A. Bennett, « The contribution of Alzheimer's disease to mortality in the United States », *Neurology*, 82 : 1045-1050 (2014).
5. S. D. O'Connor, S. B. Prusiner et K. Dychtwald, « The age of Alzheimer's », *New York Times*, 28 octobre 2010.
6. R. D. Terry, « Dementia », *Arch. Neurol.*, 33 : 1-4 (1976) ; R. Katzman, « Editorial : The prevalence and malignancy of Alzheimer disease. A major killer », *Arch. Neurol.*, 33 : 217-228 (1976) ; R. Katzman, « Medical progress : Alzheimer's disease », *N. Engl. J. Med.*, 314 : 964-973 (1986).
7. A. Alzheimer, « Ueber eine eigenartige Erkrankung der Hirnrinde », *Cent. Nervenheilk. Psychiat.*, 30 : 177-179 (1907) ; G. G. Glenner et C. W. Wong, « Alzheimer's disease : Initial report of the purification and characterization of a novel cerebrovascular amyloid protein », *Biochem. Biophys. Res. Commun.*, 120 : 885-890 (1984) ; J.-P. Brion, H. Passareiro, J. Nunez et J. Flament-Durand, « Mise en évidence immunologique de la protéine tau au niveau des lésions de dégénérescence neurofibrillaire de la maladie d'Alzheimer », *Arch. Biol.*, 95 : 229-235 (1985) ; K. S. Kosik, C. L. Joachim et D. J. Selkoe, « Microtubule-associated protein tau is a major antigenic component of paired helical filaments in Alzheimer disease », *Proc. Natl. Acad. Sci. USA*, 83 : 4044-4048 (1986) ; I. Grundke-Iqbal, K. Iqbal, Y.-C. Tung, M. Quinlan, H. M. Wisniewski et L. I. Binder, « Abnormal phosphorylation of the microtubule-associated protein (tau) in Alzheimer cytoskeletal pathology », *Proc. Natl. Acad. Sci. USA*, 83 : 4913-4917 (1986) ; J. G. Wood, S. S. Mirra, N. J. Pollock et I. I. Binder, « Neurofibrillary tangles of Alzheimer's disease share antigenic determinants with the axonal microtubule associated protein tau », *Proc. Natl. Acad. Sci. USA*, 83 : 4040-4043 (1986).
8. S. B. Prusiner et G. P. Shultz, « Brain research and the challenge of aging », *Wall Street Journal*, 5 juillet 2011.
9. C. W. Olanow et S. B. Prusiner, « Is Parkinson's disease a prion disorder ? », *Proc. Natl. Acad. Sci. USA*, 106 : 12571-12572 (2009).
10. D. A. Evans, H. H. Funkenstein, M. S. Albert, P. A. Scherr, N. R. Cook, M. J. Chown, L. E. Hebert, C. H. Hennekens et J. O. Taylor, « Prevalence of Alzheimer's disease in a community population of older persons-Higher than previously reported », *JAMA*, 10 : 2551-2556 (1989).
11. C. W. Hoge, D. McGurk, J. L. Thomas, A. L. Cox, C. C. Engel et C. A. Castro, « Mild traumatic brain injury in U.S. soldiers returning from Iraq », *N. Engl. J. Med.*, 358 : 453-463 (2008).
12. M. Jucker et L. C. Walker, « Self-propagation of pathogenic protein aggregates in neurodegenerative diseases », *Nature*, 501 : 45-51 (2013) ; S. B. Prusiner, « Biology and genetics of prions causing neurodegeneration », *Annu. Rev. Genet.*, 47 : 601-623 (2013).

Index

Les folios en italique renvoient aux notes de bas de page et aux notes de fin d'ouvrage. Les folios en gras renvoient aux figures.

Abelson, Philip : 116
Académie américaine de neurologie : 219
Académie des sciences suédoise : 261
Académie nationale des sciences : 65, 127, 221
acides aminés : 38, 47-48, 113, 130-132, 149, 159-160, 162-164, 168-169, 172, **175**, 178, 194-195, 200, 206, 211-213, 216-217, 245, 254-257, 263, **281**, 282, 285, 288, 290, 294, *338-339*
  séquence de la PrP : 154, 156, 160-173, **165**, 174, **175**, 177-178, 211-216, 218-222, 294, 299, *339* *Voir aussi aux noms spécifiques d'acides aminés*
acides nucléiques : 43-44, 48-49, 52-54, 62, 73, 111-128, **112**, 152, 159, 166, 172-173, **174**, 180-183, 185, 187, 206-207, 218, 221, 250, 255-256, 263, 270
  tremblante et : 111-128, 151, 164, 172, 181
adénine : 48
adjuvant de Freund : 152
ADN (acide désoxyribonucléique) : 12, 19, 43, 48, 53, 73-76, 104, 111, **112**, 113-114, 127, 159-160, 162, 164, **165**, 166, 169-170, 172-173, 177, 194-196, 198, 200, 203, 208, 217, 220, 229, 251, 257-258, 267, 270, 280, **281**, 282, 289, *338*, *343*
  de type viroïde (virino) : 73
  origine génétique de la PrP : 159-178
ADNc : 164, 169, 172
Afrique du Sud : 42
Agakamatasa : **87**, 88-89
Albert Einstein College of Medicine, New York : 183
aldolase : **256**, 257
Alper, Tikvah : 42, **43**, 46, 51, 69, 71, 124, 146, **256**, 257, 263, 332
  études de rayonnement : 42, 54
Alpers, Michael : 80-81, 86, 235, 337
Alzheimer (maladie d') : 12-13, 19, 91, 140, 146-148, 153, 198-199, 219, 274, 280, **281**, 282-283, **284**, 285, **286**, 287-289, 291-292, **296**, 301-309
  de Ronald Reagan : 139, 302
  thérapies pour : 20, 301-309
  transmissibilité de la : 280-293

Alzheimer, Alois : 305-306, *347*
amas neurofibrillaires : **281**, 282, **284**, 291, 293, **296**, 298-299
amyloïde bêta (Aβ) : 149
amyloïdes : 140-141, 146-149, **150**, 151-153, 155, 161, 163, 167, 181, 193-194, 196, 205-206, 208, 213-214, 233, 237, **281**, 282, 284-285, 287-288, 290, **296**, 298-299, 337
article de Cell sur : 148
SAF (fibrilles associées à l'agent de la tremblante) et : 153-157, 167, 337
Anderson, Roy : 240
Anfinsen, Christian : 212
Annual Review of Genetics : 229
antibiotiques : 88, 159, 294, 306
anticorps : 44, 114, 129, 136-138, **150**, 151-153, 155, 158, 171, 181, 208, 214, 220, 264, 294
contre la PrP 27-30 : 136, 208
ARN (acide ribonucléique) : 12, 19, 43, 48, 53-54, 62, 74, 111, **112**, 113-114, 126, 144, 164-166, 173, 185, 208, 217, 219, 251, 267, 270, 289, 294, 338, *343*
viroïdes : 126, 204
ARNm (acide ribonucléique messager) : 48, 164, 169-171
asparagine : 285, 294
ataxie : 18, 90-91, 138-139, 192, 194, 196, 251
des membres : 91, 138, 194
troncale (ou titubation) : 138-139, 196, 251
athlètes : 307
lésions cérébrales chez les : 291
atrophie multisystématisée (AMS) : 16, 288, 295, 297
Australie : 78, 164
autopsie : 44, 81, 137, 139, 192, 194, 196, 208, 249, 292, 305
AVC (accident vasculaire cérébral) : 307
Avery, Oswald : 104, 128, 229

Babinski (réflexe de) : 193
Backer, Paul : 191
bactéries : 18, 47, 51, 67, 122, 128, 131, 137, 156, 159, 164, 248, 250, 258, 268, 270, 273, 290
Baker, Harry : **194**, 285
Balanchine, George : 138, **139**, 147, **150**, 152
MCJ chez : 140, 152
Baltimore : 30, 183, 231
Baltimore, David : 231, 338
Baringer, J. Richard : 41
Baron, Henry : 246-247, 249
Baron, Thierry : 297
barrière d'espèce : 202
Barry, Ron : **150**, 152, 158, 171
Baskakov, Ilia : 290
bâtonnets amyloïdes : 143-144, **145**, 146, 148-149, 153-156, 161, 163, 167
Beckman Instrument (société) : 67
Bender, Sidney : 139
Bendheim, Paul : 141, **150**, 151, 157-158, 183, 349
Bennett, David : 304
Berg, Bruce : 249
Berlin : 28, 42, 154, *347*
Bessen, Richard : 252
Beyreuther, Konrad : 168
bioconfinement : 67-68, 108-109, 136
bioluminescence (imagerie par) : 287-289, 299
Bishop, Mike : 106
Bloomberg, Baruch : 86, 337
Bock, Gregory : 186
Bolton, David : 132, 135-136, 157-158, 161, 183, 231, 349
Braak, Heiko : 284

Brown, Fred : 186-187
Brown, Harold : 97-98, 186-187
Brown, Michael : 18, 229
Brundin, Patrick : 295
Buenos Aires : 15-16, 261
Bujard, Herman : 262
Burke, Walter : 142, 158, 183-184
Burlingame, Al : 212
Burroughs-Wellcome (société) : 57
Burton, Phillip : 97-98
Butz, Eleanore : 121

Cambridge (Université) : 285, 289, 298
cancer : 33, 164, 233, 303-304, 307, 309
cannibalisme : 82-83, 91, 243-244
industriel : 243-244
kuru et : 77-92
Carlson, George : 174, **175**, 177, 180
Carmichael, E. A. : 16
Caughey, Byron : 213
Cell (revue) : 134-136, 148-149, 166, 168, 172-173, 180, 188, 222, 224
article de Weissmann sur les souris knock-out : 172-173, 184, 218-225, 262
article sur l'amyloïde : 148
article sur la séquence de la PrP 27-30 : 136, 166, 168, 180
article sur le prion : 134
Centres pour le contrôle des maladies (CDC) : 304
centrifugation : 62-63, 65-68, 93, 96, 117, 146, 167, 179, 252
cerveau : 13, 16, 18, 24, 34, 39, **40**, 41, 44, 47, 49-51, 54, 57, 62, 64, 66, 72, 74, 79-84, 86, 95, 97, 100, 111, 122, 124, 133, 136-140, 143, 146-149, **150**, 152-153, 155-156, 166, 168-169, 171-172, 178, 192, 194, 196, 198-200, 202, 205-208, 214, 217, 221, 232-233, 239-241, 243-244, 246, 253-255, 268, 270, 273-274, 278, 283, **284**, 285, 287-291, 294-298, 305-306, 308-309, 336, 347 *Voir aussi aux noms spécifiques des maladies*
amyloïde et : 147-148, **150**, 152-153, 155, 166, 170, 206
de malades d'Alzheimer : 285, 306
ESB et : 237-245
étude de la tremblante : 62, 66, 93-128
kuru et : 77-93, 136, 147, 233, 248
MCJ et : 84, 191-209
changement spongiforme : 44, 192, 194, 196, 207
cervelet : 79, 90, 140, 249
lésion au : **40**, 90-91, 140
spongiforme : **40**, 41, 121, 140, 208, 221, 237, 240, 264
champignons : 122, 159, 248, 273
chance : 20, 335
Chance, Britton : 35, **36**
Chandler, Richard : 49
Charcot (maladie de) *Voir* sclérose latérale amyotrophique (SLA) ou maladie de Charcot
Chatigny, Mark : 67, 97
Chesebro, Bruce : 172, 178, 201, 213
Chicago : 25
chimie : 18, 23, 34, 47, 173, 257, 272, 309
chimpanzés : 41, 58, **79**, 80-81, 83-84, 136, 147, 192, 332
de la MCJ aux : 192
transmission de la MCJ aux : 77, **79**, 124
transmission du kuru aux : 80, 82
Christen, Yves : 279

chromatographie d'affinité par ion métallique immobilisé (IMAC) : 215
Churchill, Winston : 19
Ciba (Fondation) : 186
Cincinnati : 23-24, 31, 33-34, 339
Clements, John : 228
clonage : 93, 164, 166, 172, 181
gène *C9orf72* : 293-294
Cochran, Patricia : 95, **96**
codons : 195, 198, 200, 208-209, 255, 339
Cohen, Fred : **213**, 215, 264, 290
Colby, David : 290
colinéarité : 45, 48
Collinge, John : 209
Columbia (Université) : 139, 152, 196, 298
compétition scientifique : 72-73, 77, 148, 153, 168, 180-189, 195-209, 221, 227, 261
Comptes rendus de l'Académie des sciences américaine : 65, 127, 144
article *Viroids and prions* : 127
conformation : 48, 212, **213**, 215-217, 230, 255, 263, 273
Congrès international de neuropathologie, Stockholm : 157
Congrès international de virologie
cinquième (1981) : 119
sixième (1984) : 155
troisième (1976) : 73
Conseil de la recherche en agriculture britannique : 49, 54
coprion : 208
courbe de la trypsine : **256**, 257
Creutzfeldt, Hans : 84
Creutzfeldt-Jakob (maladie de, ou MCJ) : 18-19, **40**, 41, 44, 46, 53, 59, 67, 73, 77, **79**, 84-86, 91, 124, 126, 136-137, 140, 142, 147-148, 151-153, 156-157, 185-186, 191-209, 221, 233, 237, 239, 242, 244-249, 252-254, 267-268, 270-271, 278-281, 285, **286**, 293, 297, 299, 309, 337
amyloïde et : 141-158
cerveau : **40**, 44
chez George Balanchine : 138, **139**, 147, **150**, 152
familiale : 192-193, 199, 208, 253, 280-281
génétique de la : 191-209
hypothèse du prion : 124
hypothèse virale : 44, 53, 57, 125, 157-158, 185, 192-193, 195-209, 232, 248, 267
induite par l'hormone de croissance : 245
kuru et : 83-84
lien avec l'ESB : 237-258
lien avec la tremblante : 66, 68, 84, 137
patient R. C. : 192
sporadique : 199-200, 209, 246, 252, 282
terminologie : 40, 83-84
variant : 237
Crow, Tim : **194**, 196, 209
C-terminale (extrémité de la protéine) : 48, 160
culot : 62-63, 66, 68, 166
cystéine : 257-258
cytosine : 48

Daily Mirror : 238-240
Dalton, John : 132
Dautry, Alice : 247, 249
Davis, Loyal : 303
Dawson, James : 57
encéphalite de Dawson : 57
DeArmond, Steve : **150**, 155, 205-207, 221, 249, 254
Découvertes de médicaments : 301-302, 309

dégénérescence cortico-basale (DCB) : 293
démence : 13, 39, 40, 84, 138-140, 192, 195-196, 239, 266-267, 273, **281**, 295, 298-299, 301-302, 304-305
fronto-temporale (DFT) : 19, 280, **281**, **286**, 288-289, 291-294, 307-309 *Voir aussi aux noms spécifiques des maladies*
post-traumatique : 19, 292
neurodégénérescence et : 279-300
présénile : 305
progressive : 40, 84, 192, 196
sénile : 305
Dementia pugilistica : 19
dénaturation : 129, 290
Des Moines, Iowa : 29-34
Deter, Auguste : 305
Diamond, Ivan : **42**, **105**
Diamond, Marc : 289
Dickinson, Alan : **70**, 73, 76, 147, **150**, 151, 155, 166, 176, 187-188, 207, 246
déclin de la réputation de : 188
souris VM/Dk et : 147, 151, 176, 178
virinos et : 73, 207
Diener, Theodor O. : 54
découverte du viroïde et : 73-75, 126
diéthylpyrocarbonate (DEPC) : **113**, 116-117, 131, 133
Diringer, Heino : **150**, 154-156, 166, 168, 231, *336*, *337*
Discover : 148, 180, 184, 186-187, 272
attaque contre Prusiner : 180, 181-189, 271-272
dismutase de superoxyde : 298
DNases : 113
dominance : 176
doxycycline : 262
Dray, Fernand : 247-249
Drowsy (souche de prion) : 251-253
Duffy, Philip : 139, 152
Duke (Université) : 55
durée d'incubation : 41, 95, **96**, 107, 113, 126, 133, 151, 174-177, 178, 181, 184, 188-189, 203-205, 218, 222, 247, 252-255, 258, 270, 288, 290, *338*
contrôle génétique chez la souris de la : 174-178
Dychtwald, Ken : 304

École polytechnique fédérale de Zurich (ETH) : 169, 263
Écosse : 44, 242, 244
Edelcrantz, Abraham, *Treatise on Telegraphs* : 227
Édimbourg (Université) : 73, 76, 147, 151-152, 166-168, 178, 188
Edstrom, Lars : 270
Einstein, Albert : 56, 183
Einstein, Hans : 56
Eklund, Carl : 61-62, 64, 86, 94
électrophorèse : 130-133, 253
gel d' : 129, 131, 133-135, 162, 253
encéphalite spongiforme bovine (ESB) : 13, 41, 188, 237-240, **242**, 244, 269-271, 274, 278-279
encéphalopathie du vison transmissible (EVT) : 251-252
encéphalopathie spongiforme bovine (ESB) : **40**, 237-245, 239-241, 243-245, 251-252, 270
épidémie britannique : 237-245
encéphalopathie traumatique chronique (ETC) : 19 *Voir aussi* démence fronto-temporale (DFT)
encéphalopathies spongiformes transmissibles (EST) : 41, 270-271
enzymes : 18, 37-38, 47-48, 62, 74, **112**, 113, 115, 141, 159, 164, 216-217, **256**, 257, 287, 298, *338 Voir aussi aux noms spécifiques des enzymes*

Epstein, Anthony : *341*
espérance de vie : 306-307
étiologie : 41, 44, 84, 142, 282
Evans, Herbert : 245

Fairchild Foundation : 141, **142**, 143, 158, 180, 184
Feldman, Leah : 30
ferritine : 71, 74
feuillets bêta : 213-216, 218, **281**, 290, 293, 337
fibrilles associées à l'agent de la tremblante (SAF) : 153-157, 167, 337
  article dans *Science* : 155
Fields, Bernard N. : 233
Fields, Howard : **105**, 109
Fishman, Robert : 41, **42**, 47, 55, 99-100, 102-104, 106-109, 135, 158, 269
Fore (peuple) : 41, 77-92, 138
  cannibalisme : 82
  kuru chez : 79, 82
formaldéhyde : 44, 131
formol : 44
fragments de membrane : 53, 69
France : 227, 246
  victimes de la MCJ en : 246

Gabizon, Ruth : 253, **254**
Gajdusek, D. Carleton : 41, 53, 71, 77-78, **79**, 80-81, 83-86, 88-89, 91, 124, **150**, 155, 192-193, 198, 227, 231-236, 246, 248, 261, 269, 285, *332*, *336-337*, *340*
  décès de : 236
  enfants adoptés et accusation d'agression sexuelle : 91, 234, 236
  études sur le kuru : 77-92
  tentative de reprise à son crédit du travail de Prusiner : 232
Galinsky, Moshe Lazar : **26**, 29
Gambetti, Pierlugi : 208, 253
Ganong, William : 109
Genentech : 222
génération filiale : 177
gènes et génétique : 47, 128 *Voir aussi aux noms spécifiques des gènes*
  clonage : 93, 164, 181, 195, *338*
  code : 200
  croisements : 174
  de la MCJ : 191-209
  expériences de souris knock-out : 218, 262
  mutation : 195
  neurodégénérescence et : 279-300
  origine de la PrP : 159-178
  transgènes : 202, 218, 253
génomes : 48, 52-54, 144, 159, 165, 170, 182-183, 203, 205, 250, 256, 273, *338*
Gerstmann, Josef : 193
Gerstmann-Sträussler-Scheinker (syndrome de) (SGSS) : 152, 193, **194**, 195-199, 207-208, 222, 290
  article de *Nature* sur : 197
  Bertha H. : 193
  études avec souris transgéniques du : 207
  famille W. : 196
GFAP (protéine fibrillaire gliale acide) : 152, 287
Gibbs, Joe : 41, 44, 72, 78-92, 124, 192-193, 200-201, 248, 285, *332*, *333*, *337-338*, *348*
Giles, Kurt : **286**, 287, 297
Gilman, Alfred : 259
Glasse, Robert : 82
Glenner, George : 147-149, 153, 285, *349-350*
glucides : 52, 216
  chaîne de sucres : 53, 215, 253
glutamate : 47, 56, 100
glutamine : 38, 47, 101, 115, 141, 282, 285, 294, 298
  synthétase de la : 38, 115

glycolipide : 215, 291
gradient de sucrose : 132, 144, 146
graisse : 17, 24, 35-36, 45, 243, 269
graisse brune (cellules de la) : 17, 24, 35-36, 45, 269
Grande-Bretagne : 188, 239-240, 242, 245, 278
  épidémie d'ESB en : 237-258
Gresham, Walter : 28
Griffith, John S. : 53, 263
Groenland : 24
grossesse : 192
Groth, Darlene : 95, **96**, **161**, 162-163, 197, 204, 269, *345*, *349*
guanine : 48
Gummer, John : 243
Gutterman, Jordan : 227-228, 230

Hadlow, William : 57, **58**, 61-65, 67, 80-83, 86, 93-95, 124, 284, 332, 337
  article *Scrapie and kuru* : 57, 67, 80, 83
  collaboration avec Prusiner : 57, 64, 93
  transmission du kuru au chimpanzé : 80, 124
hamsters : 24, 35, 74-76, 93, 95, 97-98, 113-114, 126, 129-130, 133-134, 136, 143, 147, 149, **150**, 152, 155, 166, 169-171, 202-206, 215, 251-253, 267
  expériences sur la tremblante : 93, 113, 124, 126, 130, 143, 152, 165, 169, 201, 215
  transmission de prions entre souris et : 203
Hart, Kathleen : 304-305
Harvard (Université) : 30, 116, 142
Hasegawa, Masato : 297
Hawking, Stephen : 280
Heinrich Heine (Université), Düsseldorf : 173
hélice alpha : 213-216
Heller, Clarence : 59
Hodgkin (maladie de) : 30
Hoffmann-La Roche : 222
Hogan, Lester : 141, 143
Holmgren, Arne : 261, 264
holoprion : 207
homogénats : 50, 62, 111, 136, 153, 171, 285, 287-288, 297
Hood, Lee : 159-160, **161**, 162, 164, 166, 168, 170, 234
hormone de croissance humaine : 237, 245-246, 249
  MCJ induite par : 245
Hornabrook, Richard : 91
Howard Hughes (Institut médical) (HHMI) : 59, 100-101, 104, 160
Hsiao, Karen : **194**, 195, 197, 207, 290
Hunter, Gordon : 69, 76, 85
Huntington (maladie de) : 19, 148, 280, 282-283, 309
hydroxylamine : **113**, 116-117
Hyper (souche de prion) : 251-252
hypothermie : 24

ILnJ (souris) : 175-177, 178, 337
insomnie familiale fatale (IFF) : 208, 253-255
Institut de l'État de New York pour la recherche fondamentale sur les handicaps développementaux : 153
Institut de psychiatrie, Londres : 196
Institut de recherche Compton : 54, 69
Institut de technologie de Californie (Caltech) : 159, 161, 234
Instituts nationaux de la santé (NIH) : 17-18, 37, 39, 41, 44-45, 50, 56-59, 64-65, 71, 77-78, **79**, 80-81, 85, 88, 94, 97, 100, 104, 108, 141, 147, 180, 198, 212, 219-221, 223, 233, 285, 303, 308-309, 335
  financement par les : 50, 56, 88, 93, 99, 108, 141, 180, 219-220, 227

Institut national de l'allergie et des maladies infectieuses : 93
Prusiner et : 37, 39, 56, 59, 64, 99, 108, 141, 180, 219, 221
section des études de virologie des : 56, 59, 64
insuline : 131, 248
interféron (IFN) : 137, 164-165, 218
iode radioactif : 131, 133-134, 136
Iowa State (Université) : 30
Ipsen (Colloque, à Paris) : 279
IRM : 135
Israël : 234-235, 262, *341*

Jacob, François : 227
Jakob, Alfons : 84
Japon : 155, 196, 244
Johns Hopkins (Université) : 80, 86, 183
Johnson, Richard : 80
Jornvall, Hans : 261
Jucker, Mathias : 279, 285, **286**
judaïsme : 25, 28-30, 33-34, 193, 339

Kandel, Eric : 298
Kaneko, Kiyotoshi : 290
Karolinska (Institut) : 261, 265-268, 270, 272, 274, 276
Katzir-Katchalski, Ephraim : 235, *341*
Kent, Steve : **161**, 162-163, 168-169
Kimberlin, Richard : 61, 69, **70**, 71, 74, 76, 93, 124, 151, 154-155, 157, 166-167, 183, 188, 201, 252-253, *341*
Koch, Tom : 249
Kolata, Gina : 228-231
Kopito, Ron : 283
Koprowski, Hilary : 232, 335
Kordower, Jeff : 295
Korenbrot, Juan : 132
Kresge (Fondation) : 108
Krevans, Julius : 59, 103-104, **105**, 106-109, 183, 206, 260, 269
Kuhn, Thomas, *The Structure of Scientific Revolutions* : 11, 132
kuru : 41, 46, 53, 57, **58**, 67, 73, 77-83, 85-86, **87**, 89-91, 124, 136-140, 142, 147, 151, 167, 185-186, 196, 233, 235, 244, 248, 268, 274, 297, 332, 337
amyloïdes et : 141
cannibalisme et : 82-84
CJD et : 83
études par Gajdusek : 77-92, 124
hypothèse du prion : 124
lien avec la tremblante : 57, 67, 80, 83, 124
terminologie : 79, 91
transmission au chimpanzé : 41, 80, 124

Laboratoire de bioscience naval d'Oakland : 67, 95
Laboratoire de Cold Spring Harbor, Long Island : 57, 158
Laboratoire Jackson, Bar Harbor : 174, 176
Laboratoire national de Brookhaven, Long Island : **256**, 257
Laboratoire vétérinaire central, Weybridge, Surrey : 240
Laboratoires des montagnes Rocheuses : 57, 86, 94, 166, 172, 213
Lakeview Hamster Colony, Newfield, New Jersey : 143
Lancet (The) : 58, 80, 83, 237-238
Langa, Kenneth : 304
Langmuir, Irving : 271
lapins : 98, 137, **150**, 151-152, 219
Lasker (Fondation) : 227-228, 230-231
Lasker (prix) : 227-231, 259-260, *342*
Latarjet, Raymond : 52, 124, **256**, 257
lectine : 215

Lee, C. P. : 35
Lee, Virginia : 297
Legname, Giuseppe : 290
Letterman (institut de recherche de l'armée) : 97-98
leucine : 195, 200, 207
levures : 248
Lewin, Benjamin : 134
Lewy
corps de : **281**, 282, 284, 295, **296**, 298-299, *347*
démence à (DCL) : 281, 295
Lewy, Frederic : *347*
Li, Choh Hao : 245
Lindberg, Olle : 15, 35, **36**, 269
lipides : 48, 52, 69, 140, 293, *343*
Lituanie : 25, 30
Londres : 13, 16, 19, 42, 57, 80-81, 186, 196, 209, 212, 235, 237-238, 297
Long, Joseph : 245
Lou Gehrig (maladie de) *Voir* sclérose latérale amyotrophique (SLA) ou maladie de Charcot
luciférase : 287-288
Lugaresi, Elio : 208, **254**
Lycke, Erik : 215, 234, 269
lymphocytes : 137

MacGregor, John : 240, **242**, 245
MacNeil/Lehrer NewsHour : 148
Macrae, Donald : 39, **42**, 103-104
Maeterlinck, Maurice : 128
Maine : 67, 174
maladie à grains argyrophiles : 293
maladie cardiaque : 307
maladies neurodégénératives : 19, 20, 47, 141, 148-149, 230, 279-300, **281**, 301-309 *Voir aussi aux noms spécifiques des maladies*
Alzheimer : 279-300, 280
DFT : 62, 291
étude de souris Tg : 282
familiales : 280, 282
héritables à révélation tardive : 280, **281**, 282, *343*
Parkinson et prions de synucléine : 295
point de vue du renard *versus* celui du hérisson : 299
sporadiques : 199-200, 244, 265, 279, **281**, 282, 293, 294
thérapies pour : 301-309
Manuelidis, Laura : 270
Marsh, Richard : **70**, 74, 93
viroïdes et : 74
Martin, William : *341*
Masters, Colin : 193
Mastrianni, James : 254
McArthur, John : 78
McCarty, Maclyn : 104, **105**, 128, 228
McKinley, Michael : 133
Meiner, Zeev : 262
Meitner, Lise : 42
Merz, Patricia : 153, 188
métabolisme : 17, 34-35, 45, 47, 56, 101, 217, 229, *343*
de la graisse brune : 17, 24, 35-36, 45, 269
du glutamate : 47
microscope électronique : 47, 71, 143-144, 146, 153-154, 156, 167
Middleton, Lefkos : 297
Miescher, Friedrich : 127
militaires, lésions au cerveau chez les : 292, 307
Miller, Bruce : **194**, 195
MIT (Massachusetts Institute of Technology) : 230
Morris, Curtis : 103, **105**, 108, 116
Moscou : 25, 28
mouton : 12, 41-42, 44, 49, 53, 58, 61, 99, 137, 147, 185, 202, 239, 242, 244, 251-252, 267, 284
ESB et : 241, 244

transmission de la tremblante à la souris à partir de : 49
Mugnier, Élisabeth : 249
mutation : 194-201, 207-209, 253, 255, 280-281, 283, 290-291, 294-295
codante : 200
de GSS : 195, 207-208
de PrP : 207, 253
neurodégénérescence et : 279-300
silencieuse : 200
somatique : 200
type de : 200

nanisme : 245
nanomètre : 52
Nature : 74, 82, 134, 172, 196-198, 208, 240, 263
article sur l'holoprion : 207
article sur le GSS : 196
neurologie : 15-18, 39, 41, 46, 55, 86, 98-104, 149, 195, 208, 246, 254, 261, 289, 291, 295, 303, 347
neurones : 18, 84, 146, 192, 194, 200, 204, 214, 285, 294-295, 297, 299, 306
New England Journal of Medicine : 183
New York : 25, 28, 30, 104, 138-139, 142, 183, 228-229, 270, 298, 339
New York Times : 148, 228-230, 270, 304, 338
article sur Prusiner : 231
New Yorker (The) : 269
article *La science pathologique* : 269
Nirenberg, Marshall : 342
Nobel (assemblée) : 264-265, 267-268, 270
Nobel (comité) : 234, 266, 268, 271-272
Nobel (Fondation) : 266, 271, 276
Nobel (prix) : 13, 86, 106, 144, 212, 229-230, 233-234, 259-261, 263-269, 271-274, **275**, 276-278, 337, 338, 342
appel téléphonique : 264
cérémonie et banquet : 272, 277
conférence de presse : 266
pour la découverte des prions : 259-278
Nobel, Alfred : 272, 274, 277
noradrénaline : 35
Norrby, Erling : 167, 168, 232, 261, 269, 337
Northwestern (Université) : 303
Nouvelle-Guinée : 41, 77, 78-92, **79**, 138, 196, 234-235, 261
kuru : 77, 81, 138
N-terminale (extrémité) : 48, 160-173
séquence de la PrP 27-30 : 159-173
nucléases : **112**, 113-114
NZW (souris) : **175**, 176-178, 337

O'Connor, Sandra Day : 304
Oesch, Bruno : **165**, 169, 172, 218
Okapa (Nouvelle-Guinée) : 81, 88
Olanow, Warren : 295
ombrage rotatif : 144
Omni (magazine) : 179
article sur Prusiner : 179
oncogènes : 106
Ott, Jurg : **194**, 196
Owen, Frank : 209

Pan, Keh-Ming : **213**, 215-216
panencéphalite sclérosante subaiguë (SSPE) : 57
paralysie supranucléaire progressive : 293
parasites : 53, 122, 137, 273
Paris : 52, 221, 227, 235, 237, 246-247, 249, 270, 279, 285, 288-289, 295, 297-298
Parkinson (maladie de) : 12, 19, 78, 91, 148, 280, **281**, 284, **286**, 288-289, 291-293, 295, **296**, 298, 300, 306-307, 309, 347

parvovirus : 53
Pasteur (Institut) : 247
Pattison, Iain : 54, 202, 250
PCR (réaction en chaîne de la polymérase) : 195, 208
peptides : 113, 149, 153, 159, **281**, 284-285, 287-288, 290, **296**, 298-299
Perlman, David : 120, 122-123, 179, 338
Pettersson, Ralf : 266, 273
phénotypes : 176, 255
Philadelphie : 17, 34, 232, 335
phosphatases : 217
photo-adduit de psoralène : **112**
Pick (maladie de) : 148, 293
pidgin : 88-89
pied tombant : 135
plaques amyloïdes : 140, 146-149, 151-153, 155, 193-194, 196, 205-206, 233, 282, 299, 337
  Aβ : **150**, **281**, 284-285, 287, 298
pliage des protéines : 212, 216
pneumocoques (bactéries) : 128
polio : 44, 48, 56, 72, 131, 306
polymorphisme : 209
Potamkin (prix pour la recherche sur la maladie d'Alzheimer et troubles apparentés) : 219
Première Guerre mondiale : 78
principe transformant : 128
prion (de la mémoire) : 298
prion (oiseau) : **119**
prion (protéine du, ou PrP) : 111-129, 136, 138, 141, 150-156, 158-178, 181, 184-185, 193-195, 197-216, 218-222, 232-234, 237, 253-255, 258, 262-263, 271, **281**, 285, 289-291, 294, 299, 337, 339, 345, 349
  conversion de la PrP^{C} en PrP^{Sc} : 200, 211, **281**
  expériences avec souris knock-out mutation : 218, 262
  mutations : 195, 207, 253
  neurodégénérescence et : 279-300
  question des souches de : 250
  séquence d'acides aminés du : 160-173, 180, 212
  sonde génétique : 159
  structure du : 211-225
  tentative de reprise à son crédit du travail de Prusiner par Gajdusek : 232
  transgènes : 201, 218, 253, 282, 339
prion amyloïde bêta (Aβ) : **281**, 283-294, **296**, *344-345*, *349*
prions : 12-14, 19-20, 38, 116, 121-123, 125, 127, 141, **145**, 146-149, 154, 168, 170, 173, 181-182, 199-202, 204-205, 209, 211-212, 216, 218-219, 222, 227-228, 230-231, 234, 244, 249-252, 255-258, 260-261, 264-265, 267-269, 271, 273-274, 277-278, 280, **281**, 283-285, **286**, 287-295, **296**, 297-300, 307, 308, 337 *Voir aussi aux noms spécifiques des prions et des maladies à prion*
  acides nucléiques et : 111-128, 151, 172, 181
  article de *Cell* : 134
  article de *Science* sur les : 116, 133, 181
  attaque de *Discover* : 180-189, 265, 272
  bâtonnets de : 140, 143, 146, 148, 153-154, 157, 161, 167
  chute de l'opposition au : 200, 223
  compétition : 72, 77, 148, 168, 180-189, 195-209, 196, 221, 227, 261
  de l'alpha-synucléine : 284, 295, **296**, 297
  de levure : 285, 298
  de TDP43 ou de FUS : 294
  de type sauvage : 200, 204, 219, **281**
  découverte des : 19, 75, 116
  expériences avec souris knock-out : 218, 262

génétique des : 159-178, 191-209, 339
hybride : 205
hypothèse : 116-128
l'hypothèse virale pour les : 53, 65, 68, 98, 125, 156, 180, 193, 198, 201, 207, 230, 248, 251-252, 267, 337
lien avec l'amyloïde : 141-158
lien entre ESB et : 237-258
maladie humaine : 191, 339
MCJ induite par l'hormone de croissance : 245
mettre en œuvre la révolution des : 308-309
neurodégénérescence et : 279-300
opposition à l'hypothèse des : 98, 124, 153, 179, 196, 228-231
origine génétique de la PrP 27-30 : 159-178
prix Nobel pour la découverte des : 259-278
souches : 188, 250
synthétiques : 259, 290
terminologie : 116, 135, 180
transgènes : 201, 218, 262, 282, 339
typage de souches : 188
variations de forme des : 250

Prix Christophe-Colomb pour la recherche biomédicale : 221
progranuline : 293-294
proline : 48, 195, 200
protéases : 74, 113-114, 133-134, 162-163, 171, 211, 232, 252-253, 337
protéinase K (PK) : 232
protéines : 12, 20, 38, 45, 47-49, 52-54, 62, 73-74, 111, **112**, 113-116, **117**, 118, 120-121, 124-125, 127, 129-137, 140-141, 144, 146-147, 149, **150**, 151-152, 155, 157, 159-165, 167, 169-171, 173, **175**, 176, 178, 181-185, 187, 193-194, 200, 206, 211-218, 220-221, 229-230, 232-235, 243, 245-246, 248, 253-259, 261, 263, 266, 268, 270-271, 273, 279-280, **281**, 282-283, 285, 287-289, 292-295, **296**, 298-299, 335, 337, 338, 343, 350 *Voir aussi* prion (protéine du, ou PrP) *Voir aussi aux noms spécifiques des protéines*
provirus : 53, 338
amyloïde : 141-158
définition des : 47
électrophorèse : 129-130
identification : 129-130
infectieuses : 111, 113-128, 246, 259
neurodégénérescence et : 279-300
plasticité et repliement : 217
pliage : 212, 263
prion : 111, 114, 129-130, 171, 205
protéine G : 259
protéine précurseur : 181, 211-212, 214, **281**, 283, 299, 337
séquence d'acides aminés : 160, 181, 212
structure des : 211-225
taille des : 131-132

PrP *Voir* prion (protéine du, ou PrP)
PrP 27-30 : 50, 135-136, 138, 141, **150**, 151-155, 159-178, 181, 205, 211-213, 215, 218-219, 232-233, 253, **254**, 255, 263, 337
article de *Cell* : 161, 166, 180
conversion de la PrP^{C} en PrP^{Sc} : 200, 211, 281
lien avec l'amyloïde : 141-158
origine génétique de la : 159-178
question des souches : 250
SAF et : 153, 167
séquençage de l'extrémité N-terminale : 161, 167, 181
séquence en acides aminés de la : 160-178, 180, 212
structure de la : 211-225
tentative de reprise à son crédit du travail de Prusiner : 232
terminologie : 135

PrP^{C} : **150**, 171-172, 181, 199-200, **202**, 205, 211-225, 244, 250, 252, 254-255, 264, 338
découverte de la : 171
expériences avec souris knock-out : 218
purification de la : 215
question des souches : 250
structure de la : 211-225
transgènes : 201, 218
PrP^{Sc} : 171-172, 199-200, 202-208, 211-216, 218, 220-221, 240, 244, 250-253, 255, 258, 264, 287, 289, 293, 298-299
découverte de la : 171
hypothèses pour la formation spontanée de : 199
question des souches : 250
structure de la : 211-225
transgènes : 201, 218
Prusiner, Ben : **26**, 29, 31
Prusiner, Bessie : **26**
Prusiner, Dave : **26**
Prusiner, Ethel Galinsky : **26**, 29
Prusiner, Feine : 25, **26**, 28-29
Prusiner, Lawrence Albert : 25, **26**
Prusiner, Lippman-David : **26**, 28
Prusiner, Miriam Spigel : 25, **27**
Prusiner, Molly : **26**
Prusiner, Noach : 28
Prusiner, Paul : **27**, 30-31
Prusiner, Sandy : 265, 269
Prusiner, Stanley Arnold : **26**, 29-30
Prusiner, Stanley B. : **26**, **27**, 30-31, 39, **275**
à l'UCSF : 36, 41, 47, 49, 55, 59, 65, 93-109, 213, 259
ancêtres et enfance : 23-38
article de *Cell* sur la séquence de la PrP 27-30 : 50
article de *Cell* sur l'amyloïde : 148
article de *Cell* sur les prions : 135
article de *Nature* sur le GSS : 196
article de *Science* sur les prions : 116, 133, 181
article du *New Yorker* : 269
attaque de *Discover* contre : 180-189, 271
bataille pour un poste : 93-109
brouille avec Weissmann : 222
chute de l'opposition à : 200, 223
collaboration avec Hadlow : 57, 64, 93
compétition : 72, 77, 148, 153, 168, 180, 195-209, 221, 227, 261
critiques de : 98-99, 121, 153, 179-189, 195-209, 228, 244, 246, 260, 267, 299
débuts de la recherche sur la MCJ : 39-48
éducation de : 23, 33
en tant que chercheur du HHMI : 100, 104
études sur les souris Tg : 201, 218, 221
famille de : 265, 269
l'hypothèse du prion : 116-128
l'opposition à : 98-99, 124, 153, 179, 195-209, 228-231
les NIH et : 37, 39, 56, 59, 64, 99, 108, 141, 180, 219, 221
lien entre amyloïde et prion : 141-158
mentors scientifiques de : 34
obtention du diplôme de spécialité en neurologie : 102
prix Lasker : 227, 259
prix Nobel : 259-278
problème de santé : 134
problèmes de financement pour : 50, 56, 58, 88, 93, 99, 108, 126, 141, 180, 184, 204, 206, 219-220, 227
problèmes de laboratoire : 55, 66, 102, 104, 143, 157, 206
publicité et : 179, 227, 259-278

recherche en Nouvelle-Guinée sur le kuru : 85
récompenses et honneurs : 219, 221, 227, 259, 259-278
réputation de : 227, 259-278
sur la question des « souches » : 250
Prusiner, Wulf : 25, **26**, 28-30
purification : 51-55, 161-163
de la PrP^C : 214-215
de l'agent de la tremblante : 51-55, 61, 111, 127, 132, 161, 232, 335

Ramsay, David : 206
rate : 62, 66
rayonnements : 42, 52, 332
rayons X : 42, 44, 51-52, 54, 248, 261, 276
Reagan, Nancy : 303
Reagan, Ronald : 139, 302
réflexes de recherche et de museau : **87**, 91, 139
régulation allostérique : 217
réponse immunitaire : 137, 219
Reynolds, R. J. : 104, **105**, 141
Rhodes, Richard : 260, 269
article dans le *New Yorker* sur Prusiner : 269
Festins mortels : 260
Ridley, Rosalind : **194**, 285
Riegler, Rudolf : 261
Riesner, Detlev : 173, **174**, 263-264
Ringertz, Nils : 264
RNases : 74, 113, 212, 216, 263
Robert Koch (Institut), Berlin : 154, 156
Roboz-Einstein, Elizabeth : 56
Rockefeller (Institut) : 128
Rockefeller (Université) : 104
Rodbell, Martin : 259
Rohwer, Robert : 71, 231
Roos, Raymond : 192
rouge Congo (colorant du) : 140, 146, 148, 153-154, 157, 167
rougeole : 57, 306
Royal Society, Londres : 235
Russie : 25, 28
Juifs : 42

Sacks, Helen Spigel : 117
Sagan, Carl : 332
Salk, Jonas : 56
San Francisco : 11, 37, 75, 86, 95, 97, 122, 149, 157, 165, 170, 172, 197, 207, 219-222, 229-230
San Francisco Chronicle : 120, 122, **123**, 179, 338
Sarcosporidia (parasite) : 53
scanner (CT scan) : 135
Scheinker, Isaak : 193, 339
Science : 116, 121, **123**, 133, 251
article *De nouvelles particules protéiques causent la tremblante* : 116, 133, 181
article sur les SAF : 155
sclérose en plaques : 65, 71, 193-194, 232
sclérose latérale amyotrophique (SLA) ou maladie de Charcot : 19, 148, 280, 293-294, 298, 309
Scott, Mike : **202**, 205, 207, 339
SDS (dodécylsulfate de sodium) : 130, 253
Seconde Guerre mondiale : 31, 78, 207
Seitz, Fred : 104, **105**, 142, 269
The Modern Theory of Solids : 142
Sell, Kenneth : 93-95
Semancik, Joe : 74
Serban, Ana : 255
Setlow, Richard : **256**, 257
Shannon, James : 104
Sharp, Phillip : 230
Shy, Milton : 16, 295
Shy-Drager (syndrome de) *Voir* atrophie multisystématisée (AMS)

singes : 44, 46, 58, **79**, 80-81, 83-84, 98, 147, 193, 197, 246-247, 285, 297
Sioux City, Iowa : 25, 28
Smith, Holly : 100, 103
Société américaine de biochimie : 165
Société américaine de neurochimie : 156
Society for Neuroscience : 18
sonde génétique : 159, 177-178
Sooy, Frank : 107-109, 122, **123**
souris : 49- 66, 71-74, 93-97, 131, 136, 143, 147-156, 172-174, **175**, 176-196, 202-225, 250, 253, **254**, 255, 262, 267, 282-299, 335, 339
  contrôle génétique de la durée d'incubation chez les : 174
  expériences de la tremblante avec les : 49-76, 93, 97, 151, 174, 209, 218
  GSS : 197, 207
  knock-out : 218-222, 225, 262
  NZW : **175**, 176-178, 337
  transgéniques : 201, 203-209, 218, 221, 282, 297-298
  transmission de prions entre hamster et : 201, 203
  VM/Dk : 147, 151, 176, 178
sous-virus : 53
Southwood Working Party : 241
Southwood, Richard : 241
spectrométrie de masse (SM) : 211-212
spectroscopie à résonance magnétique nucléaire : 261
spectroscopie de fluorescence : 261
Spigel, Benjamin : **27**, 29-30
Spigel, Herbert : **27**, 33
Spigel, Miriam : **27**, 33
Spigel, Mollie Feldman : **27**, 30-31, 33
Spigel, Moses Herman : 29
Spigel, Naomi : **27**, 33
Spigel, Sarah Weinstein : 29
spongiforme : **40**, 41, 44, 121, 140, 194, 196, 207-208, 221, 237, 239-240, 264, 270
  ESB : 237-258, 239-241, 243-245, 251-252, 270
Stadtman, Earl : **36**, 37-38, 47, 115, 212, 229, 335
Stahl, Neil : 211, 215
Stanford (Université) : 283
Stites, Dan : **150**
Stockholm : 13, 15, 17, 157, 234, 259-278, 260-261, 265-267, 269, 271-272, 276
Stöhr, Jan : **286**, 287
Sträussler, Ernst : 339
Structure des révolutions scientifiques (La) (Thomas Kuhn) : 11, 132
Südhof, Tom : 342
Suède : 36, 232, **275**, 295
suicide : 291-292
surnageant : 62-63, 66
système nerveux : 16, 18, 41, 47, 65, 80, 83, 146, 149, 152, 155, 186, 195, 250, 280, 283-284, 295, 306, 309
  terminologie : 18
systèmes de défense de l'hôte : 137

Tamgüney, Erdem : 287
Taraboulos, Albert : 235
Tateishi, Jun : 196-198
tau (protéine) : **281**, 284, 289, 291-293, **296**, 298, 307-308
Taubes, Gary : 180, 271
  article de *Discover* sur les prions : 180, 271
  article *Nobel Gas* : 180, 271
tauopathies : 291-292
  primaires : 292
  secondaires : 292

Telling, Glenn : 253, **254**
Temin, Howard : 185, 338
tests de titrage : 50-51
Thomas, Lewis : 106
La Planification de la science : 106
thymine : 48
Time (magazine) : 239
titine : 131
titrage : 50-51
de la tremblante : 50-51, 71, 93
du point limite : 51
titubation (ou ataxie troncale) : 91
Tokyo : 196-197, 297
transgènes : 201, 204, 205, 207, 282, 339
transgéniques (souris Tg)
imagerie par bioluminescence : 201, 218, 282, 287-289, 297, 299
tremblante : **39**, **40**, 41-76, 80, 85, 93-95, **96**, 97-111, **112**, 113-116, **117**, 118-149, **150**, 151-189, 193-194, 198-207, 216-235, 240-242, 244, 248, 250, 251-252, **256**, 257-258, 263, 267-268, 274, 279, 284, 287-299, 332, 335, 337
acides nucléiques et : 111-128, 151, 164, 172, 181
amyloïdes et : 141-158
compétition : 72, 77, 148, 153, 168, 180-189, 195-209, 221, 227, 261
études chez la souris : 49-76, 93, 97, 151, 174, 209, 218
études chez le hamster : 93, 113, 124, 126, 130, 143, 152, 165, 169, 201, 215
expérience de centrifugation : 62, 93, 95, 116, 179
expériences avec souris knock-out : 218, 262
financement de la recherche : 50, 56, 58, 88, 93, 99, 108, 126, 141, 180, 184, 204, 206, 219-220, 227
hypothèse du prion pour la : 116-128
hypothèse membranaire pour la : 69
hypothèse virale pour la : 65, 68, 98, 125, 156, 180, 192-193, 198, 207, 230, 248, 267
laboratoires de recherche : 55, 66, 93, 102, 143, 157, 206
lien avec la MCJ : 67, 83
lien avec le kuru : 57, 67, 80, 83, 124
mesures de titrage : 50-51
protéines : 111, 114, 129-130, 171, 205
protocole initial pour mesurer l'agent de la : 50
PrP *27-30* : 50, 135, 159
purification : 61, 111, 127, 132, 161, 232, 335
structure moléculaire de : 71, 85
théories et, recherche : 49, 61, 93-128, 141
transmission du mouton à la souris : 49
transmission entre souris : 49
Tremblay, Patrick : 262
tremblements : 78, 91, 192, 208
trouble du stress post-traumatique (TSPT) : 292, 307-308
chez les militaires : 292
troubles autosomiques dominants : 176, 195, 208, 280
tryptophane : 257
tyrosine : 257

ultraviolets (rayons) : 42, **43**, 44, 51-52, 54, 256-258
Unité de surveillance nationale de la maladie de Creutzfeldt-Jakob (NCJDSU) : 237
Université de Californie
animalerie de Berkeley : 143
campus de Berkeley : 56, 65, 97-98, 107, 118, 143-144, 204, 206, 245, *340*
campus de Davis : 132

campus de Los Angeles (UCLA) : **194**, *339*
campus de Riverside : 74-76
campus de San Francisco (UCSF) : 17-18, 36, 41, 46, 49, 55-56, 59, 64- 65, 93-109, 116, 118, *122*, **123**, 132, 141, 152, 164, 167, 170, 195, 212-213, 220, 228, 249, 254, 259-260, 262, 287, 289-290, 304, *332*, *334*
bataille de Prusiner pour un poste : 94-109
Centre du vieillissement et de la mémoire : 195
problème de place : 107
Université de Pennsylvanie : 15, 23, 33-34, 203, 297, 303, *347*
Université de Zurich : 220
urée : 130

vaccin : 44, 56, 241, 306
contre la polio de Salk : 44
contre le LIV : 44
vache folle (maladie de la) *Voir* encéphalite spongiforme bovine (ESB)
vacuoles : **40**, 41, 58, 79, 192, 249
Varmus, Harold : 106, 170, 201
Venter, J. Craig : 271-272
Viet-Nam (guerre du) : 17, 37, 98, 308
VIH/sida : 48, 172, 192
virinos : 73, 124, 180, 185, 207
terminologie : 73, 123
viroïdes : 54, 73-74, 111, 126, 173, 181, 252
virus : 17, 19-20, 41-45, 47, 51-57, 65, 68, 71, 77, 80, 86, 117-118, 120, 122-127, 131, 137, 144, **145**, 149, **150**, 154-156, 159, 164, 167-168, 170, 172, **174**, 180-186, 192-193, 198-207, 221-233, 235, 248, 250-252, 267-273, 293, *335-338*
définition : 47
de l'herpès : 41, 48
de la mosaïque du tabac (VMT) : 144, **145**, 156
hypothèse pour les maladies à prion : 53, 65, 68, 98, 125, 156, 180, 192-193, 198, 207, 230, 248, 267, *337*
lent : 41-43, 45, 56-57, 65, 69, 86, 117, 120, 123, 182, 270
LIV : 44
non conventionnel : 53, 77, 117, 120, 123, *336*
VM/Dk (souris) : 147, 151, 176, 178

Waisa : 81
Walker, Lary : **286**
Walnut Hills High School, Cincinnati : 23
Walton, John : 241, *341*
Watts, Joel : **286**, 287, 297
Weinstein, Phil : 135
Weissman, Jonathan : 290
Weissmann, Charles : 164, **165**, 168, 184, 207, 218, 262
article de *Cell* sur les souris knock-out : 222
brouille avec Prusiner : 222
hypothèse de l'holoprion : 207
souris knock-out : 218-222, 225
Wells, Gerald : 240
Wenner-Gren (Institut) : 15, 35
Westaway, David : 170, **175**, *338*
Western blotting : 136
Westheimer, Frank : 116, **117**, 219
Wickner, Reed : 285
Wilesmith, John : 241
Will, Robert G. : 237

Williams, Robley : 65, 144, 146, 148, 156, *340*
Un atlas des virus au microscope électronique : 156
Winfrey, Oprah : 239
Wisniewski, Henryk : **150**, 153-154, 156-158, 350
SAF et : 153
Wolfson, Sidney : 34, **36**
Wyngaarden, James : 233

Yaffe, Kristine : 304
Yanofsky, Charles : **36**, 45

Zigas, Vincent : 78-79, 91
zinc (ion) : **112**
Zone de Résidence : 25, 29
Zurich : 164, **165**, 166, 168-170, 172, 219-221, 223-224, 263

Remerciements

La préparation de ce livre a constitué un long travail, et je souhaite remercier les contributions particulières de Fred Cohen, Stephen DeArmond, Martin Gilbert, Stephen Hauser, Michael Kahn, Susan Kahn, Colleen Leof, David Leof, Hang Nguyen, Oliver Sacks, Jean Thomson Black et Herman Wouk. Je leur suis extrêmement reconnaissant pour leurs critiques avisées. La description de mes origines familiales a été une tâche monumentale que je n'aurais pu effectuer sans l'aide de Shari Birnbaum Baum, Ethel Baron Berlau, Harold Birnbaum, Susan Bulbin, David Conway, Yuri Dorn, Charles Feldman, Alan Glynn, Ian Glynn, Nancy Jacobson, Kate Levine, William Mednick, Chris Prusiner, Paul Prusiner et James Spigel. Leur contribution a été inestimable pour m'aider à identifier les personnes et à vérifier les événements ainsi que pour repérer les imprécisions dans cette histoire non écrite.

J'apprécie au plus au point les possibilités que m'a offertes le peuple américain qui, par sa générosité, sa sagesse et ses impôts, a soutenu notre recherche scientifique pendant plus de trois décennies. Les soutiens des NIH, du DOD et de la NSF, ainsi que de l'État de Californie ont été cruciaux. Tout aussi importants ont été les soutiens de la Stephen D. Bechtel Jr. Foundation, de la Clausen Family Foundation, de la Community Foundation Silicon Valley, de la Cure PSP Foundation, de la Dana Foundation, de l'Eagleson Institute, de la Sherman Fairchild Foundation, de la John Douglas French Alzheimer's Foundation, de la Paul Galvin Memorial Foundation, de la Glenn Foundation for Medical Research, de la Larry L. Hillblom Foundation, du Howard Hughes Medical Institute, de la W. M. Keck Foundation, de l'Anna-Maria et Stephen Kellen Foundation, de la Koret Foundation, de la Lincy Foundation, de la G. Harold et Leila Y. Mathers Foundation, de la Bernard Osher Foundation, de la Rainwater Charitable Foundation, de la R. J. Reynolds Company, de la Rosenberg Family Foundation, de Sanofi-Aventis LLC, de la Stephen C. et Patricia A. Schott Foundation et de la Taube Family Foundation.

J'apprécie beaucoup les personnes extraordinaires qui s'occupent de ces merveilleuses fondations, dont Wally Burke, Walter Burke et Bonnie Himmelman, Mark Collins, Everett Cook, Laurie Dachs, Dennis Eagleson, Jim Handelman et Jeff Wilkins.

Je veux remercier tout spécialement les personnes généreuses qui ont fait des dons pour soutenir notre travail : Richard Blum et Dianne Feinstein, William et Ute Bowes, Cheryl Breetwor-Evans, Delia Brinton, Mary Jane Brinton, William et Gerry Brinton, Gregg et Katherine Crawford, Carmen Castro, Ron et Gayle Conway, Robert et Mary Galvin, Agnes et Berel Ginges, Andrew Gundlach, Clarence Heller, Christina et Michael Homer, Michael Kellen, Kerk Kerkorian, Bill McCabe, Gladyne Mitchell, John Osterweis, Richard Rainwater, Detlev et Hannelore Riesner, Marian et Herbert Sandler, et Norman Schultz.

Beaucoup de mes collègues scientifiques ont aussi joué un rôle extrêmement important à de nombreuses étapes de ces recherches. Je suis reconnaissant à mes mentors et professeurs dont J. Richard Baringer, Britton Chance, Robert Fishman, C. P. Lee, Olle Lindberg, Donald Macrae, R. Curtis Morris, Rudi Schmid, Lloyd (Holly) Smith, Louis Sokoloff, Earl Stadtman et Sidney Wolfson.

Merci aussi à mes anciens et actuels étudiants : Misol Ahn, Ronald Barry, Ilia Baskakov, Carolyn Bellinger-Kawahara, Paul Bendheim, David Berry, Thomas Blochberger, Jeffery Bockman, David Bolton, David Borchelt, Patrick Bosque, Kevin Boylan, Dale Bredesen, Darel Butler, Ed Choi, David Colby, Carola Doak, Doug Ehresman, Ruth Gabizon, Jean-Marc Gabriel, David Garfin, Maria Gasset, Michal Geva, Sina Ghaemmaghami, Rolf Hecker, Nick Hogan, Karen Hsiao, Zwei Huang, Kiyotoshi Kaneko, Zoltan Kanyo, Marcela Karpuj, Ken Kasper, Klaus Kellings, Aleks Kijac, David King, Carsten Korth, Hans Kretzschmar, In-Su Lee, Dan Lowenstein, Duo Lu, Richard Mamelok, James Mastrianni, Yoichi Matsunaga, Barney May, Michael McKinley, Ingrid Mehlhorn, Zeev Meiner, Zach Mensinger, Rudi Meyer, Richard

Moore, Tamaki Muramoto, Karah Nazor, Bruno Oesch, Julian Ollesch, Keh-Ming Pan, David Peretz, Veronique Perrier, Puay Phuan, Lenore Pierera, John Price, Alex Raeber, Mark Rogers, Chongsuk Ryou, Herman Schätzl, Martin Schlumpberger, Michael Scott, Serena Spudich, Neil Stahl, Johannes Stockel, Jan Stöjhr, Surachai Supattapone, Erdem Tamgüney, Albert Taraboulos, Jorg Tatzelt, Glenn Telling, Eric Turk, Martin Vey, Rachel Wain, Joel Watts, David Westaway, Holger Wille, Fruma Yehiely, Hong Zhang et Laurence Zulianello.

Merci également à mes nombreux collaborateurs dont les multiples contributions ont rendu possibles les découvertes décrites ici : Michael Alpers, Harry Baker, Michael Baldwin, Hayden Ball, J. Richard Baringer, Henry Baron, Leslie Benet, Herman Bujard, Al Burlingame, Dennis Burton, George Carlson, Mark Chatigny, James Cleaver, Tim Crow, Gustav Dallner, William DeGrado, Theodor Diener, Ken Downing, Raymond Dwek, Jane Dyson, Carl Eklund, Tamao Endo, Robert Fletterick, Pierluigi Gambetti, Michael Geschwind, Jason Gestwicki, Bernardino Ghetti, Kurt Giles, David Glidden, Joe Guglielmo, William Hadlow, John Hearst, Thomas Hökfelt, Leroy Hood, Matt Jacobson, Tom James, Ellis Kempner, Steve Kent, David Kingsbury, Akira Kobata, Krister Kristensson, Giuseppe Legname, Pierre Lessard, Emil Lin, Vishwanath Lingappa, Jeff Long, Elio Lugaresi, Susan Marqusee, Lefkos Middleton, Bruce Miller, Michael Miller, Glenn Millhauser, William Mobley, Warren Olanow, Jurg Ott, Frank Owen, Daniel Perl, Peter Peters, Adam Renslo, Jesùs Requena, Rosalind Ridley, Detlev Riesner, Gareth Roberts, Jiri Safar, Andrej Šali, Dan Serban, Brian Shoichet, Michael Silber, Daniel Stites, Gerald Stubbs, Jun Tateishi, Patrick Tremblay, Jonathan Weissman, Charles Weissmann, Jim Wells, Robley Williams, Anthony Williamson et Peter Wright.

Merci aussi à mes collègues de l'Université de Californie, qui m'ont tellement soutenu et guidé au cours de ces décennies : Arthur Asbury, John DeLuca, Susan Desmond-Hellmann, Ivan Diamond, Howard Fields, Juan Korenbrot, Julius Krevans, Joseph Martin, David Ramsay, Max Redfearn, Lou Reichardt, Howard Shapiro, Frank Sooy, Bruce Spaulding, Robert Stroud, Phil Weinstein et Mark Yudof.

Merci encore à mes collègues scientifiques des autres institutions dont l'aide, à de nombreux moments de cette odyssée scientifique, a été inestimable : Oded Abramsky, Michael Brown, Jack Dixon, Lynn

Enquist, Lars Ernster, Robert Gallo, Donald Gilden, Joe Goldstein, Francois Jacob, Richard Johnson, Ronald Kaback, Hilary Koprowski, Daniel Koshland, Edith Langner, David Lowenberg, Erik Lycke, Colin Masters, Maclyn McCarty, Neal Nathanson, Erling Norrby, Michael Oldstone, Fred Seitz, Michael Shelanski, Frank Westheimer, Charles Yanofsky et Vincent Zigas.

Merci à quelques membres exceptionnels de mon personnel scientifique et administratif : Greta Boesel, Howard Booth, Karen Bowman, Michael Braunfeld, Patricia Cochran, Robert Cotter, Fran Elvin, Yevgeniy Freyman, Lorraine Gallagher, Steve Glaser, Darlene Groth, Cornelia Heinrich, Brenda Klein, Ruth Kohler, Oanh Nguyen, Panos Philandrinos, Ana Serban, Allison Taylor et Monika Wälchli.

Enfin, je désire témoigner ma gratitude à certains administrateurs exceptionnels des NIH pour leur soutien enthousiaste au cours de ces nombreuses années : Robert Butler, Murray Goldstein, Richard Hodes, Al Kerza-Kwiatecki, Zaven Khachaturian, Carl Levinthal, Andrew Monjan, Steve Snyder, Remesh Vermuri et Franklin Williams.

Crédits des illustrations

Figure 1. Don gracieux de Bill Mednick et Rick Gilinsky, et archives familiales personnelles.

Figure 2. Archives familiales personnelles.

Figure 3. Don gracieux de Sidney Wolfson, Olle Lindberg, Earl Stadtman, Britton Chance et Charles Yanofsky.

Figure 4. Microphoto préparée par Stephen DeArmond.

Figure 5. Don gracieux d'Ivan Diamond.

Figure 6. Reproduit, avec autorisation, de l'article de S. Hornsey et J. Denekamp, « Tikvah Alper : An indomitable spirit, 22 January 1909-2 February 1995 », *Int. J. Radiat. Biol.*, 71 : 631-642 (1997).

Figure 7. Don gracieux des Laboratoires des montagnes Rocheuses, NIAID.

Figure 8. Photo de Dickinson et Kimberlin reproduite avec la permission de Niall Cotton. Photo de Marsh, don gracieux de l'Université du Wisconsin, Madison, archives.

Figure 9. Reproduite avec autorisation de D. C. Gajdusek, « Observations on the early history of kuru investigations », dans S. B. Prusiner et W. J. Hadlow (éd.), *Slow Transmissible Diseases of the Nervous System* (New York : Academic Press, 1979), vol. 1, p. 7-36.

Figure 10, 11, 27. De la collection personnelle de l'auteur.

Figure 12. Don gracieux de Jack Seitz, Ingbert Gruttner/Université Rockefeller, Curtis Morris et The Regents of the University of California.

Figure 13. Réimprimée avec autorisation de S. B. Prusiner, « Prions », *Sci. Am.*, 251 : 50-59 (1984).

Figure 14. Don gracieux du département de chimie de l'Université Harvard.

Figure 15. Tiré de W. L. Buller, *A History of the Birds of New Zealand* (Londres, 1888).

Figure 16. Don gracieux de G. Paul Bishop Jr., avec sa permission.

Figure 17. Don gracieux de Ted Diener.

Figure 18. Don gracieux de Barbara Horgan de The George Balanchine Trust.

Figure 19. De la collection personnelle de l'auteur, fournie par Bonnie Himmelman.

Figure 20. Microphoto de bâtonnets de prions reproduite avec la permission de M. P. McKinley, M. B. Braunfeld, C. G. Bellinger et S. B. Prusiner, « Molecular caracteristics of prion rods purified from scrapie-infected hamster brains », *J. Infect. Dis.*, 154 : 110-220 (1986). Microphoto de VMT montée par Amy Kendall et Gerald Stubbs.

Figure 21. Immunoblot adapté de S. B. Prusiner, « Prions (Les Prix Nobel Lecture) », dans T. Frängsmyr (éd.), *Les Prix Nobel* (Almqvist et Wiksell International, Stockholm, 1997), 268-323. Don gracieux des photos de Ron Barry et Stephen DeArmond.

Figure 22. Don gracieux de l'Institute for Systems Biology.

Figure 23. Don gracieux de Charles Weissmann.

Figure 24. Don gracieux de Detlev Riesner.

Figure 25. Don gracieux du McLaughlin Research Institute et de Neil Stahl.

Figure 26. Don gracieux de Bruce Miller/UCSF Memory and Aging Center et de Karen Hsiai Ashe.

Figure 28. Don gracieux de Neil Stahl et Fred Cohen.

Figure 29. Don gracieux de lord John MacGregor.

Figure 30. Don gracieux de Glenn Telling.

Figure 31. Reproduite avec la permission de R. B. Setlow, « Sheeding lignt on proteins, nucleic acids, cells, humans and fish », *Mutat. Res.*, 511 : 1-14 (2002).

Figure 32. Don gracieux de la Fondation Nobel.

Figure 33, 37. Don gracieux des microphotos de Stephen DeArmond.

Figure 34. Don gracieux du dessin de Stephen DeArmond.

Figure 35. Don gracieux de Mathias Jucker et Lary Walker.

Figure 36. Don gracieux de Zachary Mensinger.

Table

Préface 11

Introduction 15

Note de l'auteur 21

CHAPITRE 1 – Devenir grand 23

Mes ancêtres… 25

Mes mentors scientifiques 34

CHAPITRE 2 – Le début d'une odyssée 39

CHAPITRE 3 – Une pléthore de théories 49

Mon premier boulot 55

La collaboration avec William Hadlow 57

CHAPITRE 4 – La course de la tremblante 61

Enceinte de sécurité et bioconfinement 67

Des fragments de membrane et des particules de type viral 69

Virinos et viroïdes 73

CHAPITRE 5 – Docteur America et les cannibales tremblants 77

Hadlow et la transmission du kuru aux chimpanzés 80

Cannibalisme 82

Gros plan sur les patients du kuru 85

CHAPITRE 6 – La bataille pour un poste 93

CHAPITRE 7 – Qu'y a-t-il dans un nom ? 111

CHAPITRE 8 – Perdu dans le brouillard du Pacifique 129
Pas de temps pour le mal de dos 134
George Balanchine 138

CHAPITRE 9 – L'histoire de l'amyloïde 141
Un énorme bond en avant 143
Une histoire extraordinaire émerge 147
L'opposition 153

CHAPITRE 10 – Trouver le gène 159
Paria et prophète 166
Le contrôle génétique de la durée d'incubation chez la souris 174

CHAPITRE 11 – Joutes avec la presse 179

CHAPITRE 12 – L'élucidation des maladies à prion chez l'homme 191

CHAPITRE 13 – Qu'y a-t-il dans une forme ? 211

CHAPITRE 14 – Des batailles de territoire 227

CHAPITRE 15 – La vache folle et d'autres souches de prion 237
Bien comprendre 239
En quête d'un châtiment 245
Variations de forme 250

CHAPITRE 16 – Stockholm 259
L'appel téléphonique 264
La conférence de presse 266
Le triomphe de la science expérimentale 269
La célébration 272

CHAPITRE 17 – Le troisième jugement de Paris 279
Une neurodégénérescence héritable à révélation tardive 280
La formation de prions de novo 283
Une nouvelle interface entre psychiatrie et neurologie 291

La maladie de Parkinson et les prions de la synucléine 295
Une remarquable convergence 298

ÉPILOGUE – La recherche de thérapies 301
Aligner les chiffres sur la maladie d'Alzheimer 303
La nouvelle psychiatrie 307
Mettre en œuvre la révolution des prions 308

Glossaire 311
Notes 331
Index 351
Remerciements 369
Crédits des illustrations 373

Cet ouvrage a été composé
en Electra et en Whitney
par Nord Compo
à Villeneuve-d'Ascq (Nord).

Achevé d'imprimer en février 2015 sur rotative numérique Prosper
par Soregraph à Nanterre (Hauts-de-Seine).

Dépôt légal : mars 2015
N° d'édition : 7381-3156-X
N° d'impression : 14290

L'imprimerie Soregraph est titulaire de la marque Imprim'vert® depuis 2004.
Ce livre est imprimé sur papiers issus de forêts gérées durablement.

Imprimé en France